NCCET2018

Proceedings of the 22nd National Conference on Computer Engineering and Technology and the 8th Microprocessor Form

第二十二届计算机工程与工艺年会暨第八届微处理器技术论坛论文集

主　编　徐炜遐

·长 沙·

图书在版编目（CIP）数据

第二十二届计算机工程与工艺年会暨第八届微处理器技术论坛论文集 / 徐炜遐主编. --长沙：中南大学出版社，2018.12

ISBN 978-7-5487-3546-5

Ⅰ.①第… Ⅱ.①徐… Ⅲ.①微处理器—文集
Ⅳ.①TP332-53

中国版本图书馆 CIP 数据核字(2018)第 297061 号

第二十二届计算机工程与工艺年会
暨第八届微处理器技术论坛论文集

徐炜遐　主编

□**责任编辑**　韩　雪
□**责任印制**　易红卫
□**出版发行**　中南大学出版社
　　社址：长沙市麓山南路　　邮编：410083
　　发行科电话：0731-88876770　　传真：0731-88710482
□**印　　装**　长沙雅鑫印务有限公司

□**开　　本**　787×1092　1/16　□**印张** 17.75　□**字数** 454 千字
□**版　　次**　2018 年 12 月第 1 版　□2018 年 12 月第 1 次印刷
□**书　　号**　ISBN 978-7-5487-3546-5
□**定　　价**　68.00 元

计算机学会第二十二届计算机工程与工艺年会
暨第八届微处理器技术论坛
组织机构

会议主办单位　中国计算机学会

会议承办单位　中国计算机学会计算机工程与工艺专委会
宁夏大学信息学院

大会主席　徐炜遐(国防科技大学计算机学院)

大会副主席　高玉琢(宁夏大学信息学院)

特别顾问　张民选(国防科技大学计算机学院)

程序委员会

主　席　肖立权(国防科技大学学计算机学院)

副主席　武林波(宁夏大学信息学院)

委员

韩　炜(中航工业第631所)
金利峰(江南计算技术研究所)
熊庭刚(中船重工第709所)
赵晓芳(中科院计算所)
杨银堂(西安电子科技大学)
窦　强(天津飞腾)
李晋文(国防科技大学计算机学院)
冯　峰(宁夏大学信息学院)

技术委员会

陈跃跃　国防科技大学计算机学院
田　泽　中航工业第631所
杜慧敏　西安邮电大学
范东睿　中科院计算所
樊晓桠　西北工业大学
方　兴　浪潮信息科技有限公司
古天龙　桂林电子科技大学
郭东辉　厦门大学
黄　进　西安电子科技大学
李　平　电子科技大学
李　琼　浪潮信息科技有限公司
李元山　浪潮信息科技有限公司
李　云　扬州大学
林正浩　同济大学
郭　炜　天津大学
孙永节　湖南长沙DIGIT公司
汪　东　毂梁微电子有限公司
王忆文　西安电子科技大学
邢座程　湖南长沙DIGIT公司
薛澄岐　东南大学
杨培和　江南计算技术研究所
杨晓君　中科院计算所
于宗光　中电第58所
曾　田　中船重工第709所
曾喜芳　长城银河科技有限公司
曾　宇　北京云计算中心
曾　云　湖南大学
张剑云　国防科技大学
张盛兵　西北工业大学
张树杰　华为公司

张　旭　江南计算技术研究所
张义伟　中船重工第 709 所
赵跃龙　华南理工大学
周　娅　桂林电子科技大学
裴颂文　上海理工大学
杨剑新　上海高性能集成电路设计中心
黄金明　上海高性能集成电路设计中心
张多利　合肥工业大学
王　伟　合肥工业大学
刘勇攀　清华大学
孟建熠　复旦大学
徐江涛　天津大学
张　科　中科院计算所
唐宏伟　中科院计算所
汪　玉　清华大学
郑　琦　烽火通信
王　飙　上海高性能集成电路设计中心
刘大可　北京理工大学
魏继增　天津大学
付宇卓　上海交通大学
王永文　国防科技大学
张承义　天津飞腾
胡建国　中山大学
沈剑良　信息工程大学
陈桂茸　空军工程大学
郭　炜　天津大学
孙广宇　北京大学
卢明胜　中航光电
施慧彬　南京航天航空大学
蒋　江　英伟达公司
梁华国　合肥工业大学
李　红　九同方微电子
肖　希　武汉邮科院
须　江　香港科技大学
韩　军　复旦大学
何卫锋　上海交通大学

组织委员会

主　席　李晋文（国防科技大学计算机学院）
副主席　孙学宏（宁夏大学信息学院）
委　员　张承义　吴素平　郭　辉　雍　莉　朱珍珍　张俊英　张伶娜

前 言

经过中国计算机学会、宁夏大学信息工程学院、云计算与大数据应用协同中心、计算机工程与工艺专委会及NCCET2018组委会的不懈努力和积极工作，第二十二届计算机工程与工艺年会暨第八届中国“微处理器技术论坛”在美丽的贺兰山下——宁夏大学胜利开幕。

在中国计算机学会的领导下，计算机工程与工艺专委会专注于计算机硬件设计，始终坚持在“计算机芯片及硬件系统实现相关的工程与工艺技术”相关领域开展学术交流活动，逐渐形成了自己的特点和特色。专委会致力于探讨计算机整机系统以及微处理器、互连、存储、IO等计算机系统关键部件的设计与实现过程中所面临的各种问题与挑战，为广大专家、学者和从业人员提供一个学术研究及工程经验交流的平台，坚持学术为上，组织好每次学术活动，吸引了越来越多的参会者。

积极响应国家的号召，与国家信息安全战略目标相结合，培育具备国际竞争力的军民融合、自主可控的软硬件产业体系，正成为计算机工程与工艺专委会的历史使命。围绕这一目标，专委会将计算机工程与工艺的发展与微处理器设计紧密结合在一起。自2011年成都会议设立中国“微处理器技术”论坛，到今年已经是第八届了。论坛一直得到了国内外同行的高度关注，取得了良好的效果。

近年来，一直在推动计算机行业持续发展的摩尔定律正在走向终结，高能耗成为制约E级计算的关键瓶颈，计算机工程与工艺技术的发展，面临着巨大的挑战，新型材料、新型器件以及量子计算为计算机系统开辟了新的研究空间。与此同时，人工智能和大数据等新兴产业已经上升为国家战略，又为我们带来了新的机遇。未来计算机何去何从，是每一位科研与工程人员都在思索的问题。今年的年会我们将继续关注计算机工程与工艺领域的技术挑战，着重探讨智能计算技术与工程工艺的研究进展，思索计算机系统的国产化、智能化技术路线。

本次会议邀请了国内外从事微处理器研究与设计、计算机工程与工艺的研究与设计、国家重大专项和计划项目参研单位的知名专家和学者参会，安排了多个相关领域的大会报告。通过与这些专家学者和一线研发人员的交流，相信每一位参会代表都能获益匪浅、满载而归。

感谢长期以来关注并支持本会议的广大论文作者，你们的支持是年会举办的根本动力与学术源泉；感谢计算机工程与工艺专委会全体委员，你们的支持是专委会茁壮发展的强大后盾与坚实支撑；特别感谢宁夏大学的领导和NCCET2018组委会的全体工作人员，你们的鼎力支持与辛勤劳动是此次会议得以顺利召开的有力保障。此外，本届大会还得到了Ansys、奥肯思、宝德、Cadence、浪潮、烽火、楠菲微电子、Newplus、Samsung、Synopsys、天津飞腾、翔腾微、生益、天通、中航光电、Springer出版集团、《国防科技大学学报》、《计算机工程与科学》、《软件工程》、中南大学出版社等单位的大力支持，在此一并表示感谢！

中国计算机学会
计算机工程与工艺专委会
2018年8月15日

目 录

大规模数据中心可重构异构云计算服务器基础系统

张　峰　胡雷钧　刘　波　戚大伟　周　扬　张　斌　江豫京

【摘要】 云服务器是支撑云计算应用的核心装备，云计算、大数据、移动互联网等新兴技术进一步推动数据中心规模的发展。本文分析了大规模数据中心面临的挑战，面向典型云计算应用研究，面向多业务负载的“可动态重构异构云计算服务器系统架构”，实现层次式异构硬件平台，实现技术、统一管理系统、高效供电和散热技术等一系列关键技术，可重构的云计算基础系统将为大规模数据中心的持续发展起到极大的推动作用。

【关键词】 云服务器；动态重构；统一管理；集中散热

1　云计算数据中心面临的挑战

云计算是继大型机、PC、互联网之后的 IT 产业的第三次变革浪潮，当今信息基础设施与应用服务模式的重要形态，是计算模式和应用服务模式的革新。数据中心在不断进行演进过程中，超大规模建设、多应用类型、统一管理、绿色节能等特征，给云计算数据中心带来了更多新的挑战。

（1）如何实现资源按需调整、弹性扩展，以适应云计算多租户、多应用类型以及规模动态变化的需要。云计算的最大特点就是资源的集中和按需使用，而这些资源面对的是成千上万的租户和各类应用，不同的应用对于资源的要求是不一样的，有计算密集型、数据密集型、I/O 密集型等，有要求浮点运算能力的，有要求某种特定算法能力的。如何让云计算数据中心能够满足这么多不同租户和应用的需要，为多数应用提供最优的运行环境，同时又能够做到不同应用的快速部署和切换，成为云计算数据中心要应对的最大挑战。

（2）如何对大规模数据中心资源进行管理。随着云计算数据中心规模的不断增大，如何实现有效管理成为令人头疼的问题。试想在一个超过 10 万台服务器的数据中心中，寻找一块硬盘的场景，就如同在互联网上寻找一条简讯，如果没有搜索引擎的帮助，难度将是不可想象的。传统的数据中心管理多是通过人工录入、人工编目的方式进行，设备管理的难度和工作量是非常巨大的。

（3）如何解决超大规模带来的功耗控制问题。云数据中心的能源消耗问题越来越严重：2014 年中国数据中心年耗电量占全国总用电量的 1.5%。中国数据中心节能技术委员会称[1]：2016 年中国数据中心总耗电 1000 亿 kW · h，超三峡全年发电量 935.33 亿 kW · h[2]，占全国电量的 2% 左右和农业的总耗电量相当。单个数据中心规模的增长也使得单数据中心能耗不断提升。以现有技术水平，单数据中心 10 万台服务器，仅服务器功耗就超过 40 MW，包含其他设备和制冷、供电在内，将超过 80 MW，年耗电量超过 6 亿千瓦时，这对数据中心所在地的电力供应、环境保护都将产生重要的影响。

要解决计算数据中心面临的调度、管理、节能等方面的挑战，需要在设施、服务器、管理等各方面进行优化。因此大规模数据中心基础平服务器是非常重要的一个环节。为适应应用的需要，要求服务器具备以下特征：

(1)能够实现资源的快速动态重配，云服务器要能够适应不同应用类型，并且能够实现不同应用的快速切换和部署。这就要求硬件资源也能够实现快速动态重配。理论上来讲，如果能够在硬件层面完全实现计算、内存、存储、I/O 的动态重配和自由组合是最佳方案[3]。但是，以目前的技术水平而言，这种体系结构暂时无法实现的。那么，采用异构混合、部分可重配的体系结构是可以接受的。

(2)针对不同应用设计专用处理单元。云计算的应用类型复杂，不同的应用对处理能力的要求是不一致的。像搜索引擎等大数据处理应用，对单元性能功耗比要求较高，适合采用面向此类应用优化的高整数处理能力、多核多线程的处理器，以一个或两个处理器构成裁剪优化的处理单元，通过减少不必要的浮点处理能力开销，通过裁剪处理单元不必要的硬件资源配路提高性能功耗比。资源交付等虚拟化应用，对单元处理能力、内存、I/O 等要求非常高，适合采用四路甚至八路高端单元。视频服务等专用数据处理应用，算法相对单一，可以考虑采用带专用处理芯片的低功耗处理单元。而网络接入这样的高 I/O、低处理能力要求的应用，可以完全采用低功耗处理器组成的处理单元。云服务器要能够统一管理和调度不同的单元，适应不同应用的需要。

(3)采用低功耗高温散热设计。云服务器要在硬件层面充分考虑功耗要求，采用低功耗设计，如采用低功耗处理器等部件，采用高效能电源，采用高温化设计，减少非必要器件等，通过这些设计可有效提高处理单元的性能功耗比和整系统的散热开销。

(4)优化管理，实现部件的快速定位。云服务器要能够采用硬件手段，实现各种部件，特别是可插拔器件，如硬盘、网卡等的快速定位和自动查找，提高服务器的可管理性，降低管理和维护成本。

(5)实现功耗优化与动态控制。采用低功耗设计降低节点功耗只是数据中心低功耗管理的一部分。实际上服务器功耗居高不下的一个重要原因是无法根据服务器负载水平，动态地调整服务器功耗。通过动态功耗控制，可以使资源在负载不高的情况下，自动降低能源消耗，从而达到节省能源的目的。

本书设计了一种采用动态可重构的层次式异构云服务器体系结构，提供通用处理单元、精简轻载处理单元和重载可重构处理单元等三种不同类型的处理单元，能够满足计算密集型、数据密集型、I/O 密集型等多种云计算应用的需要，同时在管理、节能方面设计了解决方案。

2 总体体系结构

云计算应用类型分为多种，如以搜索引擎为代表的高并发、数据密集型应用，以服务器虚拟化应用为代表的计算和 I/O 密集型应用，以应用交付为代表的高并发、海量任务密集型应用，以视频编解码、图像识别与图像搜索、加解密等应用为代表的海量非结构化数据应用等[4]。

云服务器典型应用场景主要有三类：一是基于虚拟机的 IaaS/PaaS/非海量数据处理的 SaaS 云应用和承载面向海量非结构化数据处理 SaaS 服务的重载线程类应用，如虚拟机租赁、数据库/中间件应用租赁、ERP/CRM 租赁、虚拟桌面应用、网络游戏等典型云计算应用；二是以海量并发的轻量级线程进行处理的应用，如海量非结构化数据搜索引擎、海量数据挖掘、基于语义的在线翻译等；三是以海量并发的重负载(重 I/O 负载、重计算负载)线程构成的应用，如以深度学习为代表的图像识别与图像搜索、视频编解码、在线加解密应用等。

本文研究的可重构异构云计算服务器系统由多个云服务器模组(cloud block，CB)构成，系统架构如图 1 所示，具有标准的高吞吐量的输入输出接口，对外提供云计算服务。一个标准 CB 包含多个处理模块、1 套整机监控模块、1 套统一电源模块、1 套统一散热模块和 1 个外部互连模块。

处理模块由标注处理单元或异构处理模块组成，内部互连单元标准接口，实现不同节点的可重构。整机监控模块包含处理模块上的 BMC(board manager control)、多个处理模块共享的 TMC(tray manager control)以及整机管理平台 RMC(rack manager control)。电源模块可为整体提供统一稳定可靠的电源输入，提供的总功率约为 27 kW，实现平衡能效需求。整个系统统一散热，统一风扇墙，根据控制系统的反馈，针对不同区域进行有效的散热驱动，实现绿色节能。标准 CB 之间可通过高速互连接口实现耦合，进行协同处理，组成超大规模数据中心云服务器系统。

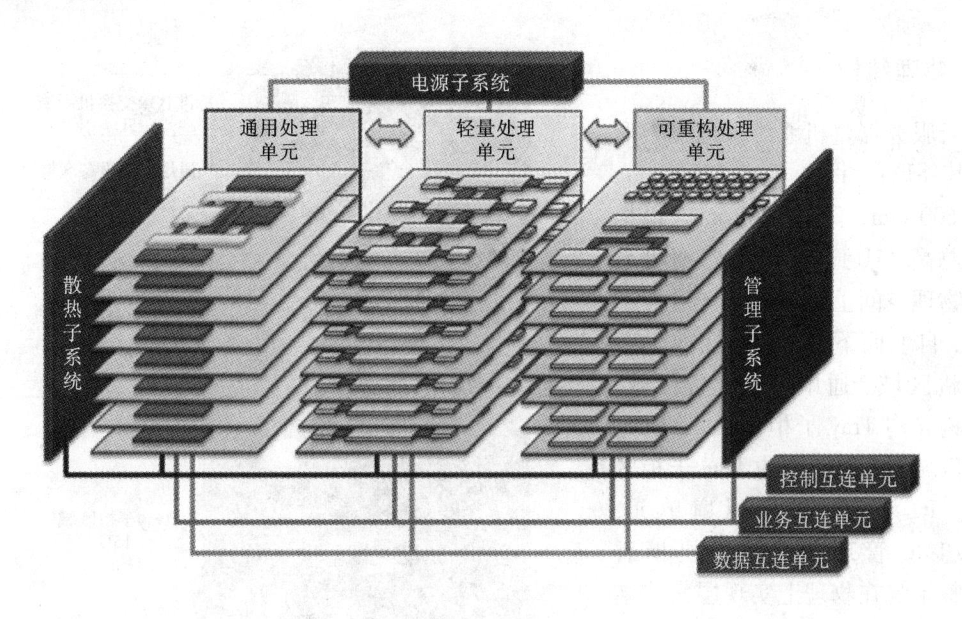

图 1　云服务器系统架构

2.1　逻辑结构

可重构异构云计算服务器基础系统采用机柜形态，整机集中供电、集中散热、统一管理。整机系统包含以下功能单元：①数据交换单元(tor switch)；②可重构异构单元(tray)，包括：

可重构处理单元、异构扩展单元、存储单元、IO 单元；③管理单元，包含 BMC、TMC、RMC 管理单元；④散热单元，包含系统风扇背板、风扇模组；⑤电源模组 PSU。云服务器模块互联方案如图 2 所示。

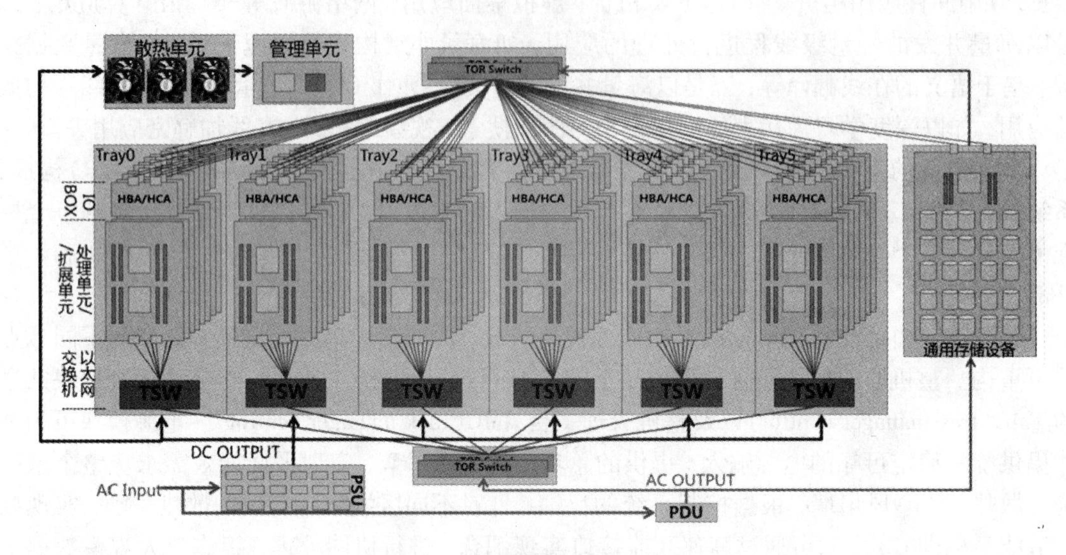

图 2　云服务器模块互联方案

2.2　物理结构

云服务器整机系统采用机柜形态，其外形尺寸为：高度 2100 mm，宽度 600 mm，深度 1200 mm（机柜内空总高 44U）。云服务器整机系统在物理空间上对功能区域进行了划分，自上而下依次是：标准 TOR 交换机区域、通用存储设备区域、可重构异构 Tray 子柜区域 1、供电单元区域、可重构异构 Tray 子柜区域 2。IO 单元、散热风扇单元、RMC/TMC 管理单元位于机柜后面。整系统在物理上实现层次式结构和可动态重构调度特性，可重构异构 Tray 子柜区域支持不同的基础计算平台，实现轻量级处理单元、重载处理单元、异构加速单元、存储扩展单元可按需配置，构建符合可重构异构系统理念的云服务器。云服务器系统物理结构前视图、后视图分别如图 3、图 4 所示。

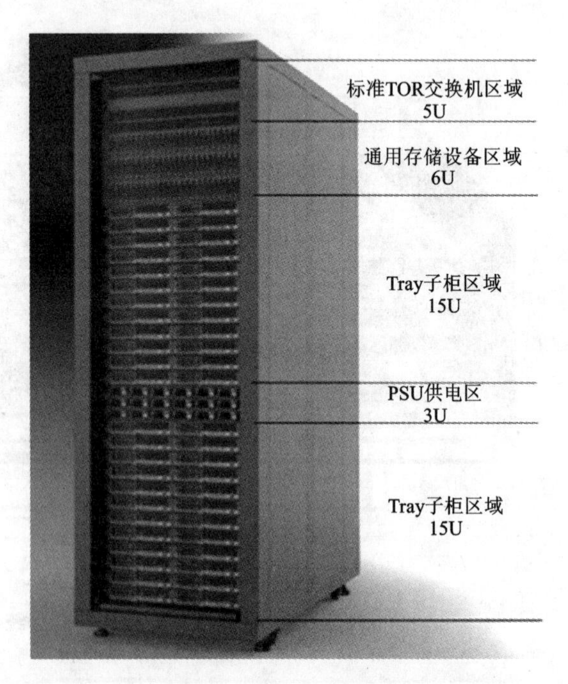

图 3　云服务器系统物理结构前视图

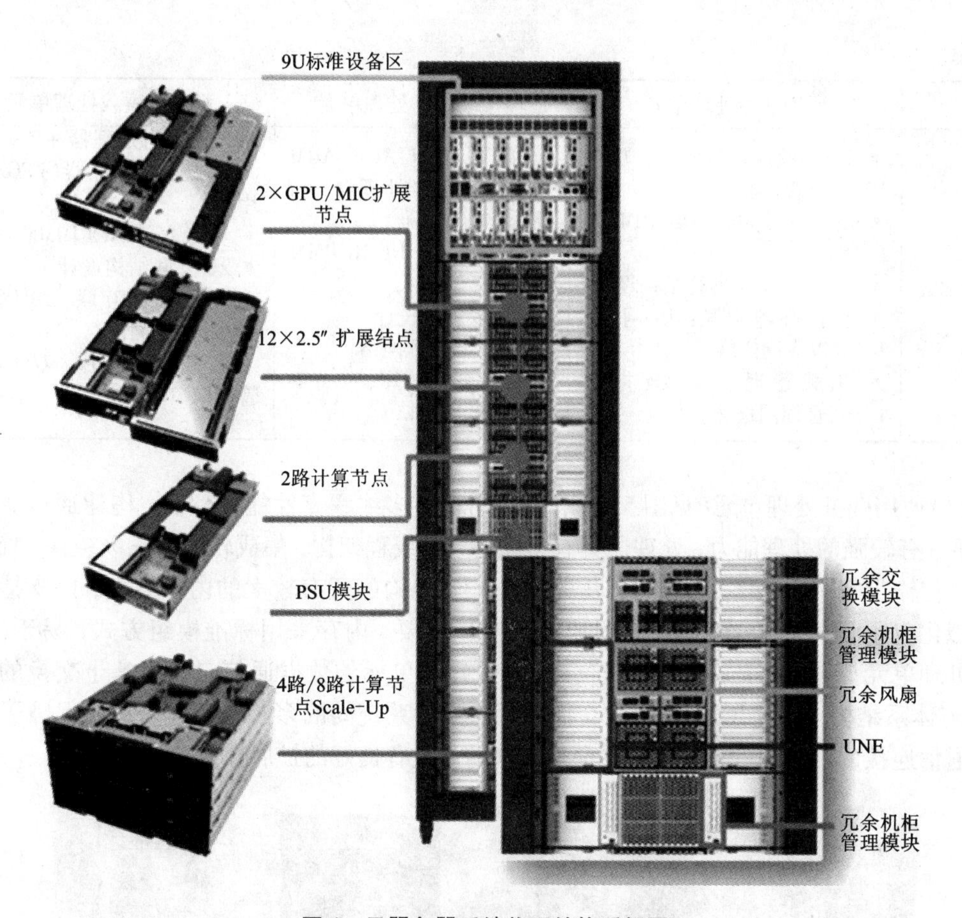

图4　云服务器系统物理结构后视图

3　硬件架构设计

可重构异构单元设计三类处理单元，分别为通用业务处理单元、轻量级数据处理单元、可重构重载处理单元。在技术实现上各类不同单元采用一致的结构尺寸、电气接口、散热和供电方式，可以根据需要进行互换。表1为三类处理单元的特性比较。

表1　可重构异构单元

	通用业务处理单元	轻量级数据处理单元	可重构重载处理单元
应用范围	虚拟机、数据库中间件、ERP/CRM 租赁 虚拟桌面应用、网络游戏	数据挖掘、搜索引擎为代表的轻量级海量数据处理业务	视频编解码、图像识别、图像搜索、在线加解密
特性	通用多核多线程高性能处理器，构建通用业务处理单元，有较强的处理能力	极精简硬件架构，处理简单事务	支持面向性能加速的协处理器，既可以利用高度并行负载设计的架构提供超高性能，又可以兼容现有的 X86 架构下的编程模型和工具

续表 1

	通用业务处理单元	轻量级数据处理单元	可重构重载处理单元
典型配置	• 2～8 颗通用处理器，功耗 100～200W/颗 • 支持 16～48 DDR RDIMM 内存 • 2U 双子星＋堆叠结构设计 • 支持高速互联：IB 网络、10 Gb以太网网络 • 板载管理芯片、支持双 1 GbE管理网口	• 单颗 Intel Atom/ARM 等系列轻量级处理器，功耗 6～10 W/颗 • 支持 4～8 DDRRDIMM 内存 • 2U 双子星设计 • 支持 1 GbE 网络 • 板载管理芯片、支持双 1 GbE 管理网口	• 2 颗通用处理器＋2～4 颗 GPU 加速协处理器(FPGA 芯片) • 支持 16 DDR RDIMM 内存 • 2U 互联结构设计 • 支持高速互联：IB 网络、10 Gb 以太网网络 • 板载管理芯片、双 1 GbE 管理网口

(1)通用业务处理单元(见图 5)。采用通用多核多线程高性能处理器，构建通用业务处理单元，有较强的处理能力，处理器具有多核心、多线程架构，集成较大的三级缓存，处理器间用高传输带宽、低延时、高可靠的传输总线。该架构配置有较大的内存容量，以支持大量的虚拟化应用和交易性业务以及大型数据库应用需要，内存采用标准模组方式，易于扩展。通用处理单元拟采用多链路高速互连总线进行各个单元的数据通信。采用基于交换的串行 IO 互连体系结构，高速 IO 总线具有交换特性，支持系统间的多路径连接，从而保障了处理期间通信连接的可靠性，同时具有完全热交换特性，有良好的扩展性。

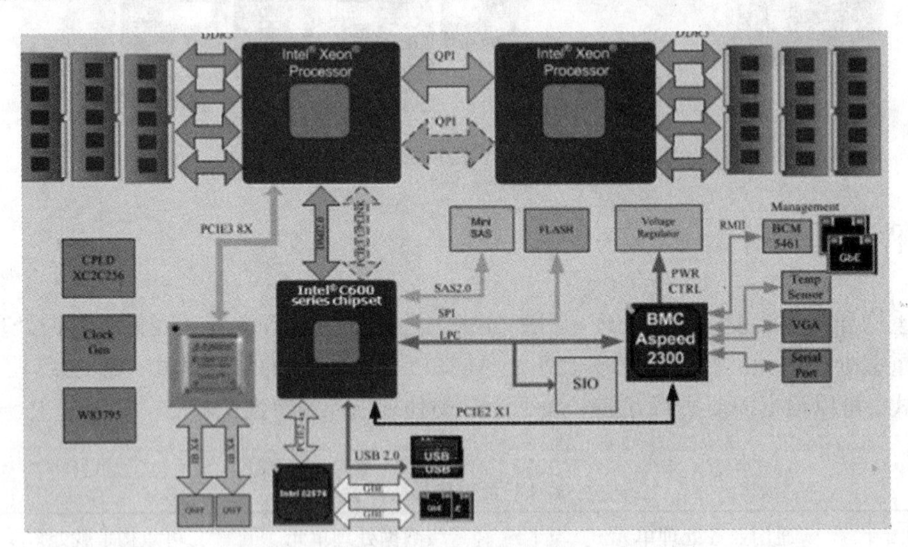

图 5　通用业务处理单元

(2)轻量级业务处理单元(见图 6)。轻量级海量数据处理业务集簇针对以数据挖掘、搜索引擎为代表的轻量级海量数据处理业务。极精简硬件架构保留系统启动和运转的最基本单元，如供电电路、Reset 电路、CPU、存储、高速 I/O 电路。轻量级处理单元采用极精简硬件架构设计，摒弃传统的 LegacyIO 设计方法，仅以基本的计算和 I/O 芯片构建最简系统，在非易失存储电路、时序控制电路、DC 转换电路、通用 I/O 电路方面做了设计精简，同时支持部件深度休眠，最大程度地降低 Idle 的功耗损失。

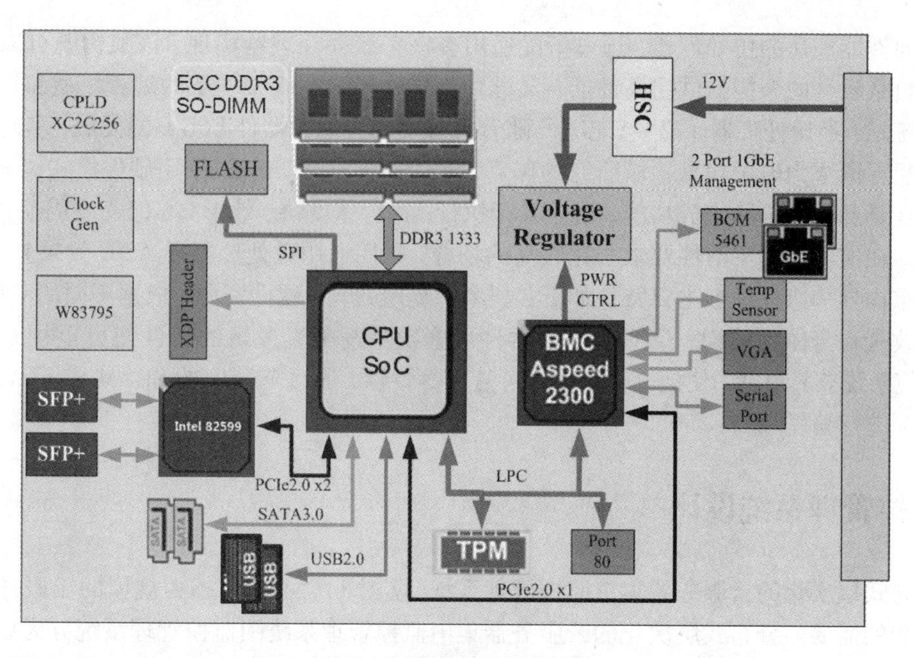

图6 轻量级业务处理单元

(3)可重构处理单元(见图7)。可重构系统一：通用处理器 + GPU 加速协处理器，采用

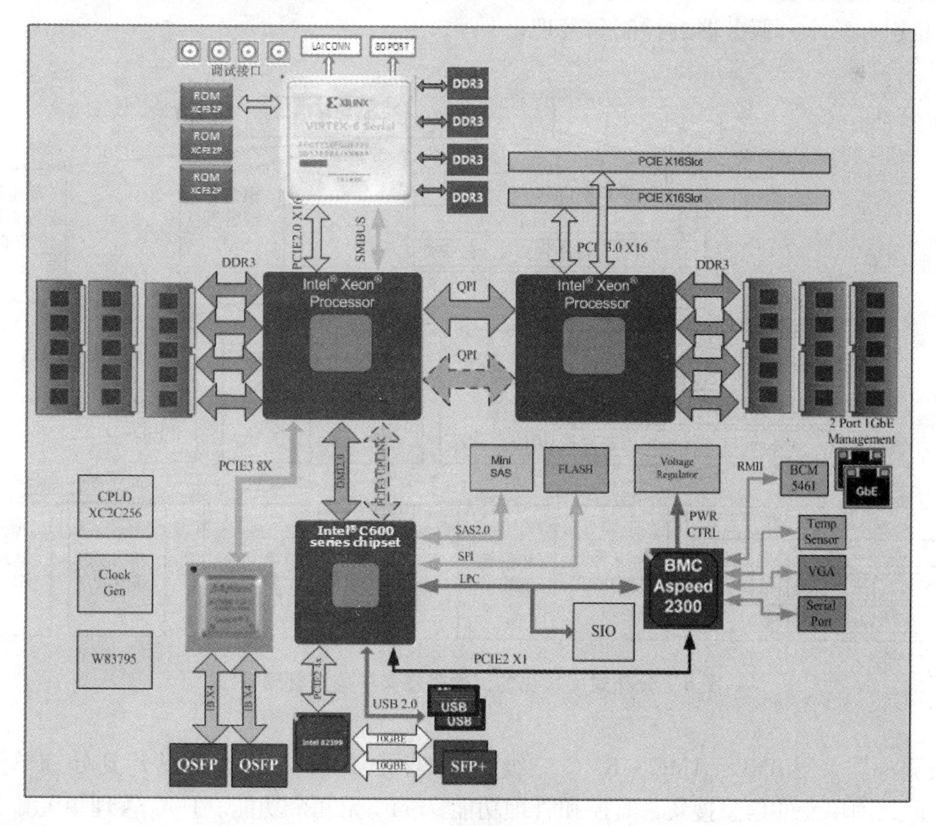

图7 动态可重构处理

基于面向性能加速的协处理器，通过搭配通用多核多线程处理器实现，该架构既可以利用高度并行负载设计的架构提供超高性能，又可以兼容现有的X86架构下的编程模型和工具。可重构系统二：通用处理器+FPGA芯片，随着大规模的可编程器件FPGA的发展，实时电路重构的思想逐渐成为电子信息领域研究的焦点，专用集成电路(ASIC)采用硬件模式，通过固化的特定运算和单元电路完成功能，指令并行执行，执行速度快、效率高，但开发周期长、缺乏灵活性。在实时性和灵活性要求都比较高的场合，采用通用微处理器或ASIC效果欠佳。

可重构异构协处理器主要特性如下：利用可复用的软、硬件资源，根据不同的应用需求，灵活地改变自身体系结构。GPU/FPGA器件可多次重复配置逻辑的特性使可重构系统成为可能，使系统兼具灵活、便捷、硬件资源可复用等特性，通过阵列中的SRAM或FLASH单元对FPGA进行编程。

4 监控管理系统设计

分布式层次化的云服务器集中监控管理系统(见图8)，可满足超大规模的云服务器统一监控管理的需要。分布式层次化的云服务器集中监控管理系统图监控管理系统分为单元控制中心、模块监控管理中心、模组监控管理中心和云服务器集中监控管理中心等4级；单元控制中心负责模块单元信息的采集和控制，并可以按照预设的策略库对单元进行功耗调整和故障处理；模块监控管理中心、模组监控管理中心、云服务器集中监控管理中心分别负责单机柜、机柜组和整个云服务器的控制和管理。

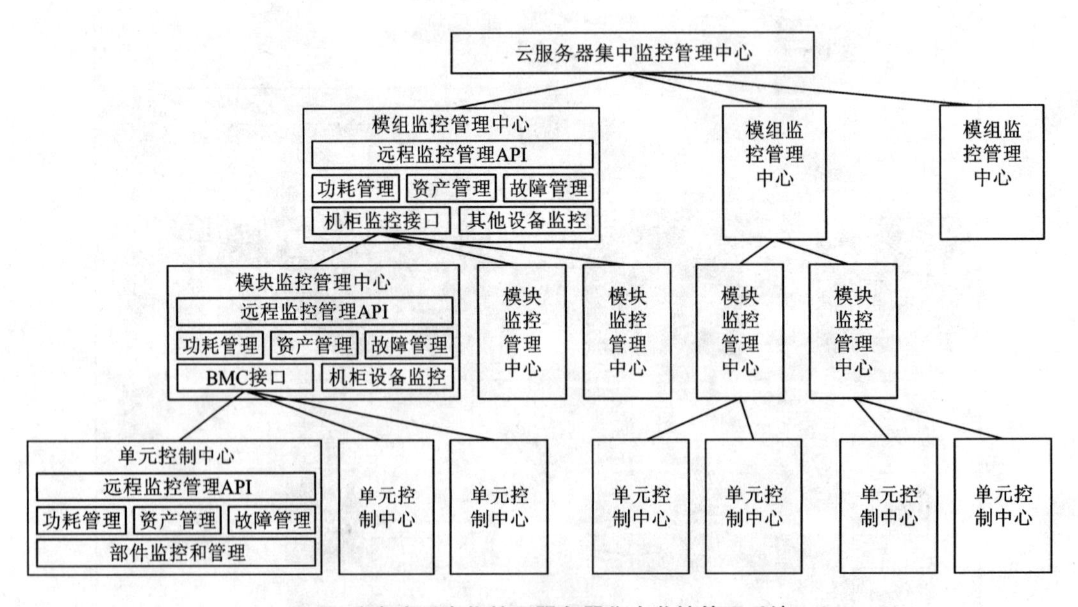

图8 分布式层次化的云服务器集中监控管理系统

云服务器采用BMC-TMC-RMC三级管理架构。BMC芯片直接贴片到处理单元基板上，负责处理单元的信息搜集、监控和管理功能，BMC无冗余功能。TMC管理单元位于Tray子柜后部，安插在信号背板连接器上，负责整个Tray子柜内部单元的信息搜集、监控和管理功能。单个 Tray 子柜可配置 2 块 TMC 管理模块，支持互备冗余。RMC 管理单元位于电源模组后部，负责整个机柜单元的监控管理。整机柜系统支持两块 RMC 管理单元，支持互备冗余。整机柜监控管理架构见图 9。

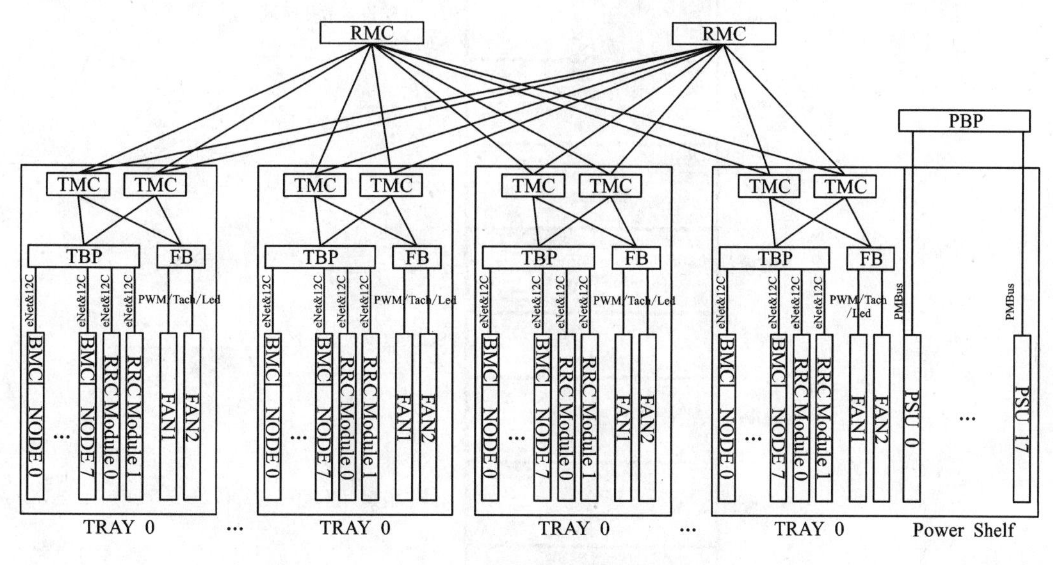

图 9　云服务器三级监控管理架构

5　散热设计

考虑通用性、经济节能等因素，云服务器散热方式以风冷散热模式为主，辅以相变散热或水冷散热；同时考虑当前主流数据中心倾向于尽可能利用自然环境为数据中心制冷，云服务器设计支持高温数据中心使用。

（1）处理单元散热设计。处理单元高功率器件采用相变制冷散热器，以降低散热压力和电力消耗，散热器使用低沸点冷媒介质，冷媒介质凝结液通过发热器件时被气化快速带走热量，加热后蒸汽传递到凝结器后经过风扇散热变回液体流回。由于相变过程可以快速带走热量，相对传统铝制或铜制散热器来说，具有更高的导热率。在相同条件下，可以使用转速更低的风扇达到散热效果。

（2）云服务器模组散热设计（见图 10）。整机柜系统散热划分为两部分，即集中散热区域和设备自助散热区域。集中散热区域位于整机柜 Tray 子柜区域（见图 11），上下各有 15U，总计 30U 空间，此区域以 Tray 子柜为单位，每个子柜后部安装双层共计 8 颗 8038 风扇，对子柜内的处理单元/扩展单元、IO 单元、TMC 单元、TSW 单元进行集中散热。

右侧可重构异构计算单元可根据配置需要，支持 GPU/FPGA 异构扩展单元或存储扩展单元（见图 12）。在散热仿真分析中，配置 PCIe 扩展单元时由于 GPU/MIC 卡自身功率高，发热量大，其整体散热效果相比于配置存储扩展单元或全部配置计算单元都要严苛一些。散热设计的主要挑战在于右侧单元采用 PCIe 扩展单元的配置。在设计过程中应选取仿真结果较严格的计算模块结果，在 2U 空间下器件散热符合国标 35℃的需求要求。

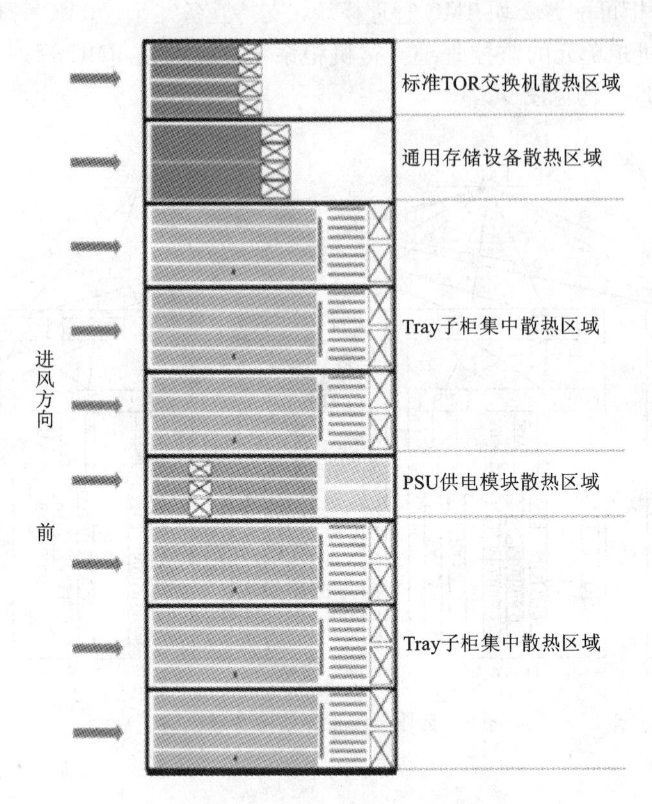

图10 云服务器模组散热设计

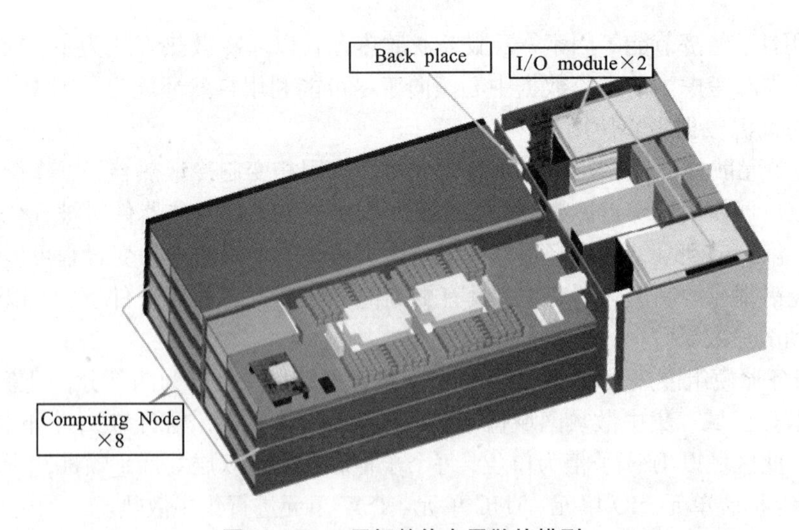

图11 .Tray子柜整体布局散热模型

(3)云服务器模整机散热方案(见图13)。采用冷热风区设计，CB两侧是冷风区及维护通道，冷风从通道底部地板送入，中间通道为热风区，顶部为补强冷风装置(可采用相变散热或冷风引流方式)，两侧CB机柜背部为整体风扇墙，风扇墙采用整体设计，集中供电，集中

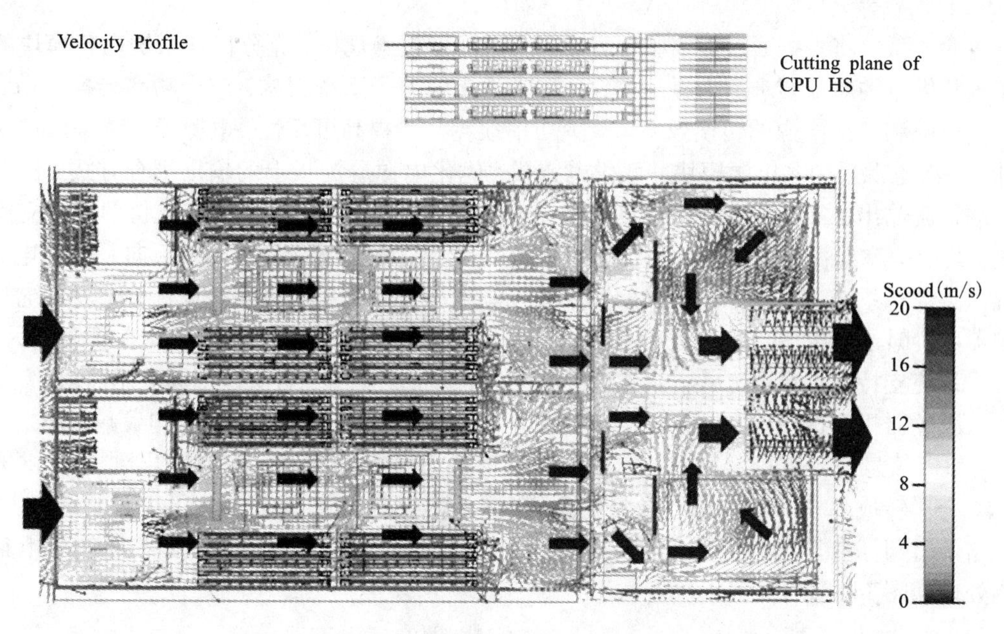

图 12　可重构异构计算单元风道流向

管理，温控调速，可分区控制。冷热分区设计便于数据中心制冷设计及快速部署。整体风扇墙设计可以采用更大尺寸的风扇，节能降噪，同时集中供电和管理，便于维护，降低运维成本。风扇温控调速和分区控制，可进一步降低散热电力消耗。

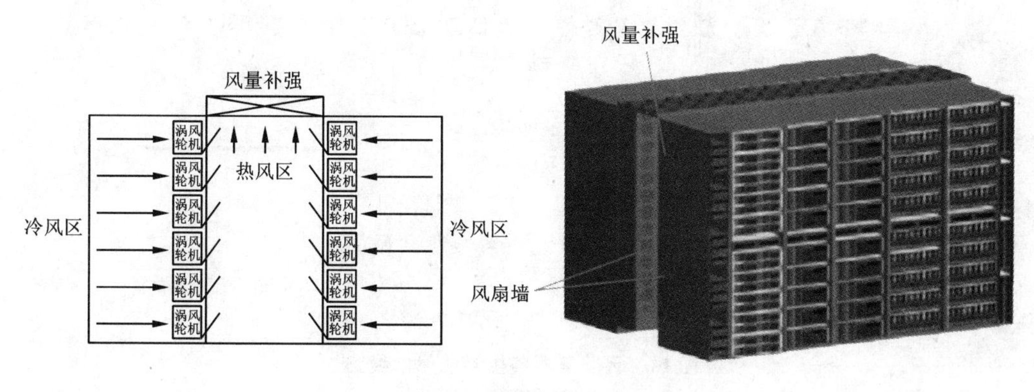

图 13　整体散热方案

6　电源设计

电源子系统是保证云服务器可靠运行的必备条件。电源子系统的功能是转换公共电网的电能，为云服务器提供持续稳定的输出电压和充足的电流驱动能力，保障系统正常运行。电源子系统设计采用两级集中式供电思路，一次电源实现机房供电电压到 12 V 直流的转换，12 V直流输出到系统内各模块上，由板载的非隔离负载电源进行转换，提供系统所需的 5 V、

3.3 V、1.2 V 等电压。

电源子系统将根据云服务器整体方案，严格规划技术规格，充分保证系统内各模块的功率需求和供电的质量要求。为提高效率，需要优化电源子系统架构，减少功率转换环节，提高一次电源和二次电源的转换效率，减少功率损耗。为提高可靠性，电源子系统采用模块化设计，一次电源采用多电源模块并联供电方式，优化电源分配板上的输出耦合方式，保证模块间的均流输出，各电源模块支持热更换。电源子系统全冗余设计，系统支持两路独立冗余供电，其中一次电源并联冗余设计，通过电源分配板，叠层母排及系统中板向系统供电，而系统内关键子系统二次电源同样采取冗余设计。电源子系统采用数字化设计，通过系统管理控制器可实时了解电源子系统运行参数，根据不同运行状态，对电源进行动态管理。另外，电源子系统支持多种供电方式，如交流供电、高压直流供电等，可满足不同应用需求。

云服务器机柜选用两颗冗余的单相或三相 PEM 对整机系统进行 AC 供电，并对电压、电流、功率等信息进行监控。AC 输入电源经 PEM 后分作两路输出，一路输出到 PSU 供电模组，经 PSU 转成 12 V DC 电源经电源背板、BUS BAR 为上下共 30U Tray 子柜区域进行供电；另一路输出到标准 TOR 交换机和通用存储设备的 PDU 模块。系统供电线路与系统供电整体结构处理如图 14、图 15 所示。

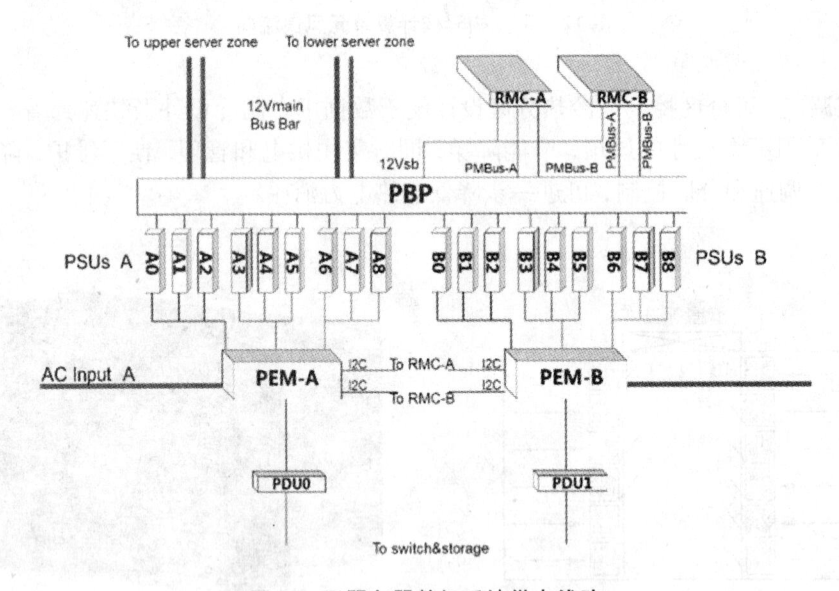

图 14　云服务器整机系统供电线路

服务器机柜使用两颗单相或三相 PEM 对整机系统进行 AC 供电，可实现对系统的冗余供电，系统的双输入设计有效提高了系统的可靠性，其中一颗 PEM AC 输入掉电，另一颗可满足系统整体供电需求。PEM 单元可通过 I2C 和主机系统通信，实现对电压、电流、功耗等信息的监控；PEM 单元自带告警功能，当系统供电出现过压、过流等现象时可显示故障状态并告警，主机系统可通过 I2C 通信进行设置告警阈值。

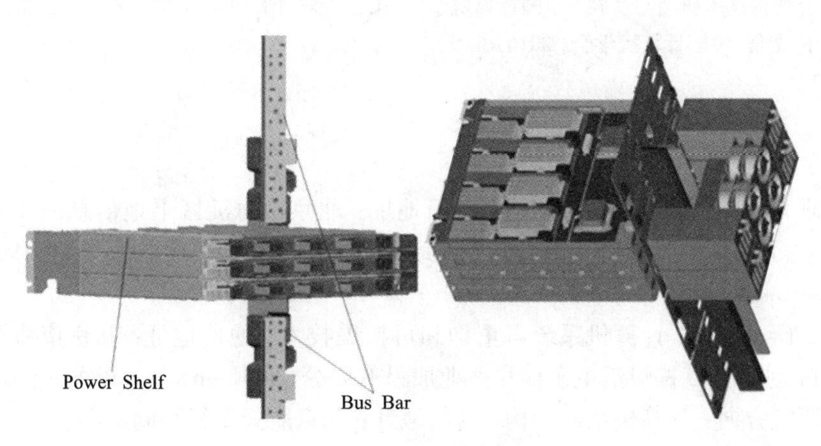

图 15 系统供电整体结构

7 总结以及展望

大规模数据中心应用实践表明，面向多业务负载的可动态重构异构云计算服务器系统支持不同场景的多模块计算单元、统一管理系统、高效供电和散热技术等一系列关键技术，可重构异构的计算、存储、网络、管理、I/O 节点模块化，支持灵活组合，相较通用机架式服务器，可大幅度提升部署密度；整机电源模块集中供电，各节点通过 Bus Bar 从电源模块取电，结合电源负载动态调整技术，电源转换效率可达94%以上。机柜背部采用双转子冗余风扇散热墙模组、风扇转速自动调节等功能，相同功耗下提供更大散热量。电源供给及冷却系统集中一体化，可降低15%功耗。实现统一集中管理和业务自动部署，实现管理中心对整机柜的功能模块和支撑模块统筹管理。依据状态信息，动态调节运行参数，保证业务更加稳定运行，实现节能，搭配专为可视化管理软件，实现简易化智能管理、简易维护，使得系统运维难度大大降低。结合云管理平台，实现应用的自动批量部署。

数据中心可以实现硬件层面的重构和虚拟化，效率可以比现在的软件虚拟化提升1～2个数量级，从而使资源利用更加平衡，可扩展性更强。通过软件定义计算、存储和网络，数据中心能够更加灵活地满足不同业务的多样性需求。通过使用各种新型异构器件，数据中心可以提高资源利用率、节约成本和降低能耗。可动态重构异构云计算服务器系统将促进数据中心由资源驱动型向业务驱动型转变，真正意义上实现开放融合、安全高效、智能绿色和灵动成长。

参考文献

[1] 吕天文，人工智能浪潮下的数据中心趋势分析，中国数据中心市场年会报告，2018

[2] 中国长江电力股份有限公司，长江电力 2016 年发电量完成情况公示，2017

[3] 王恩东，张东，亓开元. 融合架构云数据中心：概念、技术与实践[J]. 信息通信技术，2015，9(02)：31－36.

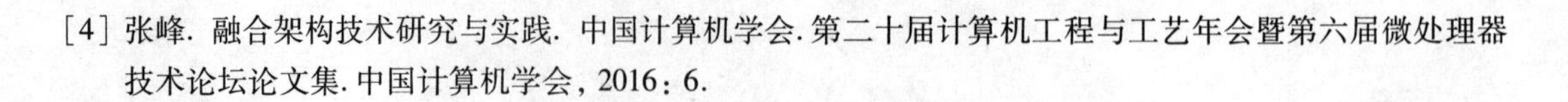

[4] 张峰. 融合架构技术研究与实践. 中国计算机学会. 第二十届计算机工程与工艺年会暨第六届微处理器技术论坛论文集. 中国计算机学会, 2016：6.

作者简介

张峰，研究方向：计算机系统结构；通信地址：北京市海淀区上地信息路 2 号国际创业园 C 栋浪潮电子信息产业股份有限公司；邮政编码：100085；联系电话：13581906898；E-mail：zhangf@ inspur. com。

胡雷钧，研究方向：计算机系统可重构和可扩展技术；通信地址：北京市海淀区上地信息路 2 号国际创业园 C 栋浪潮电子信息产业股份有限公司；E-mail：hulj@ inspur. com。

刘波，研究方向：计算机系统结构；通信地址：北京航天飞行控制中心。

NVMeoF 网络存储协议及硬件卸载技术研究

朱佳平　李　琼　宋振龙　董德尊　欧　洋　徐炜遐

【摘要】 随着高性能计算和数据中心应用对高性能存储需求的持续增长，NVMe - SSD 被广泛应用于高性能存储领域，以满足应用程序对于高带宽和低延迟的 I/O 需求。基于 NVMe 扩展的 NVMeoF(NVMe over Fabric)网络存储协议可以基于多种 RDMA 网络承载，用于主机和存储节点或设备之间进行互连通信，更适用于新时代的高性能数据中心。针对软件实现 NVMeoF 协议带来的 CPU 和内存瓶颈问题，研究基于硬件的 NVMeoF 协议卸载技术具有重要的研究意义。本文研究设计了 NVMeoF 协议硬件卸载机制，通过实现基于虚设备空间的地址映射和旁路处理器及内存的 P2P 直通访问，减少了数据拷贝和软件开销，可显著减少远程存储访问延迟。实验结果表明，相比本地 NVMe 协议，基于 FPGA 的 NVMeoF 硬件卸载实现引入的 I/O 延迟仅为 15us 左右。

【关键词】 SSD；NVMe；NVMeoF；RDMA

1　引言

随着大数据时代的到来，海量数据处理的实时性对存储系统提出了更高的要求。数据中心、高性能计算对存储系统的带宽、延迟和可靠性的要求更为严苛，对传统基于磁盘的存储系统进行简单改进难以满足这些要求，存储的 I/O 瓶颈越来越突显。随着物理学、材料学等基础学科的发展以及制造工艺的大幅提升，大量新型非易失存储介质(non-volatile memory, NVM)，包括闪存(SSD)、相变存储器(PCM)以及阻变存储器(ReRAM)得到了迅猛的发展。其中，闪存是目前最为成熟的新型介质，对比传统的机械磁盘，闪存具有随机访问性能高、延迟低、功耗低、带宽高等特点，引起了产业界和学术界的广泛关注。随着集成度的不断提升，制造工艺发展已经到 20 nm 以下，单位成本也在按照每年40% ~ 50% 的速度快速下降。目前，3D NAND 技术已经得到了广泛应用，闪存的存储密度、速度和可靠性都得到进一步提升。

随着基于闪存的 SSD 的不断发展，SSD 的性能得到了很大提升，但是使用传统的 SATA/SAS 接口和 AHCI(advanced host controller interface)传输协议进行数据传输制约了闪存性能的发挥。相比而言，采用全双工模式的 PCIe 总线作为存储设备的物理接口，可以在实现更高带宽的同时，进一步降低延迟，因此 PCIe 与闪存的结合成为必然趋势。

(1)延迟低：PCIe 设备直接和 CPU 相连，不需要通过南桥控制器中转，减少了内存拷贝操作。

(2)功耗低：PCIe 支持多种链路功耗状态，可以减少系统的功耗。

(3)高带宽：PCIe 3.0 的单链路带宽可以达到 1 GB/s，刚刚发布的 PCIe 4.0 规范更是将 PCIe 的传输速度翻了一番，目前 PCIe 3.0 ×4 接口可以使闪存设备达到 4 GB/s 的接口速率，是 SATA 接口速度的 7 倍左右。

与 SATA 接口相对应的 AHCI 传输协议是为了优化机械硬盘的读取延迟而设计的，传统的 SATA 设备仅支持单队列 32 条指令，SAS 设备支持的指令条数虽增加到 256 条，但是并没有解决单队列的问题，对多核心的支持也受限。所以，虽然 PCIe 接口带来了闪存设备物理接口的速率提升，但是如果继续使用 AHCI 传输协议，并不能充分利用 NVM 闪存的并行性。2011 年，在 Intel、EMC、DELL 等多家厂商的推动下，针对 PCIe SSD 的 NVMe 协议标准应运而生。在存储领域，NVMe 已成为未来 SSD 的发展趋势。NVMe 协议作为全新的接口标准，针对 PCIe 高速接口和多核的特点，采用精简的命令集进行精简的调用，优化了接口寄存器，并通过在主机端支持多提交队列和完成队列提高了并行性和可扩展性。

然而 NVMe 协议是针对本地节点设计的，不适合大规模的存储网络。2016 年，基于 NVMe 协议的 NVMeoF(NVMe over fabric)协议正式发布。NVMeoF 对 NVMe 标准在不同网络协议上进行了扩展，把 NVMe 协议在单机系统提供的高性能、低延迟和低协议开销的优势进一步发挥到了 NVMe 存储系统互连结构中，确保通过 NVMeoF 协议扩展后存储性能无明显降低。

通过软件方式实现 NVMeoF，CPU 和系统内存都需要参与 NVMe 存储访问流程，多个 NVMe 设备的并发访问加剧了 CPU 和系统内存的占用率，并且其他操作也会占用 CPU 和系统内存，CPU 和系统内存会成为系统瓶颈。因此基于硬件实现 NVMeoF 协议卸载具有重要的研究意义。本文分析了 NVMeoF 协议的卸载与硬件加速机制，设计了 NVMeoF 硬件加速引擎的整体架构，对卸载方案的重点——虚设备空间的地址映射和旁路处理器实现内存的 P2P 直通访问机制进行了重点介绍。

基于 NVMeoF 的硬件卸载平台，对提出的卸载方案进行了实际部署，对 4 块 Intel P3600 400G SSD 进行了延时、IOPS 和带宽的测试。实验结果表明，相比于本地存储的 NVMe，NVMeoF 仅附加了 15 μs 以内的网络延迟，最大的 IOPS 能够达到 1.3 MB，最大带宽达到了 9355 MB/s。

2 NVMeoF 协议分析

2.1 NVMe 协议分析

NVMe 作为全新的接口协议标准，是 NAND 闪存和下一代固态存储优化的技术规范。与传统 SSD 采用 SATA、SAS 接口及 AHCI 传输协议不一样的是，NVMe 设备使用高速的 PCIe 总线和 CPU 直接相连，针对 PCIe 高速接口和多核的特点，为 PCIe SSD 定义了专门的命令集，优化了接口寄存器，并且在主机端采用多提交队列和完成队列来提高并行性和可扩展性。在驱动层，NVMe 接口标准旁路了传统块层中的请求队列及在其上的调度操作，直接将请求发送到驱动层的多队列中进行处理，既避免了传统单一请求队列带来的性能瓶颈，又减少了因为调度器的无效操作带来的延迟。

NVMe 设备，具有以下优势[1]：

(1)精简的调用方式——执行命令时不需要读取寄存器，节省了 CPU 时钟；而 AHCI 每条命令需要读取 4 次寄存器，需要消耗 8000 次 CPU 循环，从而造成了 2.5 μs 的延迟。

(2)精简的命令集——仅需要 13 条命令，并且每条命令的大小为固定的 64 B，而传统的存储接口需要 200 条以上的命令。

(3)支持 MSI - X 中断——最大支持 2048 个中断，允许多线程或多进程同时访问 NVM；而 AHCI 仅支持单中断。

(4)支持多个深队列——最大支持 64 kB 个队列，每个队列的深度也是 64 kB，充分利用了闪存设备的并行性，可以在多核 CPU 上并行处理，每个应用和线程都可以分配到属于自己的队列，因此不需要 I/O 锁的设计[2]。

图 1 所示为 NVMe 多队列结构。

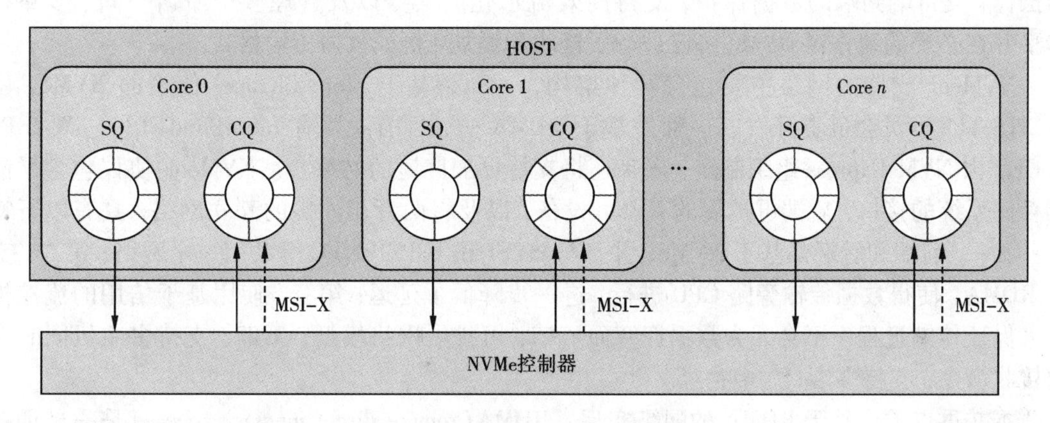

图 1　NVMe 多队列结构

这种设计思路不需要独立的存储控制器(HBA)，极大地降低了存储处理过程中对 CPU 的需要，减少了对 CPU 的占用率，这就使得 NVMe 相比 SCSI 和 SAS，降低了开销，从而降低了 50% 以上的时延，带来了 4 倍的带宽和 IOPS 提升。以 IOPS 为例，15 kB 的 HDD 只能达到 210 的 IOPS，6 Gb SATA SSD 能达到 90 kB IOPS，12 GB SAS SSD 能达到 155 kB IOPS，而目前企业级的 NVMe SSD 已经可以实现 750 kB IOPS。

虽然 NVMe 是一个全新的接口标准，但是是针对本地节点上 PCIe 闪存的使用和传输设计的。本质上，PCIe 是一种内部总线，由于受 CPU 和主板的限制，可供使用的 PCIe 通道是有限的，并不适合建立大规模的存储网络以及长距离的数据传输。在这种限制下，将会把 NVMe 限制在 DAS(direct attached storage)技术上使用，也就是在一个服务器里，将 SSD 连接到处理器上，或者将所有的闪存阵列连接到一个机柜里面[3]。

2.2　NVMeoF 协议分析

2016 年，基于 NVMe 协议的 NVMeoF 协议正式发布。NVMeoF 可以基于多种网络承载 NVMe 协议，如以太网(RoCE/iWARP)、InfiniBand、FibreChannel 等，把 NVMe 协议在单机系统提供的高性能、低延迟和低协议开销的优势进一步发挥到了 NVMe 存储系统互连结构中。

实验表明，采用 NVMe PCIe 的 SSD 的读延迟小于 10 μs，而使用 SCSI 协议远程访问将会带来 100 μs 级别的延迟开销，这就不能充分发挥 NVMe 闪存的优势。而 NVMeoF 具有非常低的延迟，相比于本地存储的 NVMe，NVMeoF 仅附加了 15 μs 以内的网络延迟，确保通过 NVMeoF 协议扩展后存储性能无明显降低。基于 NVMeoF 的主机可以通过 NVMeoF 互连网络访问数据中心的任一存储节点或存储设备，更适用于新时代的高性能数据中心[4]。

NVMeoF 是一种用于主机和存储系统相互通信的网络协议。相比 iSCSI，NVMeoF 拥有更低的延迟，在实际中通过网络传输仅增加十几微秒的延迟。这使得本地存储和远程存储的区别变得非常小。它支持的网络协议非常广泛，兼容 JBOF 和 SAN。

NVMeoF 是对 NVMe 标准在不同网络上的协议扩展。为了尽可能地保持协议之间的一致性和继承性，NVMeoF 采用了和 NVMe 相同的体系结构、指令集、队列结构和命名空间结构，包括可扩展的主机控制接口、优化的指令提交、完成路径，支持 64 K 个 64 K 深度的队列并行操作；支持端到端的数据保护，支持高效流水化的命令以及管理多个命名空间、多路径 IO。并在必要的地方对 NVMe 协议进行了修改和添加，例如数据传输格式。

NVMeoF 支持的网络主要包含两种架构，一种是基于 Fibre Channel 传输的 NVMe，由 INCITS T11 委员会负责开发。一种是基于 RDMA 的，目前主要有 InfiniBand(IB)、iWARP、RoCE，由 NVM Express 组织制定，未来还将支持更加广泛的网络[5]。NVMeoF 协议包含了前端存储系统的接口，后端可扩展的 NVMe 设备，以及将两者相连接的互联网络，具有以下特点：第一，前端和后端都基于 NVMe，并且与 iSCSI 和 TCP/IP、FC 等共用一个网络；第二，支持 RDMA，使得数据传输旁路 CPU 进行，进一步降低了延迟；第三，使用基于信用的流控机制来保证传输过程中不会因为数据拥塞而掉帧，可扩展网络模型；第四，支持多主机同时发送接收命令，支持多端口、多路径。

本文重点关注基于 RDMA 的网络实现。RDMA(remote direct memory access)是一种远程存储管理机制，允许将数据通过网络从一台机器的主存传输到另一台的主存中，并且不需要 CPU 的干预。在远程访问时具有低延迟、高带宽、高吞吐率、高并行性的特点。。

RDMA 可以基于不同的链路层协议实现。起初只有 InfiniBand 和自主互连网络 TH - Express 等专用的互连网络支持。近期基于以太网的 RoCE 和 iWARP 网络也支持 RDMA，以进一步扩大 RDMA 在数据中心的应用。RoCE(RDMA over converged ethernet)基于以太网进行 RDMA，采用 UDP/IP 帧。iWARP(interent wide area RDMA protocol)是在面向连接的传输之上进行 RDMA，例如 TCP，RoCE 和 iWARP 仅需要定制的 RDMA 网卡，就可以在现有的以太网交换机上进行部署，满足了部署的灵活性；RoCE 可以提供更低的延迟、强大的流控机制，相对应用更广。

3 NVMeoF 协议卸载与硬件加速机制

目前，在 Linux 内核 4.8 以上的版本，已经集成了 NVMeoF 的解决方案。除此之外，Intel 的 SPDK 基于 TGT 技术也达到了类似的效果。但是通过软件方式实现 NVMeoF，给 CPU 带来了很大的压力。CPU 和系统内存需要参与 NVMe 存储访问流程，多个 NVMe 设备的并发访问加剧了 CPU 和系统内存的占用率，并且其他操作也会占用 CPU 和系统内存，CPU 和系统内存会成为系统瓶颈。因此基于硬件实现 NVMeoF 协议卸载具有重要的研究意义。硬件实现

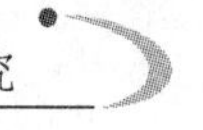

NVMeoF 协议中关键控制通路和数据通路功能，通过存储和网络间数据交换的直通管道，实现旁路 CPU 和内存的远程数据直通访问，减少数据拷贝和软件开销，消除传统数据传输方法中系统内存的瓶颈，提高传输效率。

3.1 NVMeoF 硬件加速引擎整体架构

存储网络直通控制模块主要包含三个部件，即 RDMA 使能的网卡 RNIC、可映射到 PCIe 空间地址的存储缓冲 Buffer 和 NVMeoF 硬件加速引擎。NVMeoF 硬件加速引擎实现了 NVMeoF 的协议卸载与硬件加速功能。如图 2 所示，NVMeoF 硬件加速引擎主要包含下列处理单元：VP(Virtual Port)队列处理单元、仲裁处理单元、NVMeoF 命令分析单元、NVMe 命令映射单元、NVMe SQ/CQs 处理部件和数据传输处理部件。VP 是自主实现的 RDMA 通信协议中的一个概念，记录通信实体状态包括描述队列、MP 队列、事件队列等，避免通信实体间的相互干扰。VP 队列处理部件负责和 RNIC 进行交互，接收远端 Host 发送的 NVMeoF 命令包(command capsule)，并把 NVMeoF 命令存放在 NVMeoF SQ 中，访问结束后把相应的完成命令包(response capsule)发送到远端 Host。NVMeoF 命令分析单元从 NVMeoF SQ 中取出命令并进行分析，检查其是否符合 NVMeoF 命令格式，如果不符合则进行相应的出错处理。NVMe 命令映射单元对正确的 NVMeoF 命令进行地址转换处理，形成 NVMe 命令，经仲裁处理部件后，存放在 SSD SQ/CQ 队列中，此外，NVMe 命令映射单元也会对 SSD SQ/CQ 进行逆向地址映射，转换成 NVMeoF SQ/CQ。NVMe 处理单元则负责和 NVMe SSD 控制器进行交互，处理相应的 NVMe SQ/CQ，完成与 NVMe SSD 的 P2P 直通访问。数据传输处理部件负责管理 NVMe 硬件加速引擎和 Buffer 之间的数据传输。

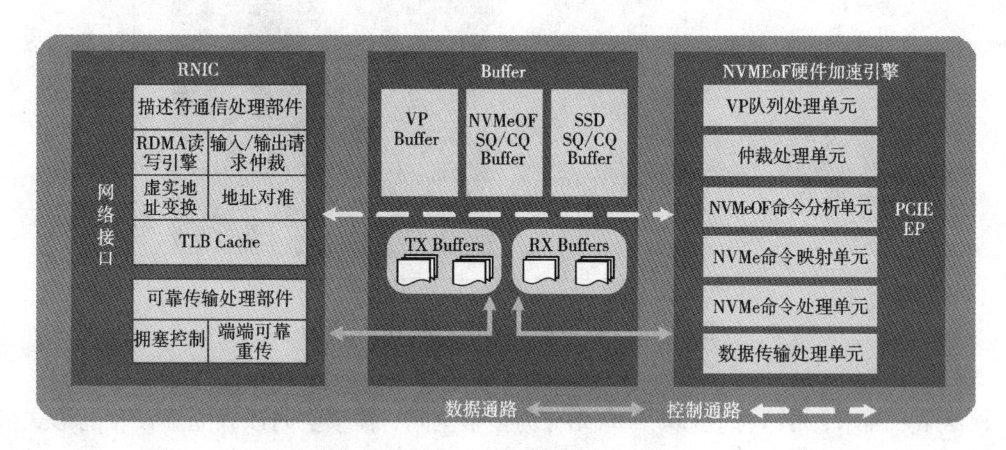

图 2　NVMeoF 硬件加速引擎架构

NVMeoF 协议的卸载采用存储和网络融合的实现架构，合理划分软硬件接口，对关键的控制通路和数据通路实现了硬件卸载，采用控制通路和数据通路分离的措施，实现多个远程 Host 对多组 NVMe 设备的并发访问。

NVMeoF 协议卸载方案的重点在于实现基于虚设备空间的地址映射和实现旁路处理器及内存的 P2P 直通访问。在远程 Host 到后端 NVMe 设备访问的控制路径方面，可研究基于虚设备空间的地址映射机制，从而实现网络和存储融合的一体化处理流程。在远程 Host 到后端 NVMe 设备访问的数据传输路径方面，可研究旁路处理器及内存的 P2P 直通访问机制，以减少数据拷贝和软件开销。下面分别予以介绍。

3.2 基于虚设备空间的地址映射机制

RDMA 和 NVMeoF 协议使用队列结构实现 Host 和目标节点之间的数据通信，基于虚设备空间的地址映射完成远程 Host 的数据访问请求队列和 NVMe SSD 访问命令队列之间的映射转换。本文中采用了 VP 的形式在 RDMA 协议中的通信实体间建立通信，多个后端 NVMe 设备给 Host 节点提供一个基于虚设备空间的统一视图，实现多个 Host 对存储设备的共享。每个 Host 可以创建 N 个 SQs，并连接 N 个 RDMA VP，实现到目标存储系统的访问。存储网络直通控制模块包含一个地址映射表，基于虚设备空间的地址映射机制基于地址映射表完成 Host NVMe Submission 命令到 SSD Submission 命令的转换，反之，还可以完成 SSD Completion 命令到 Host NVMe Completion 命令的转换[6]。图 3 所示为基于虚设备空间的地址映射示意图。

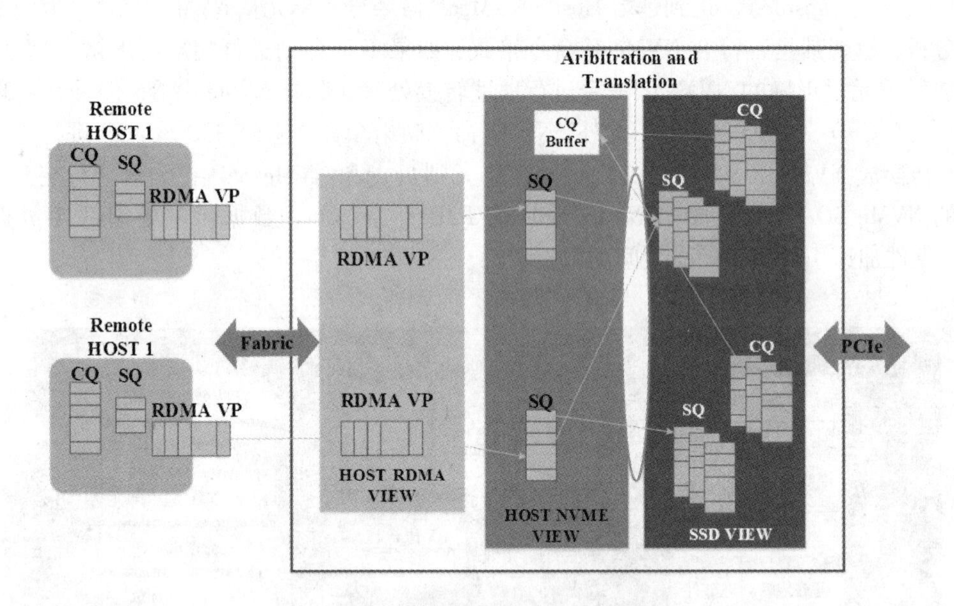

图 3 基于虚设备空间的地址映射示意图

根据用户需求，可以将 NVMe SSD 划分为多个空间，各个空间以独立虚设备的形式供用户使用。基于虚设备空间的地址映射机制可以实现 1 个 Host 节点对后端多个 NVMe SSD 设备的访问，并且 1 个 NVMe SSD 设备可以被多个 Host 并发访问。此外，通过地址映射机制，后端 NVMe SSD 设备的实现细节，包括拓扑结构等对 Host 是完全透明的，减少了管理的复杂性。

3.3 存储与网络融合的远程数据访问机制

我们研究了存储与网络融合的数据访问方法，一方面，通过卸载处理器部分功能到 RNIC，消除了 CPU 和 RNIC 中间的部分处理过程，简化了基于网络的 NVMe 存储设备的访问流程；另一方面，采用可映射 PCIe 地址的数据缓冲：存储数据和关键的 NVMe 命令队列数据结构、远程数据访问旁路系统内存，减少数据拷贝和软件开销，消除了传统数据传输方法中系统内存的瓶颈，提高了传输效率。图 4 展示了提出的数据传输方法和传统的数据传输方法的区别。以写访问为例，在传统实现方法中，通过基于 RDMA 网络，NVMeoF 写命令数据结构和用户数据从用户 Host 的内存传输到存储 Host 的内存中，当用户数据和写命令请求数据结构到达存储 Host 的系统内存中，存储 Host 的 CPU 把写命令请求转换成 NVMe Submission 队列，NVMe Submission 队列也保存在存储 Host 的系统内存中，最后，存储 Host 的 CPU 通知 NVMe 存储设备完成 DMA 传输，把系统内存中的用户数据传输到相应的 NVMe 设备。在传统的实现方法中，存储 Host 的系统内存和 CPU 需要参与 NVMe 存储访问流程，并且多个 NVMe 设备的并发访问加剧了 CPU 和系统内存的占用率，同时其他操作也会占用 CPU 和系统内存，CPU 和系统内存会成为系统瓶颈。本文提出的实现方法中，存储网络直通控制模块通过 NVMe 命令分析单元对从网络中接收的 NVMe 命令进行合法性检查，并把检查后的命令存储在 NVMe Submission 队列中，这个过程不需要 CPU 的参与。另外，利用存储网络直通控制模块中的数据缓冲，NVMe 命令不需要在系统内存和 NVMe 设备间进行传输，消除了系统内存瓶颈，利于扩展 NVMe 设备的规模。并且，用户 Host 不需要感知后端 NVMe 设备的拓扑结构，利于 NVMe 设备的虚拟化和池化处理。

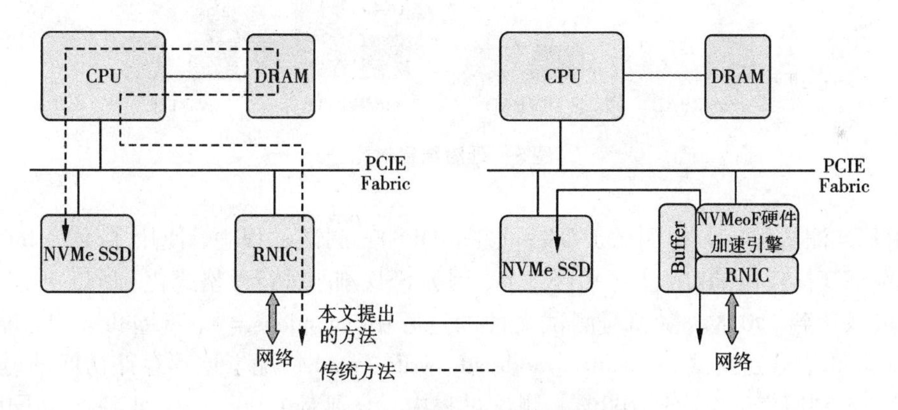

图 4　远程存储访问对比示意图

4　实验结果和性能评测

4.1　实验环境配置

在本次测试中，实验服务器采用了 2 颗 Intel Xeon E5 -2692v2 CPU，达到了 24 核 48 线程，配备了 128 GB 内存。操作系统采用 Red Hat Enterprise Linux Workstation 7.2，安装在 500 GB 的 SSD 中，由于需要支持 NVMeoF，将内核版本升级为 4.8。网络互连通信采用 Mellanox ConnectX -5 100 GbE 以太网卡以及配套的线缆。基于 Xilinx 公司的 FPGA 开发板构建 NVMeoF 硬件卸载实验平台，采用的测试软件为基准测试程序 Fio 3.6，测试对象为 4 块 NVMe SSD 硬盘，型号为 Intel P3600，存储容量 400 GB。

4.2 性能评测

采用基准测试程序 FIO 测试存储访问延时，测试过程中，使用单块 SSD。在编写测试文件的过程中，numjobs = 1，iodepth = 1，bs = 4 k，ioengine = psync，分别测试随机写、随机读、顺序写、顺序读(rw 分别为 randwrite、randread、write、read)情况下的本地和远程存储访问的延迟。在测试过程中，首先将 SSD 进行 4 K 格式化操作，之后执行完全相同的测试脚本。在本地测试时，直接将 SSD 挂载在服务器上，在测试 NVMeoF 硬件卸载方案时，服务器通过 100 GbE 网卡远程访问基于 FPGA 开发板的实验平台，开发板上集成了 RDMA 网卡以及 NVMeoF 硬件卸载机制，开发板和待测试的 NVMe SSD 硬盘直接相连。测试结果如图 5 所示，相比本地直连方式，基于硬件卸载实现 NVMeoF 网络存储协议附加的 I/O 延迟只有 15 μs。

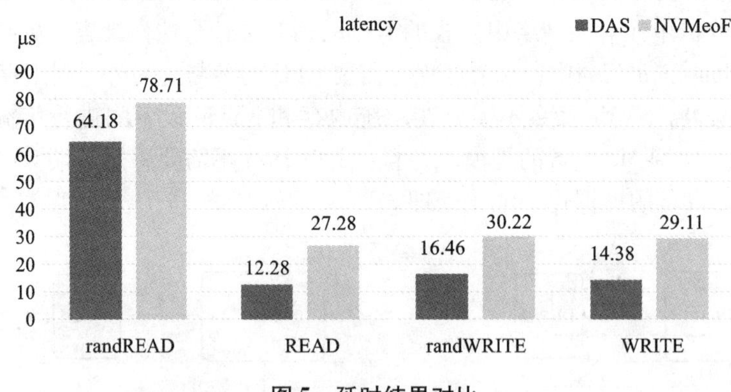

图 5 延时结果对比

采用基准测试程序 FIO 测试 I/O 吞吐率(IOPS)，测试过程中，使用了 4 块 Intel P3600 400 GB 的 SSD 挂载在 FPGA 实验平台之上，因为 SSD 刚刚进行过格式化，所以单盘 4 k 随机读 IOPS 可以达到 340 K。在编写测试文件的过程中，numjobs = 4，iodepth = 64，bs = 4 K，ioengine = libaio，分别测试 randwrite、randread、write、read 情况下远程存储访问的最大 IOPS 值，此时硬盘利用率已经达到 100%。测试过程中，分别对 1 块、2 块、4 块 SSD 同时访问，统计每次访问的总 iops。测试结果如图 6 所示，分别给出了随机读、顺序读、随机写、顺序写下的最大 IOPS，以随机读为例，4 块 SSD 盘的测试结果为 132 万(1328 k) IOPS，为单盘 SSD 的 IOPS 4 倍左右，呈现线性加速比，能充分发挥 SSD 的性能优势。

采用基准测试程序 FIO 测试存储访问带宽，测试过程中，使用了 4 块 Intel P3600 400 GB 的 SSD 挂载在 FPGA 实验平台之上，单盘顺序读可以达到 3000 MB/s 的带宽。考虑到 100 GbE 的以太网卡能够测试到带宽峰值，编写的测试脚本设置 numjobs = 4，iodepth = 64，bs = 1 m，rw = read，ioengine = libaio，测试过程使用 iostat 命令查看硬盘使用率，均达到了 100%。测试过程，分别对 1 块、2 块、4 块 SSD 同时访问，统计每次访问的总带宽，测试结果如图 7 所示，可以看到，顺序读取的最大带宽达到 9355 MB/s 左右。

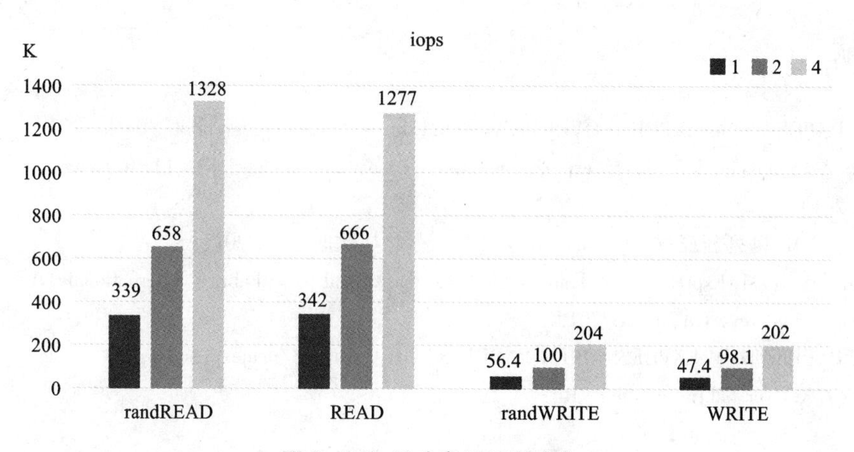

图 6　I/O 吞吐率 IOPS 测试

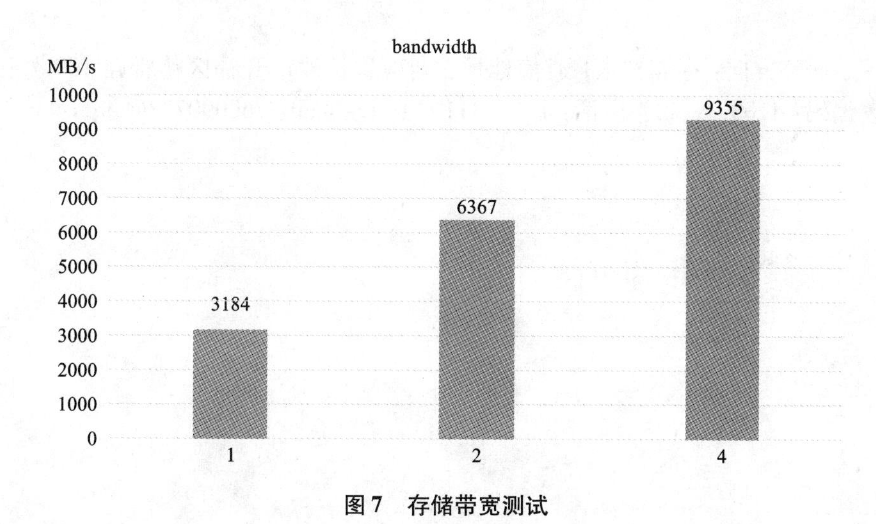

图 7　存储带宽测试

5　总结

本文研究设计了 NVMeoF 协议硬件卸载机制、基于虚设备空间的地址映射和实现旁路处理器及内存的 P2P 直通访问机制。采用控制通路和数据通路分离、存储和网络融合的方案，在远程 Host 到后端 NVMe 设备访问的控制路径方面，研究基于虚设备空间的地址映射机制，实现了前端 Host 节点与后端 NVMe SSD 设备之间双向的并发访问，并屏蔽了后端 SSD 设备的实现细节，减少了管理的复杂性。在远程 Host 到后端 NVMe 设备访问的数据传输路径方面，研究旁路处理器及内存的 P2P 直通访问机制，简化了基于网络的 NVMe 存储设备的访问流程，消除了传统数据传输方法中系统内存的瓶颈，提高了传输效率。在基于 FPGA 的 NVMeoF 硬件卸载实验平台上，对设计方案进行了测试验证。结果表明，相比本地 NVMe 协议，基于 FPGA 的 NVMeoF 硬件卸载实现引入的 I/O 延迟只有 15 μs 左右。

参考文献

[1] WHITE PAPER：NVM EXPRESS OVERVIEW [OL]. http：//nvmexpress. org/
[2] Huffman A, Engineer S P. NVM express overview & ecosystem update[J]. Flash Memory Summit. (Aug. 2013), 2013.
[3] 严华兵. NVMe 阵列新篇章：NVMeoF JBOF [J]. 存储与数据技术, 2017.
[4] Minturn D. NVM Express Over Fabrics [C]//11th Annual OpenFabrics International OFS Developers' Workshop. Monterey, CA, USA. 2015.
[5] WHITE PAPER：NVM EXPRESS OVER FABRICS [OL]. http：//nvmexpress. org/
[6] Xilinx. NVMe Over Fabric Solution [R].

作者简介

朱佳平，研究方向：存储技术；通信地址：湖南省长沙市开福区德雅路 109 号国防科技大学；邮政编码：410073；联系电话：13257311920；E－mail：760090722@ qq. com。

PCIe3.0 接口电源完整性设计与仿真

胡　晋　王彦辉　金利峰

【摘要】 本文研究 PCIe3.0 接口电源完整性设计与仿真技术。首先依据 PCIe3.0 接口电源供电要求，分析封装与 PCB 板级电源设计要点，随后分别建立 PCIe3.0 接口电源芯片级、封装与 PCB 板级电源分配网络模型，最后利用电路仿真工具开展 PCIe3.0 接口电源时域瞬态仿真，进而验证 PCIe3.0 接口电源的实际特性。本文所述方法可以为封装与 PCB 板级 PCIe3.0接口电源完整性设计与仿真提供有效指导。

【关键词】 PCIe3.0 接口；电源完整性；滤波电容；S 参数

1　引言

当前 PCIe 3.0[1] 以其高速率高带宽的特点成为服务器平台常用的主流的外设接口，在通信、网络以及高性能计算等领域得到了广泛的应用。信号传输速率的提升，带来信号时序裕量与电平容限的减小，与此同时，随着芯片代工工艺的持续提升，电源工作电压及容限范围也不断降低。由电源分配网络寄生分布特性所导致的电源的反弹或动态压降等问题，不仅会影响电源分配网络的正常工作，更有可能对系统内高速信号的稳定可靠传输带来隐患。电源完整性问题已经成为制约系统性能的主要因素[2,3]。

电源完整性设计与仿真是确保电源分配系统可靠稳定运行的重要手段。通常电源完整性设计与仿真主要针对 PCB 印制板，将电源完整性理论与 PCB 设计相结合，提出一系列解决高速印制电路板中电源完整性问题的优化方法[4]。本文针对 PCIe3.0 接口，开展芯片、封装与 PCB 系统级电源完整性设计与仿真技术研究。首先在明确 PCIe3.0 接口电源供电要求的基础上，分析封装与 PCB 板级电源设计要点；随后利用电磁建模仿真工具分别建立 PCIe3.0 接口电源芯片级、封装与 PCB 板级电源分配网络模型；最后基于电路仿真工具开展 PCIe3.0 接口电源时域瞬态仿真，进而验证 PCIe3.0 接口电源的性能特性。

2　电源设计要求

根据芯片器件手册，PCIe3.0 接口 VDD 与 VDDA 电源供电要求如表 1 所示，其中 0.8 V VDD 电源 DC 电平范围为 0.744 V ~ 0.88 V，要求 AC 峰峰值噪声低于 40 mV，1.8 V VDDA 电源 DC 电平范围为 1.674 ~ 1.98 V，要求 AC 峰峰值噪声低于 54 mV。

表1　PCIe3.0 接口 VDD 与 VDDA 电源供电要求

电源类型	DC 电平/V	AC 噪声
VDD	0.8 − 7% ~0.8 + 10%	Vpp < 5% DC
VDDA	1.8 − 7% ~1.8 + 10%	Vpp < 3% DC

为了满足上述电源供电要求，需要结合 PCIe3.0 接口电源电流与功耗信息，确定封装与 PCB 板级电源的叠层结构，开展电源静态压降分析，保证 PCIe3.0 接口电源 DC 电平控制在可允许的范围之内。同时，必须有效控制 PCIe3.0 接口电源 AC 噪声，确保 PCIe3.0 接口稳定可靠运行。PCIe3.0 接口电源 AC 噪声与电源分配系统环路电感直接相关，在设计中通常采用宽电源平面连接、优化电源地引脚分配、电源滤波电路就近放置等措施来有效降低PCIe3.0 接口电源环路电感。

3　封装与 PCB 板级电源设计

3.1　电源连接方式

PCIe3.0 接口电源在封装与 PCB 板级连接方式如图 1 所示。为了有效避免相同电源电平不同种类电源之间的耦合干扰，PCIe3.0 接口 VDD 电源与芯片其他 VDD 电源在封装内利用电源层分割独立供电。在 PCB 板级，则利用电源磁珠对芯片 VDD 电源与 PCIe3.0 接口 VDD 电源进行有效隔离。PCIe3.0 接口 VDDA 电源可参照 VDD 电源类似处理。为了形成低电感、低电阻的地平面，可以在封装内将 PCIe3.0 接口 VSS 与芯片 VSS 进行合并处理，从而可以为 PCIe3.0 接口高速 Tx/Rx 串行差分信号提供连续完整的地参考平面，提升高速链路传输信号完整性质量。

在 PCIe3.0 接口电源平面设计中，应尽可能远离如晶振、时钟等信号源，避免其他高速信号与 PCIe3.0 接口电源之间的噪声耦合。同时，在制定封装与 PCB 板级叠层分配时，应尽可能将 PCIe3.0 接口电源平面层与地平面层邻近分配，缩短电源平面与地平面间的距离，增大电源地平面电容，从而减小电源分配系统频域阻抗。

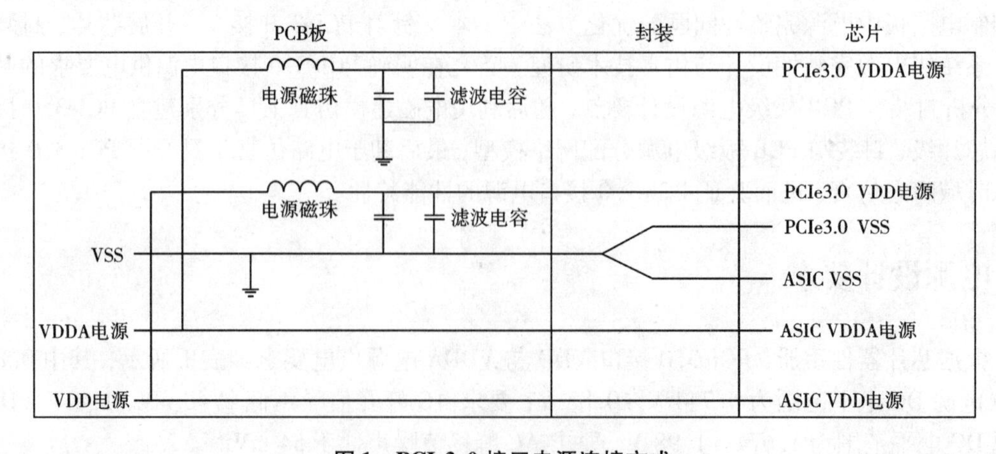

图1　PCIe3.0 接口电源连接方式

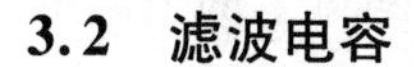

3.2 滤波电容

在电源分配系统中增加滤波电容是一种常见的电源噪声抑制方法。为了确保 PCIe3.0 接口的电源稳定性，在 PCB 板级，需要针对 PCIe3.0 接口 VDD 与 VDDA 电源设计滤波电容；在封装级，可以根据封装基板布局布线空间酌情考虑是否增加滤波电容。滤波电容的容值以及具体摆放位置需要根据电源完整性的仿真结果来进行确定[5]，通常可以选用 TDK/AVX 0.01 μF、0.1 μF、1.0 μF、2.2 μF、4.7 μF、10 μF、22 μF 等容值的电容。即使是相同容值的电容，其物理尺寸不同也会导致寄生电感与寄生电阻的差异，从而影响滤波电容实际的滤波效果。

通常情况下，低容值电容应尽量靠近器件放置，高容值电容可以稍远放置。在进行滤波电容实际布局时，应该尽可能靠近器件封装电源地引脚放置，缩短器件与滤波电容之间的距离，从而减小电源地路径上的环路电感。同时，可考虑采用多孔引盘或盘中孔设计，优化滤波电容引盘，降低滤波电容安装电感，提高滤波电容的滤波性能。

3.3 电源磁珠

PCB 板级电源磁珠用来隔离 PCB 板内其他供电电源与 PCIe3.0 接口电源间的耦合噪声，电源磁珠通常结合 10 μF 与 22 μF 电容共同构成电源磁珠滤波网络。

PCB 板级电源磁珠通常需要结合额定电流、直流电阻与频域阻抗(一般关注 100 MHz 频点)等多个参数来进行选型。本文采用的 PCB 板级 PCIe3.0 接口电源磁珠为 TDK MPZ1608S101A，其等效电路如图 2 所示，等效电路参数分别为 $R_1=120\ \Omega$，$L_1=0.55\ \mu H$，$C_1=0.38\ pF$，$R_2=0.022\ \Omega$。

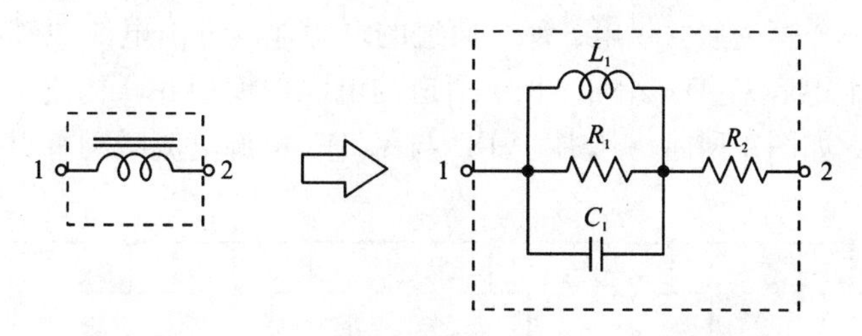

图 2　PCIe3.0 接口电源板级电源磁珠等效电路图

4　电源完整性仿真

4.1 电流激励

为了开展 PCIe3.0 接口电源时域噪声分析，首先需要提供电流激励信息。电源电流激励可以分为有向量电流激励和无向量电流激励两类，有向量电流激励通常需要编写测试向量，通过 Spice 仿真得到实际的电流翻转信息，无向量电流激励则通过模拟器件的工作行为特性来获取电源电流信息，属于行为级电流模型。一般而言，获取有向量电流激励较为困难，需要前后端设计人员紧密配合，且时间周期较长。

本文采用的是无向量电流激励，电流激励定义了 64 ns 时间段内各个时间点上的电源电流值，以 VDD 电源为例，其电源电流激励时域波形如图 3 所示。

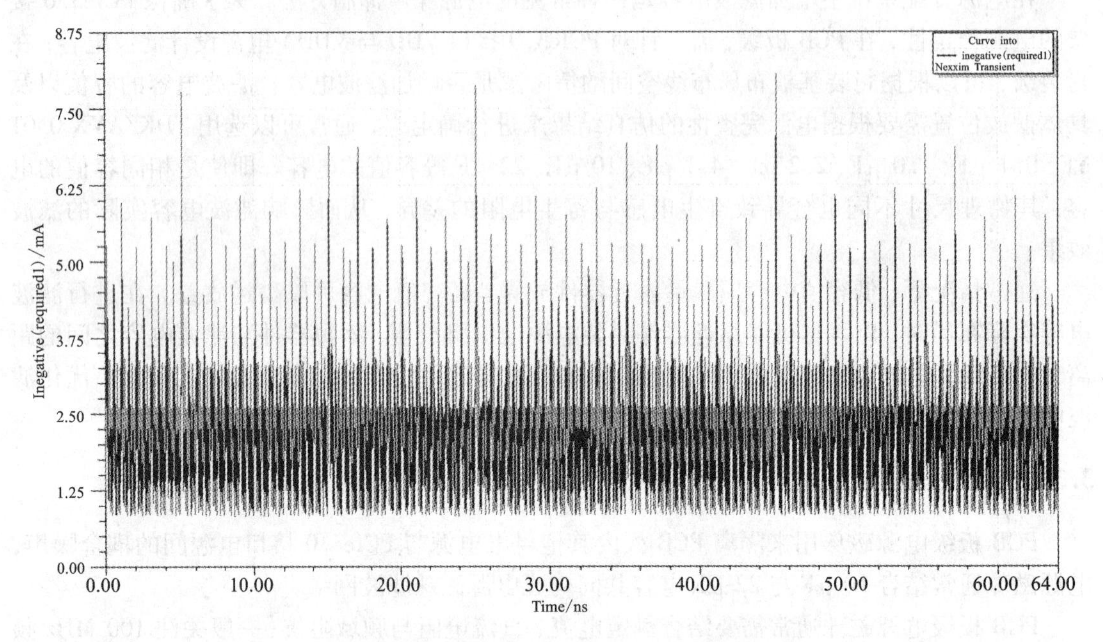

图 3　PCIe3.0 接口 VDD 电源电流激励

4.2　芯片级模型

在进行电源完整性仿真时需要考虑芯片片上电源分配网络的寄生特性。PCIe3.0 接口以 8 个收发通道作为一个模块独立供电，每个通道的电源地模型由电流源激励与片上寄生电阻 R_Die 以及片上寄生电容 C_Die 组成，8 个通道的电源地模型并联构成 PCIe3.0 接口芯片级电源分配网络模型，如图 4 所示。其中，VDD 与 VDDA 电源电流激励可以由前文所述无向量

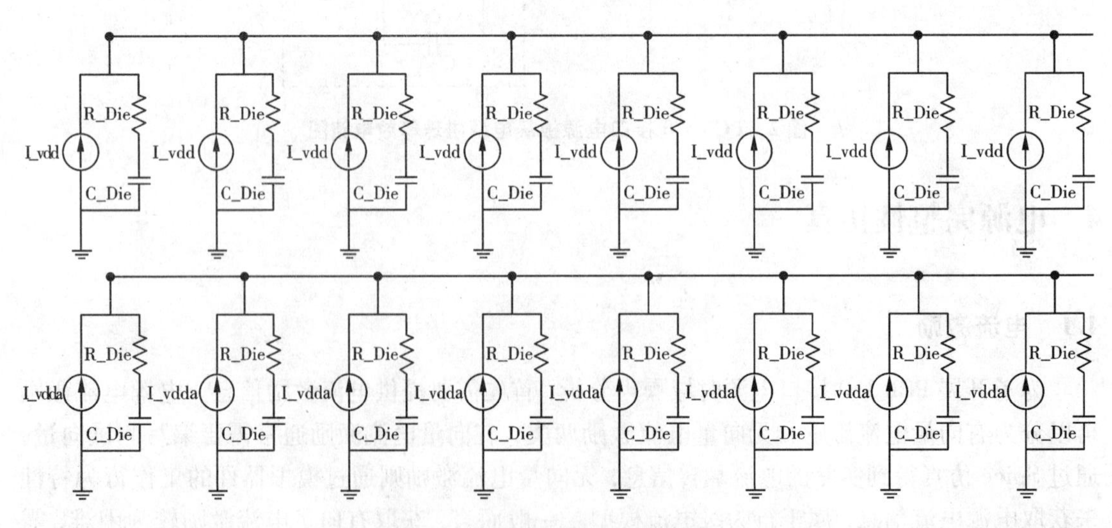

图 4　芯片级电源分配网络模型

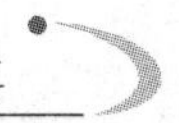

电流激励方法获取，每个通道内的 R_Die 及 C_Die 数值可以根据片上电源地网格线宽、层厚等物理参数进行等效计算得到。

4.3 封装与 PCB 模型

为了准确分析 PCIe3.0 接口的电源特性，还需要同时针对封装与 PCB 进行建模分析。封装与 PCB 板电源分配网络由电源地平面层、过孔、滤波电容、电源磁珠及电源调节等模块构成。其中，电源地平面层及其连接过孔由被介质分隔开的导体层所构成。由于介质厚度较小，电源地平面对电特性类似于电容。在低频时阻抗较低，适合为电路板上的元器件供电；当频率升高时，平面对地呈电感性，在某些离散频率点将发生谐振，导致电源分配网络中出现大的电源波动。滤波电容是电源分配网络的重要组成部分，合理有效的滤波电容布设可以显著降低电源噪声。电源磁珠的主要功能是隔离不同电源种类之间的耦合噪声。电源调节模块作为电源输出，其负载输出及调节能力将直接影响到电源分配系统的稳定可靠。

在前仿真阶段，封装与 PCB 板布局布线设计尚未完成，可以采用传输矩阵方法[6]对封装及 PCB 板电源分配网络频域特性进行初步估算。在后仿真阶段，封装及 PCB 板物理版图已经设计完成，可以直接利用三维全波电磁场建模仿真工具基于实际版图对封装及 PCB 板电源分配系统进行建模分析。对于封装，可以在封装 Bump 和封装引脚处分别设置仿真端口。对于 PCB 板，可以在封装 Pin 和电源调节模块输出引脚分别设置仿真端口，从而可以直接提取封装及 PCB 板电源分配系统的 S 参数。为了提高仿真效率，可以对多个电源地 Bump 和封装引脚端口进行合并处理。同时，为了精确表征封装及 PCB 板电源分配系统电气性能，需要为电源调节模块、电源磁珠及滤波电容设置合理的参数模型，其输出内阻、寄生电阻、寄生电容等模型参数可以通过查找相应的器件手册获得。

4.4 仿真结果

在分别获取芯片级、封装与 PCB 板级电源分配网络仿真模型的基础上，本文基于 Ansys DesignSI 电路仿真器[7]开展 PCIe3.0 接口电源完整性仿真。分别级联芯片级、封装与 PCB 板级电源分配网络模型，结合 PCIe3.0 接口 VDD 与 VDDA 电源电流激励进行时域瞬态仿真，仿真时长 250 ns，得到 VDD 与 VDDA 电源时域波形分别如图 5、图 6 所示。仿真结果显示芯片引脚位置 PCIe3.0 接口 VDD 与 VDDA 电源时域峰峰值噪声分别为 37.7 mV、1.3 mV，满足器件手册所定义的电源供电要求。

5 结束语

本文针对 PCIe3.0 接口研究电源完整性设计与仿真技术。在电源完整性设计中，首先根据芯片器件手册明确 PCIe3.0 接口 VDD 与 VDDA 电源供电要求，随后分别从电源地连接、叠层分配、滤波电容与电源磁珠设计等角度阐述了电源完整性设计要点。在电源完整性仿真中，分别建立芯片级、封装级与 PCB 板级电源分配网络模型，结合 PCIe3.0 接口电源电流激励，利用电路仿真器开展电源完整性时域瞬态仿真，进而分析验证 PCIe3.0 接口电源的实际特性。本文所述方法可以全面准确地分析 PCIe3.0 接口电源分配网络性能特性，为封装与 PCB 板级 PCIe3.0 接口电源完整性设计与仿真提供有效指导。

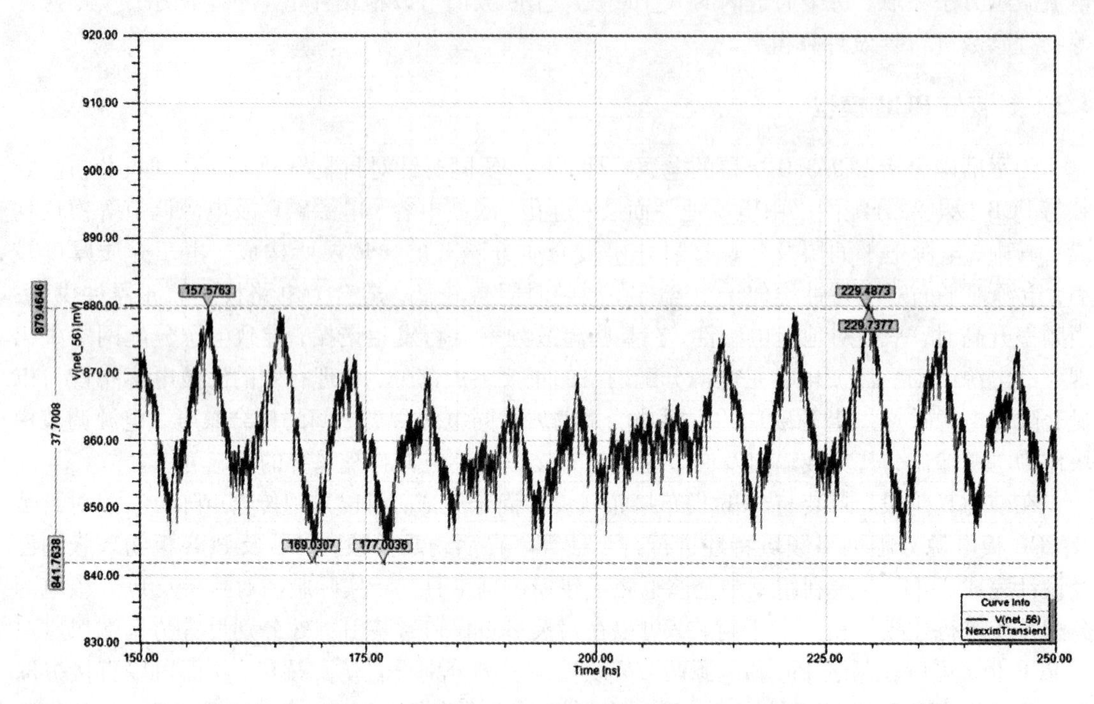

图 5　VDD 电源时域波形

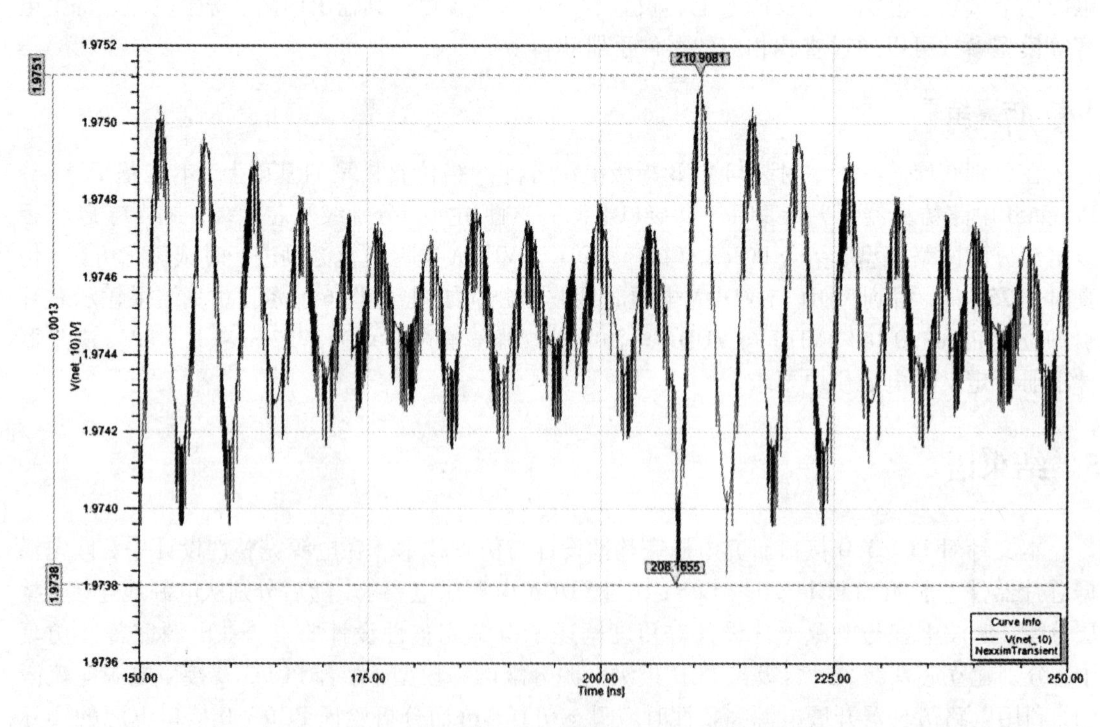

图 6　VDDA 电源时域波形

参考文献

[1] PCI - SIG[OL], http://www.pcisig.com/specification.

[2] W Ahmad, L R Zheng, Q Chen, et al. Peak - to - Peak Ground Noise on a Power Distribution TSV Pair as a Function of Rise Time in 3 - D Stack of Dies Interconnected Through TSVs[J]. IEEE Trans on Components, Packaging and Manufacturing Technology, 2011, 1(2): 196 - 207.

[3] M B Healy, S K Lim. Power Delivery System Architecture for Many - Tier 3D Systems[C], IEEE 2010 Electronic Components and Technology Conference, 2010: 1682 - 1688.

[4] 刘学杰，高进. 高速电路印制板中电源完整性的优化设计[J]，电子科技，2015，28(12)：147 - 149.

[5] Smith L D., Anderson R E., Forehand D W., Power Distribution System Design Methodology and Capacitor Selection for Modern CMOS Technology[J]. IEEE Trans on Advanced Packaging, 1998, 22(3): 284 - 291.

[6] J Kim, M Swaminathan. Modeling of power distribution networks for mixed signal applications[C]. IEEE 2001 Int Symp Electromagn Compat, 2001: 1117 - 1122.

[7] Ansys, Ansys DesignerSI[OL], http://www.ansys.com/products/electronics/DesignerSI.

作者简介

胡晋，研究方向：计算机体系结构与高速信号传输工程；通信地址：江苏省无锡市滨湖区山水东路江南计算技术研究所；邮政编码：214083；联系电话：13621509735；E - mail：puffbar@163.com。

王彦辉，研究方向：计算机体系结构与高速信号传输工程。

金利峰，研究方向：计算机体系结构与高速信号传输工程。

X－DSP 中 H.264 编码器加速模块的设计与实现

刘亚婷　孙书为

【摘要】 本文以实际通信系统的应用需求为背景，基于对 H.264 编码算法的数据相关、控制相关、数据复用等关键问题的分析，设计了专用加速模块的微体系结构；本文通过计算资源与存储资源配置，访问接口、访问冲突控制机制的设计，解决算法中的"生产－消费"流畅实现、数据复用等数据控制问题；通过控制信息交换机制的设计，解决各功能模块控制相关问题，使得整个系统可以无阻塞地工作；本文基于 Verilog 语言实现了专用加速模块的 RTL 模型，并完成功能和时序验证。

【关键词】 H.264 编码器；加速模块；微体系结构

1　引言

随着计算机和通信技术的发展，数字技术以视频、图像、文字等多种形式深刻地影响着人们的生活。然而，数字化媒体在满足人们对品质的更高要求的同时，也对数据传输带宽、数据存储容量等提出了更高的要求，特别是对于图像数据与视频数据。因此，研究和开发新型有效的视频压缩编码方法，以压缩过的形式存储和传输这些数据是最好的解决途径。

目前最主流的视频压缩标准是 H.264。H.264 在相同的视频重建图像质量下，相比以往的视频编码标准节省了 50% 以上的码率，实现了视频节目在更低的宽带上传输，可以节省大量带宽资源。经 H.264 视频压缩标准编码后的图像质量高，可以提供连续流畅的高质量图像。而且在质量不稳定的网络中，有较强的容错能力，可得到较好的图像质量。

针对编码器实现有多种方法：一是基于 PC 的软件实现，这种方案开发费用低，开发周期相对较短，但成本昂贵。二是基于 DSP 实现，DSP 处理能力强，开发周期短，但相对 1080 p 实时视频编码器来说，DSP 在编解码速度、功耗及成本方面难以同时满足要求。三是基于 FPGA 的实现，该方案兼具灵活性和高性能，但 H.264 编码算法复杂度高，必须采用较为先进的 FPGA 颗粒才能实现，成本太高。四是基于 ASIC 芯片实现，该方案性能稳定，功耗低，方案成熟。但硬件固定，灵活性不够。

基于以上方案的分析，提出基于 DSP 的专用视频编码加速模块的设计。该模块是 DSP 中集成专用的加速器件，其各模块的子功能可以对各自相应的核心算法进行计算加速，从而提高整个系统的计算性能，同时可以让一部分算法通过 DSP 软件实现，保证一定的灵活性。

2 H.264 算法分析

国际电信联盟远程通信标准化组织(ITU－T)与国际标准化组织国际电工委员会(ISO/ICE)组成了联合视频小组 JVT(joint video team)，并制定了视频标准 H.264。H.264 视频压缩编码标准沿用了混合编码的理念，同时结合了多种先进的视频标准技术。相比以往其他的视频压缩标准，其压缩性能有着显著的提高，但复杂度也有所提升。

H.264 编码结构图[1]如图 1 所示，其编码处理流程[2]如下：

(1)选择帧内或帧间模式。

(2)当前宏块与预测块 P 相减产生残差 Dn，将此残差块进行 DCT 变换和量化处理，产生一组系数 X。

(3)对 X 进行重排序和熵编码，在加上参数信息后可将压缩码率经 NAL 层传输。

(4)同时将系数 X 进行反量化、反变换后得到残差块 D′n。

(5)将残差块 D′n 与预测块 P 相加得到 uF′n，最后经滤波即为重建图像。

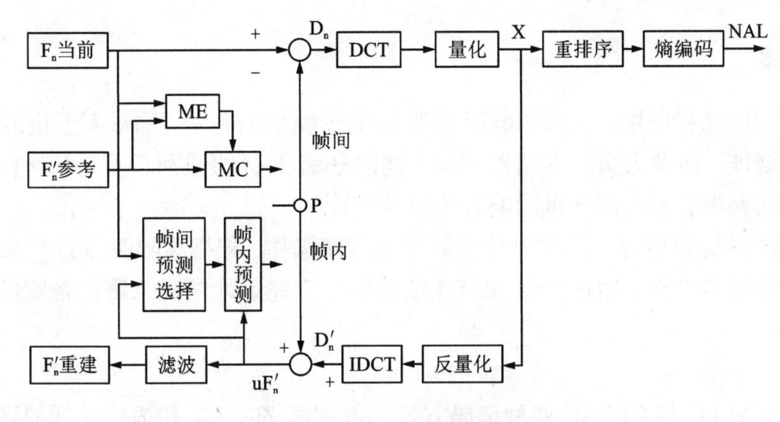

图 1 H.264 编码器框架图

基于以上 H.264 编码器的框架图，以关键模块为单位，分析各模块的实现难点并阐述本文对各模块采取的优化方式。

2.1 帧内编码

H.264 视频压缩标准中 Intra4 ×4 预测可分为 9 种预测模式[3]。在预测过程中，需要利用已重建子块提供的参考像素值遍历式地实现每一种模式，因此在硬件实现时造成了很多问题，如相邻 4 ×4 子块间的数据依赖性、重建子块的计算复杂度高、实现每一种模式的硬件资源共享等。Intra16 ×16 预测与 Intra8 × 8 预测都可分为 4 种预测模式[3]，其中 Plane 模式是 4 种预测模式中复杂度最高、计算量最大[4]，也是硬件实现过程中待解决的问题。在帧内编码模块的总体硬件实现中，还存在反馈回路太长、效率低、并行效果差、吞吐量小等缺点。

对于亮度宏块，本文并行处理所有将预测的模式，得到 SAD 值后比较每一种预测模式的 SAD 值并选择出最佳预测模式，仅将最佳预测模式的残差系数进行编码输出，提高效率。对于 Plane 预测模式，本文采取划分为子块，实现资源共享。同时本文还对 4×4 子块 16 个像素并行处理，根据有效参考像素限制预测模式，通过查表得到量化系数，重建像素时只重建被参考的像素的优化手段。

2.2 帧间编码

H.264 视频压缩标准中帧间编码可分为 8 种预测模式。编码时利用失真优化 RDO、搜索函数 SAD 与参考帧选择函数分别选出编码的预测模式、运动矢量与参考帧，计算量很大[5]，所以必须对帧间编码模块进行优化。

实验分析表明，采用多参考帧全部编码块模式的运动估计占整个 H.264 计算量的 85% 以上，而采用单参考帧的运动估计模块占整个 H.264 计算量的 60%[6]，所以本文舍弃多参考帧模式。本文通过限制运动估计的搜索框范围来减少计算量，通过并行结构分别计算 SAD 值以提高计算速度，同时还增加片内存储器弥补运动估计数据量过大情况，且在重叠的搜索区域内数据复用，SAD 加补偿项来度量失真以达到更好的效果，使用双线性内插代替二维六抽头内插滤波产生 1/4 像素精度以降低电路复杂度，SKIP 模式及 Intra16×16 模式的提早判断的优化手段。

2.3 去块滤波

H.264 视频压缩标准中，去块滤波时需要对图像帧中的每一个 4×4 子块的像素进行横向和纵向两次滤波，涉及大量的存储器读写，同时还有大量的饱和运算(clip)和大量数据相关性的分支跳转判断，这些都严重影响着编码效率[7]。

本文采取把具有相似特点的边界分组处理以方便操作，根据边界强度计算条件预先判断边界强度的值来减少计算，增加片内 SRAM 使数据计算完后才输出来降低带宽的优化手段。

2.4 熵编码

本文支持 CAVLC 与 CABAC 两种编码方式。数据经 Zig_Zag 扫描按照低频到高频的方式排序，但 CAVLC 编码是由高频到低频，所以本文采取 Zig_Zag 逆扫描来节约时间；CAVLC 编码是串行的，采取扫描与编码并行处理来使执行效率低优化；还采取增加统计模块获得编码所需信息进一步提高编码速度。

CABAC 压缩效率高但实现复杂，紧密的反馈回路使得编码效率低，本文将反馈回路拆开作并行处理，加快 CABAC 编码速度；增加一个双路径上下文 SRAM 存储相邻模块上下文的信息的优化手段。

3 编码器的设计与实现

基于 H.264 编码系统硬件实现特点，关键程序代码段和数据区必须存放在片内内存，而又由于片内内存大小的限制，大的数据块，如原始图像帧、参考帧、重建帧等必须存储片外 RAM。H.264 编码系统的硬件总体架构示意图如图 2 所示。

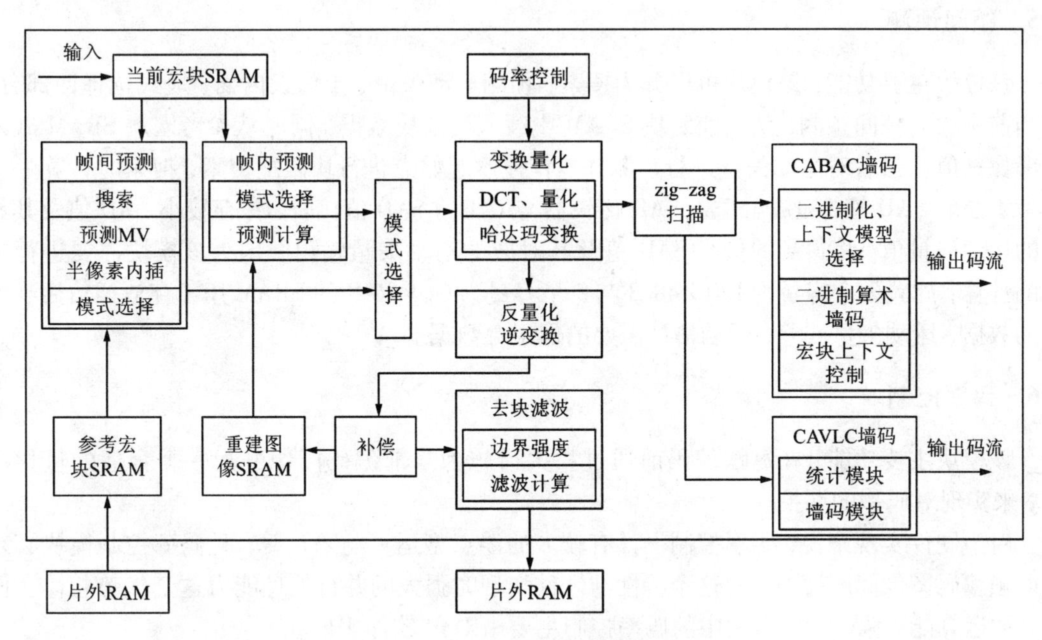

图 2　编码系统硬件总体架构

3.1　当前宏块 SRAM

该模块主要功能：存储当前待编码宏块像素，当处理完一个宏块后，还将待编码宏块像素输出到帧内预测模式和帧间预测模块。由于每次只有一个宏块的数据，数据量较小，因此该 SRAM 的容量为 384 ×64 B。并且采用了乒乓结构实现数据存储与预测模块并行处理，提高整个处理模块的速度。

3.2　参考宏块 SRAM

该模块主要功能：存储当前待编码宏块的参考像素，同时负责给帧间预测模块传输数据。为了方便数据的读取和后续传输，参考宏块的 YUV 分量单独存储。该 SRAM 的容量为 16064 ×64 B。

3.3　重建图像 SRAM

该模块主要功能：存储重建图像，还负责给参考宏块 SRAM 与帧内预测模块传输重建图像。配置 4 个容量是 118 ×64 B 的 SRAM。

3.4　帧内预测

该模块主要功能：该模块可分为模式选择、预测计算两部分。若当前宏块为帧内预测，从当前宏块 SRAM 中载入当前块数据，同时从重建图像 SRAM 载入当前宏块上方和左方的重构像素值，然后并行计算宏块各种预测模式。通过比较每一种预测模式的 SAD 值判断出待编码宏块的最优预测模式，同时得到最优预测模式对应的残差数据，最后输出残差数据。

3.5 帧间预测

该模块主要功能：该模块可以分为搜索、预测运动矢量、半像素内插、模式选择四部分。若当前宏块为帧间预测，从当前宏块 SRAM 中载入当前块数据，同时从参考宏块 SRAM 载入参考像素值。然后对运动矢量进行预测并当作搜索起始点进行块匹配搜索，搜索时计算一个参考宏块的 SAD 值，完成后送入 SAD 比较器与最小的 SAD 值比较，保存较小 SAD 值及其相应的运动矢量值，将得到的最小 SAD 值及其对应的运动矢量输出。因为该模块需要进行频繁的计算，配置 3 个容量为 120 ×48 B 与 5 个容量为 64 ×96 B 的 SRAM 用于存放插值后半像素的数据，运动矢量残差，运动估计需要的像素等数据。

3.6 码率控制

该模块主要功能：在每帧编码前通过相关措施为当前编码图像分配一个合适的量化参数，来实现对码率的调控。

对于硬件实现来说，码率控制设计有较多的浮点型运算与幂运算，且码率控制模块必须在两帧编码图像间顺序执行，这个特性与硬件实现时强大的并行处理能力这个优势相悖。而 DSP 的运算能力强，所以本文中的码率控制主要由 DSP 软件实现。

3.7 变换量化

该模块主要功能：该模块可以分为整数 DCT 变换量化、哈达玛变换两部分。当宏块的残差信息输入后，首先对 4 ×4 子块的每一行作变换，再对行变换的结果作列的变换后量化，分析信号 mf16 ×16、mfintra、tftdlu、tf8 ×8，判断是否进行哈达玛变换，将变换量化后数据输出。

因为反量化逆变换与变换量化的实现方式基本一致，所以说反量化与逆变换利用变换量化模块实现，将变换量化后的数据进行反量化与逆变换后输出。该模块配置容量为 68 ×88 B RAM 用于存储变换后系数、量化后的系数、反量化后的系数、逆变换后的系数。

3.8 去块滤波

该模块主要功能：该模块可以分为边界强度、滤波计算两部分。首先读取宏块的参数信息，从片外 SRAM 读取左边相邻宏块和上边相邻宏块的参数信息。根据以上数据计算出滤波强度及其他控制参数，再由边界强度的值判断滤波方式，进行滤波计算，最后将滤波后的样点值写入内部缓存或片外 SRAM。该模块配置容量为 64 ×64 B、192 ×32 B 与 4064 ×32 B SRAM 用于存放去块滤波时残差等其他所需数据。

3.9 扫描

该模块主要功能：数据经 Zig – Zag 逆序扫描后重排序，发送给 CAVLC 或 CABAC 模块编码。该模块配置容量为 68 ×88 B RAM 用于存储扫描的直流分量与交流分量。

3.10 CAVLC 编码

该模块主要功能：该模块可分为统计、编码两部分。若当前编码方式为 CAVLC 编码，则

数据在扫描的同时统计出编码模块所需要的信息，然后 CAVLC 编码部分会根据统计信息进行编码，最后将编码的结果整合按 CAVLC 码字秩序输出。该模块配置 3 个容量为 420×18 B 的 RAM 用于存储 CAVLC 编码时的统计等其他信息。

3.11 CABAC 编码

该模块主要功能：该模块计算部分可分为二值化与上下文模型选择、二进制算术编码及宏块上下文控制三部分。若当前编码方式为 CABAC 编码，则首先输入句法元素，从 SRAM 读取相邻模块上下文信息；然后将上下文信息与句法元素输入到二值化和上下文模型选择模块，完成句法元素的二进制化和相应比特的上下文模型选择；之后在二进制算术编码模块更新上下文模型、二进制算术编码；最后输出码流。该模块配置容量 96×64 B 与 1200×21 B RAM 用于存放上下文模型等其他所需信息。

4 硬件实现结果与分析

本文采用的测试序列包括：1080i25_crsmil_ter_03. yuv，分辨率为 1920×1080，运动比较平缓；Kimonol_ 1920×1080_24_dec. yuv，分辨率为 1920×1080，运动比较剧烈。采样格式为 4∶2∶0 的 YUV 序列。

4.1 仿真结果分析

本设计在完成 RTL 代码后，利用模拟验证平台进行验证。图 3 为 RTL 级仿真结果示意图。

图3 仿真结果示意图

如图 3 所示，可以观察到利用总线从片外内存的当前帧中搬移当前编码宏块数据到片内内存时，宏块存储与预测模块并行处理；即 bursnbda 数据读入时，帧间预测 mqipnbregda 开始预测，帧内预测 iprsneda 开始预测。

4.2 硬件实现结果与分析

表1给出了使用H.264软件参考模型JM19.0与本文综合所有优化算法后再平均PSNR变化值的结果。实验采用IPPP的编码结构，仅第一帧为I帧，设置1个参考帧，采用1/4像素精度运动估计，熵编码开启CABAC，量化步长QP为25，编码30帧。

表1　JM19.0与本文的比较

序列名称	1080i25_mobcal_ter_03. yuv	Kimonol_1920 × 1080_24_dec. yuv
JM19	12.17	8.34
本文	12.16	8.32
PSNR变化值	-0.01	-0.02

由表1可以看出，相对于参考软件JM，本文PSNR值降低程度是微弱的，和码率增加比例方面也是微弱的。

PSNR可能无法和人眼看到的视觉品质完全一致，为弥补这一缺陷，在上文使用PSNR作为客观度量的同时，以人眼看到的实际的图像的效果作为主观度量。如图4、图5所示分别为1080i25_mobcal_ter_03. yuv、Kimonol_1920 × 1080_24_dec. yuv的第3帧编码图像使用JM19.0与本文编码对比示意图。

图4　1080i25_mobcal_ter_03. yuv测试序列

图5　Kimonol_1920 × 1080_24_dec. yuv测试序列

从上述的实验结果可知，优化后的编码器在编码速度方面得到大幅度的提高，编码后的图像与 JM 编码器编码后的图像相比，主观质量和客观质量都没有明显下降。

综合后结果显示使用了 94 个组合逻辑单元、6 个时序逻辑单元、74 个缓冲器单元，最高时钟频率为 250 MHz。表 2 列举了本文与利用其他实现方式在时钟频率、处理一帧时间、面积等方面的比较。

表 2　不同实现方案比较

	FPGA	ASIC	本文
时钟频率/MHz	125	200	250
处理一帧时间/ms	55	36	32
寄存器/个	38760		
LUT/个	73058		
面积/um^2		2584631	2709529

利用 FPGA[8] 实现编码器系统时，占用了 38760（8%）个寄存器、76058（33%）个 LUT；利用 ASIC[9] 实现编码器时，选用工艺库为 SMIC 40nm；通过对比可知，利用本文实现方案与 FPGA 相比，无论是在时钟频率、处理速度还是面积上都更有优势；与 ASIC 相比，虽然面积大，但是时钟频率更高、处理速度更快。

5　结束语

本文针对 X－DSP 中 H.264 编码器，设计了 H.264 编码器的专用加速模块的微体系架构并实现了其 RTL 模型，具体内容包括各功能模块的划分功能、存储资源的配置、模块间数据交换机制、控制机制、访问接口的设计。本文采取并行处理、增加片内存储器、数据复用等多种优化手段，提高编码效率。根据软硬件实现的特点，合理分配编码器加速模块系统的实现方式，节约硬件资源，增加适用性。最后对 H.264 编码器加速模块进行了逻辑综合和功能仿真模拟验证，结果显示能够完成高清实时编码，达到了设计要求。

参考文献

[1] 毕厚杰. 新一代视频压缩编码标准——H.264/AVC[M]. 北京：人民邮电出版社. 2005.

[2] 高李娜. H.264 视频编解码的 FPGA 实现[D]. 西安：西安电子科技大学. 2017.6.

[3] ITU－T 第 16 研究组. ITU－T H.264 建议书[C]. ITU 国际电信联盟，2005.3.

[4] Orlandic M, Svarstad K. A high-throufhput and low-complexity H.264/AVC intra 16×16 prediction architecture for HD video sequences[C]//Telecommunications Forum. IEEE, 2013：529－532.

[5] 李小红，蒋建国，齐美彬，等. 基于 DSP 的 H.264 关键模块计算的研究及实现[J]. 仪器仪表学报，2006，27(10)：1330－1333.

[6] 周巍，史浩山，周欣. H.264 帧间预测快速算法[J]. 西北工业大学电子信息学院学报. 2008，6(20)：771－773

[7] 陈庆. 先进视频编码中去块滤波的 ASIC 设计和算法研究[D]. 杭州: 浙江大学论文. 2008.6.
[8] 王强. 基于 FPGA 的 H.264 编码器设计与验证[D]. 西安: 西安电子科技大学. 2015.4.
[9] 浦杰. H.264 编码器关键技术的研究与实现[D]. 重庆: 重庆邮电大学. 2016.4.

作者简介

刘亚婷, 研究方向: 编码器设计与验证; 通信地址: 湖南省长沙市开福区德雅路 109 号国防科技大学; 邮政编码: 410073; 联系电话: 15249280203; E-mail: 1848055893@qq.com。

DDR3 I/O 单元电路设计

张秋萍　李振涛　刘　尧

【摘要】 在 28 nm 工艺下完成了一款高速 DDR3 I/O 单元电路设计。为了解决板级终端反射等信号完整性问题，提出了一种可编程的片内 ODT 电路结构，以提高输出信号完整性。接收器选择两级运算放大器做比较放大器，以实现电路的高性能。实验结果表明，此设计在 SS corner 下，工作电压为 1.35 V 时，最大数据率可达 2133 Mb/s。在电源和地上均加入 3 nH 的电感后，串联端接眼图数据窗口可达 198 ps，并联端接眼图数据窗口可达 400 ps，眼图质量良好。

【关键词】 DDR3；ODT；信号完整性

1　引言

DDR(double data rate)是 JEDEC 组织推出的 DRAM 接口规范，学术界和产业界对 DDR 接口电路做了一系列研究，推动了 DDR 接口技术的快速发展。IO 单元的设计难点在于发送器需产生一个大的输出电流信号，来驱动较大负载电容和提高信号完整性；接收器的设计难点在于将发送器的输出 PAD 信号经比较放大器快速精确地读出。文献[2]在 2.5 V 的单电源电压下，运算放大器的直流开环增益可达 104 dB，单位增益带宽达到 385 MHz；文献[4]提出了一种可编程 ODT 校准结构，该结构解决了温度漂移和电压漂移对上拉网络电阻的影响，提高了信号完整性；文献[5]通过动态自复位电路实现了 1.5 Gb/s 的数据速率。

本文介绍了一款 DDR3 I/O 单元电路设计，为了解决板级终端反射等信号完整性问题，提出了一种可编程的片内 ODT 电路。本文使用两级运算放大器作为接收器比较读出电路，从而大大提高了读出速度。

2　IO 单元的整体结构

如图 1 所示，IO 单元整体结构由一个发送器和一个接收器组成。其中发送器由控制信号单元和片内 ODT 电路构成，其主要功能为，数据 I 经控制信号控制片内 ODT 电路上拉网络和下拉网络的导通和关断，将 I 输出到 PAD。而接收器则主要由偏置基准电流产生单元和比较放大器构成，其主要功能为将外部输入的 PAD 信号与外部参考电压 V_{REF} 进行比较放大读出。其中比较放大器的电流源 NBIAS 由使能信号 IE 和 PVT 校准编程信号 RPVT 控制产生。

发送器选择片内 ODT 电路来驱动具有容性负载的后级电路；接收器采用两级运算放大

器作比较放大器来提高读出速度。此外，设计还需满足 JEDEC SSTL_15 接口电路规范定义的输出驱动电流和输出电压摆幅等要求。

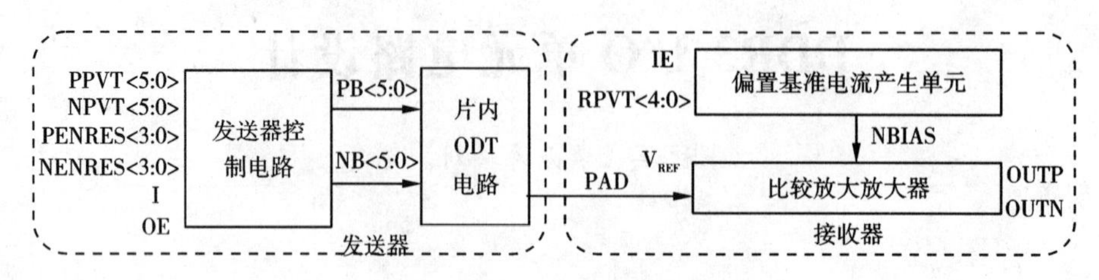

图1　IO 单元整体结构图

3　发送器的设计与分析

发送器的设计难点在于输出信号需要驱动长的传输线，且片外长的传输线阻抗固定，而内部电路的内阻受工艺、电压、温度的影响较大，从而造成内阻和长的传输线阻抗不匹配，发生终端反射，使长的传输线波形传播时畸变。此外，发送器的输出信号需驱动较大的负载电容，所以发送器的设计主要考虑两点因素：

(1)如何驱动大的负载电容。由于电流驱动受负载电容的影响较小，且驱动能力较大。因此，可采用工作在饱和区的 MOS 管，来提供大的输出电流，且输出电压稳定。

(2)传输线阻抗匹配。内部电路采用符合 SSTL_15 协议标准的可编程 ODT 电阻结构，能很好地匹配传输线阻抗。

3.1　ODT_CELL

ODT_CELL 是片内 ODT 最小单元，由上拉网络和下拉网络组成。上拉网络由 8 个 PMOS 管和一个 240 Ω 的电阻组成，通过对 8 个 PMOS 管的控制信号进行编程，使其与上拉串联电阻在不同 corner 下均能产生一个电阻和为 480 Ω 的电阻；下拉网络由 9 个 NMOS 管和一个 240 Ω 的下拉电阻组成，通过对 9 个 NMOS 管的控制信号进行编程，使其与下拉串联电阻在不同 corner 下均能产生一个电阻和为 480 Ω 的电阻。

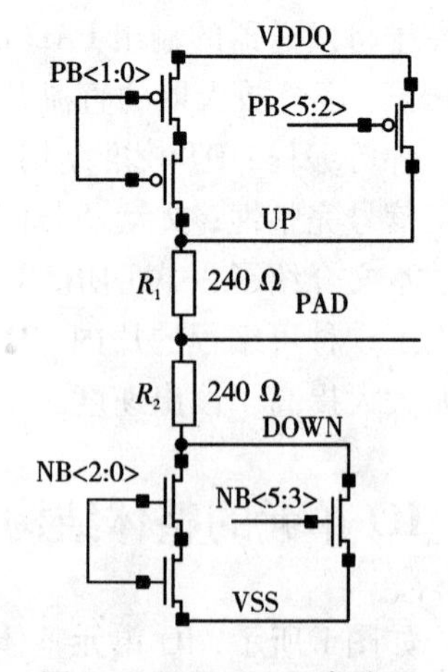

图2　ODT_CELL 电路图

如图 2 所示，UP 和 DOWN 节点分别对应电压 V_{UP} 和 V_{DOWN}。PMOS 和 NMOS 管分别对应的内阻为 R_{onP} 和 R_{onN}。仿真采用 5.1 小节串联端接方式，不同 corner 下 ODT_CELL 上拉网络和下拉网络的内阻测量结果如表 1 所示，ODT_CELL 上拉总电阻总值为 $R_{onP}+R_1$，下拉总电阻总值为 $R_{onP}+R_2$。由表 1 可知，不同 corner 下电阻(R_1/R_2，有源电阻)变化可达30%，通过调整 PPVT <5:0> 和 NPVT <5:0> 的参数设置，使 ODT_CELL 的上拉网络和下拉网络均能产生一个 480 Ω 左右的电阻。

表 1　各 corner 下 ODT_CELL 内阻测量结果

Signal \ Corner	FF(−40°, 1.65 V)	TT(25°, 1.5 V)	SS(125°, 1.35 V)
PPVT <5:0>	6'b000001	6'b001101	6'b101110
NPVT <5:0>	6'b000011	6'b001011	6'b100101
V_{PAD}/V	0.828	0.749	0.673
V_{UP}/V	1.14	1.14	1.14
R_{onP}/Ω	300	232	150
R_1/Ω	184	252	333
V_{DOWN}/V	0.5	0.35	0.22
R_{onN}/Ω	294	226	157
R_2/Ω	192	257	323

3.2　片内 ODT 电路

片内 ODT 电路由 ODT_CELL_X2 和 ODT_CELL_X4 两种单元组成。单个 ODT_CELL 的上拉电阻和下拉电阻均为 480 Ω，ODT_CELL_X2 由 2 个 ODT_CELL 单元并联组成，故 ODT_CELL_X2 电阻阻值为 240 Ω；ODT_CELL_X4 由 4 个 ODT_CELL 单元并联组成，故 ODT_CELL_X4 电阻阻值为 120 Ω。而片内 ODT 电路由 1 个电阻阻值为 240 Ω 的单元和三个电阻阻值为 120 Ω 的单元组成。

P/NENRES <0> 控制 ODT_CELL_X2 单元电阻的开启，P/NENRES <3:1> 分别控制 3 个 ODT_CELL_X4 单元电阻的开启。故设置不同的 P/NENRES <3:0> 可选择不同的端接阻抗匹配，具体匹配阻抗如表 2 所示，OE 为发送器输出使能信号。通过对 P/NENRES <3:0> 进行编程可选择驱动电流的大小。P/NENRES <3:0> 设置为 1110 时，典型工艺下，输出电流可达 19 mA，符合 JEDEC 规范。

表 2　匹配电阻真值表

OE	P/NENRES <3:0>	上/下拉路径电阻/Ω
0	*X*	高阻
1	0000	高阻
1	0001	240
1	1000	120
1	1001	80
1	1100	60
1	1101	48
1	1110	40
1	1111	34.3

4 接收器的设计与分析

根据 JEDEC79 - 3E DDR3 标准关于接收器输入电压的定义，接收器电路的参考电压 V_{REF} 为 $0.5 \times VDDQ$，输入最低高电平(V_{IH})和最高低电平(V_{IL})分别为 $V_{REF} + 0.1$ V 和 $V_{REF} - 0.1$ V。故接收器的设计难点在于在最坏条件下，输入信号高电平为 0.85 V，输入低电平为 0.65 V 的小信号，为了能够识别这样一个输入小信号，需要设计一个响应速度较快的比较放大器，以将其转换为能够识别的信号。比较放大器设计的难点主要有两点：

(1)产生一个精准的基准偏置电流源 NBIAS(150 μA 左右)，用于控制比较放大器的电流源产生；

(2)对输入小信号 PAD，需快速精确比较放大输出。

4.1 偏置基准电流信号产生

偏置基准电流信号受 PVT 影响较大，为了使接收器在各个 corner 下均能产生一个精确的偏置电流(300 uA ±20%)，需对产生偏置电流的控制信号进行编程。产生的电流源 NBIAS 用于控制比较放大器中两级运放电流源的产生。具体电路工作原理如下：

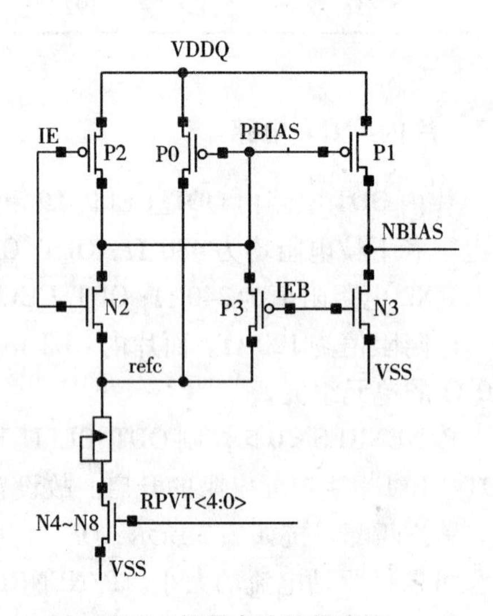

图 3 偏置电流信号产生

偏置基准电流信号产生电路如图 3 所示，IE 为高有效的使能信号，IEB 为 IE 的非信号。P0 管尺寸为 P1 管的两倍。IE 为低时，控制节点 PBIAS 上拉为 1，P0 和 P1 管均被关断，N3 管打开，NBIAS 节点电流被泄放；IE 为高时，N2 管、P3 管均导通，P0 和 P1 构成电流镜，输出信号 NBIAS 复制 refc 节点的电流，大小为 refc 的 1/2。RPVT <4:0> 控制的五条支路电阻大小依次为 $2/R$、R、$2R$、$4R$、$8R$。通过对 RPVT <4:0> 进行编程，使接收器 refc 节点产生一个 300 μA 的基准偏置电流，从而使 NBIAS 产生一个约为 150 μA 的电流源。

4.2 比较放大器电路设计

比较放大模块是基于一个共模反馈电路做比较器的负载和两级运算放大器做比较器来实现。运算放大器作为比较器时应该工作在开环状态，其输出电流和电容负载大小决定了它的瞬态响应速度。所以一个快速比较器在具有小的延迟的同时，还需要能够驱动一定大小的负载电容。

比较放大器电路如图 4 所示，由两级运放和共模反馈逻辑组成。第一级运算放大器由一对差分管 N2、N3 组成，偏置管 N5 提供尾电流；第二级运算放大器也由一对差分输入 N0、N1 管组成，偏置管 N4 提供尾电流，以共模反馈逻辑作为负载。两级运放的使用在提高运放的增益和精度的同时，也使其获得了较快的响应速度。典型工作环境下，比较放大器的

-3 dB开环增益为11.28 dB，增益带宽达到2.52 GHz。

比较放大器电路左边的管子及电阻大小，与右边的完全一致。驱动器输出信号PAD和V_{REF}作为一对共模输入信号，经接收器比较放大后输出，产生一对差模信号OUTN、OUTP。IE为使能信号，高有效。IE为低时，CML_FD预充至VDDQ；IE为高时，通过共模反馈电路P0、P1、R3、R4使共模电平CML_FD电位钳位在(OUTP + OUTN)/2。偏置信号NBIAS为电流源，其作用是抑制输入共模电平PAD、V_{REF}的变化对N0～N3管的工作，即电路节点ALL01和ALL23电流不受PAD和V_{REF}变化的影响。

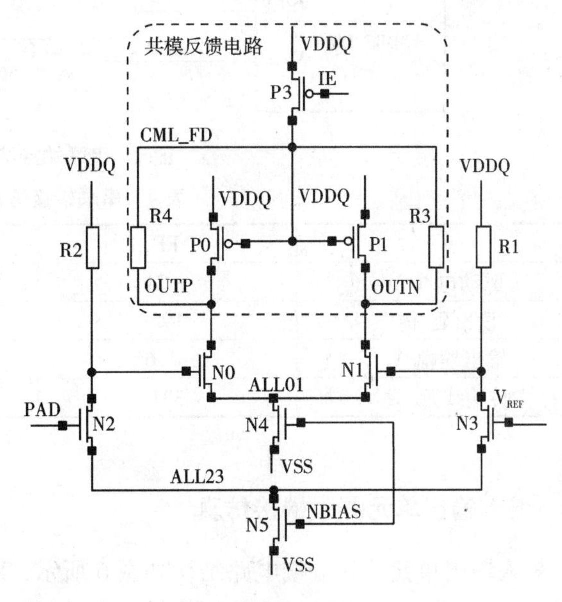

图4　比较放大器

5　设计结果与分析

本小节基于Spectre从收发器串联端接输出和并联端接输出两个方面仿真。仿真参数如表3所示，仿真激励频率为2133 MHz，其输出电压和端接方式有关。本设计中考虑功耗等问题，传输线阻抗取40 Ω，故PENRES <3:0>和NENRES <3:0>均设置为1110，使内部ODT产生一个40 Ω的内阻。

根据JEDEC在其官方标准JESD79-3E中定义的DDR3 IO驱动电流大小，本设计符合其要求。串联端接输出驱动电流等于18 mA，并联端接输出驱动电流等于9 mA。从仿真结果来看，设计满足DDR3标准协议要求，并且性能良好。

表3　具体仿真参数

参数	值
工作频率/MHz	2133
工作周期/ps	470
工作温度/℃	-40～125
工作电压/V	SS：1.35；TT：1.5；FF：1.65
传输线阻抗/Ω	40
输出驱动传输线长度/cm	10

5.1　输入输出单元串联端接仿真

输入输出单元串联端接电路结构如图5所示。DDR3 IO中的数据信号采用该类型拓扑结构，输出信号PAD电压为全摆幅。串联端接仿真结果如表4所示。

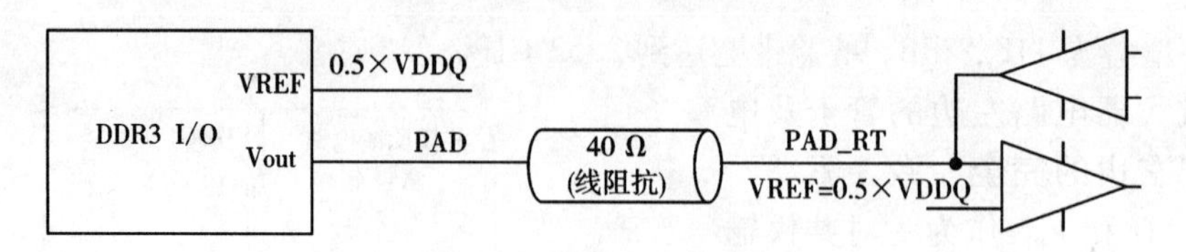

图 5　串联端接结构图

表 4　串联端接仿真结果

	FF	TT	SS
驱动电/mA	±21	±19	±17
读出延/ps	195	280	431
输出摆幅/V	0/1.65	0 /1.5	0/1.35
传输线延/ps	331	341	332

5.2　输入输出单元并联端接仿真

输入输出单元并联端接电路结构如图 6 所示，采用 FLY_BY 拓扑结构，是一种特殊的菊花链结构。DDR3 IO 中地址和控制信号一般采用该类型拓扑结构，通过减小分支的长度和分支的数量来改善信号完整性。并联端接仿真结果如表 5 所示。

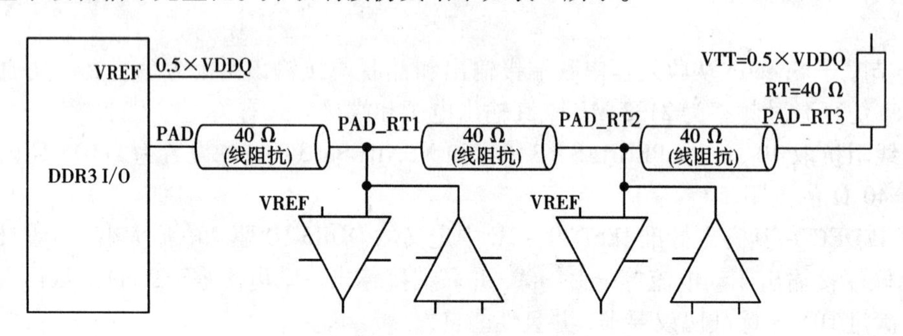

图 6　并联端接结构图

表 5　并联端接仿真结果

	FF	TT	SS
驱动电流/mA	±11	±9.6	±8.5
读出延时/ps	186	260	412
输出摆幅/V	0.37/1.26	0.35/1.14	0.33/1.01
传输线延迟/ps	348	348	351

5.3　眼图

考虑封装引入的电感，在电源和地上均加入 3nH 的电感，仿真结果如图 7、图 8 所示。图 7 为 SS corner 下串联端接仿真结果眼图，最大抖动为 36 ps，数据窗口为 198 ps，眼高为 1.1 V。图 8 为 SS corner 下并联端接仿真结果眼图，最大抖动为 19 ps，数据窗口为 400 ps，眼高为 0.63 V。由图 7、图 8 可知，眼图数据窗口较大，抖动较好，眼图质量良好。

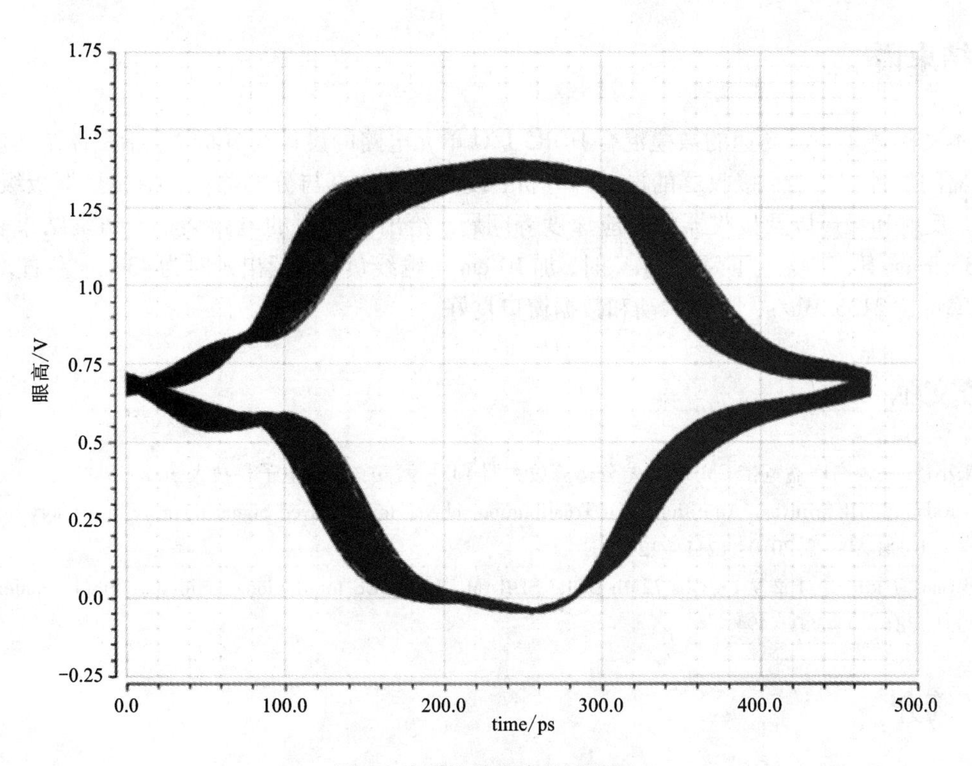

图 7　串联端接仿真结果眼图

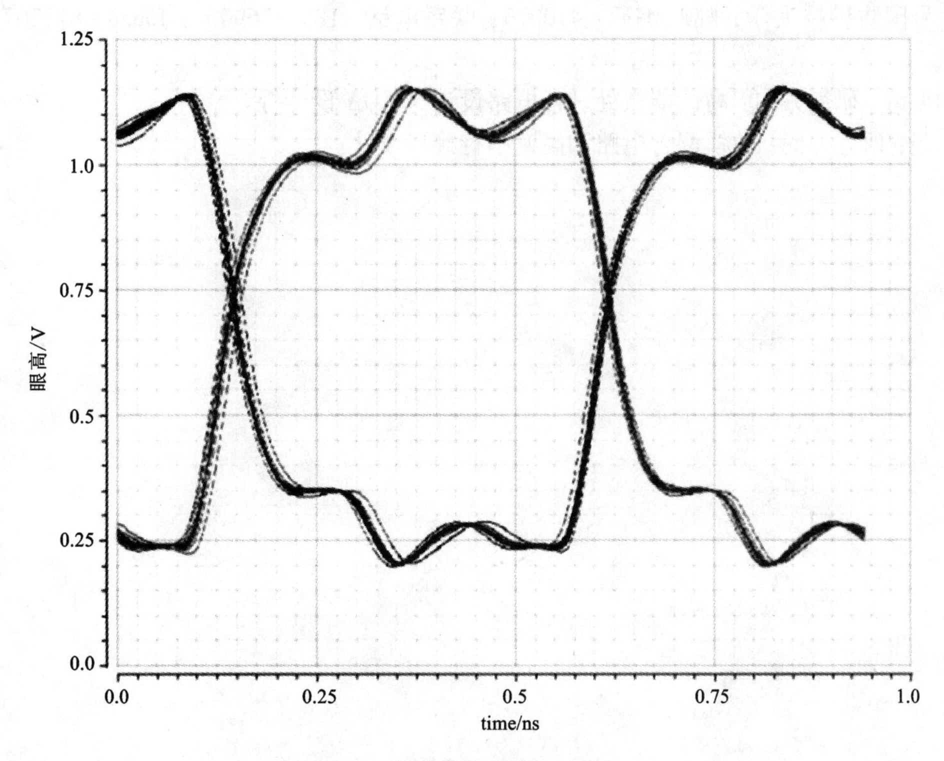

图 8　并联端接仿真结果眼图

6 结束语

本文阐述了一款高速的数模混合 DDR3 I/O 单元电路的设计与分析，包括整体结构说明、发送器的设计与分析、接收器的设计与分析、设计结果仿真与分析等。针对发送器板级终端匹配、反射和噪声以及接收器的响应速度等问题，给出了合适的电路架构。仿真结果表明，在 SS corner 下，工作电压为 1.35 V 时，加 10 cm 传输线负载，读出延时为 430 ps 左右，最大数据率可达 2133 Mb/s，眼图抖动和数据窗口良好。

参考文献

[1] 朱小珍. 一种高增益宽带 CMOS 全差分运算放大器 [D]. 西安：西安电子科技大学. 2006.

[2] G Kalyan，MB. Srinivas. An efficient ODT calibration scheme for improved Signal integrity in memory interface [C]. IEEE APCCS. 2010：1211 – 1214.

[3] U Cho，T kim. A 1.2 V 1.5Gbs 72Mb DDR3 SDRAM [J]. IEEE International solid-state lirauits conference，2003，38(11)：300 – 494.

作者简介

张秋萍，研究方向：高性能集成电路设计与实现；通信地址：湖南省长沙市开福区德雅路 109 号国防科技大学；邮政编码：410073；联系电话：18874769004；Email：873267394@qq. com。

李振涛，研究方向：高性能微处理器电路设计与 EDA 设计等。

刘尧，研究方向：数模混合电路和高速串行接口设计。

改进型卷积码与极化码级联译码算法研究

黄 力 王 钰 邢座程

【摘要】 本文提出了卷积码与极化码级联译码算法的改进方案——流水线型译码算法。该译码算法采用矢量重叠 SC 译码和滑动窗口 VB 译码相结合的译码方案，能够将面向组的译码方案变为面向流的译码方案，同时在保持算法复杂度不变的情况下节约了大量运算单元，并有效消除传统 SC 译码的错误传播性。文章首先分析了流水线型译码算法的差错性能，证明了当码长 L 越大，误帧率 P_F 越小。然后研究了如何实现矢量重叠 SC 译码和滑动窗口 VB 译码的结合，给出了如何消除内外译码交替进行时出现的“控制冒险”的方法，总结了如何确定级联方案内外码参数的 4 条准则。最后计算了流水线型译码器的算法复杂度、译码延时和 PE 数量。

【关键词】 卷积码；极化码；级联码；流水线型译码算法

1 引言

极化码在码长接近无限时被严格证明容量可达，同时具有明确的编码构造方法和较低复杂度译码算法，有利于编译码硬件的实现。但是在中短码长时，其与 LDPC 码、Turbo 码等优秀的信道编码相比，在逐次消除译码算法(SC)性能方面还存在差距。一是由于其连续迭代特性，易造成错误传播。二是短码长信道极化不完全，两级分化不彻底，误差衰减率不高。针对第一种情况，学者们从传统 SC 译码算法出发，研究各种改进型译码算法，如置信传播算法(BP)、列表 SC 译码算法(SCL)、堆栈 SC 译码算法(SCS)。针对第二种情况，运用级联方案来构造新的码字结构，综合各自的优势，改善码字的性能，如 RS 码与极化码级联算法、LDPC 码与极化码级联算法、BCH 与极化码级联算法。文献[9，10]讨论的卷积码与极化码级联算法运用多级 SC 译码算法，可以有效消除传统 SC 译码的错误传播。但是这种方案对 SC 译码器中的 PE 的利用不够充分，同时由于采用面向组的译码方式，在外码译码结果指导内码译码时，会发生“控制冒险”。本文针对卷积码与极化码级联译码算法进行了改进，提出了流水线型译码算法，采用矢量重叠 SC 译码和滑动窗口 VB 译码相结合的译码方案，在消除错误传播和不增加算法复杂度的前提下，以少量的译码延时换取 PE 资源的节约，并且将面向组的译码方式转变成面向流的译码方式，消除了“控制冒险”。

2 技术背景

2.1 极化码的逐次消除译码算法

逐次消除译码算法(successive cancellation, SC)的核心是计算每个比特的似然比值(LLR), $N=8$ 的蝶形结构数据流图如图1所示，采用递归方式有效执行，最终不断简化至计算长度为1时的似然比 $L_1^{(1)}(y_i)=W(y_i|0)/W(y_i|1)$，而这一似然比可以通过信道接收结果直接计算得到。$y_0$ 到 y_7 是信道的输出值，通过运用计算式(1)、式(2)，得到每个节点的似然比值，最终译码得到估计值$\hat{u}_0$ 到$\hat{u}_7$。式中 a，b 值分别为下一级的似然比值，$\hat{s}$ 为已得到估计值的部分和。译码复杂度由递归运算决定，为 $O(n\log n)$。当码长足够大时，对任意码率 $R=k/n<I(W)$。

$$f(a, b)=\frac{1+ab}{a+b} \tag{1}$$

$$g(\hat{s}, a, b)=a^{1-2\hat{s}}b \tag{2}$$

2.2 卷积码的维特比译码差错性能

卷积码常用(n_0，k_0，ν)的方法表示，k_0 表示每组输入的码元数，n_0 表示每组输出码元数，ν 为存储深度，$\nu+1$ 称为编码约束度，当输入信道的信号是二相移相键控(BPSK)，信道中噪声是加性高斯白噪声，信道的输出量化成二进制，采用 VB 译码时，卷积码(n_0，k_0，ν)误比特率 P_b 满足下式[20]：

$$P_b \approx \frac{1}{k_0} B_{d_f} 2^{d_f/2} \mathrm{e}^{-(Rd_f/2)(E_b/N_0)} \tag{3}$$

B_{d_f}是卷积码码字中，所有重量为d_f 的码字(路径)的非零信息比特的总数。d_f 为卷积码自由码距，是一个与 ν 密切相关的固定值。$1/R$ 是传输每一信息比特所需的符号数。表1列出了部分最佳码的自由距离和重量分布情况。

表1 部分最佳卷积码的自由距离和重量分布情况

R	ν	g	d_f	B_{d_f}	$\delta_{\min}$	R	ν	G	d_f	B_{d_f}	R	ν	g	d_f	B_{d_f}
	2	5, 7	5	1	8		2	5, 7, 7	8	3		2	5, 7, 7, 7	10	2
	3	15, 17	6	2	10		3	13, 15, 17	10	6		3	13, 15, 15, 17	13	4
	4	23, 35	7	4	15		4	25, 33, 37	12	12		4	25, 27, 33, 37	16	8
$\frac{1}{2}$	5	75, 53	8	2	19	$\frac{1}{3}$	5	47, 53, 75	13	1	$\frac{1}{4}$	5	53, 67, 71, 75	18	6
	6	171, 133	10	36	27		6	133, 145, 175	15	11		6	135, 135, 147, 163	20	37
	7	247, 371	10	2	28		7	255, 331, 367	16	1		7	235, 274, 313, 357	22	2
	8	561, 753	12	33	33		8	557, 663, 711	18	11		8	363, 535, 733, 745	24	4

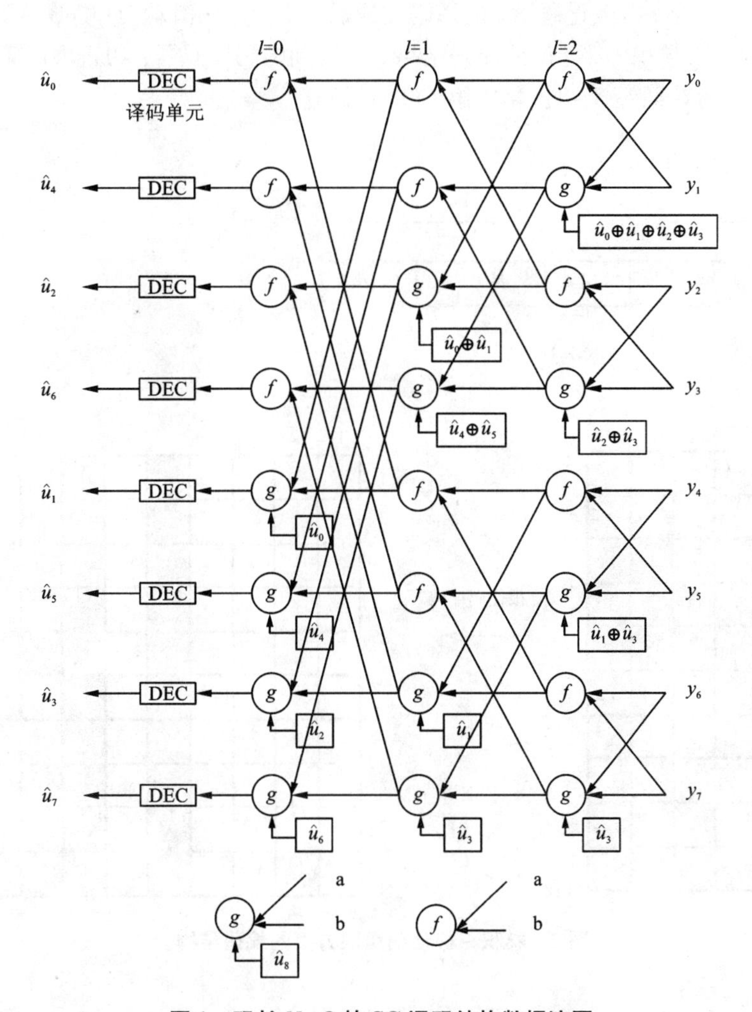

图 1　码长 $N=8$ 的 SC 译码结构数据流图

3　基于卷积码和极化码级联译码方案

3.1　卷积－极化码级联方案的基本结构

极化码与卷积码级联方案以卷积码(n_0, k_0, ν)为外码，极化码(n, k)为内码，编码时执行卷积编码—交织—极化编码，译码时交替执行 SC 译码—解交织—VB 译码—SC 译码。编码时，首先执行外码编码：待编码的码元序列执行卷积码编码，编码后码字分成 k 组，每组块长为 m。然后发送到一个列输入行输出的交织器，所得矩阵为 m 行 k 列。之后执行内码编码：每行 k 个信息码元分别独立执行极化码编码，得到 m 组码长为 n 的极化码，j 和 i 分别为行和列索引(见图 2)。图中矩阵阴影部分是消息比特，而白色部分为冻结比特。如此可知编码后的矩阵行为极化码，列为卷积码，码长 $L=mn$，编码效率 R 为$(k \cdot k_0)/(n \cdot n_0)$。

译码采用流水线型译码算法：首先执行内码译码，经过矢量重叠 SC 译码器，m 组极化码并行执行 SC 译码。第 j 组极化码第 i 位译码完成后，转到外码滑动窗口 VB 译码器进行译码。外码译码得出第 i 组卷积码第 j 位的译码结果，反馈到内码译码器，纠正内码第 j 组极化码第 i 位的译码错误，指导第 $j+1$ 组极化码第 i 位的译码。

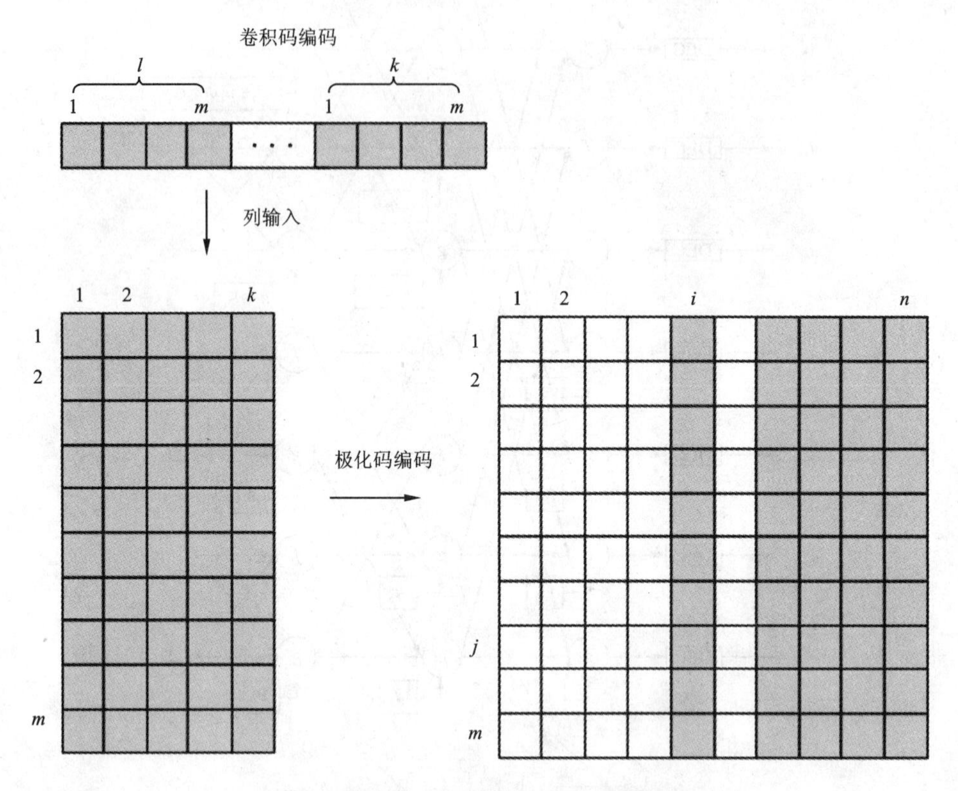

图 2　卷积－极化码级联方案的编码结构

3.2　卷积－极化码的差错性能分析

对卷积码与极化码的级联码进行差错性能分析时，以误帧率 P_F 作为关键指标。

定理：码长为 L 的卷积－极化码，极化码(n, k)码长 $n=L^{\epsilon}$ $(0<\epsilon<1)$。卷积码(n_0, k_0, ν)码长 $m=L^{1-\epsilon}$，并且满足$d_f/2=\alpha \ln m$，d_f 是卷积码自由距离，$\alpha > \dfrac{1}{(1-\epsilon)R}$，误帧率有上界：

$$P_F \leqslant KL^{\epsilon-(1-\epsilon)(\alpha R-1)} \tag{4}$$

证明：根据式(3)得到卷积码 VB 译码器输出的误码率 P_b。卷积码码长为 m，误块率 $P_B \leqslant mP_b$。对于第 i 组卷积码，当 $R \leqslant R_{ci}$时，误块率 P_{Bi}的上界为：

$$P_{Bi} \leqslant mP_b \approx \frac{m}{k_0} B_{d_f} 2^{d_f/2} e^{-(Rd_f/2)(E_b/N_0)} \tag{5}$$

由于极化码的特点可知，随着码长 n 增加，信道极化现象也愈加明显，用于消息比特传输的子信道 $W_N^{(i)}$ 截止速率 R_{ci}不断增加，并趋近于“1”[6]。由于外码采用统一的卷积码编码，当 $R \leqslant \min\limits_i (R_{ci})$时，能得到误帧率 P_F 的上界为：

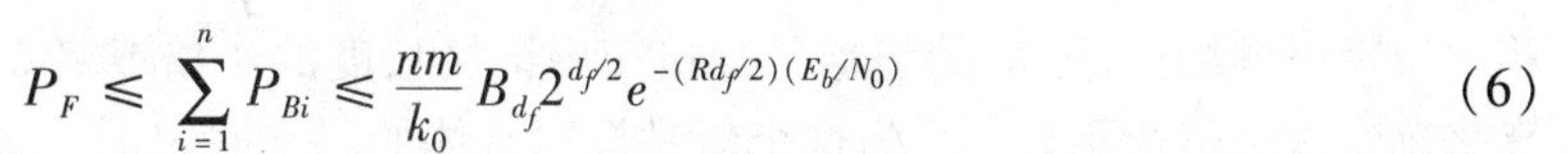

$$P_F \leqslant \sum_{i=1}^{n} P_{Bi} \leqslant \frac{nm}{k_0} B_{d_f} 2^{d_f/2} e^{-(Rd_f/2)(E_b/N_0)} \tag{6}$$

令 $d_f/2=\alpha\ln m$，并且将$\frac{e^{R(E_b/N_0)2^{d_f/2}B_{d_f}}}{k_0}$当作常数 K，得到下式：

$$P_F \leqslant Knm^{1-\alpha R} \tag{7}$$

令 $n=L^{\in}(0<\in<1)$，$m=L^{1-\in}$，那么 P_F 进一步表示如下：

$$P_F \leqslant KL^{\in} L^{(1-\in)(1-\alpha R)} = KL^{\in-(1-\partial)(\alpha R-1)} \tag{8}$$

当 $\alpha>\frac{1}{(1-\in)R}$时，随着 L 趋于∞，P_F 趋于0，说明卷积极化码级联方案具有良好的差错性能。当 $R=\min_i(R_{ci})$时，帧误率最小。

3.3 流水线型译码算法

本文提出的流水线型译码算法，内码译码使用矢量重叠 SC 译码器(Vector-overlapping SC decoder)[13]，外码译码使用滑动窗口 VB 译码器[11]。矢量重叠 SC 译码器与多级 SC 译码器[9, 10]相比，保持了与后者相同并行度 m 和算法复杂度 $O(n\lg n)$的同时，以附加$(m-1)$个时钟周期损耗为代价，节约大量 PE 资源。滑动窗口 VB 译码器与一般 VB 译码器相比，将面向组的译码方式变为面向流的译码方式，并且有效消除了交替译码中的“控制冒险”。

以 $n=8$，$m=3$ 矢量重叠 SC 译码器为例(见图3 和表2)，在 CC#1，将第1 组极化码送入矢量重叠 SC 译码器第2 阶段的 PE 进行处理。在 CC#2，第 1 组极化码完成第 2 阶段的处理任务，并流入第1 阶段进行处理，此时第2 组极化码流入译码器第 2 阶段。在 CC#3，第 1、2 组极化码分别进入第 0 和 1 阶段进行处理，此时第 3 组极化码流入译码器第 2 阶段。在 CC#4，第 1、2 组极化码在第 0 阶段进行处理，此时发生“结构冒险”，即译码器第 0 阶段 PE 数量不足以并行处理 2 个极化码，从而造成硬件资源冲突。此阶段采取复制 1 个 PE 处理器(图 3 中的 $P'_{0,0}$)的方法能够避免“结构冒险”。该译码器支持最大并行度为 $m=n-1$。为避免“结构冒险”，每阶段需要增加的 PE 数量与并行度 m 值和阶段索引 $l(0\leqslant l\leqslant\lg n-1)$有关。每阶段需要的 PE 数量为$[(m+1)/2^{l+1}]\cdot 2^l$。图 3 中译码开始之前和译码过程中，用于存储初始 LLR 值和中间计算结果的存储单元分别是 3 组，从表 3 可以得到结论：此译码器结构最多同时译码 3 组极化码，并行度为 3。

在硬件实现时仍然要考虑这样一个问题，从调度表来看，m 组极化码的第 1 位完成译码，即得到 $u_{1,1}^{3,1}$，需要 5 个时钟周期。在 CC#5，所有极化码的第 1 位完成解码，按照译码流程，此时转入外码译码，进行第 1 组卷积码的 VB 译码，并将其译码结果反馈到内码译码器，指导 m 组极化码的第 2 位译码，以达到消除错误传播的目的。然而调度表中第 1 组极化码第 2 位在 CC#5 就已经进入流水线，显然这里发生了“控制冒险”。

为了避免上述“控制冒险”，外码采用滑动窗口 VB 译码算法。这个方法把面向组的 VB 译码方式变成面向流的 VB 译码方式。它利用了幸存路径都会有同的“尾巴”这个特点。在第 t 次 ACS 迭代后，译码器会沿着任意的幸存路径回溯 δ 个分支，然后将网格第 $t-\delta$ 节分支上的标记作为信息比特输出。其顺着网格的长度滑动，在 δ 节内存储和处理信息，译码结果从面向组的方式变为面向流的方式输出。需要注意的是在第 1 组极化码第 2 位译码时停顿 δ 个时钟周期，等到滑动窗口 VB 译码输出第 1 位的译码结果，反馈到内码译码器，第 1 组极化码第2位译码继续执行。δ 的值通常直接使用记忆长度的4倍或者5倍。然而，通过计算机仿真来确定这个值会更好，因为这个值是根据具体的码来确定的。也就是说，我们可以在码的网格图上使用计算机搜索算法，从在0状态/0时刻发散于全零路径、后来再聚合的最小重量码字序列中确定所需要的最大路径长度。δ 可以设定成比这个最大路径长度稍微大一点的值。注意滑动窗口要有向后滑动的空间，一般情况下有关系式 $m>\delta>4\nu$。

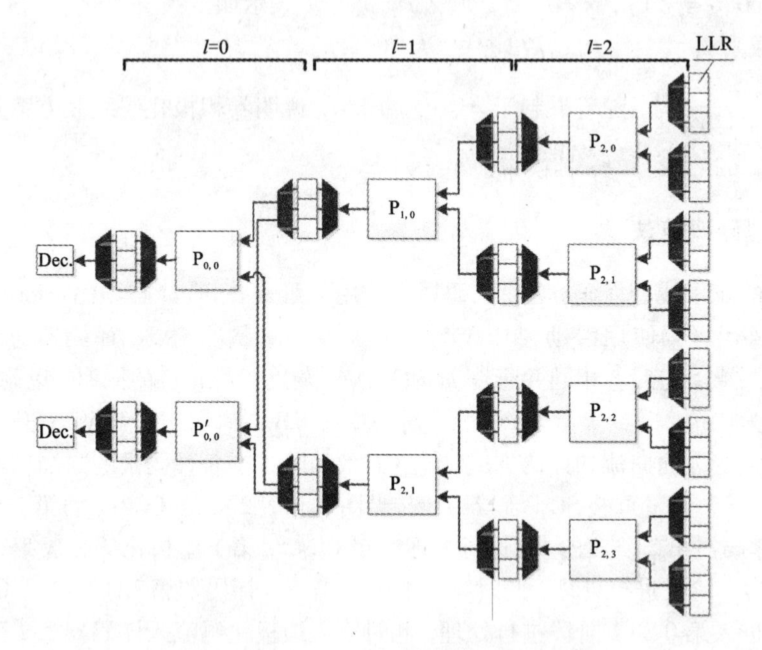

图3　$n=8$, $m=3$ 矢量重叠 SC 译码器

表2　$n=8$, $m=3$ 矢量重叠 SC 译码器的执行调度表

CC	1	2	3	4	5	6	7	8	9	10	11	12	13	14	15	16
极化码 j	S2	S1	S0	S0	S1	S0	S0	S2	S1	S0	S0	S1	S0	S0		
极化码 $j+1$		S2	S1	S0	S0	S1	S0	S0	S2	S1	S0	S0	S1	S0	S0	
极化码 $j+2$			S2	S1	S0	S0	S1	S0	S0	S2	S1	S0	S0	S1	S0	S0
			$\hat{u}_{1,1}$	$\hat{u}_{1,2}$		$\hat{u}_{1,3}$	$\hat{u}_{1,4}$			$\hat{u}_{1,5}$	$\hat{u}_{1,6}$		$\hat{u}_{1,7}$	$\hat{u}_{1,8}$		
估计值 $\hat{u}$				$\hat{u}_{2,1}$	$\hat{u}_{2,2}$		$\hat{u}_{2,3}$	$\hat{u}_{2,4}$			$\hat{u}_{2,5}$	$\hat{u}_{2,6}$		$\hat{u}_{2,7}$	$\hat{u}_{2,8}$	
					$\hat{u}_{3,1}$	$\hat{u}_{3,2}$		$\hat{u}_{3,3}$	$\hat{u}_{3,4}$			$\hat{u}_{3,5}$	$\hat{u}_{3,6}$		$\hat{u}_{3,7}$	$\hat{u}_{3,8}$

3.4　卷积极化码参数确定准则

卷积极化码参数主要包括级联码码长 n、m，以及卷积码约束长度 ν。由式(6)可得下式：

$$P_F \leqslant \frac{nm}{k_0} B_{d_f} \left(\frac{2}{e}\right)^{d_f/2} e^{-R(E_b/N_0)} \tag{9}$$

(1)选择 n 值较大的极化码：随着极化码 n 的增加，极化越来越彻底，截止频率 $\min_i(R_{ci})$

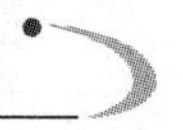

增加。当 $R=\min_i(R_{ci})$ 时，最优误帧率进一步降低。

(2)选择 m 值较大的外码：随着卷积码 m 的增加，误帧率增大，但是 P_b 不变。考虑不等式 $m>\delta>4\nu$，可知 m 值越大，可选择的卷积码 ν 值可以越大。

(3)选择 ν 值适中：ν 越大，卷积码自由距离 d_f 增加，误帧率减小，卷积码性能越好；然而一般来说 B_{d_f} 和 $\delta_{\min}$ 随着 ν 增加而增大，B_{d_f} 增大使误帧率增大，$\delta_{\min}$ 增大，使得卷积码译码器复杂度增加。

(4)R 值不在考虑范围：虽然码率越高，误帧率越小，但高码率的卷积码可以通过对低码率卷积码采用“删余法”得到[14]。

例如：外码卷积码可以选择(2，1，2)，$\nu=2$，设置 $\delta=8$，$m=12$；选择(2，1，3)，$\nu=3$，设置 $\delta=10$，$m=14$。内码极化码选择(64，32)或者(128，64)，设置 $n=64$ 或者 $n=128$。

3.5 算法复杂度、译码延时和 PE 数量分析

对于内码极化码，SC 译码每次迭代的复杂度为 $O(n\lg n)$。对于外码卷积码，使用维特比算法的复杂度为 $O(K2^{k_o}2^{\nu})$[19]，K 是级联码一帧信息总长度。对于多级 SC 译码，总体复杂度为 $O(mn\lg n)+O(K2^{k_o}2^{\nu})$；流水线型译码算法总体复杂度保持不变，总体复杂度为 $O(mn\lg n)+O(K2^{k_o}2^{\nu})$。多级 SC 译码器完成 m 组极化码译码时间为 $(2n-2)$ 个时钟周期[12]。而矢量重叠 SC 译码器译码时间为 $(2n-2)$ 个时钟周期加上 $(m-1)$，再加上一个停顿时间 δ，译码总时间为 $(2n+m+\delta-3)$。多级 SC 译码器 PE 的数量为 $m(n-1)$[12]，而矢量重叠 SC 译码器 PE 的数量为 $n+\frac{m+1}{2}\left[\lg\left(\frac{m+1}{2}\right)-1\right]$。BP 译码器复杂度为 $O(n_{iter}\lg n)$，n_{iter} 表示迭代次数[10]。SCL 译码器复杂度为 $O(ln\lg n)$，l 表示列表大小[10]。表 3 体现了上述分析。

表 3　多级 SC 译码器与矢量重叠 SC 译码器的比较

比较对象	译码算法总复杂度	内码译码时间	总 PE 数量
SCL 译码	$O(ln\lg n)$	/	/
BP 译码	$O(n_{iter}\lg n)$	/	/
多级 SC 译码	$O(mn\lg n)+O(K2^{k_o}2^{\nu})$	$2n-2$	$m(n-1)$
矢量重叠 SC 译码	$O(mn\lg n)+O(K2^{k_o}2^{\nu})$	$2n+m+\delta-3$	$n+\frac{m+1}{2}\left[\log\frac{m+1}{2}-1\right]$

4 结论

本文为卷积码与极化码级联方案提出了流水线型译码算法，是对多级 SC 译码算法的一种改进设计。它的最大特点是将面向组的译码方式变为面向流的译码方式。通过分析其差错性能，证明使用流水线型译码算法，误帧率的衰减具有随级联码码长 L 增加而呈指数衰减的特性。为了取得最优的误帧率，还应当取卷积码码率 $R=\min_i(R_{ci})$。在讨论译码算法的设计时，重点研究了译码具体实现过程和如何避免内外码译码时发生的两种冒险——“结构冒险”

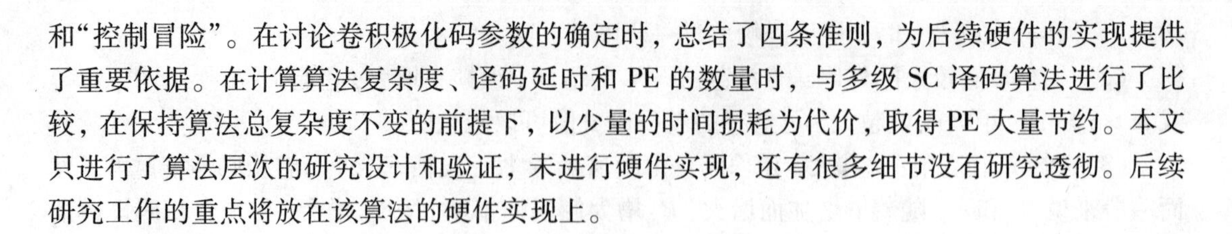

和“控制冒险”。在讨论卷积极化码参数的确定时，总结了四条准则，为后续硬件的实现提供了重要依据。在计算算法复杂度、译码延时和 PE 的数量时，与多级 SC 译码算法进行了比较，在保持算法总复杂度不变的前提下，以少量的时间损耗为代价，取得 PE 大量节约。本文只进行了算法层次的研究设计和验证，未进行硬件实现，还有很多细节没有研究透彻。后续研究工作的重点将放在该算法的硬件实现上。

参考文献

[1] E Arikan. Channel polarization: A method for constructing capacity-achieving codes for symmetric binary-input memoryless channels[J]. IEEE Transactions on Information Theory, 2009, 55(7): 3051 - 3073.

[2] A Eslami, H Pishro-Nik. On finite-length performance of polarcodes: stopping sets, error floor, and concatenated design[J]. IEEE Transactions on Communications, 2013, 61(3): 919 - 929.

[3] N Hussami, S B Korada, R Urbanke. Performance of polar codesfor channel and source coding[J]. IEEE International Symposium on Information Theory, 2009: 1488 - 1492.

[4] M Bakshi, S Jaggi, M Effros. Concatenated polar codes[J]. IEEE International Symposium on Information Theory, 2010: 918 - 922.

[5] P Trifonov, P Semenov. Generalized concatenated codes based onpolar codes[J]. in ISWCS, 2011: 442 - 446.

[6] E Arikan. Channel combining and splitting for cutoff rate improvement[J]. IEEE Transactions on Information Theory, 2006, 52(2): 628 - 639.

[7] R Blahut. The missed message of the cutoff rate[J]. in ISTC, 2010: 449 - 451.

[8] E Arikan, I Telatar. On the rate of channel polarization[J]. IEEE International Symposium on Information Theory, 2009: 1493 - 1495.

[9] Y Wang, K R Narayanan. Concatenations of polar codes with outer BCH codes and convolutional codes[J]. in Proc. Allerton Conf. Commun. Control Compu, 2014: 813 - 819.

[10] Y Wang, K R Narayanan. Interleaved Concatenations of Polar Codes withBCH and Convolutional Codes[J]. IEEE J. Sel. Areas Commun, 2016, 34(2): 267 - 277.

[11] C Leroux, I Tal, A Vardy, et al. Hardware architectures for successive cancellation decoding of polar codes[J]. in ICASSP, 2011: 1665 - 1668.

[12] I Bocharova, B Kudryashov. Rational rate punctured convolutional codes for soft-decision VB decoding[J]. IEEE Transactions on Information Theory, 1997, 43(4): 1305 - 1313.

[13] H H Ma, J K Wolf. On tail biting convolutional codes[J]. IEEE Transactions on Communications, 1986, 34(2): 104 - 111.

[14] J Hagenauer. Rate-compatible punctured convolutional codes(RCPCcodes) and their applications[J]. IEEE Transactions on Communications, 1988, 36(4): 389 - 400.

[15]王新梅，肖国镇. 纠错码——原理与方法(修订版)[M]. 西安：西安电子科技大学出版社，2001.

作者简介

黄力，研究方向：微处理器设计与实现；通信地址：湖南省长沙市开福区德雅路 109 号国防科技大学；邮政编码：410005；联系电话：18173225820；E - mail：huangli16@nudt.edu.cn。

高阶路由器仲裁策略研究

路文斌　姜海波

【摘要】 基于高阶路由器构建大规模互连网络已经成为高性能计算领域的重要研究方向，高阶路由器中的仲裁策略应满足各个虚通道对目的流量比例以及优先级的需求。结合传统的 FP、RR、LOTTERY 仲裁策略，提出两种基于双层嵌套的仲裁策略——RL 策略和 RP 策略。在 RTL 级的 4×4 高阶路由器上对设计的策略同传统策略进行对比，并利用 DC 综合工具对仲裁策略进行实现分析。结果表明，本文设计的两种仲裁策略在略为提升物理代价前提下，提高了对目的流量比例以及优先级的满足程度，具有应用价值。

【关键词】 高阶路由器；仲裁策略；虚通道；流量比；优先级

1 引言

2006 年，KIM 和 DALLY 等人在由 Cray 公司研制的 BlackWidow 系统中实现并应用了首款层次式高阶路由器芯片 YARC[1]，该路由器将 64 个 Tile（瓦片）按照 8×8 的布局方式排列，每一个 Tile 仅和同一行以及同一列的其余 7 个 Tile 进行数据交换。YARC 路由器采用层次化交换结构，一方面高度对称的结构简化了逻辑设计和物理实现，避免了大型复杂交叉开关中的布线拥塞、长线传输等问题；另一方面，基于高阶路由器构建高阶网络具有更低的网络直径、更优的网络成本以及更高的可扩展性[2]。基于上述两点原因，设计层次式高阶路由器芯片，并以此搭建高性能互连网络成为了目前超算领域的重要方向。2010 年，Cray 公司研制了 8×6 层次式高阶路由芯片 Gemini[3]；2012 年 Cray 公司研制了新一代 6×8 层次式高阶路由芯片 Aries[4]；同年日本 Fujitsu 研发了 5×3 的高阶路由器 TNR[5] 并应用于京系统中；国防科大在 11 年以及 2013 年分别研发了两款高阶路由器芯片——4×4 层次式交换结构的 HNR 芯片以及 4×6 层次式交换结构的 NRC 芯片[6, 7] 分别应用在天河 1 号和天河 2 号中。

层次式高阶路由器中的每个 Tile 连接一个输入端口、一个输出端口，从输入端口输入的数据首先被存储在输入缓冲中，通常输入缓冲按 VC（虚通道）进行排列，随后数据包从输入缓冲经过仲裁后，输出到该 Tile 的行总线上，去往同一行的其余 Tile，该阶段仲裁过程称为一级仲裁；每个 Tile 接受行总线上的同一行的其余 Tile 发送来的数据包，经过仲裁，发往同一列的其余 Tile，该阶段的仲裁过程称为二级仲裁；每个 Tile 接受列总线上发往同一输出端口的数据包，经过仲裁，选择相应数据包输出到输出端口，这一仲裁过程称为三级仲裁。

在实际应用中，路由器内不同 VC 通常具有不同种类的数据包，而这些数据包又具有不同的目的流量比例以及优先级。Tile 内部的三次仲裁均存在从不同 VC 中获取数据包，并发送到行总线、列总线、输出端口的过程，因此其对高阶路由器的仲裁策略有着更高的要求，应该满足以下几点要素：

(1)公平性：各个VC数据包均可以获得响应，不存在“撑死”或“饿死”的现象。

(2)满足目的流量比例：各个VC数据包获得响应的比例要满足预期要求。

(3)满足优先级：各个VC数据包获得响应的优先级满足预先设定。

目前常见的仲裁策略有FP(fixed priority)、RR(round-robin)、Lottery等，本文对以上三种仲裁策略进行分析，提出两种将传统仲裁策略相结合的混合仲裁策略。

2 传统仲裁策略

2.1 RR仲裁策略[8,9]

RR仲裁策略中各VC所提起的请求依次被响应。假设该高阶路由器中共有四个VC：VC0、VC1、VC2、VC3，则初始轮询状态为VC0→VC1→VC2→VC3，如果VC0中没有数据包，那么依次访问VC1、VC2、VC3，并设定指针记录本次响应请求的VC号，下次仲裁时从指针记录位置下一VC开始轮询访问，例如当指针记录位置为VC2时，本轮依次访问VC3→VC0→VC1→VC2。

RR仲裁策略的硬件开销较小，响应时间短，可以在较短时间内完成仲裁，具有实现简单、易于理解等特点，并且可取得完全公平的总线带宽占用比，适用于各种环境，不会出现“饿死”和“撑死”现象，但是RR策略并未满足目的流量比例的需求以及不同VC间具有不同优先级的特性。

2.2 FP仲裁策略[10,11]

FP算法是一种考虑各个VC优先级的仲裁策略，不同的VC具有不同的优先级，高优先级的VC具有优先获得总线的权利。假设各VC优先级自0向n依次递减，那么FP仲裁策略如式(1)所示。其中，$\mathrm{Re}q_i$表示VC_i是否获得总线，lg_i表示虚通道i是否提出请求，记录上次仲裁获得总线的虚通道号，防止某个VC一直获得总线。

$$\mathrm{Gt}_i=(-\mathrm{Re}q_0)\times(-\mathrm{Re}q_1)\times(-\mathrm{Re}q_2)\times\cdots\times(\mathrm{Re}q_i)\times(-\mathrm{lg}_i) \tag{1}$$

FP仲裁策略同样具有设计简单、硬件开销小、易于实现等特点，但是当路由器芯片内数据包较拥堵时，高优先级模块容易出现“撑死”情况，低优先级模块易出现“饿死”情况，并且同样无法满足不同VC不同目的流量比例的需求，适应性受限。

2.3 Lottery仲裁策略[12,13]

在Lottery仲裁策略下，每个提出请求的VC基于目的流量比获取部分彩票范围，仲裁时，随机生成的彩票数值落在哪个VC的彩票范围内，哪个VC的请求即获得响应。越高目的流量比值的虚通道，相比同时竞争的其余虚通道，会获取越大的彩票范围，即该VC的请求更容易获得响应。VC_i获得总线几率为式(2)。其中P_i表示VC_i获得总线的概率，当VC_i中有数据包要申请总线时=1，否则为0，r_i为分配给VC_i的彩票范围。

$$P_i = \frac{r_i t_i}{\sum_{j=0}^{n} r_j t_j} \qquad (2)$$

Lottery 仲裁策略避免了“撑死”“饿死”情况的发生，同时考虑了不同 VC 中数据包的目的流量不同而进行权重分配，可以提高实际应用中的通信能力。但是 Lottery 仲裁策略易受各 VC 输入流量比例的影响，并且随着 VC 数量的增加，仲裁时间、电路面积以及功耗等相对较大，在物理实现性上难度较大。

3 仲裁策略设计

3.1 基于彩票值的嵌套轮转仲裁

如果各 VC 数据包具有相同的优先级，那么仲裁策略仅需要满足各 VC 的流量比例。RR 策略虽然避免了“撑死”和“饿死”问题，但是并未考虑各 VC 的流量比例；Lottery 算法虽然考虑了各 VC 的流量比例，但是易受各 VC 输入流量比例的影响，同时物理实现代价较大。针对以上原因，设计并实现一种基于彩票值的嵌套轮转的仲裁策略——RL(round-lottery)。

RL 仲裁策略流程如图 1 所示，该策略采用双层 RR 策略嵌套的方式，分别赋予一级 RR、二级 RR 相应的彩票值。当各个 VC 提起请求时，首先触发一级仲裁，并比较相应请求在一级 RR 中的彩票值，如果所有有效请求在一级 RR 的 VC 彩票值不全为 0，对所有彩票值不为 0 的有效请求根据一级 RR 做出仲裁，相应一级 RR 得到响应的 VC 的彩票值减 1，并且改变一级 RR 的轮转次序；如果所有有效请求在一级 RR 的 VC 彩票值均为 0，那么触发二级 RR，并判断有效请求在二级 RR 中的彩票值是否全为 0，如果不全为 0，则对所有彩票值不为 0 的有效请求根据二级 RR 做出仲裁，相应二级 RR 的 VC 彩票值减 1 并且改变二级 RR 的轮转次序，否则直接进行二级 RR 仲裁，输出结果后不对二级 RR 彩票值作变动，仅改变二级 RR 的轮转次序；一级 RR 中的彩票值均为 0 时，将一、二级 RR 中的所有彩票值赋初值；二级 RR 中的彩票值均为 0 时，将二级 RR 中的所有彩票值赋初值。

采用 RR 策略作为基本的仲裁策略具有易于实现的特点，赋予不同的 VC 相应目的流量比例的彩票值，可以满足目的流量比例的需求。采用双层嵌套的 RR 策略，使得实际流量比例更加接近目的流量比例，第二级 RR 策略弥补了第一级 RR 策略中无法满足流量比例时的请求情况，起到了细微的调控作用。

3.2 基于优先级的双层轮转仲裁

如果各 VC 在目的流量比例以及优先级两方面均不相同，就需要在仲裁策略中对以上两点进行综合考虑。FP 策略将优先级作为仲裁依据，但是当网络比较拥堵时，容易出现高优先级“撑死”、低优先级“饿死”的情况，无法满足目的流量比例。RR、LLottery 仅考虑流量比例，无法满足优先级的需求，针对上述原因，设计了一种结合 FP、RR、Lottery 三种仲裁策略特点的优先级轮转策略——RP(round-priority)。该策略以 RR 策略为基础，优先满足目的流量比例，兼顾各个 VC 的响应优先级。

RP 仲裁策略的仲裁流程如图 2 所示，该策略仍为二层嵌套仲裁策略，第一级仲裁仍然采

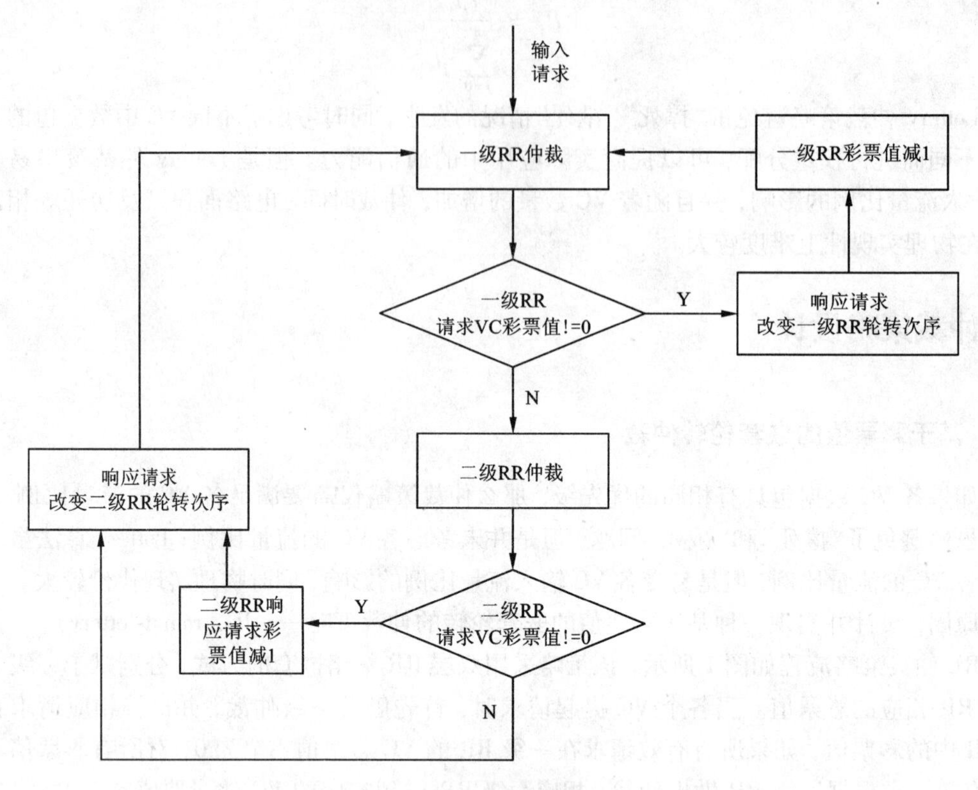

图1　RL 仲裁策略示意图

用基于彩票值的 RR 仲裁策略。如果当前所有的有效请求的相应彩票值不全为 0，那么对彩票值不为 0 的请求进行一级 RR 仲裁，输出仲裁结果并且改变一级 RR 的轮转次序，对响应 VC 的彩票值减 1。如果所有 VC 的彩票值减为 0，重置所有 VC 的彩票值；如果当前所有有效请求的相应彩票值均为 0，那么表明当前所有 VC 请求已经满足了第一级 RR 仲裁对于目的流量比例的要求，此时进入二级 FP 仲裁，优先选择具有更高优先级的请求，输出响应请求，并且改变二级 FP 仲裁策略的优先级次序。

RP 仲裁策略采用 RR 仲裁、Lottery 仲裁、FP 仲裁相结合的办法，既满足了目的流量比例的要求，同时相对于仅考虑目的流量比例的仲裁策略，也兼顾了各个 VC 的优先级，具有高优先级的 VC 在满足目的流量比例后，可以得到优先响应。

4　仿真与分析

为了将设计的仲裁策略和传统仲裁策略进行对比，本文采用一款 RTL 级实现的 16 个端口 4×4层次式高阶路由器芯片进行模拟验证，输入请求的 VC 数量为 4，各个 VC 按照比例随机生成等长的数据包，通过设置输入数据包与输出数据包的比例模拟高阶路由器内部繁忙、正常、空闲三种状态，同时设置三种 VC 注入的比例，统计各种环境下，5 种仲裁策略中各 VC 的实际流量比例以及数据包的延时。各 VC 的实际流量比例衡量了仲裁策略的公平性以及是否满足目的流量比例的能力，数据包的延时衡量了仲裁策略满足各个 VC 不同优先级的能力。

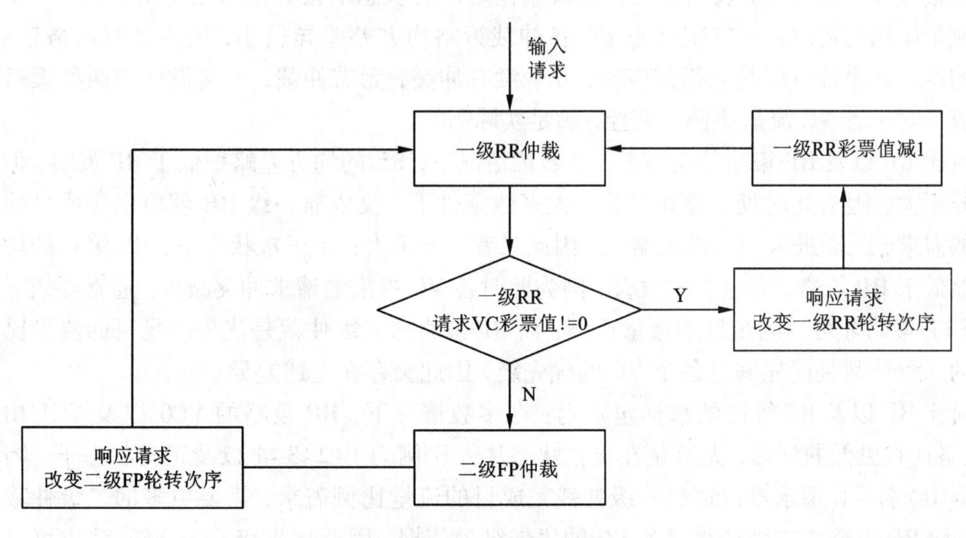

图2　RP仲裁策略示意图

4.1　流量比例与优先级分析

首先比较5种仲裁策略在路由器繁忙、正常、空闲状态下的实验结果，设置4个VC的目的流量比例为4∶3∶2∶1，同时设置4个VC的优先级为VC0＞VC1＞VC2＞VC3。繁忙状态、正常状态、空闲状态的结果分别见表1、2、3。

从表1、2、3可知，在繁忙状态下，FP策略根据优先级进行仲裁，会出现“撑死”以及“饿死”情况。在较空闲状态下，FP策略的数据包延迟相对于其余四种仲裁策略，高优先级的VC延迟更低，低优先级的VC延迟更高，这表明FP策略很好地对四个VC按照优先级进行仲裁，高优先级可以更快地获得响应，满足优先级的需求，但是无法满足公平性以及对各个VC目的流量比例的需求。RR策略从结果可知，很好地满足了公平性，各个VC得到平等对待，然而无法满足目的流量比例以及优先级的要求。LOTTERY策略在繁忙状态下，实际流量比例在一定程度上向目的流量比例靠近，但是随着各个VC注入比例的变化，LOTTERY策略的仲裁结果变化明显，具有很大程度的改善空间。本文提出的RP、RL策略，在繁忙以及正常状态下，很好地满足了目的流量比例的需求，在空闲状态下几乎没有冲突，因此实际流量比例与注入比例相似。

均方差可以表示数据偏离均值的程度，我们可以将目的流量比例作为均值，计算各仲裁策略在不同模式下的实际流量比例与目的流量比例的均方差。结果可以在一定程度上反映各仲裁策略实际流量比例与目的流量比例的契合程度，结果越小，表示该策略的实际结果越满足目的需求。假设共有N个VC，VC_i的实际流量比为x_i，目的流量比为y_i，那么策略j的均方差Δj可由式(3)求得：

$$\Delta i=\sqrt{|x_i-y_i|\times\frac{1}{N}},\ 0<i\leqslant N \tag{3}$$

各仲裁策略均方差结果见表4，本文提出的两种仲裁策略RL、RP相对于传统的三种策略，均方差降低程度明显，尤其在冲突比较剧烈的情况下，均方差几乎为0，相比于传统仲裁策略有很大程度的提升，表明新型仲裁策略在繁忙的状态下很好地满足了对于各个 VC 不同目的流量比例的需求；在空闲状态下，各仲裁策略均方差差异较小，因为此时网络较空闲，提出的请求几乎都可以马上得到应答，几乎没有冲突，无需仲裁，本文设计的两种策略很好地完成了对于各 VC 流量比例的调控，满足实际需求。

对比 RL 以及 RP 策略的均方差：在繁忙情况下，RL 的均方差略微低于 RP 策略，但是二者差异不大，因为此时处于繁忙状态，大多数条件下，仅依靠一级 RR 就可以完成目的流量比例的需求，无需进入到二级策略中，因此二者差异不大；在正常状态下，RL 策略的均方差要明显低于 RP 策略，有显著的改善，因为此时各 VC 提出的请求冲突减少，通常要依靠二级 RR 或 FP 策略才可以满足目的流量比例，而 RP 策略的二级仲裁是优先满足目的流量比，RL 策略的二级仲裁是优先满足各个 VC 的优先级，因此会存在上述差异。

对比 RL 以及 RP 算法的数据包延迟：在多数情况下，RP 策略的 VC0 以及 VC1 相对于 RL 策略具有更低的延迟，尤其是在繁忙状态注入比例为 1:2:3:4 以及正常状态下，因为上述情形中，各 VC 请求难以通过一级仲裁完成目的流量比例需求，需要更多的二级仲裁进行调控，而 RP 策略在二级仲裁以各 VC 的优先级为依据，因此优先级高的 VC，请求可以得到更加快速的相应。RP 策略在满足了目的流量比例的同时，兼顾了各个 VC 具有不同优先级的情形，但是是以损失一定的流量比例为代价。

表 1　目的流量比例 4:3:2:1 繁忙状态下的实验结果

策略	注入比例	流量比例				延迟/ns			
FP	1:1:1:1	0.489405	0.471306	0.039148	0.000141	173.5308	181.5492	2545.440	664028.3
	1:2:3:4	0.305040	0.394950	0.267731	0.032280	154.8444	190.0915	366.1987	3122.668
	4:3:2:1	0.500010	0.499990	0	0	190.8868	200.9959	0	0
RR	1:1:1:1	0.249995	0.249995	0.250015	0.249995	371.5044	370.7245	371.1994	371.4753
	1:2:3:4	0.215716	0.25854	0.262862	0.262883	291.2747	324.8095	373.1622	383.202
	4:3:2:1	0.248077	0.248059	0.242652	0.180953	373.4481	363.3402	316.1382	281.0392
LOTTERY	1:1:1:1	0.340188	0.300495	0.228947	0.130371	264.4573	303.2813	408.5676	741.5782
	1:2:3:4	0.237693	0.296576	0.272983	0.192748	248.8624	274.9768	355.6702	522.9573
	4:3:2:1	0.477225	0.25452	0.179598	0.088658	210.6404	385.6545	495.7215	902.7911
RL	1:1:1:1	0.400263	0.300656	0.199232	0.099849	219.8863	302.7311	474.0671	978.7949
	1:2:3:4	0.304838	0.315362	0.241744	0.138026	154.9968	254.7702	406.7218	730.6107
	4:3:2:1	0.400323	0.299949	0.199575	0.100151	251.2910	325.9410	437.5716	778.6914
RP	1:1:1:1	0.400364	0.300757	0.199232	0.099647	219.8353	302.6232	474.0671	980.8861
	1:2:3:4	0.304898	0.338148	0.263792	0.093162	154.9549	233.2471	371.8561	1082.823
	4:3:2:1	0.400424	0.299666	0.200282	0.099626	251.2070	325.5653	438.9488	911.3078
		VC0	VC1	VC2	VC3	VC0	VC1	VC2	VC3

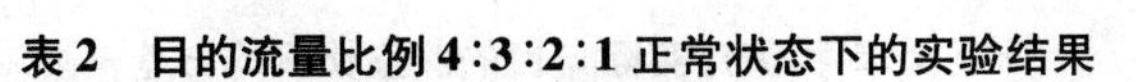

表2　目的流量比例4:3:2:1正常状态下的实验结果

策略	注入比例	流量比例				包延迟/ns			
FP	1:1:1:1	0.392703	0.349889	0.208328	0.049080	158.6432	188.5840	385.0582	1960.455
	1:2:3:4	0.183994	0.312453	0.331585	0.171968	151.9794	173.1761	239.0375	563.9039
	4:3:2:1	0.496606	0.406977	0.090942	0.005474	178.8075	181.5162	962.3969	17906.33
RR	1:1:1:1	0.249626	0.249646	0.250253	0.250475	305.6704	303.9343	304.3768	303.6060
	1:2:3:4	0.153793	0.245135	0.293688	0.307384	257.4896	261.0573	276.6707	303.6793
	4:3:2:1	0.308053	0.293455	0.245335	0.153157	303.3422	277.8604	261.2586	258.5711
LOTTERY	1:1:1:1	0.306447	0.282168	0.243738	0.167647	231.0143	257.8830	314.7811	504.0643
	1:2:3:4	0.163208	0.266477	0.311223	0.259093	221.8444	228.7149	257.7954	365.3596
	4:3:2:1	0.383809	0.311178	0.205566	0.099448	238.5118	257.3045	341.6933	607.9913
RL	1:1:1:1	0.380193	0.304445	0.209271	0.106091	167.2433	235.9390	387.1057	802.4523
	1:2:3:4	0.183895	0.276075	0.290278	0.249752	152.1043	216.0347	281.8108	380.0480
	4:3:2:1	0.406269	0.310274	0.187038	0.096419	223.8259	258.9306	389.8464	645.938
RP	1:1:1:1	0.379708	0.300665	0.207714	0.111913	166.6803	232.2395	383.5632	8508068
	1:2:3:4	0.399616	0.299808	0.200202	0.100373	152.0986	180.3844	252.8492	497.9292
	4:3:2:1	0.411050	0.315098	0.182406	0.091446	220.7790	254.5301	403.4151	701.1359
		VC0	VC1	VC2	VC3	VC0	VC1	VC2	VC3

表3　目的流量比例4:3:2:1空闲状态下的实验结果

策略	注入比例	流量比例				包延迟/ns			
FP	1:1:1:1	0.270194	0.261575	0.246612	0.221618	140.8639	155.3979	183.0886	239.9665
	1:2:3:4	0.119199	0.224619	0.287529	0.368653	139.8758	146.7111	161.8365	183.1598
	4:3:2:1	0.418712	0.285317	0.198162	0.097809	138.6371	156.0569	202.2505	303.1519
RR	1:1:1:1	0.250634	0.249677	0.249509	0.250179	176.1655	177.8303	177.7332	177.5617
	1:2:3:4	0.215716	0.258540	0.262862	0.262883	179.7101	170.8626	166.3065	161.0461
	4:3:2:1	0.395253	0.282480	0.211246	0.111022	158.9653	166.4740	170.2849	176.9847
LOTTERY	1:1:1:1	0.258789	0.254188	0.248724	0.238300	161.7347	167.1480	178.6250	201.7520
	1:2:3:4	0.115870	0.217650	0.284203	0.382277	163.4723	161.5526	164.5747	169.3704
	4:3:2:1	0.404469	0.283730	0.206595	0.105206	150.7662	162.8077	181.0133	226.2073
RL	1:1:1:1:1	0.269788	0.259759	0.244920	0.225533	141.8521	158.2685	186.5511	231.1371
	1:2:3:4	0.119238	0.223921	0.285378	0.371462	139.6835	147.8197	164.9239	180.2792
	4:3:2:1	0.410446	0.283470	0.201965	0.104120	144.3995	159.5927	196.6432	248.2115
RP	1:1:1:1	0.269587	0.257786	0.244069	0.228558	142.4326	161.4104	187.6747	224.2122
	1:2:3:4	0.118918	0.218676	0.282974	0.379433	139.7822	159.6948	167.7419	172.6020
	4:3:2:1	0.412679	0.284103	0.200193	0.103025	146.5611	160.8734	192.6795	238.3523
		VC0	VC1	VC2	VC3	VC0	VC1	VC2	VC3

表4 5种策略实际与目的流量比例均方差

策略	繁忙			正常			空闲		
	1:1:1:1	1:2:3:4	4:3:2:1	1:1:1:1	1:2:3:4	4:3:2:1	1:1:1:1	1:2:3:4	4:3:2:1
FP	0.1353	0.0499	0.1581	0.0361	0.1316	0.1508	0.0970	0.2027	0.0119
RR	0.1118	0.1286	0.0924	0.1122	0.1699	0.0578	0.0498	0.2125	0.0120
LOTTERY	0.0365	0.1004	0.0463	0.0624	0.1567	0.0205	0.1043	0.1529	0.0094
RL	0.0005	0.0558	0.0003	0.0116	0.1396	0.0090	0.0953	0.2065	0.0100
RP	0.0006	0.0604	0.0004	0.0248	0.1620	0.0135	0.0965	0.2035	0.0102

4.2 可实现性

采用Design Compiler综合工具对5种仲裁策略进行物理可实现性分析，分别设置输入的VC数量为2、4、6、8，速度和逻辑门数量的对比结果如图3所示。随着VC数量的增加，5种仲裁策略的速度和逻辑门数量均有一定程度的提升，本文提出的RL、RP策略在VC数量为2时，物理实现代价仍较低。当VC数量增大时，物理实现代价略有提升，但是相比于LOTTERY策略，仍然十分可观。这是因为RL、RP策略均采用了双层嵌套的实现方式，因此相比于FP或者RR一定会存在一定的损耗，但无论速度还是逻辑电路的数量，仍在可接受范围之内，可满足目前需求。

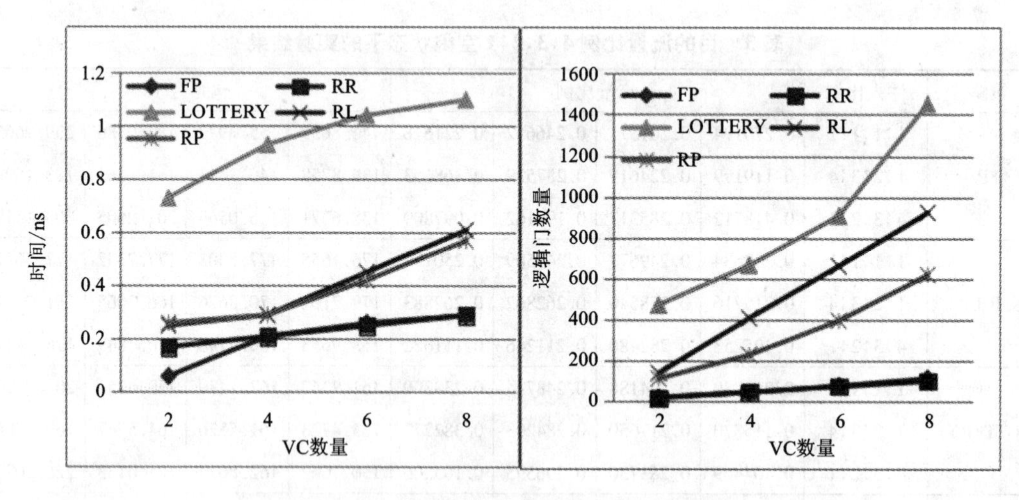

图3 VC数量对仲裁策略可实现性的影响

5 结束语

在高阶路由器中，各个VC的应用、需求、优先级等均有不同，仲裁策略起着至关重要的作用。本文提出了两种新型仲裁策略RL和RP，并通过实验以及综合同传统的三种仲裁策略进行对比。本文的仲裁策略在略微提升物理实现成本的同时，RR策略大幅提升了策略满足

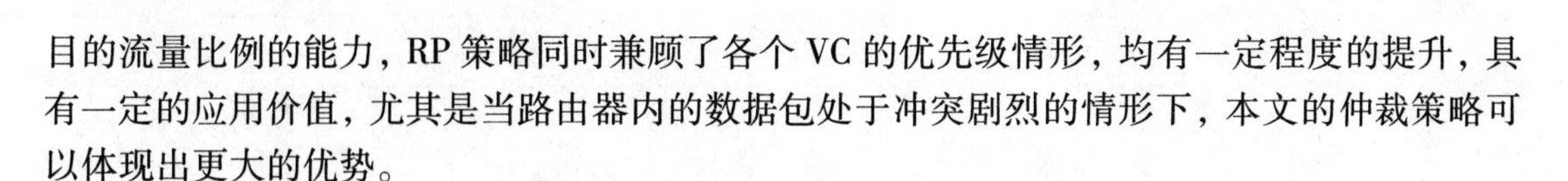

目的流量比例的能力，RP策略同时兼顾了各个VC的优先级情形，均有一定程度的提升，具有一定的应用价值，尤其是当路由器内的数据包处于冲突剧烈的情形下，本文的仲裁策略可以体现出更大的优势。

参考文献

[1] Scott S, Abts D, Kim J, et al. The BlackWidow high - radix clos network[C]//Proc of ISCA'06, 2006: 16 - 28.

[2] Kim J, Dally W J, Towles B, et al. Microarchitecture of a High - Radix Router[C]//Proc of ISCA'05, 2005: 420 - 431.

[3] Robert Alverson. The Gemini system Interconnect[C] 2010 18th IEEE Symposium on High Performance Interconnects.

[4] Cray XC Series Network[EB/OL]. 2012. http://www.cray.com.

[5] Ajima Y, Takagi Y, Inoue T, et al. The Tofu Interconnect[C]// High Performance Interconnects. IEEE, 2011: 87 - 94.

[6] Yang X, Liao X, Lu K, et al. The Tianhe - 1A supercomputer: It's hardware and software [J]. Journal of Computer Science and Technology, 2011, 26(3): 344 - 351.

[7] Liao X, Pang Z, Wang K, et al. High Performance Interconnect Network for Tianhe System [J]. Journal of Computer Science & Technology, 2015, 30(2): 259 - 272.

[8] Ugurdag H F, Baskirt O. An in - depth look at prior art in fast round-robin arbiter circuits[R]. Ozyegin University, 2011.

[9] Ugurdag H F, Temizkan F, Baskirt O. Fast two-pick n2n round-robin arbiter circuit[J]. Electronics Letters, 2012, 48(13): 759 - 760.

[10] Abdel-Hafeez S, Harb S. A VLSI high-performance priority encoder using standard CMOS library[J]. IEEE Transactions on Circuits and Systems II: Express Briefs, 2006, 53(8): 597 - 601.

[11] Dimitrakopoulos G, Chrysos N, Galanopoulos K. Fast arbiters for on - chip network switches[C]. IEEE International Conference on Computer Design, Lake Tahoe, 2008: 664 - 670.

[12] Lahiri K, Raghunathan A, Lakshminarayana G. The LOTTERYBUS on-chip communication architecture[J]. IEEE Transactions on Very Large Scale Integration(VLSI) Systems, 2006, 14(6): 596 - 608.

[13] Xu Zheng-hua. The algorithm and application for the symmetrical routing[C]. 2011 International Conference on Transportation, Mechanical, and Electrical Engineering(TMEE), Changchun, 2011: 1508 - 1511.

作者简介

路文斌，研究方向：计算机系统结构；通信地址：江苏省无锡市滨湖区山水东路江南计算技术研究所；邮政编码：214083；联系电话：13861783412；E - mail：13861783412@139.com。

高热流密度器件浸没冷却技术及样机设计

李 通 张 旭

【摘要】 随着集成电路技术的发展，以 CPU 为代表的核心器件热流密度越来越高。本文在分析风冷及水冷优缺点的基础上，提出面向高热流密度器件的浸没冷却技术，着重介绍了单相和相变浸没冷却的机理、强化换热手段及工程样机实现方案，提出了针对单相浸没冷却的射流冲击强化换热，实验表明喷射孔径在 1.5 mm 时热阻值最低，以及针对相变浸没冷却的稳压防“烧干”设计，为浸没冷却系统的设计提供了参考依据。

【关键词】 高热流密度；浸没冷却；强化换热；样机设计

1 引言

随着电子工业的发展，集成电路及其系统的组装密度越来越高，导致热流密度急速上升[1]。目前以 CPU 为代表的集成电路热流密度已突破 60 W/cm^2，未来几年内 CPU 的热流密度可突破 100 W/cm^2，激光二极管的热流密度更是可达 1000 W/cm^2。研究表明，在 70℃的基础上 CPU 等芯片每提升 10℃，其可靠性将下降 50%。对于电子设备而言，有超过 55%的设备损坏是由于温度过高引起的[2]，因此热源表面温度及其均匀性将直接影响电子设备的性能指标。

目前工程上常用的冷却方式主要有风冷和水冷。风冷组装简单、成本较低，随着热流密度的提升，风冷翅片及风扇得到很大的改进，热管技术也广泛应用到风冷散热的场合[3]。但由于空气本身的热物理性质，使得风冷的换热强度仅为 20 ~ 100 W/(m^2 · K)，无限地增加风冷翅片并不现实，因此风冷只能应用于热流密度较小、组装密度要求不高的场合。

与风冷相比，水冷的换热强度可达 1000 ~ 1500 W/(m^2 · K)，可满足高热流密度器件或高组装密度设备的散热，目前在高性能计算机、高功率雷达领域，水冷技术已得到广泛应用[4]。水冷散热也有自身的不足之处：一方面水冷技术的难度较大、成本较高，需要建立复杂的外围系统并由专业人员维护；另一方面水冷技术存在一定风险，任何轻微的泄漏都将损坏整个电子设备。

综合风冷和水冷技术的优缺点，浸没冷却作为一种新兴技术正越来越多地受到人们的关注，从有无相变的角度而言，浸没冷却可分为单相浸没冷却和相变浸没冷却两种。

2 浸没冷却原理

浸没冷却是指将发热器件浸没在不导电液体(通常为氟化液)中，其中通过强迫对流换热

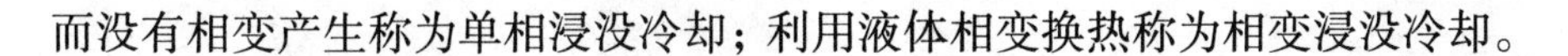

而没有相变产生称为单相浸没冷却；利用液体相变换热称为相变浸没冷却。

2.1 单相浸没冷却

单相浸没冷却可采用氟化液作为冷却介质，与水冷相比冷却介质直接接触发热器件，可有效降低接触热阻。与空气相比，其导热系数高、密度大，常用氟化液的热物性参数如表1所示。

表1 氟化物热物性参数与空气对比

	沸点/℃	蒸发潜热/($kJ \cdot kg^{-1}$)	密度/($kg \cdot m^{-3}$)	运动黏度/cst	比热/($J \cdot kg \cdot K^{-1}$)	导热系数/($W \cdot m \cdot K^{-1}$)	电阻率/$\Omega \cdot m$(DC 500 V)	介电常数/1 kHz
Novec 7000	34	142	1400	0.32	1300	0.075	1×10^8	7.4
Novec 7100	61	126	1520	0.38	1172	0.069	2×10^9	7.52
Novec 7200	76	126	1430	0.40	1214	0.069	5×10^8	7.35
Novec 7300	98	102	1660	0.70	1137	0.062	3×10^9	6.14

单相浸没冷却有层流和湍流之分。在层流阶段由于黏性作用，在靠近热源表面的部位流速降低，在贴壁处氟化液处于静止状态，热量若通过该静止层其换热方式为导热，由于导热系数较低使得该部位温升较大，因此应通过增加氟化液流速、增加扰流等手段，将热源部位的流动状态发展为湍流，从而有利于增强单相浸没冷却的换热能力。

2.2 相变浸没冷却

与单相浸没冷却相比，相变浸没冷却依靠相变而非对流传热。当热源壁面超过冷却液饱和温度时，在热源与冷却液交汇面上产生沸腾现象。通过沸腾产生大量气泡实现热量的交换，相变可以最大限度地挖掘冷却液的工作潜力，提高换热效果。

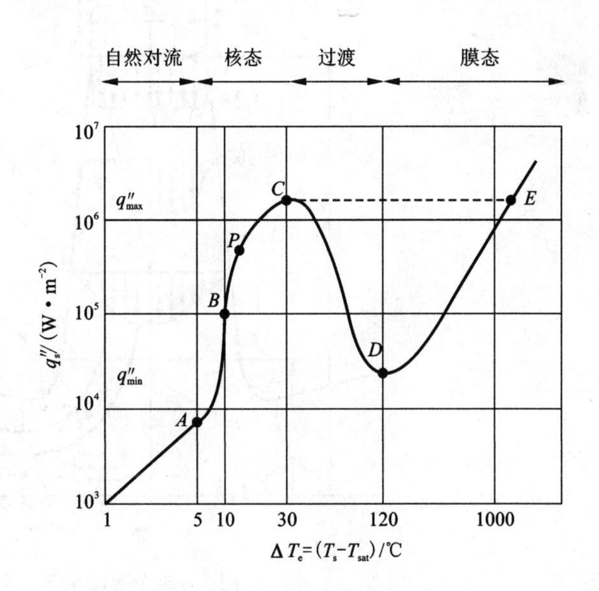

图1 相变浸没冷却的四个阶段

在相变浸没冷却中，可以将沸腾过程分为四个阶段：自然对流、核态沸腾、过渡沸腾和膜态沸腾，四个阶段如图1所示。当热源表面温度较低时，冷却液处于自然对流阶段且热流密度较低。随着过热度的增加相变浸没冷却进入核态沸腾阶段，核态沸腾可以在较小的过热度下极大地增大换热系数，如图中 $A \sim C$ 所示。其中 C 点所对应的热流密度的峰值 q_{max} 为临界热流密度，该热流密度为浸没冷却系统设计的关键，在实际工程中一旦热流密度超过 q_{max}。沸腾状态将由 C 点直接跃升到 E 点，从而使过热度急剧增加导致热源烧毁[5-10]。

3 浸没冷却强化换热

3.1 单项浸没冷却强化换热

单相浸没冷却与风冷相比虽然极大地增强了换热效果，但对于局部高热流密度器件需要增强换热，常用的强化换热方式主要有增加翅片、射流冲击等手段。

增加翅片是通过提高换热面积来实现强化换热，单相浸没冷却所采用的翅片形式可参考风冷翅片[11]。增加翅片后将引入接触热阻，名义上热源与翅片相互接触，实际上接触仅发生在某些面积元处，未接触的界面间将充满冷却液，增加了接触热阻，因此需要在热源与翅片之间增加与冷却液兼容的导热脂。

射流冲击是通过提高表面传热系数实现强化换热，射流冲击是将冷却液直接喷射到热源表面，通过增强对流换热提高冷却效果，研究指出射流冲击冷却可实现 1700 W/cm^2 热流密度器件的冷却[12]。如图 2 所示为单个喷嘴射流流场示意图，液体从喷嘴喷射出后射流的直径不断扩大，但在射流的中心区域仍然保留速度均匀的核心区域，即势流核心区。当射流抵达热源表面后，流体沿壁面散开形成壁面射流区，其中与喷嘴正对应区域为滞止区，该部位的传热强度最高[13]，在实际应用时应将滞止区设置在热源温度最高的区域。

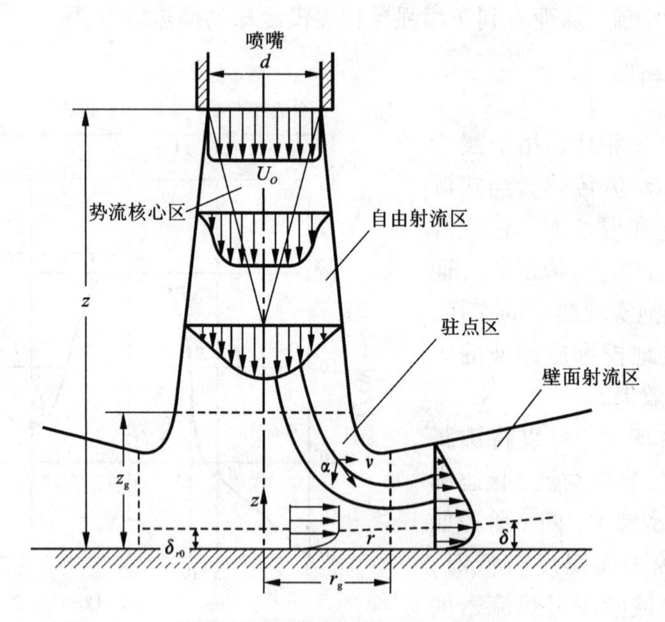

图 2 单个喷嘴射流流场示意图

超声波强化换热是利用超声波来强化换热效果。超声波是一种超过人类听觉频率极限的波，其频率范围在 20 kHz 至 100 MHz。将超声波应用于浸没冷却中时，会在冷却液体中形成超声空化效应和声流效应[14]。超声空化效应是指由于声波相位的变化，对液体分子产生挤压和离散作用，液体内部形成微泡并成长为空化气泡，有助于相变气化核心的生成，其效果如图 3(a)所示。声流效应是指超声波在液体中传播时，会引起液体非周期性流动并增大换热表面流体的扰动，从而增大气泡脱离换热表面的频率并提高换热系数，如图3(b)所示。

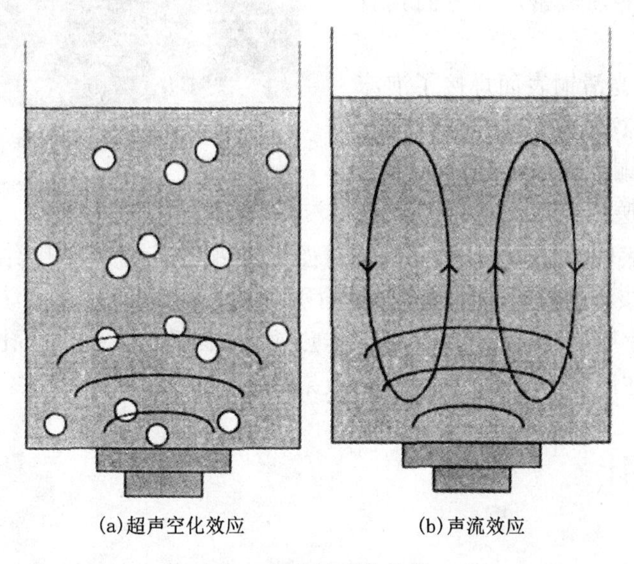

(a)超声空化效应　　(b)声流效应

图3　超声波强化换热

单相浸没冷却中，超声波强化换热存在临界声压，该临界声压取决于冷却介质的物理性质和发热器件的热流密度。当声压低于临界声压时，超声波不会对换热产生影响；当声压高于临界声压时，强化换热效果比非强化换热提升了2～8倍。研究人员普遍认为，单相浸没冷却中的超声波强化换热的关键在于超声空化。由于空化气泡在加热段附近杂乱无章地运动，增加了冷热流体的混合，当空化气泡汇聚成束后，会在发热器件表面形成射流效应，从而降低热边界层，增强了对流效果。

3.2　相变浸没冷却强化换热

凹坑强化换热通过在换热面上增加凹坑、细缝等可有效增加汽化核心。相变浸没冷却的汽化核心与汽泡接触角、表面张力、换热面形等因素有关。与平滑的换热表面相比，加工后的换热表面可将换热系数提升一个数量级，因此增加凹坑、细缝等是工程中强化沸腾换热的基本目标。Xu[15]等人通过实验研究发现，在核态沸腾中，凹坑、细缝残留的气体受热膨胀成为了汽化核心，且该区域内受加热的影响远超过平直平面，即在凹坑内气体受热膨胀更有利于形成汽化核心。进一步研究发现，只有当接触角α小于圆锥顶角β时，凹坑才对强化换热起作用。

工业上常用的增加表面凹坑的方法主要有两种：化学方法和机械加工。化学方法主要有烧结、钎焊、喷涂及电离沉积等，使换热表面增加一层多孔结构。机械加工则在光滑的换热表面加工出所需的凹坑结构。

此外，金属泡沫也可起到强化换热的作用，金属泡沫具有高孔隙率、密度低、强度大、导热系数高等优点，同时具有较好的渗透性和较高的面积体积比，因此被广泛应用于导热场合。如图4所示，金属泡沫的内部气孔搭接成三维密集网状支架结构，内部气孔一般为十二面体，有着均匀的结构形态。在浸没冷却中，可以增大换热面的面积，且其网状结构也有利于气泡的产生，因此金属泡沫在增大沸腾传热系数和提高临界热流密度等方面具有较大的优势。

Yang[16]等人在光滑铜表面焊接了泡沫铜盖，研究不同孔隙率对强化换热的影响。研究表明焊接泡沫铜盖后可显著降低核态沸腾的起始点，且换热系数是原有的 2 倍以上。相关研究也表明，金属泡沫的孔隙率对强化换热有着直接影响，结构更为细密的金属泡沫可以增大气泡核心的数量并且提高换热面积，但过于细密的金属泡沫也会增加气泡的逃逸阻力，从而使强化换热性能降低甚至恶化传热效果，因此金属泡沫的孔隙率和泡沫厚度之间有一个最佳值，在该最佳值点处强化换热效果最佳。

图 4　金属泡沫实物图

4　工程样机设计

4.1　单相浸没冷却的工程化实现

单相浸没冷却的工程化实现较为简单，只需将热源(如电路板)浸没在冷却液中即可，依靠磁力泵带动冷却液循环，目前单相浸没冷却在工程上已实现应用。针对局部热流密度较高的场合应设有专门的强化换热装置，除了增加翅片外，更为有效的是采用射流冲击冷却，如图 5 所示。

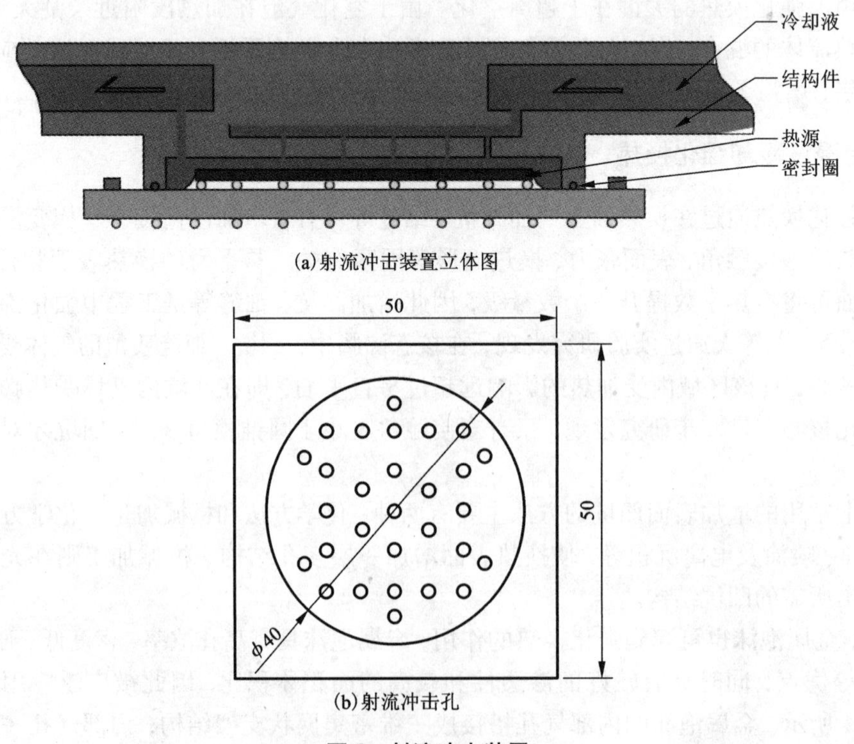

(a)射流冲击装置立体图

(b)射流冲击孔

图 5　射流冲击装置

射流冲击冷却效果与喷射孔直径有关，以图5所示装置为实验对象，改变不同孔径的大小得到热阻、流阻与喷射孔直径之间的关系，如图6、图7所示。实验表明，在喷射孔直径为1.5 mm时热阻值最小，随着喷射孔直径的加大热阻逐渐上升，喷射孔直径过小同样会导致热阻值的上升；射流冲击的流阻随喷射孔直径呈线性变化，喷射孔径越大相应流阻越小。在工程样机设计中，应综合考虑热流密度值与系统的耐压值，选择合适的喷射孔径。

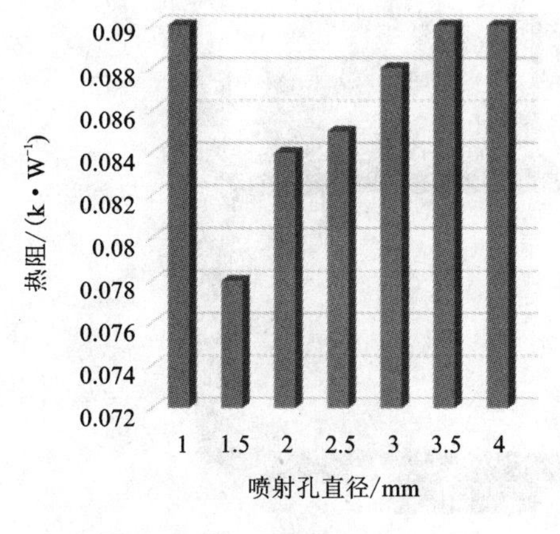

图6　热阻与喷射孔直径关系

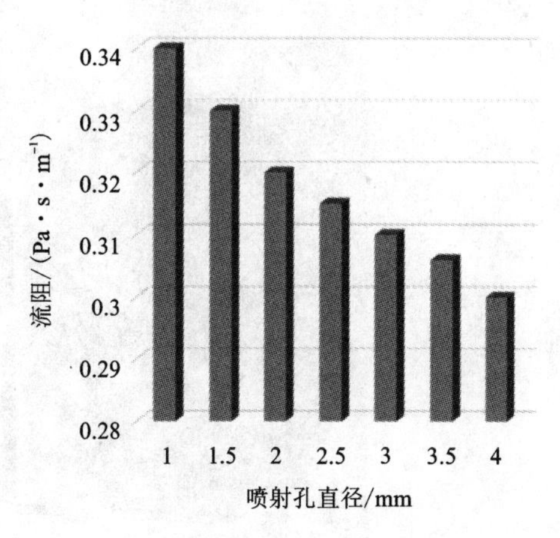

图7　流阻与喷射孔直径关系

4.2　相变浸没冷却工程化实现

相变浸没冷却工程化实现的核心在于浸没冷却机箱的设计，如图8和图9所示，浸没冷却机箱分为下箱盖和上箱盖两大部分，下箱盖用来储存冷却液，并将发热器件(如电路板)浸没在冷却液中；上箱盖主要包含换热板，冷却液加热沸腾后汽化，经低温换热板后冷凝成液体滴落在冷却液中，由此完成换热循环。

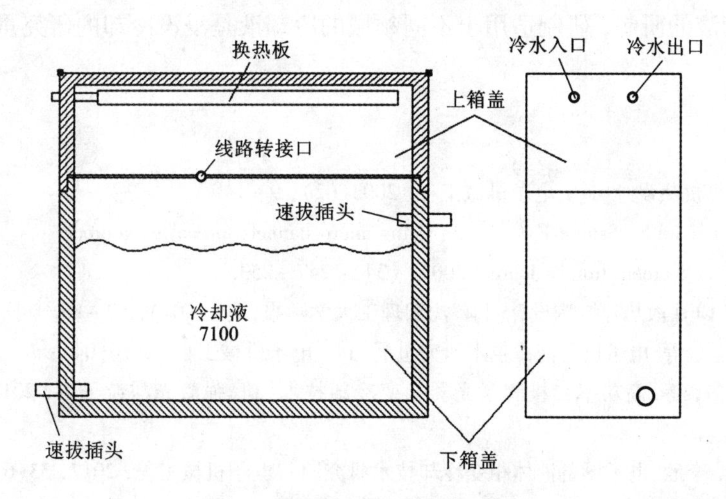

图8　相变浸没冷却机箱示意图

在设计相变浸没冷却机箱时要特别注意密封设计，由于热源和冷却液换热依靠液体的沸腾汽化，密封设计不良极有可能导致冷却液的泄漏，如果密封不严导致空气渗入，一旦渗入1%的空气，将导致换热板的冷凝能力降低50%。为避免热源功耗过高导致冷却液“烧干”的情况存在，可设计成冷却液循环式机箱，如图9所示，将冷却液通过速拔插头与外部储液箱连接，避免下箱盖中的冷却液被烧干，同时控制蒸汽空间压强的稳定。

图9　相变浸没冷却实物图

5　结论

浸没冷却与传统的风冷、水冷相比，可极大降低冷却系统的能耗，从而降低系统的PUE值。由于无需复杂的外围冷却系统，浸没冷却可实现快速的系统布局；对于电子设备而言，由于浸没冷却采用完全封闭式系统结构，因此可以应用于恶劣的自然环境。浸没冷却的核心要素之一为冷却液的研制，研制适用于不同领域的冷却液是浸没冷却的研究重点。

参考文献

[1] 张旭. 超级计算机热设计[J]. 电子机械工程. 2003(02)：9－14.

[2] Belhard J S, Mimouni S, Saidan E A, et al. Using microchannels to cool microprocessors：a transmission line matrix study[J]. Microelectronics Journal 2003, (34)：247－253.

[3] 耿德军，胡艳. CPU散热片结构设计[J]. 沈阳理工大学学报，2011(01)：82－85.

[4] 周海峰，邱颖霞，等. 电子设备液冷技术研究进展[J]. 电子机械工程，2016(04)：7－10.

[5] 武德勇，高松信，等. 高功率二极管激光器相变冷却技术[J]. 强激光与粒子束，2013，25(11)：2799－2802.

[6] 何恩，肖百川，李欣. 电子设备液体相变冷却技术研究[J]. 电子机械工程，2017，33(6)：40－42.

[7] Shen J P, Lipasti M. Modern processor design：fundamental of superscalar processors[M]. 张承义，邓宇等译. 北京：电子工业出版社，2004.

[8] Hannemann R, Marsala J, Pitasi M. Pumped liquid multiphase cooling [C]//ASME 2004 International

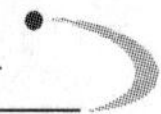

Mechanical Engineering Congress and Exposition, 2004: 469 - 473.
[9] 张娴, 朱月仙, 许轶, 等. 芯片微冷却关键技术专利分析[J]. 科学观察, 2014, 9(4): 11 - 23.
[10] 池勇, 汤勇, 万珍平, 等. 微电子芯片高热流密度相变冷却技术[J]. 流体机械, 2007, 35(4): 50 - 55.
[11] 平丽浩, 钱吉裕, 徐德好. 电子装备热控新技术综述[J]. 电子机械工程, 2008, 24(1): 1 - 9.
[12] 谢浩. 阵列射流冲击冷却流场与温度场的数值模拟[J]. 节能技术, 2005, 23(6): 529 - 532.
[13] Hyung Hee Cho, Dong Ho Rhee, Local heat mass transfer measurement on the effusion plate in impingment effusion cooling systems[J]. International Journal of Heat and Mass Transfer, 2003, (46): 1049 - 1061.
[14] 王捷, 徐军华, 靳伟. 基于 MATLAB 的超声空化气泡动态仿真[J]. 西安邮电学院学报, 2012(S1): 6 - 9.
[15] Xu JL, Ji X B, Zhang W, et al. Pool boiling heat transfer of ultra-light copper foam with open cells[J]. International Journal of Multiphase Flow, 2008, 34: 1008 - 1022.
[16] Yang Y P, Ji X B, Xu J L. Pool boiling heat transfer on copper foam covers with water as working fluid[J]. International Journal of Thermal Sciences, 2010, 49: 1227 - 1237.

作者简介

李通，助理工程师，研究方向：高性能冷却技术；通信地址：江苏省无锡市 33 信箱江南计算技术研究所；邮政编码：214100。

张旭，高级工程师，研究方向：高性能冷却技术；通信地址：江苏省无锡市 33 信箱江南计算技术研究所；邮政编码：214100。

高速光电混合互连通道阻抗设计与仿真分析

张弓 郑浩 胡晋

【摘要】 高性能网络系统一般在长短互连距离上分别使用光电两种互连方式，这就要求网络插件的设计支持光电混合互连。为降低中板长线传输通道的损耗，电互连方式需求采用小于100 Ω的低阻抗设计，而光模块内部与连接器的阻抗都固定为100 Ω，插件板上传输通道的阻抗设计需要同时满足光电两种互连方式不同的需求。本文分析高速互连通道结构，研究满足光电混合互连需求的通道阻抗设计方法，并通过通道工作容限(COM)仿真了不同通道阻抗下光电互连通道性能，仿真结果显示低传输通道阻抗设计可以同时满足光电互连通道需求。

【关键词】 高性能网络；光电混合互连；阻抗设计；通道工作容限

1 引言

随着高性能网络系统单通道传输速率的提高，传统的基于铜线互连方式易受到高频损耗和串扰等因素的影响，极大地限制了传输距离；相比电互连方式，光互连具有高带宽、无干扰等优势。为充分发挥光电两种互连方式的优势，主流的高性能交换机等设备，在交换设备内部不同插件板间的短距离互连采用电中板互连，而在跨机柜等长距离互连时使用光缆或光模块互连[1-3]，因此交换设备的插件板需要能够同时支持光电两种互连方式。

在10 + Gbps高传输速率下，电互连传输通常会采用 <100 Ω的低差分阻抗设计，低阻抗设计能降低中板通道的传输损耗，延长电互连传输最大有效距离；而有源光缆(active optical cable，AOC)和光模块等器件内电通道的端接阻抗固定为100 Ω[4]，目前公开的PCB上光互连通道设计目标都为100 Ω。光电互连通道阻抗却有不同的阻抗设计需求，而混合的光电互连通道在插件板上会共享SerDes端接、封装差分线、插件板上差分线三段结构，如何使这三段结构的阻抗设计同时满足光电互连通道的性能需求是亟待解决的问题。本研究能够同时满足光电互连通道性能的传输通道阻抗设计，并通过COM仿真研究分析不同阻抗设计下光电传输通道的性能。

2 光电混合互连通道阻抗设计

随着信号传输速率的不断提高，电互连传输受高频损耗、串扰等影响而限制了最大传输距离，但具有传输可靠性高、平均成本低等优势；光互连具有高带宽、无干扰等优势，在米级以上的长距离传输，一般采用光缆/光模块方式实现，但光产品性能易受温度影响，可靠性相比电互连略差，且单价较高[5]。综合性能与成本考虑，现代高性能交换机内部短距离互连一般使用中板等电互连方式，而板间/机柜间采用光互连方式。同一块网络插件板需要能够同时实现光电两种互连方式，SerDes 内端接和封装段差分线的阻抗要能够同时满足光电互连传输的需求。光电混合互连通道结构如图 1 所示。

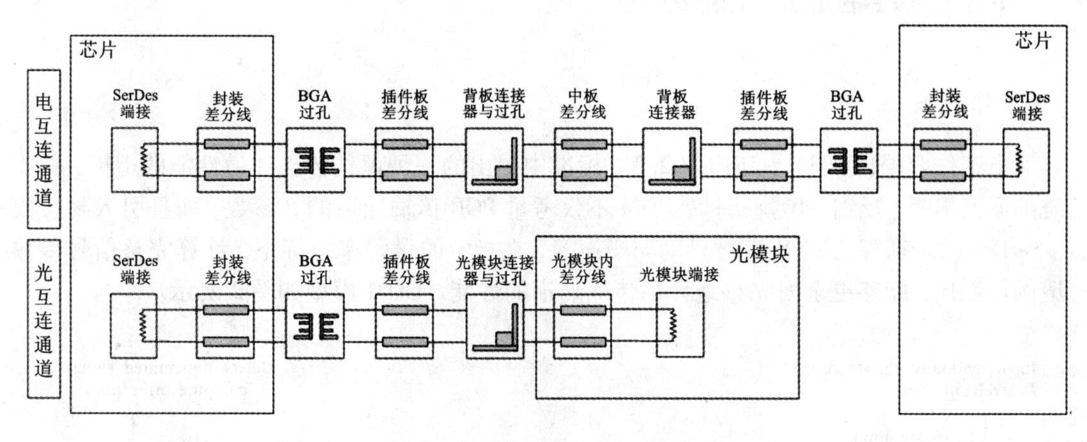

图 1　光电混合互连通道结构图

对 10G + Gbps 速率电传输通道一般采用 85 ~ 95 Ω 的低差分阻抗设计，低阻抗设计下可以使用更宽的差分线，在 PCB 板材、叠层设计不变的情况下降低传输通道损耗，提高传输裕量。为配合中板电传输的低阻抗需求，最新推出的高速中板连接器产品中，连接器内阻抗也从 100 Ω 过度到 92/85 Ω 的低阻抗。而对于光互连通道，光模块内 SerDes 端接和差分线阻抗都固定为 100 Ω。光电互连通道阻抗分布如表 1 所示。

表 1　光电互连通道阻抗分布

项目	电互连通道	光互连通道	备注
SerDes 端接阻抗	R_d	R_d	光电混合互连结构共享此段结构
封装内差分线阻抗	R_p	R_p	
插件板差分线阻抗	R_b	R_b	
连接器阻抗	92/85 Ω	100 Ω	
光模块内差分线阻抗	—	100 Ω	
光模块内端接阻抗	—	100 Ω	

从表 1 中可见，SerDes 端接、封装和插件板差分线阻抗为光电互连通道共享，需要同时满足光电互连通道的阻抗需求。为尽量减小反射，并降低 PCB 阻抗控制难度，可以将插件板电互连通道的阻抗可以设计为同一值，即

$$R_d = R_p = R_b \leqslant 100\ \Omega$$

R_d可采用90~95 Ω，一方面是为减小中板通道损耗，也兼顾光通道阻抗不匹配不超过10%。电通道低阻抗设计进而导致光通道存在阻抗不匹配，问题转化为如何平衡R_d降低带来的电传输通道损耗性能增益与光互连通道反射恶化，本文采用基于COM值的方法来评估不同阻抗下通道性能变化。

3 不同阻抗传输通道性能仿真

3.1 工作容限

通道工作容限(COM)是IEEE802.3bj标准中提出的一种评估传输通道性能的指标，相比传统的通道损耗、反射、串扰指标，COM不仅考量PCB传输通道的S参数，而且引入封装模型、SerDes内均衡算法、TX信号抖动与噪声等，在指定的误码率指标下，计算完整信号传输通道的信噪比，能够更全面完整地评估传输通道的性能。COM模型如图2所示。

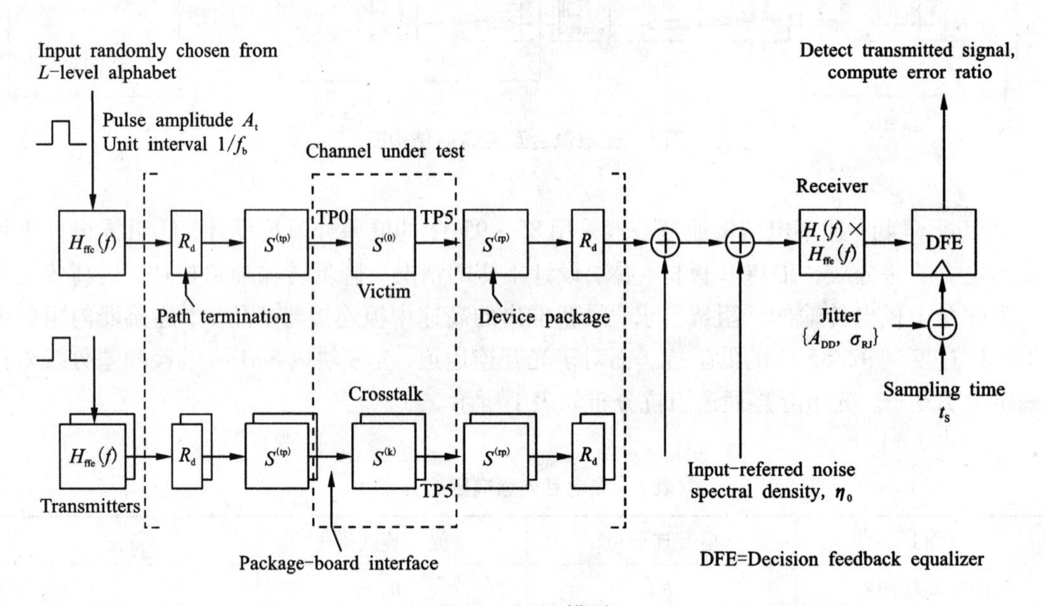

图2 COM模型

其中：

$H_{ffe}(f)=\sum_{i=-1}^{1}c(i)\exp(-j2\pi(i+1)(f/f_b))$，TX FFE均衡的脉冲响应；

$H_r(f)=\dfrac{1}{1-3.414214(f/f_r)^2+(f/f_r)^4+j2.613126(f/f_z-(f/f_r)^3)}$，RX 3 dB带宽滤波器的脉冲响应；

$H_{ctf}(f)=\dfrac{10^{g_{DC}/20}+jf/f_z}{(1+jf/f_{p1})(1+jf/f_{p2})}$，RX CTLE均衡的脉冲响应；

R_d为SerDes内端接阻抗；

f_r为RX 3dB带宽频率；

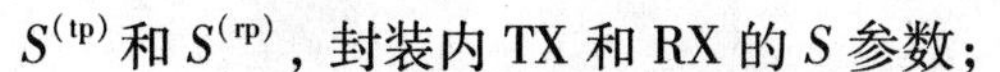

$S^{(tp)}$和$S^{(rp)}$，封装内 TX 和 RX 的 S 参数；

$S^{(0)}$，PCB 上传输通道 S 参数；

$S^{(k)}$，PCB 上串扰通道的 S 参数。

光电互连通道 COM 仿真中涉及的参数如表 2 所示，其中电互连参考 IEEE802.3_100GBASE_KR4 协议，光互连参考 IEEE802.3_CAUI-4_C2C[6]。

表 2　光电互连通道 COM 仿真参数

	参数	含义	电互连	光互连	备注
仿真基础参数	f_b	信号波特率/GBd	25.78	25.78	
	f_min	仿真起始频率/GHz	0.05	0.05	
	Delta_f	频率步进/GHz	0.01	0.01	
	M	单个符号采样数	32	32	
	f_r	接收机 3 dB 带宽	0.75	0.75	0.75×f_b
	A_v	TX 输出电压幅值	0.4	0.4	V
	L	电压阶数	2	2	NRZ 信号为 2 PAM4 信号为 4
	DER_0	目标误码率	1E-15	1E-15	根据协议或 系统需求设置
封装参数	C_d	Die 寄生电容/nF	2.5E-4	2.5E-4	TX/RX 可分别设置
	z_p(TX)	封装参考 TX 线长/mm	[12 30]	[12 30]	两种封装线长，分别为 Test Case1 和 Test Case 2
	z_p(NEXT)	封装参考 NEXT 线长	[12 12]	[12 12]	
	z_p(FEXT)	封装参考 FEXT 线长	[12 30]	[12 30]	
	z_p(RX)	封装参考 TX 线长	[12 30]	[12 30]	
	C_p	封装焊球单端寄生电容/nF	1.8E-4	1.8E-4	TX/RX 可分别设置
	R_0	单端参考阻抗/Ω	50	50	
	R_d	单端端接阻抗/Ω	55	55	TX/RX 可分别设置
TX 均衡算法参数	c(0)	TX FFE Main Cursor	0.62	0.62	定义最小值
	c(-1)	TX FFE Pre Cursor	[-0.18: 0]	[-0.15: 0]	光电通道长度特性不同，所以 TX 均衡最大强度也不一致
	c(1)	TX FFE Post Cursor	[-0.38: 0]	[-0.25: 0]	

续表 2

	参数	含义	电互连	光互连	备注
RX 均衡算法参数	g_DC	RX CTLE 直流增益	[-12：0]	[-12：0]	
	f_z	RX CTLE 零点/GHz	6.4453125	6.4453125	电传输 SerDes 的 RX 均衡能力一般比光 SerDes 强
	f_p1	RX CTLE 极点 1/GHz	6.4453125	6.4453125	
	f_p2	RX CTLE 极点 2/GHz	25.78125	25.78125	
	N_b	DFE 长度	14	5	
	b_max(1)	归一化 DFE(1)系数幅度限制	1	0.3	
	b_max (2..N_b)	归一化 DFE(2：N-b) 系数幅度限制	1	0.3	
串扰参数	A_fe	远端干扰电压幅值/V	0.4	0.4	
	A_ne	近端干扰电压幅值/V	0.6	0.6	
抖动与噪声参数	sigma_RJ	随机抖动/UI	0.01	0.01	
	A_DD	双狄拉克抖动/UI	0.05	0.05	
	eta_0	单边噪声谱密度 V^2/GHz	5.2E-8	5.2E-8	
	SNR_TX	TX 信号信噪比/dB	27	27	
	R_LM	发射机线性度	1	1	
标准	threshold	协议要求 COM 值/dB	3	2	

3.2 不同阻抗电互连通道性能仿真

针对 800 mm 长度正交中板差分线，中板两侧插件板上线长分别为 450 mm 和 350 mm，差分线为带状线结构，两侧介质厚度为 0.15 mm，$D_k=2.8$，$D_f=0.0035$。按 90 Ω、95 Ω、100 Ω三种通道阻抗分别差分线宽分别在 ADS 软件内搭建通道模型，提取 S 参数后进行 COM 仿真。不同阻抗通道的浴盆曲线如图 3 所示。

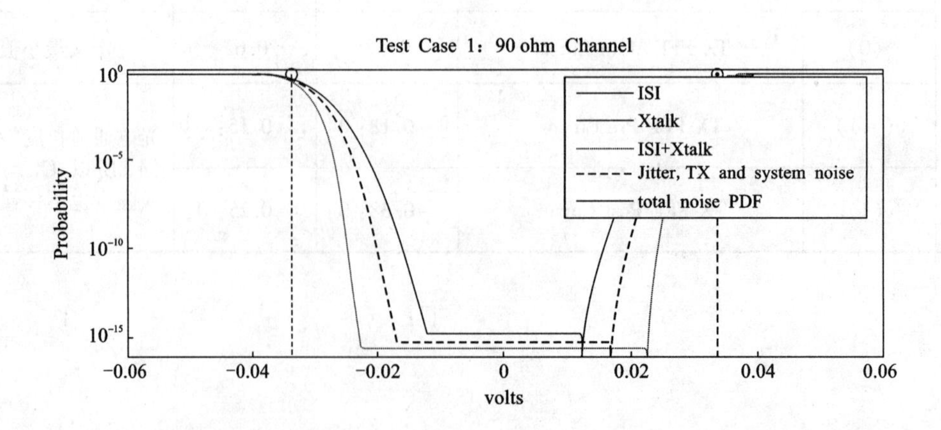

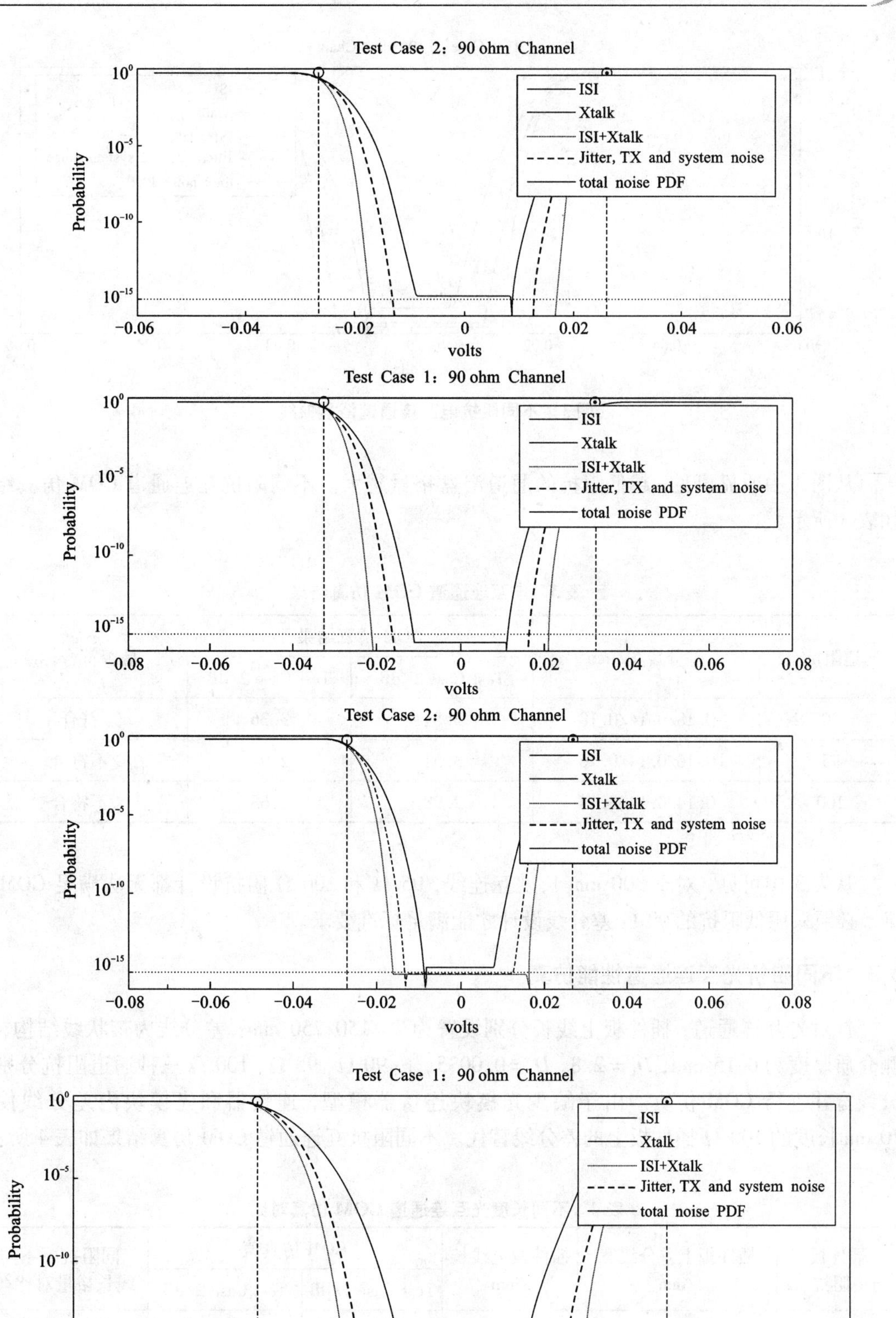

Test Case 2：90 ohm Channel
ISI
Xtalk
ISI+Xtalk
Jitter, TX and system noise
total noise PDF
Probability
volts
Test Case 1：90 ohm Channel
Test Case 2：90 ohm Channel
Test Case 1：90 ohm Channel

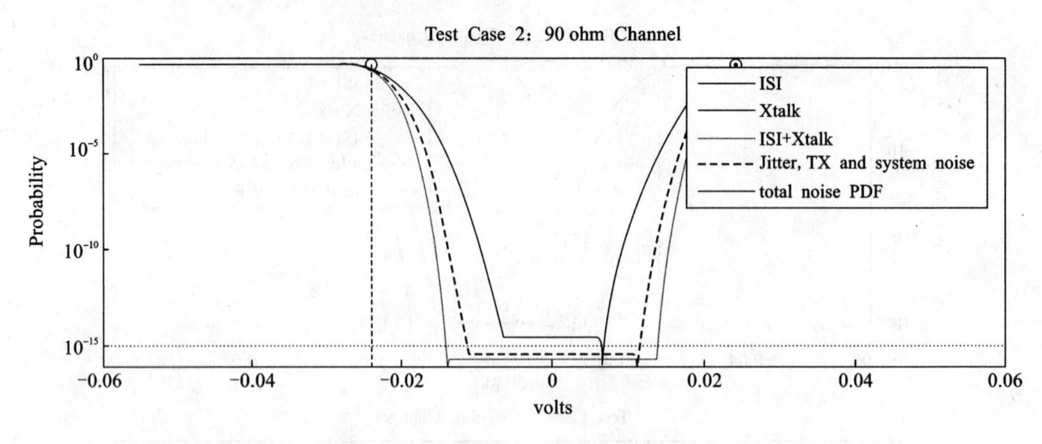

图 3　不同阻抗电互连通道浴盆曲线

从图 3 中明显可见，越低阻抗的通道浴盆裕量越大。不同阻抗互连通道 COM 仿真结果如表 3 所示。

表 3　电互连通道 COM 仿真结果

通道阻抗/Ω	差分线宽/mm	COM 仿真结果		是否符合标准
		Test Case 1/dB	Test Case 2/dB	
90	0.18/0.14/0.18	3.81	3.36	符合
95	0.16/0.14/0.16	3.51	2.99	不符合
100	0.14/0.14/0.14	2.98	2.63	不符合

从表 3 中可见，对于 800 mm 长度互连线，95 Ω 和 100 Ω 阻抗设计都无法满足 COM 标准，必须采用低阻抗的 90 Ω 差分线设计才能满足标准要求。

3.3　不同阻抗光互连通道性能仿真

针对光互连通道，插件板上线长分别设置为 20/150/250 mm，差分线为带状线结构，两侧介质厚度为 0.15 mm，$D_k = 2.8$，$D_f = 0.0035$，按 90 Ω、95 Ω、100 Ω 三种通道阻抗分别差分线宽并进行 COM 仿真。由于缺少光模块连接器模型，连接器和光模块内差分线使用 70 mm长度的 100 Ω 插件板上的差分线替代。不同阻抗互连通道 COM 仿真结果如表 4 所示。

表 4　不同长度光互连通道 COM 仿真对比

插件板 通道阻抗/Ω	插件板上差分线宽 /mm	插件板上线长 /mm	COM 仿真值		同阻抗下不同 线长裕量对比/%
			Test Case 1/dB	Test Case 2/dB	
90	0.18/0.14/0.18	20	3.70	3.43	70.1
		150	4.36	3.64	88.4
		250	4.58	3.92	100

续表 4

插件板通道阻抗/Ω	插件板上差分线宽/mm	插件板上线长/mm	COM 仿真值		同阻抗下不同线长裕量对比/%
			Test Case 1/dB	Test Case 2/dB	
95	0.16/0.14/0.16	20	3.27	3.18	62.9
		150	3.98	3.38	84.3
		250	4.30	3.67	100
100	0.14/0.14/0.14	20	2.84	2.91	54.8
		150	3.61	3.12	82.2
		250	3.96	3.36	100

从表 4 中可见，在相同的插件板阻抗设计下，插件板上差分线越长，COM 裕量越大，说明对较短的光通道，差分线、过孔等阻抗不连续造成的反射会明显降低传输裕量。相同线长下不同阻抗 COM 仿真如表 5 所示。

表 5　不同阻抗光互连通道 COM 仿真对比

插件板上线长/mm	插件板上阻抗/Ω	COM 仿真值		同线长下不同阻抗裕量对比/%
		Test Case 1/dB	Test Case 2/dB	
20	90	3.70	3.43	100
	95	3.27	3.18	78.6
	100	2.84	2.91	56.5
150	90	4.36	3.64	100
	95	3.98	3.38	84.1
	100	3.61	3.12	68.2
250	90	4.58	3.92	100
	95	4.30	3.67	88.1
	100	3.96	3.36	73.1

在相同插件板线长下，插件板上线阻抗越低，传输通道裕量越高，说明宽线带来的损耗收益超过了阻抗不匹配带来的反射恶化。插件板上 90～95 Ω 的阻抗差分线设计可以满足光互连通道设计需求。综合电互连通道仿真结果，插件板上 90 Ω 钻孔差分线设计可以同时满足光电互连通道性能需求。

4　结束语

本文针对高性能网络系统光电混合互连结构，分析网络插件光电互连的结构组成，研究光电两种互连方式的通道阻抗需求，提出适用于光电混合互连的低阻抗通道设计，最后搭建了光电互连通道仿真模型，基于通道工作容限仿真了不同通道阻抗下光电互连通道的性能。仿真结果显示的低阻抗通道可以有效提高电互连通道裕量并满足光互连通道性能需求。

参考文献

[1] 杨文祥，董德尊，雷斐，等．高阶路由器结构研究综述[J]．计算机工程与科学，2016，38(8)：1517－1523.

[2] 廖湘科，肖侬．新型高性能计算系统与技术[J]．中国科学：信息科学，2016，9：001.

[3] 雷斐，董德尊，庞征斌，等．Paleyfly：一种可扩展的高速互连网络拓扑结构[J]．计算机研究与发展，2015，52(6)：1329－1340.

[4] Lee J K, Jang Y S. Compact 4 × 25 Gb/s optical receiver and transceiver for 100G Ethernet interface[C]//Information and Communication Technology Convergence(ICTC), 2015 International Conference on. IEEE, 2015：758－760.

[5] Morero D A, Castrillón M A, Aguirre A, et al. Design tradeoffs and challenges in practical coherent optical transceiver implementations[J]. Journal of Lightwave Technology, 2016, 34(1)：121－136.

[6] ran_com_3bj_3bm_01_1114[OL].(2018－3－1). http：//www.ieee.com/802/3/.

作者简介

张弓，研究方向：计算机体系结构与高速信号传输工程；通信地址：江苏省无锡市江南计算技术研究所；邮政编码：214083；联系电话：15052238079；E－mail：zhangnow@163.com。

郑浩，研究方向：计算机体系结构与高速信号传输工程。

胡晋，研究方向：计算机体系结构与高速信号传输工程。

高性能互连网络硬件优化技术研究

任秀江　周建毅　曹志强

【摘要】 高性能互连网络是高性能计算系统的主要组成部件之一，随着技术的发展，高性能计算系统对互连网络的通信延迟、带宽都提出了很高的要求，大量的高性能计算系统中采用了定制互连网络来满足应用需求。定制的互连网络能够很好地适应高性能计算系统设计需求，可以对通信延迟和通信带宽等网络性能进行最大化的优化设计，更好地满足高性能计算系统的各种通信要求，进而提高高性能计算系统中并行应用的实际运行性能，互连网络优化是提升网络通信性能的重要手段。对互连网络的优化有很多种形式和途径，本文针对互连网络硬件设计，从延迟、带宽、吞吐率等性能角度给出了多项技术优化建议。

【关键词】 高性能计算；互连网络；硬件优化

1　引言

高性能计算(high performance computing，HPC)技术，在科学研究、经济建设、国家安全等众多领域发挥着越来越重要的作用，是信息时代世界各个国家竞相争夺的技术制高点，是一个国家综合国力和科技创新力的重要标志。

互连网络是高性能计算系统的主要部件之一，负责高性能计算系统中的节点计算、存储节点计算、I/O设备连接等，承担高性能计算系统中所有互连节点的通信。随着高性能计算系统规模的扩大，许多并行应用的运行时间取决于通信时间，而不仅是计算时间，这些应用的运行效率在很大程度上也取决于互连网络的通信性能[1]。

本文首先对高性能计算发展特征进行了总结，然后对高性能计算系统中的通信问题进行分析，最后从互连网络延迟、带宽、吞吐率等性能角度，对互连网络硬件设计中多项优化技术进行了探讨。

2　高性能计算发展特征

回顾十年来的高性能计算技术的发展，高性能计算发展呈现出以下特征。

(1)计算节点性能飞速提升。

随着集成电路工艺和众核体系结构的迅猛发展，单个芯片上可集成的电路数量越来越多，推动着微处理器性能继续沿着摩尔定律向前发展，也使计算节点的计算性能达到了前所未有的高度。例如，NVIDIA的最新GPU芯片Tesla K80能够提供2.91TFLOPS的双精度浮点计算性能[2]；Intel 最新款的 Xeon Phi 7120X 的峰值性能也达到了 1.238TFLOPS[3]；国产申威 26010 众核处理器双精度浮点峰值性能超过了 3TFLOPS[4]。

(2)高性能计算系统性能和规模不断扩大。

图 1(a)、图(b)所示为近 10 年来 TOP500 中前十名系统的平均峰值性能曲线图和平均运算核心数量曲线图，图 1(c)、图 1(d)所示为近 10 年来 TOP500 中最高性能系统的性能曲线图和核心数量曲线图。从图中曲线的发展走势不难发现，高性能计算系统的性能和规模都在不断扩大。

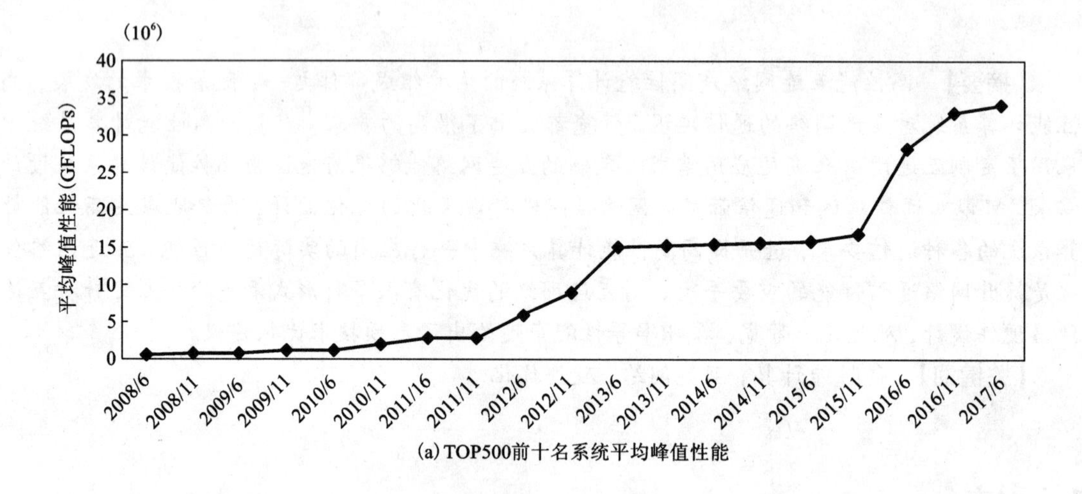

(a) TOP500前十名系统平均峰值性能

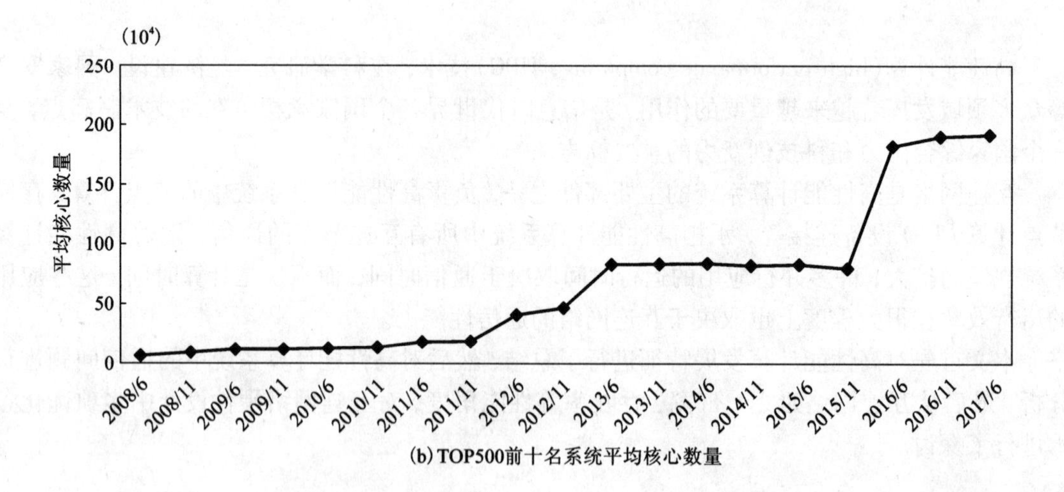

(b) TOP500前十名系统平均核心数量

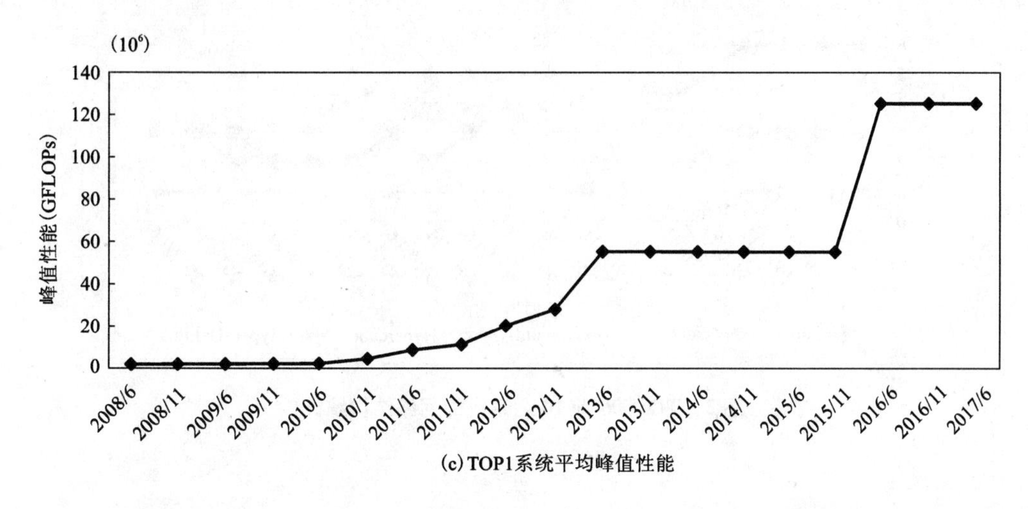

(c) TOP1系统平均峰值性能

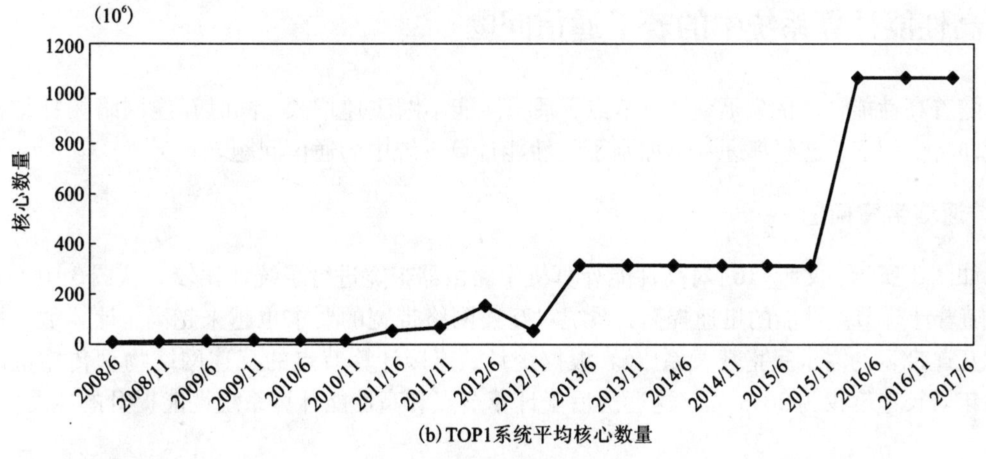

(b) TOP1系统平均核心数量

图 1　TOP500 系统的性能和核心数量曲线

(3)互连网络拓扑应用趋势明显。

拓扑结构是互连网络的基础,决定了网络中各个节点之间的物理连接关系。图 2 所示为对 TOP500 前十名系统网络拓扑结构的统计,图 2 中结果表明网络拓扑结构的应用趋势[5, 6]可以概括为以下三类:Torus(环网)[7]、Fat-tree(胖树网络)[8]、Dragonfly(蜻蜓网络)[9]及其变形网络。Dragonfly 网络较高的性价比主要来自于多端口高阶路由器[10-12],但同时其扩展性也受到路由器端口数量的限制;Torus 和 Fat-tree 在网络性能方面具有较好的均衡性[14],在可扩展性方面也各有特点,再结合在可实现性方面的优势,因此这两种结构网络在高性能计算领域应用广泛。文献[5]和文献[15]均认为未来高性能计算系统互连网络的拓扑结构不会有较大改变,现有互连网络主流拓扑结构趋势将继续持续一段时期。

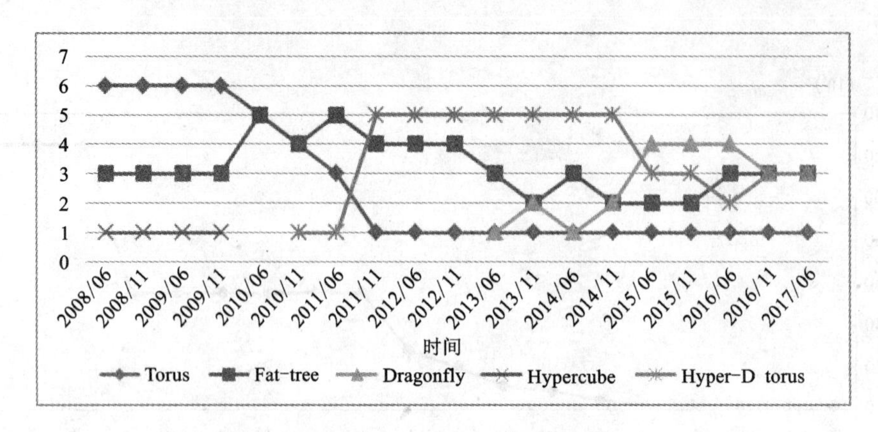

图 2 TOP500 前 10 名系统的网络结构统计

3 高性能计算系统中的若干通信问题

随着高性能计算的发展，计算节点、系统性能不断飞速增长，同时互连网络拓扑结构应用趋向特征明显，这些都进一步加剧了高性能计算系统中的通信问题。

3.1 通信带宽问题

如图 3 所示，文献[16]对高性能计算机中路由器带宽进行了统计比较。从图 3 中不难看出，随着计算节点性能的迅速提高，系统对互连网络带宽的要求也越来越高，计算节点性能与对互连带宽的需求呈指数关系[17]。根据统计，连接计算节点的互连网络物理传输链路带宽每年增长速度仅为 26%[15]，这远落后于计算节点和高性能计算系统性能提升的速度。

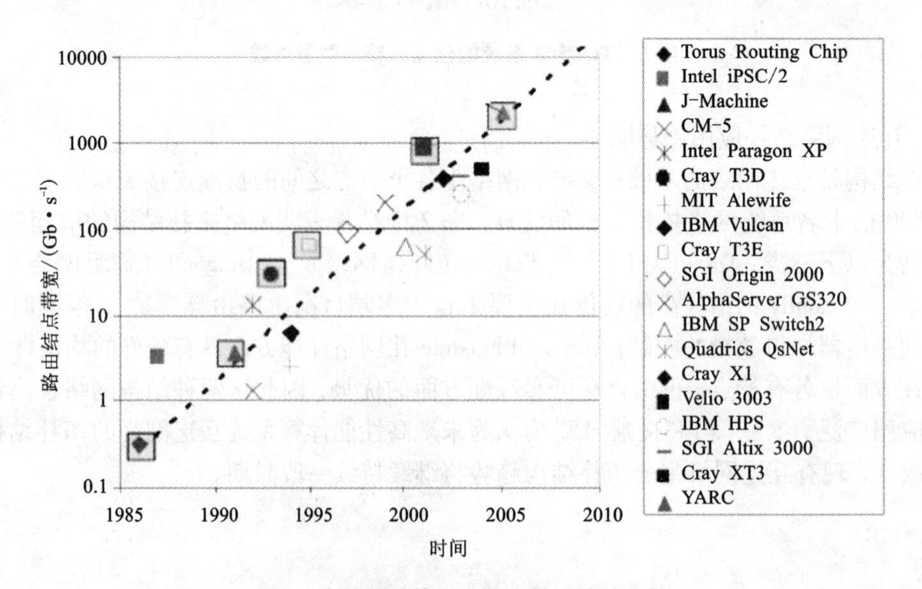

图 3 高性能计算机中路由带宽统计比较

3.2 通信延迟问题

互连网络中两节点之间的通信延迟可以用下面的公式表示：

$$通信延迟 = 发送开销 + 飞行时间 + \frac{通信长度}{通信带宽} + 接收开销$$

公式中的飞行时间是指第一个通信数据从源节点发出到达目标节点所需要的时间，主要由网络的硬件链路延迟构成，高性能计算系统中节点间的硬件链路延迟可以通过网络直径反映，网络直径的定义是指互连网络中任意两个节点之间距离的最大值。在主流网络拓扑结构中，网络直径是随着系统内节点数量增加而增大的，以高性能计算系统中常见的3D - torus网络为例，节点数量 N 与网络直径的关系为：$3\lfloor N^{\frac{1}{3}}/2 \rfloor$。因此，随着高性能计算系统规模的扩大，互连网络直径逐步增大，系统中节点间进行通信需要经过的硬件链路数增加，这在一定程度上增加了节点间的通信延迟。同时随着计算节点性能的提高，实际通信延迟与计算节点需求之间的矛盾在高性能计算系统中越发突出。

3.3 通信可扩展性问题

图4(a)所示为TOP500前十名系统的平均实际测试性能与平均峰值性能的柱状图比较，图4(b)所示为TOP500最高性能系统的实际测试性能与峰值性能的柱状图比较。从图中可以看到随着系统性能的提升，系统运行性能与系统理论峰值的差距也同时在逐渐加大。文献[18]中的研究认为大多数的科学计算程序在未精细优化前，在高性能计算系统中的运行效率仅为5% ~10%。这说明在并行计算系统中存在着影响并行程序运行效率的开销，通信开销便是其中之一。随着系统规模的扩大，通信可扩展性正成为影响大规模并行系统运行效率的重要因素，IBM公司发布的报告《Some Challenges on Road from Petascale to Exascale》中将节点之间的互连通信列入未来高性能计算系统的五大挑战之一[19]。

4 提升通信性能的硬件设计技术

延迟、带宽、吞吐率是互连网络的三大性能要素，而影响互连网络性能的因素有拓扑结构、路由策略、流控策略等几个方面[7]。Dally和Kim[20]指出，在拓扑结构的研究没有达到相应成熟等级前，路由算法和流控算法是提高互连网络性能的有效技术。优化的定制网络能够根据高性能计算系统需求，从各个方面对互连网络进行调优，使得互连网络最大化适应高性能计算系统通信需求，从而提升高性能计算系统的运行性能。

4.1 硬件优化技术分类

图5所示为高性能计算系统的互连网络节点硬件结构示意图。左边图为互连网络节点的详细组成，本文根据功能将互连网络节点进一步区分为路由节点和通信节点两部分。路由节点表示构成网络连接关系的部分，主要负责网络包的中转交换传输，具体表示为网络路由器(router)或交换机(switch)(本文中描述互连网络时对路由器和交换机不进行区分)。通信节点表示互连网络与计算节点直接连接的部分，主要负责向互连网络组织提交网络包以及从网络上接收保存网络包，具体表示为网络接口(network interface，NI)。在互连网络的实现中，

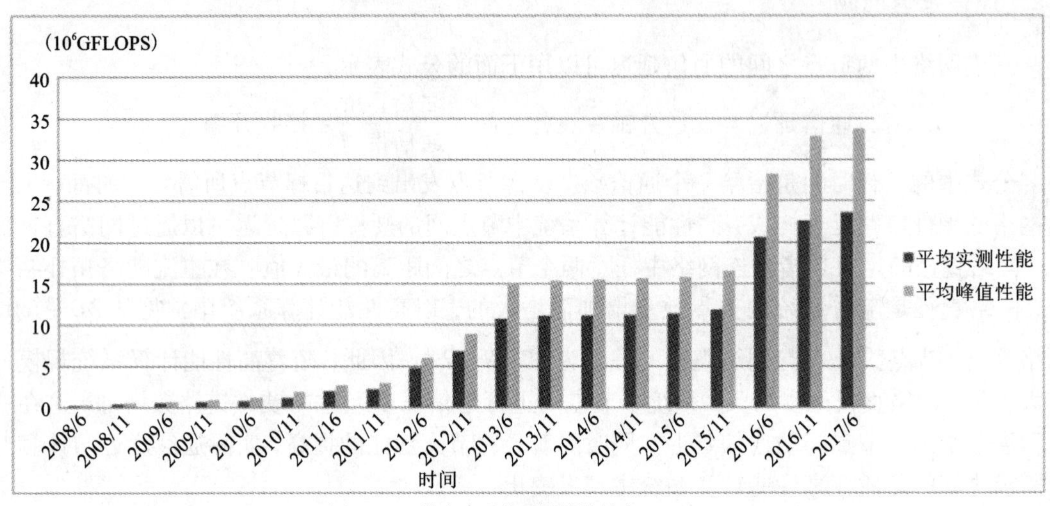

(a) TOP500前十名系统平均计算效率

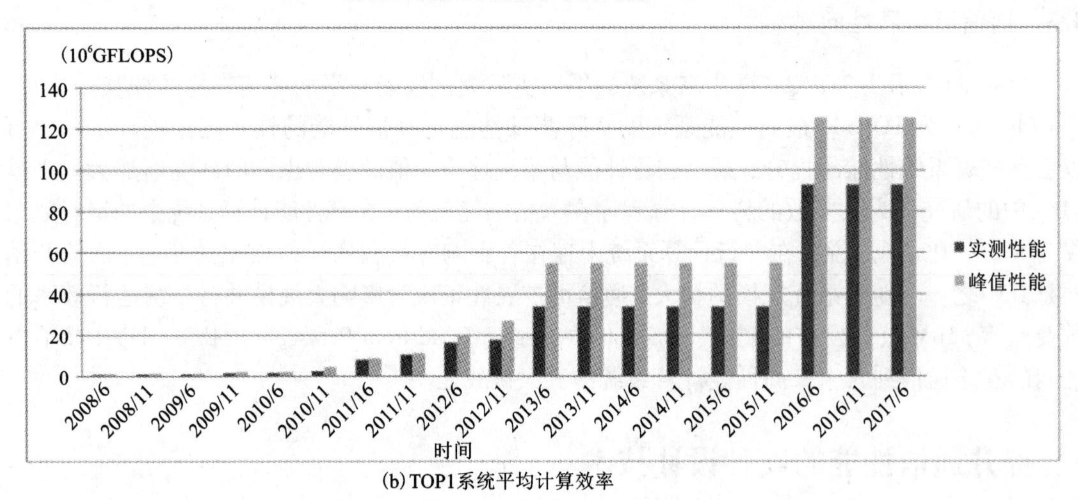

(b) TOP1系统平均计算效率

图4　TOP500 系统的计算效率对比

有的网络系统将路由节点和通信节点集成在一个芯片中实现，如 BlueGene 系列网络[22, 30]；有的网络系统将路由节点和通信节点分开在两个独立的芯片实现，如 TH Express - 2 网络[21]。

对互连网络硬件的定制优化有很多种形式和途径[20]，例如定制网络拓扑结构、定制网络芯片、定制通信协议等。图 6 所示为对互连网络硬件优化技术的总结分类。

分析影响互连网络性能的因素，主要有物理链路传输带宽、网络拓扑结构、路由策略、流控算法等几个方面。其中，物理链路传输带宽主要受限于电互连工艺的发展；通过路由节点设计可以影响网络拓扑、路由策略、流控算法等方面；通过通信节点设计则主要从流控方面影响网络性能。

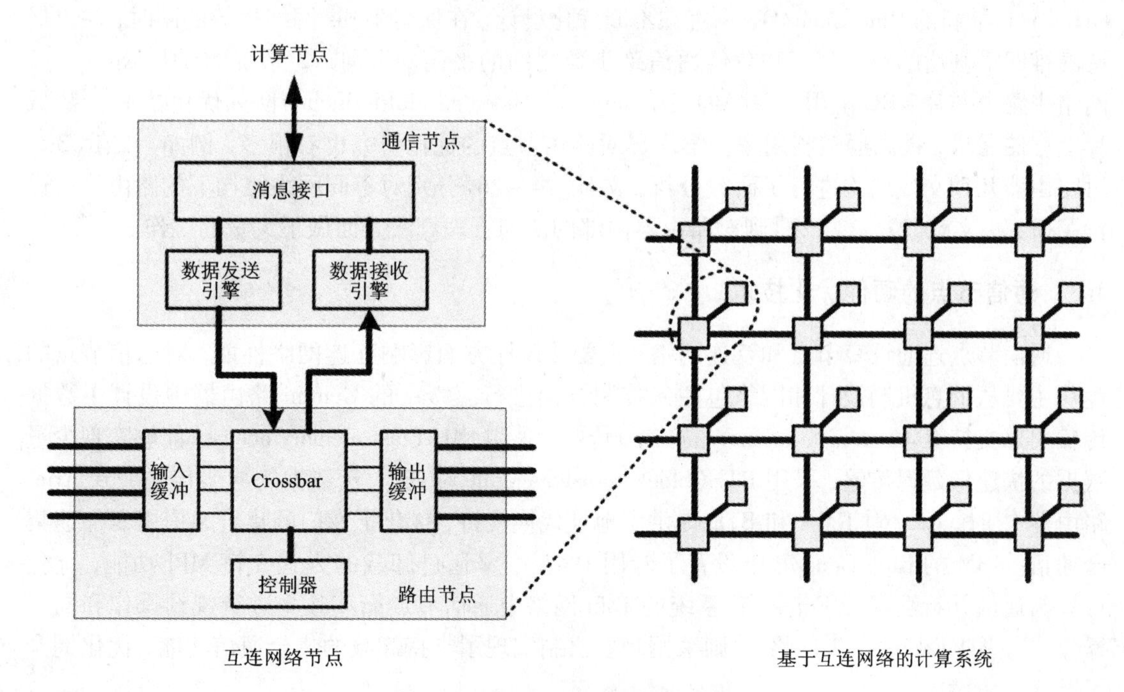

图5　互连网络节点的硬件结构组成

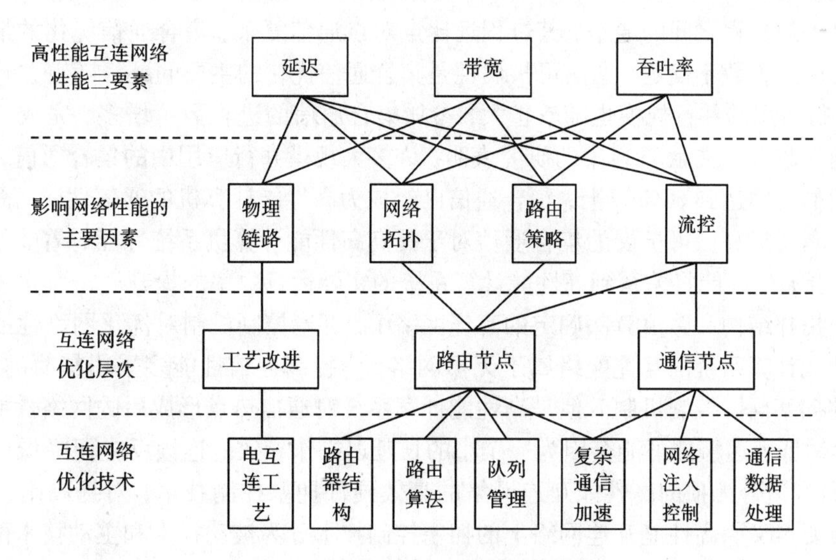

图6　互连网络硬件优化技术分类

4.2　路由节点的硬件优化技术

分析历年来的TOP500榜单中的定制网络可以发现，很多系统都应用了针对路由节点的优化设计技术。Cray X系列[10]的开发者一直坚持对高性能互连网络的创新，每一代路由芯片都引入了新的特征，用来提升互连网络性能。IBM的Blue Gene系列[23]从最早的Blue

Gene/L 到最新的 Blue Gene/Q，一直在不断优化设计，在保留 Torus 网络优势的同时，注重保持高维网络剧增的对分带宽和较低通信跨步数之间的平衡。天河 -2 系统的 TH Express -2 网络中路由芯片 NRC 采用了 DAMQ(Dynamically Allocated Multi-Queue)队列优化技术[21]降低片上存储需求，提高通道利用率。学术界对路由节点的优化研究也有很多，例如，文献[30]对路由器几种交换结构进行了研究分析，文献[24 -26]分别对不同网络结构下的路由算法进行了研究，文献[27, 28, 29]则对路由器内部的队列管理算法方面做了大量的工作。

4.3 通信节点的硬件优化技术

通信节点连通计算节点和互连网络，主要从流控方面影响互连网络性能，对通信节点的优化主要从消息机制设计和网络包注入控制方面进行。Cray 的 Gemini 路由器中设计了数据传输引擎支持 RMA(remote memory access)传输，采用 FMA(fast memory access)能够实现少量数据的快速低延迟传输，采用 BTE(block transfer engine)实现大量数据的异步传输。到 Aries 路由器[22]时，Cray 对 RMA 和 BTE 提供了地址代换支持，优化了专门的集合通信引擎加速集合通信。IBM 的 Blue Gene/P 中设置了专用 DMA 引擎通过卸载的方式支持 MPI 功能，优化计算与通信并行性[23]。Fujitsu K 系统的 Tofu 网络中通信节点能够独立进行规约操作和同步操作[31]。TH Express -2 网络[21]则采用触发机制实现了支持卸载的集合通信功能，优化提升了网络通信性能。

集合通信在高性能并行计算系统中使用广泛。文献[30]中在 Cray T3E 900 系统上进行了统计研究表明，Reduce 和 Allreduce 两种集合通信模式占据了系统消息通信时间的 40%。集合通信是一组进程之间的通信，其过程远比点对点通信复杂，集合通信优化的最大难点就是参加通信的进程数不确定，通信可扩展性是集合通信优化的主要问题。随着并行规模的扩大，很多并行应用的并行规模也随着扩大，参加集合通信的进程数量增多，完成一次集合通信的开销越来越大。文献[32]中的研究表明，许多大规模并行应用中的集合通信时间所占程序执行时间的比例达到 60% 以上，集合通信已经成为高性能计算机的通信性能瓶颈[5, 32]，集合通信性能亟待提高。可扩展的集合通信对于提高高性能计算机系统性能有着非常重要的作用，提高集合通信性能将关系到高性能计算系统的实际运行效率的提升。

在一个拓扑结构和路由算法确定的互连网络中，拥塞控制机制对优化网络性能有着重要作用。高性能计算系统的互连网络属于无损网络，为提高通信性能多采用精简的网络协议，没有复杂的拥塞反馈控制机制。但是高性能计算系统对通信热点形成后的网络性能下降较为敏感，持续的低延迟事件可能会因为一个小的长延迟操作导致的连锁反应而降低应用的运行性能[33]。研究适合无损的高性能互连网络的高效硬件拥塞控制技术，对提高高性能计算系统性能有重要意义。高性能互连网络上的拥塞控制技术分为被动技术和主动技术两种。被动技术通过各种方式探测到网络拥塞形成的信息后，再通过推迟部分机制的运行以消除拥塞。被动技术消除拥塞的手段主要是控制网络注入率、减少对拥塞路径或拥塞节点的进一步注入[34]。主动技术是控制每个网络包的传输，使得拥塞不可能发生，因此主动技术也叫做拥塞避免技术。最理想的拥塞避免是用户根据网络拓扑结构，优化算法规划通信步骤，从应用层面避免或最小化通信竞争的发生，这需要用户充分了解互连网络的拓扑架构、充分优化算法分布，虽然其效果最好但同时难度也最大，不是适合所有用户或应用的普适做法。对软件透明的硬件拥塞避免技术，多采用提前预约好网络资源的策略[35]，或者通过网络包来限制路由器的策略[36]。研究人员还提出了大量基于通信环路延迟 RTT(round-trip time)的拥塞控制协议，文献[37]认为，网络包的通信环路延迟 RTT 的变化非常适合作为网络拥塞状态变化的反馈信息。拥塞的本质是竞争，解决竞争的主要方法是减少对通信热点的注入，控制拥塞扩散。主动拥塞控制技术从理论上能够防止拥塞的发生，但由于网络拥塞的整体性和动态性的特征，基于资源预分配的技术很难取得预期的效果；RTT 能够反映网络拥塞状态，如何根据 RTT 实时判定网络状态还受到一些条件限制，例如，RTT 的精确性、RTT 反馈的粒度以及拥塞控制执行的反应时间等。主动拥塞控制技术的难点和挑战在于预先发现网络拥塞，以及及时启动拥塞控制措施，解决这两点对实现无损网络的拥塞控制具有重要意义。

物理链路速率是互连网络底层物理链路传输带宽的最终瓶颈，在不能提高物理链路传输带宽的条件下，降低通信带宽需求能够降低网络负载，减轻对互连网络带宽的依赖，有利于互连网络性能的提升。数据压缩通信将互连网络上的网络包压缩后传输，减少了互连网络上的数据实际传输量，是降低通信带宽需求的最直接方式。对高速互连网络中的通信数据进行压缩，对数据处理的低延迟要求更为迫切，这决定了对数据不能进行过多迭代分析，在高实时性环境中实现数据压缩必须要解决好压缩效率和压缩延迟的矛盾关系。此外，高性能计算系统对互连网络上数据传输的延迟、带宽都有严格的要求，对通信数据进行压缩能够带来减少通信数据量的好处，但是不能以增加通信延迟或降低通信带宽为代价。其所面临的挑战不仅仅是算法的压缩收益，还要解决算法的高实时性、硬件可实现性等问题。近些年来，一些新型高实时性的压缩算法被提出并应用于片上 Cache 和访问主存的数据中，用于节省访存带宽和提高访存效率[38][39]。硬件实时数据压缩算法有很多种，总结其基本原理都是采用字典的方式对数据进行重新编码。为了实现实时高效的数据压缩，在字典的选择上不能像软件实现的压缩算法那样，对数据进行遍历分析总结字典的构成，一般采用快速简化的即时字典进行索引。

5 结束语

互连网络硬件决定了网络的理论性能，对互连网络硬件的优化设计能够直接提高互连网络的峰值性能，是提升高性能计算系统通信性能的最根本手段。本文对高性能互连网络的硬件优化设计技术进行研究，重点从通信节点的角度对硬件优化技术进行了总结分析，给出了优化建议。

参考文献

[1] Graham S, Snir M, Patterson C. Getting Up to Speed: The Future of Supercomputing[J]. National Academies Press Washington Dc, 2004, 149(1): 147-153.

[2] http://images.nvidia.com/content/tesla/pdf/nvidia-tesla-k80-overview.

[3] https://www.intel.com/content/www/us/en/high-performance-computing/high-performance-xeon-phi-coprocessor-brief.html

[4] https://www.top500.org/system/178764.

[5] Trobec R, Vasiljević R, Tomašević M, et al. Interconnection Networks in Petascale Computer Systems: A Survey[J]. Acm Computing Surveys, 2016, 49(3).

[6] Meuer H W. The TOP500 Project: Looking Back Over 15 Years of Supercomputing Experience[J]. Informatik-Spektrum, 2008, 31(3): 203 - 222.

[7] W J. Dally and BTowles. Principles and Practices of Interconnection Networks [M]. Morgan Kaufmann Publishers Inc. 2003.

[8] Yang X J, Liao X K, Lu K, et al. The TianHe - 1A Supercomputer: Its Hardware and Software[J]. 计算机科学技术学报(英文版), 2011, 26(3): 344 - 351.

[9] Kim J, Dally W J, Scott S, et al. Technology-Driven, Highly-Scalable Dragonfly Topology[J]. Acm Sigarch Computer Architecture News, 2008, 36(3): 77 - 88.

[10] Alverson B, Froese E, Kaplan L, et al. Cray XC Series Network. White Paper WP - Aries01 - 1112. http://www.cray.com/Assets/PDF/products/xc/CrayXC30Networking.pdf. 2012.

[11] Mellanox Technologies. Switch - IB TM EDR Switch Silicon. Product Brief, 2014.

[12] Birrittella M S, Debbage M, Huggahalli R, et al. Intel® Omni-path Architecture: Enabling Scalable, High Performance Fabrics[C]// High-Performance Interconnects. IEEE, 2015: 1 - 9.

[13] Liao X K , Pang Z B, Wang K F, et al. High Performance Interconnect Network for Tianhe System[J]. 计算机科学技术学报(英文版), 2015, 30(2): 259 - 272.

[14] 廖湘科, 肖侬. 新型高性能计算系统与技术[J]. 中国科学: 信息科学, 2016, 46(9): 1175.

[15] Dally W J. Interconnect - Centric Computing[C]// IEEE, International Symposium on High PERFORMANCE Computer Architecture. IEEE Computer Society, 2007: 1.

[16] Sapatnekar S, Roychowdhury J, Harjani R. High-Speed Interconnect Technology: On-Chip and Off - Chip [J]. 2005: 7.

[17] Ge R, Feng X, Cameron K W. Improvement of Power-Performance Efficiency for High-End Computing. [C]// IEEE International Parallel and Distributed Processing Symposium. IEEE Computer Society, 2005: 233.2.

[18] Lucas R, Ang J, Bergman K, et al. DOE Advanced Scientific Computing Advisory Subcommittee (ASCAC) Report: Top Ten Exascale Research Challenges[J]. 2014.

[19] KimJ, Dally W J, Towles B, et al. Microarchitecture of a High-Radix Router[C]// International Symposium on Computer Architecture, 2005. ISCA '05. Proceedings. IEEE, 2005: 420 - 431.

[20] Liao X K , Pang Z B, Wang K F, et al. High Performance Interconnect Network for Tianhe System[J]. 计算机科学技术学报(英文版), 2015, 30(2): 259 - 272.

[21] Giampapa M E, Giampapa M E, Giampapa M E, et al. The deep computing messaging framework: generalized scalable message passing on the blue gene/P supercomputer [C]// International Conference on Supercomputing. ACM, 2008: 94 - 103.

[22] Glass C J, Ni L M. The turn model for adaptive routing[C]. In the Proceedings of the IEEE International Symposium on Computer Architecture, 1992: 278 - 287.

[23] Duato J. A necessary and sufficient condition for deadlock-free routing in cut-through and store-and-forward networks[J]. Parallel & Distributed Systems IEEE Transactions on, 1996, 7(8): 841 - 854.

[24] Scott S, Thorson G. The Cray T3E network: Adaptive routing in a high performance 3D torus[C]. In the Proceedings of the Symposium on Hot Interconnects, 1996: 147 - 156.

[25] Dou W H, Liu M, Zhang H Y, et al. A Framework for Designing Adaptive AQM Schemes[C]// International Conference on NETWORKING and Mobile Computing. Springer-Verlag, 2005: 789 - 799.

[26] Plasser E, Ziegler T, Reichl P. On the non-linearity of the RED drop function[C]// International Conference on Computer Communication. International Council for Computer Communication, 2002: 515 - 534.

[27] Aweya J, Ouellet M, Montuno D Y. A control theoretic approach to active queue management[J]. Computer networks, 2001, 36(2): 203 - 235.

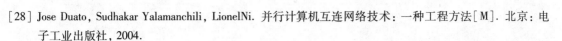

[28] Jose Duato, Sudhakar Yalamanchili, LionelNi. 并行计算机互连网络技术：一种工程方法[M]. 北京：电子工业出版社，2004.

[29] Ajima Y, Inoue T, Hiramoto S, et al. Tofu Interconnect 2: System-on-Chip Integration of High-Performance Interconnect[C]// International Conference on Supercomputing. Springer-Verlag New York, Inc. 2014: 498 - 507.

[30] Petrini F, Kerbyson D K, Pakin S. The Case of the Missing Supercomputer Performance: Achieving Optimal Performance on the 8, 192 Processors of ASCI Q[C]// Supercomputing, 2003 ACM/IEEE Conference. IEEE, 2003: 55 - 55.

[31] Using Hardware Timestamps with PF RING. http: //goo.gl/oJtHCe, 2011.

[32] Yew P C, Tzeng N F, Lawrie D H. Distributing Hot-Spot Addressing in Large - Scale Multiprocessors[J]. IEEE Transactions on Computers, 2006, 36(4): 388 - 395.

[33] Baydal E, López P, Duato J. A Congestion Control Mechanism for Wormhole Networks[C]// Parallel and Distributed Processing, 2001. Proceedings. Ninth Euromicro Workshop on. IEEE, 2001: 19 - 26.

[34] I. Grigorik. Optimizing the Critical Rendering Path. http: //goo.gl/DvFfGo, Velocity Conference 2013.

[35] Shafiee A, Taassori M, Balasubramonian R, et al. MemZip: Exploring unconventional benefits from memory compression[C]// IEEE, International Symposium on High PERFORMANCE Computer Architecture. IEEE, 2015: 638 - 649.

[36] Sathish V, Schulte M J, Kim N S. Lossless and lossy memory I/O link compression for improving performance of GPGPU workloads[C]// International Conference on Parallel Architectures and Compilation Techniques. IEEE, 2017: 325 - 334.

作者简介

任秀江，研究方向：高性能互连网络技术；通信地址：江苏省无锡市第33信箱江南计算技术研究所；邮政编码：214083；联系电话：18921156817；E - mail：sunshinebuxiu@126.com。

基于 CPU - FPGA 异构多核平台的卷积神经网络并行加速研究

王得光　杭子钧　黄　友　文　梅

【摘要】 随着深度学习的发展，卷积神经网络的网络规模及计算复杂度不断增大，通用 CPU 无法满足性能需求，使用专用硬件处理器来加速计算过程成为一种行之有效的方法。由于 FPGA 具有可编程的特点，可以灵活配置硬件资源，具有高效能比、可重构能力以及快速设计周期的优势，成为加速卷积神经网络计算过程的理想硬件平台。本文研究了卷积神经网络前向过程的并行性，提出了相应的并行方案。本文使用 HLS 高级综合工具对前行过程中负载较大的卷积层和全连接层进行了实现，搭建了一个基于 CPU - FPGA 的多核异构系统进行方案验证。实验结果表明该异构多核并行加速系统性能的比基于 CPU 的卷积神经网络框架提高了 14 倍。

【关键词】 卷积神经网络；FPGA；异构；并行加速

1　引言

卷积神经网络(CNN)由人工神经网络发展而来，广泛应用于语音识别、图像分割等领域，在计算机视觉领域取得很大的进展。然而近年由于 CNN 对于精度的要求越来越高，基于深度学习算法的计算密集型应用的迅速发展使得卷积神经网络的网络越来越深，数据规模呈现爆炸式增长，计算和存储需求都大幅增加。由于卷积神经网络特殊的计算模式，传统的通用 CPU 对于卷积神经网络的计算效率不高，性能上难以满足计算需求，因此基于 GPU[1]、ASIC[2]、FPGA[3-5] 等多种专用硬件平台的神经网络加速器设计方案被提出，应用于卷积神经网络的性能加速。相比于通用 CPU，GPU 的计算性能更加优秀，广泛应用于高性能并行计算任务中(如天河二号超级计算机)，但是 GPU 存在着功耗过高的缺点。FPGA 是可编程平台代表，结合了软件计算的灵活性和硬件计算的高效性，而且近些年针对 FPGA 的高级综合工具的发展显著缩短了开发周期，减轻了开发人员的工作量，给 FPGA 设计带来极大的方便，使得其受到学术界和工业界越来越多的关注。

近年来，各大商业公司陆续提供了基于 FPGA 的云平台加速服务，比如微软、华为云、腾讯云。如何将 CNN 部署到云平台节点上，充分利用平台提供的并行性，实现能效的优化是个值得研究的问题。由于 FPGA 片上资源有限，而且卷积神经网络规模不断增大，单片 FPGA 的访存和计算能力无法满足现有需求。针对上述问题，结合 CNN 算法的高度并行性，本文提出了多片并行方案，并搭建了 CPU - FPGA 的异构多核加速平台。目前加速卷积神经网络的

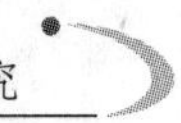

FPGA 多片并行加速设计较少，由于 GPU 良好的编程特性及神经网络支持，主流还是多 GPU 并行加速设计。

目前有多种深度学习框架，如 Caffe、TensorFlow、MXNet 等框架。在本文中，我们使用轻量级的 Darknet 神经网络框架。Darknet 是基于 C 和 CUDA 语言编写开发的开源神经网络框架，支持 CPU 和 GPU 两种计算方式。Darknet 神经网络框架没有任何依赖项，较容易移植，适合用来研究底层，从底层对其进行改进和扩展。

2　背景介绍

2.1　卷积神经网络

卷积神经网络(CNN)是受神经科学的启发发展而来的，经过 20 多年的发展，CNN 在诸如计算机视觉、人工智能领域已经取得了很好的效果。典型的 CNN 包括用于识别的前向推理过程和生成模型的训练过程。训练过程通常是在离线的情况下进行的，前向过程使用训练过的 CNN 模型进行分类、分割。本文只关注前向(推理)，推理包括两部分：一是特征提取；二是分类。体征提取用来将输入图像处理成输入特征图，特征图表示输入图像的某个特征，比如线条等，输入特征图经过处理之后将输出结果进行分类。

典型的 CNN 由多个网络层组成，包括卷积层、池化层和全连接层。卷积层主要用于提取图像特征，池化层可以降低图像尺寸。图 1 为卷积层计算过程，输入 N 个输入特征图，每个输入特征图被权值的一个滑动的卷积核进行卷积操作，根据每次 N 个输入特征图相同位置上的卷积的和得到输出特征图的一个像素点。每组卷积核的数量与输入特征图相同，一组卷积核称为一个输出通道。图 1(a)为卷积输入特征图与卷积核的卷积计算，得到输出特征图的过程，图 1(b)为卷积计算的伪代码、嵌套循环的乘累加操作。

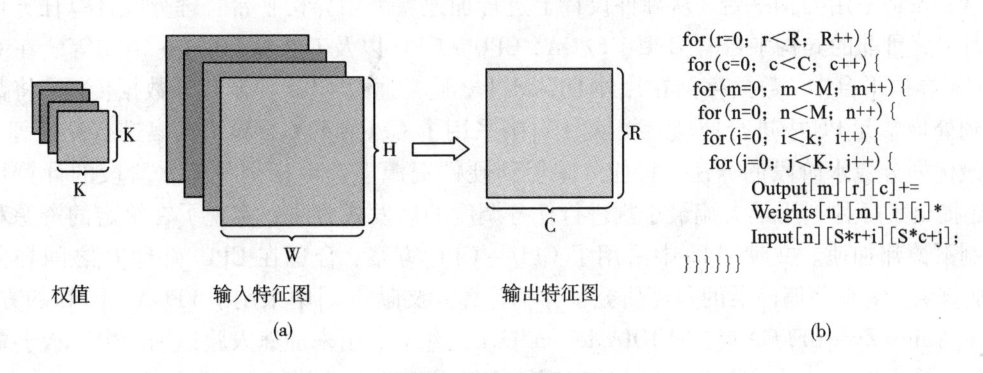

图 1　卷积计算过程

$$O_{p,q} = \sum_{n=1}^{N}\sum_{i=1}^{K}\sum_{j=1}^{K} W_{i,j}^{n} \times I_{(p+i,q+j)}^{n} \qquad (1)$$

式(1)为某个输入特征图的某个像素点像素值的卷积计算公式，W 表示卷积核，I 表示输入特征图，O 表示输出特征图，卷积即为相应位置上的两个矩阵的点积之和。

在前向计算过程中，卷积操作会占据超过 90% 的计算时间[9]，所以在本文中，我们将主要关注卷积层和全连接层的并行加速。典型的CNN由多个网络层组成，包括卷积层、池化层和全连接层。卷积层主要用于提取图像特征，池化层可以降低图像尺寸。图1(b)为卷积计算的伪代码，嵌套循环的乘累加操作，输入N个输入特征图，M组卷积核，一组卷积核称为一个输出通道，每组卷积核的数量约输入特征图相同，每个输入特征图被权值的一个滑动的卷积核进行卷积操作，所有输入特征图同一位置的卷积的和得到输出特征图的一个像素点的像素值。

2.2 HLS高级综合工具

HLS(high level synthesis)是可以将高级语言转换成Verilog或者VHDL硬件描述语言的高级综合工具，在高性能和高能效异构系统设计上越来越受欢迎。HLS连接硬件和软件，可以提高硬件设计人员的生产力，显著减少开发时间，使得硬件开发人员在设计高性能硬件时，不用关心底层工作，使用软件编程来指定硬件功能，而且还可以帮助设计师提高系统性能，比如在FPGA上加速计算密集型操作。

当前学术界和商业界都开发了多种高级综合工具，比如Catapult - C、Bluespec、Vivaddo HLS等。Catapult - C[6]是一款商业高级综合工具，最初的目标平台为ASIC，现在可以用于ASIC和FPGA平台。Bluespec编译器[7]是一款专用高级综合工具，使用Blue System Verilog作为设计语言。本文使用Xilinx公司的Vivado HLS高级综合工具Vivado HLS[8]，使用C或者C++编写程序，相比于其他开发工具，HLS并不关注具体的实现细节，同时还能更快地验证设计的正确性。Vivado HLS高级综合工具除了C语言之外，还支持工具自身的各种优化语句，比如数组划分、流水线、循环展开等。

2.3 相关工作

目前对卷积神经网络的加速方案主要有两个方向，一是压缩数据规模，减少存储空间和计算量；二是采用异构平台，从硬件设计上进行加速。采用异构平台合理分配计算任务可以加速计算，目前的异构平台有CPU+FPGA，CPU+GPU以及CPU+FPGA+GPU等。在CPU+FPGA异构平台中，数据存储在片外DRAM上，通常通过CPU控制片外数据传输，将数据加载到处理单元PE中进行处理。文献[10]中采用了CPU+FPGA异构方案进行流处理，设计了最优划分流水阶段的算法，将任务映射到硬件资源上。由于划分流水阶段的计算量很大，还提出了一种利用最大流最小割进行任务调度的启发式方法。实现了在给定的资源和能耗限制下德邦加速。文献[11]中采用了CPU+GPU方案，合理在CPU和GPU之间划分工作，从算法，编程和编译器的角度研究了异构计算。文献[12]中采用了FPGA+GPU的方案，设计了Xilinx Zynq(FPGA)与NVIDIA Jetson TK1的组合，用来加速人脸识别。由于板上资源的限制，单块板子已经不能满足需求，出现了多块FPGA板子并行加速的方案。文献[13]中将7块板子互联，设计了一种深度并行的多FPGA加速体系结构。文献[14]设计了一套软硬件协同的库Caffeine，在多片FPGA上实现了VGG16和AlexNet的加速。

3 加速器并行方案设计与实现

目前卷积神经网络的并行方案主要有数据并行、任务并行和数据并行与任务并行相结

合。基于多 GPU 的并行方案已经较为成熟，但是基于多 FPGA 的并行研究还比较少，所以我们参考基于多 GPU 的并行加速方案来研究多 FPGA 并行加速。

3.1 算法并行性

传统的行列相乘的矩阵计算方式在规模上有限制，矩阵规模过大容易导致不能很好利用空间局部性问题，因此引起频繁的访存操作，使得访存压力增大。在卷积层和全连接层的执行过程中，由于网络层规模较大，相应的矩阵的规模也比较大，执行时间较长，因此可以采用矩阵分块的方法，充分利用局部性原理，同时对不同的分块进行计算。以图 2 为例，两个规模相等、同为 4 ×4 的矩阵进行相乘，可以按照图 2 方式所示进行矩阵的分块，将分块后的矩阵交由不同的运算单元进行计算，实现多块并行计算。未进行分块时，算法的复杂度为 $O(n3)$，假设矩阵如图 2 中分成 4 块，则时间复杂度为 $O(n3/4)$。如果分块的数目进一步增加，则算法复杂度会继续降低，计算时间也会继续减少。

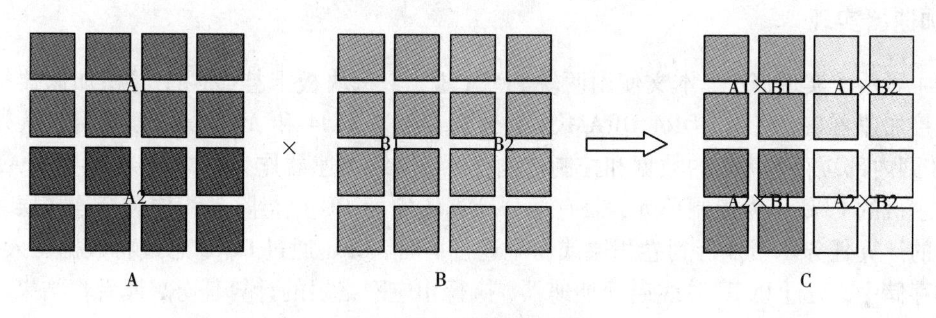

图 2　矩阵分块计算

3.2 并行任务划分

本文以每个 FPGA 板卡为一个节点，提出了三种并行方案：①多节点并行，将任务均等划分给每个节点，使得每个节点负载均衡；②单节点多加速器核并行，在 FPGA 板卡的资源约束下，挂载多个加速器核，执行并行计算，提高板卡资源利用率；③多节点多加速核并行，结合前两种并行方案进行并行计算。本文对这三种方案进行了研究，同时进行任务划分时，提出了三种划分策略。

图 3 为三种任务划分方案，图 3(a)是按照输入通道进行划分，将输入特征图及对应的卷积核均等划分给每个 FPGA 板卡，任务 1 由板卡 1 执行，任务 2 由板卡 2 执行，板卡内部按照相同的方式将任务分割交给加速器执行。这种并行方案将输入特征图分割开来，则最后需要在加速器外部将各个并行输出结果进行累加，这样会导致时间上的延迟。图 3(b)按照输出通道进行划分，将卷积核按照输出通道划分给每个 FPGA 板卡，任务 1 由板卡 1 执行，任务 2 由板卡 2 执行，输入特征图不进行划分，然后板卡内部按照相同的方式将卷积核分割，输出通道的卷积核内部不再进行分割。图 3(c)将输入特征图在高度这一维进行分割，任务 1 由板卡 1 执行，任务 2 由板卡 2 执行，板卡内部也按照相同的方式将卷积核输入特征图在高度这一维上进行分割，利用了空间局部性原理，最后将结果合并成一张输出特征图。经过研究，本文将图 3 中的后两种任务划分方案进行结合，在按输出通道进行划分的同时，也在输

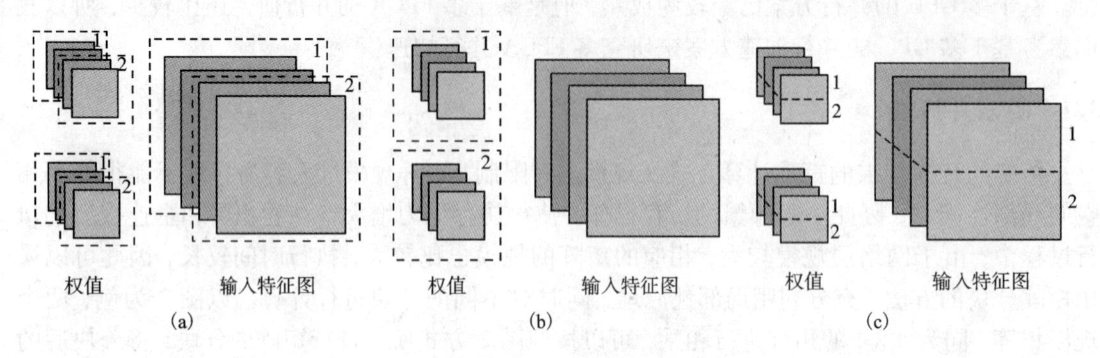

图3 任务划分

入特征图的高度这一维进行划分。

3.3 加速器实现

图4展示了实现概况，本文使用两块FPGA板卡，每块板卡挂载两个卷积加速器核和两个全连接加速器核，使用DDR4 DRAM作为外部存储。AXI4和AXI4Lite协议用于从外部存储DDR到内部缓存Buffer的数据和控制传输，神经网络加速器作为一个IP核连接在AXI4总线上。主机的CPU作为控制单元，兼有部分计算任务，CPU执行除卷积层和全连接层之外的网络层的计算任务。当执行到卷积层或者全连接层时，CPU通过PCIE总线将数据写入FPGA的外部存储中，通过PCIE总线启动加速器，执行相应网络层的计算任务，最后将结果写回外部存储中。

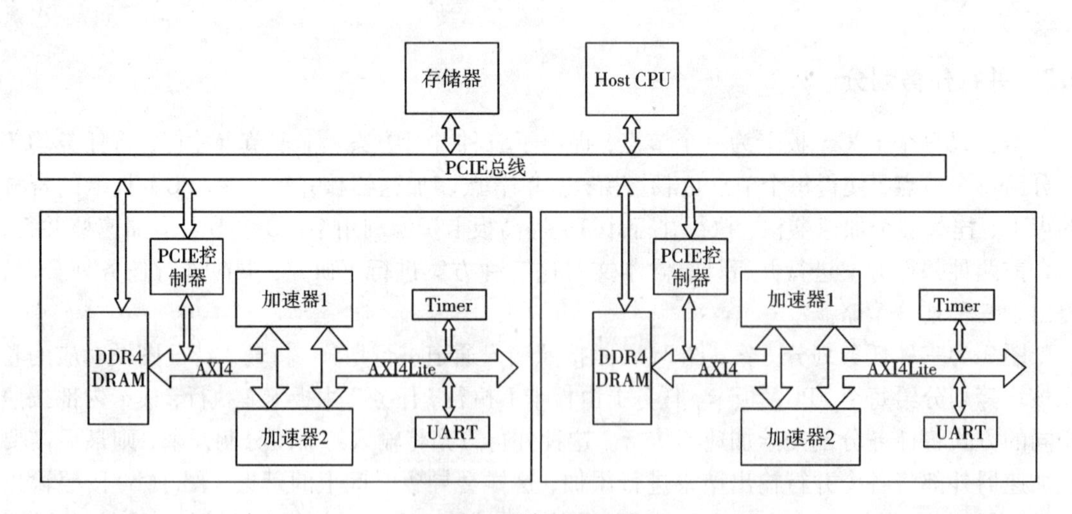

图4 系统实现概况

本文实现的加速器核包含一个顶层模块和三个子模块，如图4所示，三个子模块分别是取数模块、计算模块和写回模块，顶层模块循环调用三个子模块，将计算结果写回外部存储DDR中。

在加速核内部逻辑上，本文采用[5]中的设计方案，实现了卷积加速。如图5所示，由于数据规模较大，在加速器内部逻辑上将输入特征图按每 Tn 张特征图一组进行分割，然后取数模块将数据从外部存储 DDR 中取出，存于内部权值和输入缓存中。计算模块对缓存中的数据进行计算，也就是执行卷积操作，乘累加得出部分和。然后在 N 方向上执行循环操作，待循环结束，得出输出结果后，写回模块将结果写回到外部存储中。输入通道上的循环操作执行结束后，进而执行输出通道方向上的循环，完成计算并写回所有输出特征图的 R 方向上的部分数据，最后在 R 方向上执行循环操作直到所有数据都已被写回外部存储。

```
for(row=0; row<R; row=row+Tr){
    for(to=0; to<M; to=to+Tm){
        for(ti=0; ti<N; ti=ti+Tn){
            取数;
            计算;
}
            写回;
}}
```

图 5　加速器模块设计

图 6 展示了加速器内部结构设计。由于 FPGA 片上存储空间有限，输入规模较大，无法存储全部数据，因此在读取数据时采用数据预取的方式，将数据存储在外部存储中，加速器执行运算时将需要使用的数据读取到片上缓存中，减少数据的重复访问，增加数据的重用性。处理单元(PE)将来自缓存中的输入数据和权值进行乘累加操作，然后将输出结果存储在输出缓存中，之后写回外部存储器。在加速器内部，我们采用双缓存机制，利用乒乓操作提高访存效率。为了提高计算的并行度，我们使用循环展开及流水方式，增加运算和存储部件，以空间换取时间。在外部存储结构设计上，本文将数据存储在一段连续的地址空间里，按照权值、输入数据和输出数据的顺序分配地址空间，将数据写入地址中。

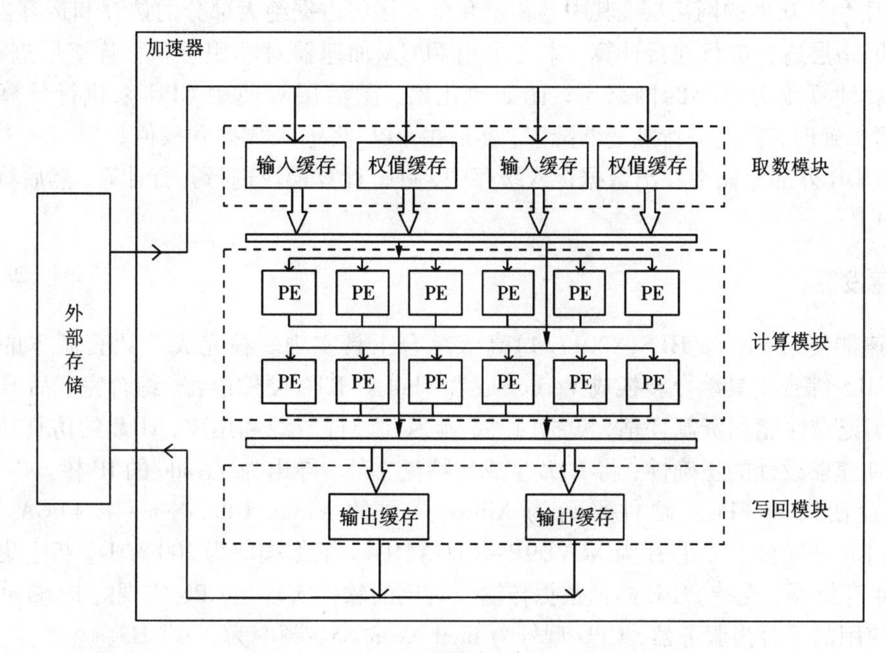

图 6　加速器内部设计

4 评估

本节中，我们首先介绍实验环境的设置，然后针对实验结果进行分析。本文使用 Darknet 网络框架，图 7 为 Darknet 网络框架执行过程，首先加载 FPGA 驱动，启动 Darknet 网络框架，载入网络参数和输入、权值数据，然后进行各网络层的计算。

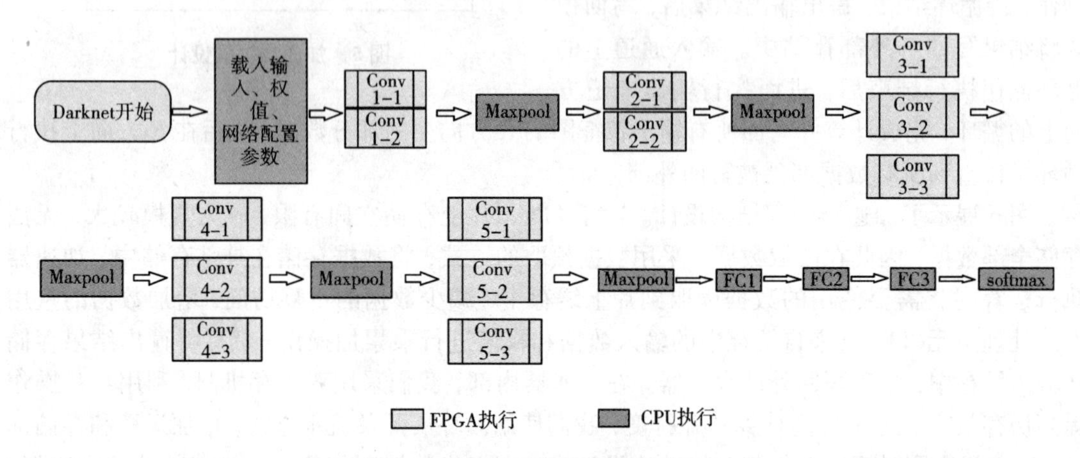

图 7 Darknet 网络框架执行流程图

CNN 中包括众多的网络层，其中卷积层和全连接层占据绝大部分的访存和运算操作，而且这两个网络层适合进行并行计算，本文采用 FPGA 加速器对卷积层和全连接层进行加速，其他访存和计算压力较小的网络层，比如池化层、激活层等使用 CPU 来执行计算。利用 FPGA 进行加速时，首先进行加速器配置，然后由 CPU 将输入数据和权值数据写入 DDR 中，加速器从 DDR 外部存储中取出数据存入缓存中，进行计算模块进行并行计算，然后将结果写回 DDR 中。

4.1 环境设置

本加速器使用 Vivado HLS(v2017.4)高级综合工具实现。在完成 C 语言版本的加速器后，使用 HLS 综合工具综合转换成 Verilog 或者 Vhdl 等 RTL 硬件语言，综合完成后 HLS 生成综合报告，记录性能和资源评估，包括时钟、延迟和硬件资源利用率，HLS 的仿真功能可以初步验证加速器设计的正确性，将 RTL 生成比特流文件，导出为 Vivado 的 IP 核。

本实验使用的 FPGA 硬件平台为 Xilinx 公司的 Virtex Ultra Scale + FPGA VCU118 Evaluation Kit 开发板[15]，芯片为 XCVU9P - FLGA2104，工作频率为 200 MHz，板上集成两个 4GB DDR4 存储器，支持 PCIE 高速数据传输。对比的软件实现是 CPU 实现的 Darknet 神经网络框架，使用的平台为服务器，CPU 型号为 Intel Xeon E5，频率为 2.4 GHz。

4.2 实验结果

在本节中，我们首先分析了 FPGA 开发板的硬件资源利用情况，然后对比了基于 CPU 的软件实现和基于 FPGA 的加速器实现。

表 1 为本文实现的加速器的资源利用情况，即两个卷积层加速器和两个全连接层加速器的资源利用率总和。其中 BRAM 使用量达到了 78.4%，从表 1 中可以看出，该加速器充分利用了 FPGA 的硬件资源，由于未使用 URAM 资源，如果使用 URAM 资源，则 BRAM 或者 LUT 的资源利用率可以相应降低。

表 1　FPGA 资源利用率

资源	BRAM_18K	DSP	LUT	FF
已使用	3388	4340	798452	667718
总量	4320	6840	1182240	2364480
利用率	78.4%	63.4%	67.5%	28.2%

表 2 为 VGG－16 网络模型在服务器上平均处理一张图像的卷积层和全连接层的平均执行时间，平均处理一张图总的时间为 7.506548 s，每秒钟可以处理 0.133 张图像。

表 2　服务器各网络层执行时间

网络层		Conv1－1	Conv1－2	Conv2－1	Conv2－2	Conv3－1	Conv3－2	Conv3－3
时间/s		0.05616	0.97340	0.39111	1.15898	0.36641	0.75710	0.75241
Conv4－1	Conv4－2	Conv4－3	Conv5－1	Conv5－2	Conv5－3	FC1	FC2	FC3
0.36302	0.85781	0.68191	0.17218	0.16343	0.16086	0.09489	0.01213	0.00161

本文使用 VGG－16 网络模型进行测试，设计了四种测试方案：①一片 FPGA 板卡，板卡使用一个加速器加速卷积层，一个加速器加速全连接层；②一片 FPGA 板卡，板卡使用两个加速器加速卷积层，两个加速器加速全连接层；③两片 FPGA 板卡，每片板卡使用一个加速器加速卷积层，一个加速器加速全连接层；④两片 FPGA 板卡，每片板卡使用两个加速器加速卷积层，两个加速器加速全连接层这四种情况。

图 8 为四个并行方案的卷积层和全连接层执行时间对比，我们进行了多次测试，并取每层的平均执行时间。从图 8 中可以看出，双节点双加速器的性能最好，其次是双节点单加速器方案，理论上在一块 FPGA 板卡上挂载两个加速器核性能可以翻倍，但是由于同一板卡的两个加速器共用一块外部存储 DDR，在数据访问时会产生冲突，因此平均性能相比于双节点单加速器略有降低，相比于单节点单加速器平均性能提高了 1.6 倍。而对于多节点来说，执行过程中的不存在节点间的数据相关性，通过图 8 可以看出，板卡数量每增加一倍，则卷积和全连接层的执行时间减少一倍，性能提高一倍。CPU＋双节点双加速器异构并行平台平均处理一张图像的时间为 0.504817 s，每秒钟可以处理 1.98 张图片，相比于服务器，总体性能提高了 14.89 倍。

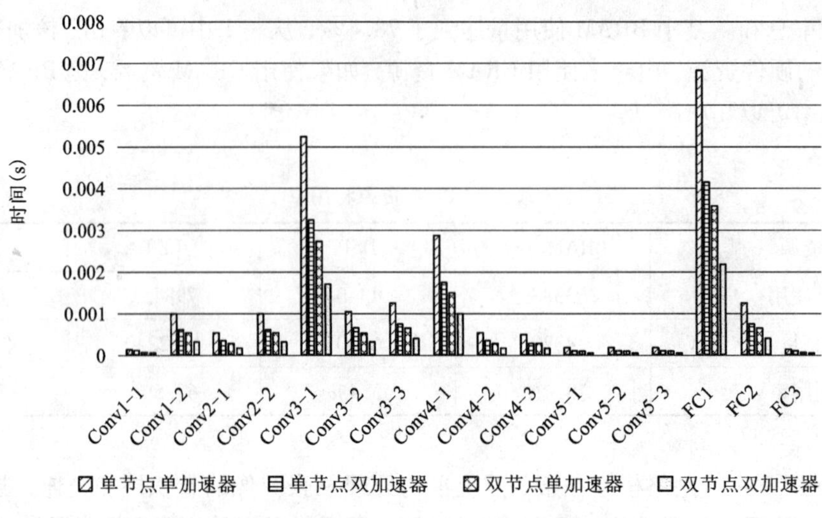

图8　各并行方案执行时间对比图

5　总结

本文研究了卷积神经网络的多片多加速器的并行方案，完成了基于 CPU + FPGA 异构多核平台的卷积神经网络并行加速器实现，同基于 CPU 的 Darknet 卷积神经网络框架性能进行了对比。通过实验进行性能对比，发现基于 CPU + FPGA 的异构多核平台的卷积神经网络并行加速器在性能上优于基于 CPU 的卷积神经网络框架。本文提出的基于 CPU + FPGA 的异构多片多核并行加速方案为以后的异构并行加速研究提供了参考。

参考文献

[1] Krizhevsky A, Sutskever I, Hinton G E. ImageNet classification with deep convolutional neural networks[C]// International Conference on Neural Information Processing Systems. Curran Associates Inc. 2012: 1097 - 1105.

[2] Jouppi N P, Young C, Patil N, et al. In-Datacenter Performance Analysis of a Tensor Processing Unit[J]. 2017: 1 - 12.

[3] Aydonat U, OConnell S, Capalija D, et al. An OpenCL? Deep Learning Accelerator on Arria 10[J]. 2017: 55 - 64.

[4] Qiu J, Wang J, Yao S, et al. Going Deeper with Embedded FPGA Platform for Convolutional Neural Network [C]// Acm/sigda International Symposium on Field-Programmable Gate Arrays. ACM, 2016: 26 - 35.

[5] Chen Zhang, Peng Li, Guangyu Sun, et al. Optimizing FPGA-based Accelerator Design for Deep Convolutional Neural Networks[J]. 2015: 161 - 170.

[6] http://calypto.com/en/products/catapult/overview.

[7] http://bluespec.com/high-level-synthesis-tools.html.

[8] http://www.xilinx.com/products/design-tools/vivado/index.htm.

[9] Cong J, Xiao B. Minimizing Computation in Convolutional Neural Networks[C]// Artificial Neural Networks

and Machine Learning-ICANN 2014. Springer International Publishing, 2014: 281－290.

[10] Wei X, Liang Y, Wang T, et al. Throughput optimization for streaming applications on CPU-FPGA heterogeneous systems[C]//Design Automation Conference(ASP－DAC), 2017 22nd Asia and South Pacific. IEEE, 2017: 488－493.

[11] Mittal S, Vetter J S. A survey of CPU－GPU heterogeneous computing techniques[J]. ACM Computing Surveys(CSUR), 2015, 47(4): 69.

[12] Rethinagiri S K, Palomar O, Moreno J A, et al. An energy efficient hybrid FPGA－GPU based embedded platform to accelerate face recognition application[C]//Low-Power and High－Speed Chips(COOL CHIPS XVIII), 2015 IEEE Symposium in. IEEE, 2015: 1－3.

[13] Zhang C, Wu D, Sun J, et al. Energy-efficient CNN implementation on a deeply pipelined FPGA cluster [C]//Proceedings of the 2016 International Symposium on Low Power Electronics and Design. ACM, 2016: 326－331.

[14] Zhang C, Fang Z, Zhou P, et al. Caffeine: Towards uniformed representation and acceleration for deep convolutional neural networks[C]//Computer－Aided Design(ICCAD), 2016 IEEE/ACM International Conference on. IEEE, 2016: 1－8.

[15] http://www.xilinx.com/products/boards-and-kits/vcu118.html#hardware.

作者简介

王得光，研究方向：计算机系统结构；通信地址：湖南省长沙市开福区德雅路 109 号国防科技大学；邮政编码：410073；联系电话：13278871081；E－mail：wangdeguang13@nudt.edu.cn。

杭子钧，研究方向：计算机系统结构；通信地址：湖南省长沙市开福区德雅路 109 号国防科技大学；邮政编码：410073；联系电话：18890062717；E－mail：hangzijun13@nudt.edu.cn。

黄友，研究方向：计算机系统结构；通信地址：湖南省长沙市开福区德雅路 109 号国防科技大学；邮政编码：410073；联系电话：13278896672；E－mail：hy690212@163.com。

文梅，研究方向：计算机系统结构；通信地址：湖南省长沙市开福区德雅路 109 号国防科技大学；邮政编码：410073；联系电话：13787788086；E－mail：meiwen@nudt.edu.cn。

基于 FT－M7002 的 OpenCV 移植与优化

孙广辉　扈　啸　王　蕊

【摘要】 OpenCV 是一个基于 BSD 许可(开源)发行的跨平台计算机视觉库，其源码用 C ++语言编写，主要接口也是 C ++语言，但是也保留了大量的 C 语言接口。FT－M7002 是一款完全自主的高性能 DSP 芯片，其对应的 FT－M7000 IDE 是一款完全自主开发的用于开发和调试 FT－M7000 系列芯片的集成开发环境。本文的主要目的是完成 OpenCV 在 FT－M7002 上的移植与优化实现，但是由于 FT－M7000 IDE 的库不支持 C ++语言，开发 IDE 支持 C ++语言所用的时间周期比较长。因此，本文提出了在 Linux 系统下，以 FT－M7002 为平台，通过对 OpenCV 进行交叉编译，实现 OpenCV 在 FT－M7002 上的移植的一般方法。最后，又结合 FT－M7002 体系结构支持 DMA 和 cache 操作与向量化的编程相结合，实现了 OpenCV 中的 add、addWeighted、subtract 和 multiply 函数在 FT－M7002 上的向量化，并且总结出向量化改造的一般方法。依据本文向量化改造结果，使 OpenCV 在 FT－M7002 的单核运行性能最多可提升 13.7 倍。

【关键词】 FT－M7002；OpenCV；Linux；交叉编译；向量化

1　引言

OpenCV 作为开源计算机的视觉库覆盖了计算机视觉的许多应用领域，如工厂产品检测、医学成像、信息安全、用户界面、摄像机标定、立体视觉和机器人等[1]。所以 OpenCV 极大地促进了数字图像处理的发展。因为 OpenCV 是由一系列 C 函数和 C ++类构成，拥有 500 多个 C 函数的跨平台的中高层 API，因此具有很高的兼容性，所以 OpenCV 具有很好的平台适应性。数字信号处理器(DSP)广泛地应用于各类工业领域和军事装备领域，国内外许多研究机构和厂商都致力于将 OpenCV 移植和应用在各种嵌入式平台，以便结合嵌入式平台的体系结构的特点发挥出 OpenCV 的强大功能，拓展嵌入式图像处理的应用。例如，TI 公司的系列产品是当前 DSP 领域的领跑者，但目前仅有 TI & ARM® 的 Cortex® － A 系列芯片提供了对 OpenCV3.1 的支持[2]，但是 TI 并没有做 DSP 端的优化。国内 2008 年出现过一个针对 TI DSP 移植 OpenCV 的开源项目 EMCV[3]，但是只是实现了少量的 OpenCV 基本数据结构。成都芯本智科技有限公司也在做相关工作，目前正在网上召集全球范围内的合作者构建一个能在 DSP 上运行的图像处理库 CVD，但是工作刚刚起步，宣传网站上没有任何进展[4]。因此针对 DSP 的 OpenCV 移植和优化实现进展缓慢，况且针对 OpenCV 的 DSP 平台的 Linux 系统下的交叉编译更是少之又少，因此探索一种 OpenCV 针对 DSP 平台的交叉编译的方法，可以很有效地促进 DSP 图像处理的应用[5]。由于 FT - M7002 的编译器不能够支持 C ++ 函数，但是开发编译器支持 C ++ 函数的接口，所需要的周期比较长。因此可以效仿 OpenCV 在 arm 平台上和在 Linux 系统下的交叉编译，来实现 OpenCV 在 DSP 平台上和 Linux 系统下的交叉编译，从而实现 OpenCV 在 DSP 上的移植。所谓的交叉编译，简单地说，就是在一个平台上通过编译器编译某个源程序，生成另一个平台上的可执行代码[6]。参照 OpenCV 在 arm 平台上的交叉编译，要想在 dsp 平台上进行交叉编译，关键问题是解决对 cmake 以 dsp 为平台的配置以及编写一个以 dsp 为平台的工具链文件用于对 OpenCV 的编译。还要考虑到 FT - M7002 对 C 和 C ++ 的支持和丰富的底层实现，提出了补全 OpenCV 库的一般方法以及针对 dsp 平台的限制而提出功能裁剪的一般方法，从而提出 OpenCV 移植到 dsp 平台的交叉编译的一般方法。最后生成对应 FT - M7002 平台的 OpenCV 的函数库，并且测试了几个经典的功能函数，都能得出与 VS(visual studio，VS)平台生成的正确图像完全一致的图像，证实 OpenCV 库的完善性。

FT - M7002 是一款完全自主研发的高性能 DSP 芯片，其体系结构如图 1 所示，FT - M7002 包含 2 个 DSP 核(FT - MT2)、1 个 RISC CPU 核、全局共享 Cache、核间同步、PCIE 等 IO 设备构成。其中全局 Cache(GC)采用分布式 Cache，由两个子体(SubGC)构成，共享一个 MCU；核间同步也采用分布式组织，由多个子体构成。上述内核及设备由环形互连连接。环形互连包含双向读写环路和单向配置命令环，其单向数据位宽为 256 位。

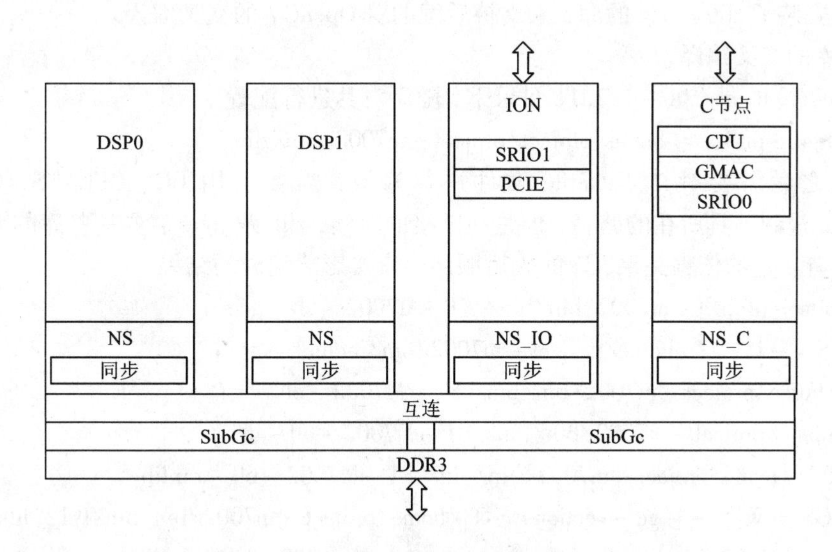

图 1　FT - M7002 体系结构

其内核(FT - MT2)包括一个五流出标量处理单元(SPU)以及六流出向量处理单元(VPU)，两个处理单元以紧耦合方式工作。其中向量存储体(VM)是片上大容量的向量数据存储体，为 VPU 提供向量数据访问，可同时支持两个向量数据的 load/store 操作以及标量单元和 DMA 的向量数据访问。并且向量存储指令支持连续 16 个半字、字和双字的访问，这些访问分别按半字、字和双字粒度对齐。正因为这种体系结构，本文对 OpenCV 的功能函数做出了向量化的改造，总结出一类底层通过像素运算来实现函数功能的函数进行向量化改造的一般方法，并且实现了改造之后最高提速的 13.7 倍。

2 交叉编译 OpenCV2.4.9 的过程

(1)要进行在 Linux 系统下以 dsp 为平台做 OpenCV 的交叉编译，首要解决的问题就是要建立交叉编译的工具链，包括交叉编译的编译器、连接器、目标库等。交叉编译环境是嵌入式 Linux 系统开发环境过程中最为重要的环节。目前，一般采用分步构建交叉编译环境或者使用由提供开发板的公司制作的交叉编译工具[7]。而本文主要是运用分步构建交叉编译环境。交叉编译工具链中主要的组成部分是交叉编译器和交叉调试器。交叉编译器是指运行于某个处理器上，但经过它编译连接生成的可执行代码，却是运行于另一种不同处理器上的可执行代码[8]。而建立交叉工具链的时候需要对 Libstdc ++ 库进行编译安装生成对应的 FT - M7002 平台库，这样才能跟生成的二进制工具(Binutils 是交叉编译工具链里一个重要的工具包，由 GNU 提供。Binutils 包括了连接器、汇编器和用于目标文件和档案的工具。Binutils 工具包主要针对二进制代码的维护[9])、GCC 编译器联合对 OpenCV 进行交叉编译。然而 OpenCV 依赖很多库函数，如果在编译 OpenCV 之前没有编译依赖项，就会导致编译后的 OpenCV 没法使用。由于 FT - M7002 的体系结构以及函数库的底层不支持有关摄像机捕捉模块，所以裁剪掉了有关视频的源码以及去掉了 libpng、tiff、exr、jpg2000 四种图片格式，所以以下只编译安装了 zlib、jpeg 的库，来支持后续的对 OpenCV 的交叉编译。

①zlib 库的交叉编译。

首先，cd /home/zlib - 1.2.11 目录下，随后对其进行配置：

#./configure-prefix = /home/project/project - m7002/bin/zlib/

配置完之后需要对其 Makefile 文件进行修改，需要引用 CC、CFLAGS、CPP、AR、RANLIB 的二进制工具所在的路径，但是在链接的时候，zlib 跟 jpeg 需要一些库的支持，但是这些库之间有一定的依赖关系，库的先后顺序会直接影响编译的结果。

CC = /home/project - m7002/bin/bin/ FT - M7002 - elf - gcc

CFLAGS = - O3 - I /home/project - m7002/bin/include

CPP = /home/project - m7002/bin/bin/ FT - M7002 - elf - g + + - E

AR = /home/project - m7002/bin/bin/ FT - M7002 - elf - ar

RANLIB = /home/project - m7002/bin/bin/ FT - M7002 - elf - ranlib

LDFLAGS = Wl, - - gc - sections - T /home/project - m7002/bin/bin/ty12.lds libz.a /home/project - m7002/bin/lib/libc.a /home/project - m7002/bin/lib/libm.a /home/project - m7002/bin/lib/gcc/4.7.0/libgcc.a

TEST_LDFLAGS = - Wl, - - gc - sections - T /home/project - m7002/bin/bin/ty12.lds libz.a /home/project - m7002/bin/lib/libc.a /home/project - m7002/bin/lib/libm.a /home/project - m7002/bin/lib/gcc/4.7.0/libgcc.a

最后再 make install，这样 zlib 库安装成功。

②Jpeg 库的交叉编译

首先进入 cd/home/jpeg - 9/对其进行配置：

./configure-prefix = /home/project - m7002/bin/jpeg/，其次也是修改 Makefile 中的 CC、CFLAGS、CPP、AR、RANLIB 的路径，最后 make install。

(2)依赖库的交叉编译完毕之后，需要下载 cmake - 3.9.6 的源码，然后对其进行编译安装，CMake 是一个跨平台的编译(build)工具，Cmake 能够生成对应平台的构建文件，而这种构建文件经过 make 之后可以生成对应平台的执行代码。官方提供两种形式的版本，一种是软件版本，下载安装后直接可以使用；另一种是其源码的版本，这种源码的版本需要对其源码编译后才能使用。由于软件版本没有针对 DSP 平台的交叉编译选项，所以只能使用其源码，进行适当配置成功之后，会产生一个构建文件，这个构建文件结合 OpenCV 进行 make，最后会产生 FT - M7002 平台上的 OpenCV 库。以上将编译工具与依赖库安装成功之后，就正式开始对 OpenCV2.4.9 进行交叉编译。由于 OpenCV2.4.9 的源码给出了在 arm 平台以及 Linux 系统下的交叉编译 arm - gnueabi. toolchain. cmake 文件，而没有对应的 FT - M7002 DSP 平台下的交叉编译文件，由于这类规则文件根据平台的差异以及编译器的差异导致编译选项的不同，需要我们删除 - mthumb、- Wl，- - fix - cortex - a8 arm 平台对应的编译选项。因此我们可以 arm - gnueabi. toolchain. cmake 文件为模板，做出一定修改并且命名为 FT - M7002 - gnueabi. toolchain. cmake 作为 opencv 交叉编译的工具链文件。其修改内容如下：

修改交叉编译的平台：set(CMAKE_SYSTEM_PROCESSOR FT - M7002)

修改 Gcc 编译器的版本：set(GCC_COMPILER_VERSION "4.7" CACHE STRING "GCC Compiler version")

修改编译器生成的二进制的路径：

set(CMAKE_BINARY_DIR /home/project - m7002/bin)

修改 Gcc 编译器的路径：

set(CMAKE_C_COMPILER /home/project - m7002/bin/bin/ FT - M7002 - elf - gcc)

修改 G + + 编译器的路径：

set(CMAKE_CXX_COMPILER /home/project - m7002/bin/bin/ FT - M7002 - elf - g + +)

修改 Linux 的根目录：

set(ARM_LINUX_SYSROOT /home/project - m7002/bin/bin/)

以上 FT - M7002 - gnueabi. toolchain. cmake 文件制作完成后就可以进行配置，首先先将修改后的文件拷贝到# cd /home/opencv2.4.9/opencv/built/此目录下，然后输入指令进行配置，具体步骤如下：

#cmake Unix Makefiles - Wno - dev - DCMAKE_TOOLCHAIN_FILE = FT - M7002 - gnueabi. toolchain. cmake /home/opencv2.4.9/opencv/sources/

make

则会在/home/opencv2.4.9/opencv/built/lib/目录下生成对应的. a 文件，至此 OpenCV2.4.9 移植完成。

3 OpenCV 函数进行向量化改造的思想

在 FT - M7002 平台上实现了 OpenCV2.4.9 的移植，并且通过几个常用的功能函数进行测试，能够得出和在 VS 平台生成的正确图像完全一样的图片，说明移植后的 OpenCV2.4.9 函数库是完善的。但是，这样做是远远不够的，需要根据 FT - M7002 的特点进行代码优化。本文通过打开 Cache 并使用 - O2 编译优化选项进行优化，但是这些优化不能够达到最佳的效果。需要充分利用FT-M7002的体系结构特点，对OpenCV底层进行向量化，这样的话就充分利用了FT-M7002的体系优势，使其性能达到最佳。其中，FT-M7002的内核(FT-MT2)(见图2)基于超长指令字(VLIW)结构，包括一个五流出标量处理单元(SPU)以及六流出向量处理单元(VPU)，两个处理单元以紧耦合方式工作。FT-MT2内核针对矩阵乘、FFT等运算密集型算法进行了高度优化。

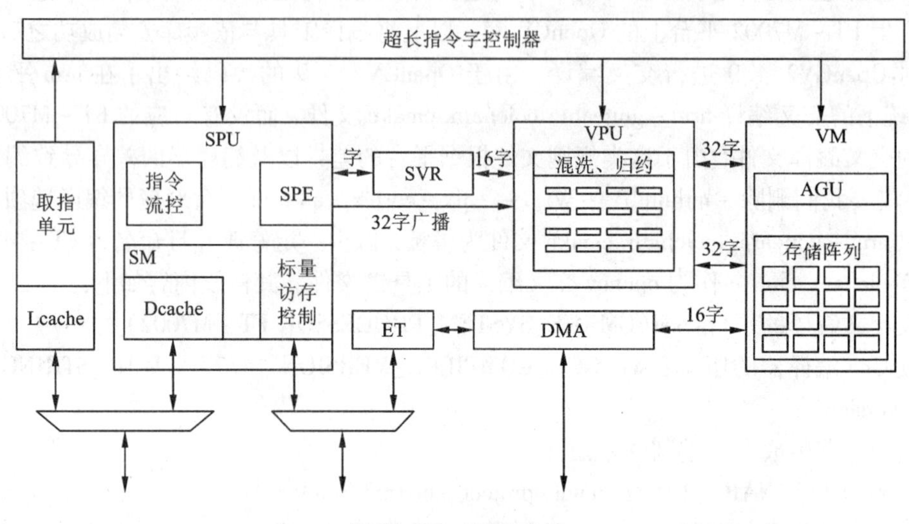

图2 FT-MT2内核

其中，SPU由标量执行单元(SPE)、指令流控单元和标量数据访存单元(SM)组成，SPE是标量处理单元的计算引擎，负责应用中串行处理部分，主要包括整数单元和浮点单元。VPU是一种可扩展(数目可配置)向量运算簇结构，FT-MT2内核由16个同构运算簇(简称VPE)构成。归约(reduction)部件将多个向量运算单元中的数据通过某种运算方式归纳到一个或者多个向量运算单元中。归约运算方式包括加法、SIMD加法、取最大值及取最小值。混洗单元(shuffle)主要用于向量部件不同VPE之间的数据交互。可按半字或字粒度进行混洗。SPU和VPU之间可以通过一组标向量共享寄存器(SVR)进行数据交换。FT-MT内核的SPU还可向VPU广播标量数据，用于标量数据到向量数据的扩展。直接存储访问(DMA)部件为内核提供了高速数据传输通路，其性能直接决定了内核整体性能。DMA接收SPU配置的传输参数启动对特定存储资源的访问，这种数据传输通过DMA通用通道实现，数据传输包含读操作过程和写操作过程。DMA部件访问的存储资源包括：向量存储器(VM)、标量存储器(SM)等。DMA支持一维、二维传输，而且支持矩阵转置传输。

向量访存部件(AM)AM采用SIMD结构(见图3)，512 kB存储空间由16个32 kB的向量存储体(BANK0 ~ BANK15)组成，每个BANK又由4个单端口8 KB SRAM(SRAM0 ~ SRAM3)构成，以支持4请求访问带宽。16个BANK按高、低位地址(双字地址)交叉编址，BANK中的4个体按地址最高位分成上下两部分空间。

访存不冲突时(即不访问同一SRAM时)，可以同时支持两个向量Load/Store、DMA读、写共4个并行访存请求。因此，如果使DMA访问和向量访存指令分别访问上下不同两部分空间，可直接避免向量访存与DMA访问产生访存冲突。如果合理使用低位交叉的特性，也

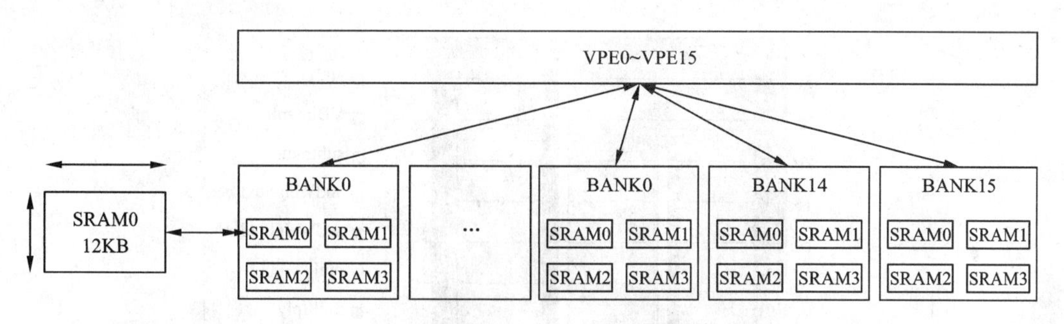

图 3　向量访存部件存储体结构

可减少双向量访存指令的冲突。

正是由于这种结构，我们读完图片数据之后，可以使用 DMA 将数据从标量空间搬移到向量空间，因为向量单元由 16 个 VPE 组成，向量操作是在向量寄存器执行，一次向量操作是 16 个 VPE 同时运行。由于向量运算里面本身就是运算的并行，使得在向量空间对数据进行处理的时候，每一次 load 可以将 16 个字放入到 16 个 VPE，并且一次操作运算，同时对 16 个 VPE 中的字进行运算，这样提高了运行效率，可获得更高的执行速度。

src1：	a	b	c	d	e	f	g	h	i	j	k	l	m	n	o	p

VPE0 < －－ > VPE15

src2：	A	B	C	D	E	F	G	H	I	J	K	L	M	N	O	P

如上图所示：可以将 src1、src2 的数据分别放到向量空间的 VPE 单元中，如果想对这些数据进行操作运算，只需要引用向量接口函数，执行一次向量指令分别对 16 个字进行相应的操作运算，也就是在理想情况下向量的执行效率是标量的 16 倍。

由于 OpenCV 规模庞大，函数众多，功能函数底层实现比较复杂。因此，需要对功能函数进行单步追踪，并且在实现功能函数的各个底层函数的开始跟结尾处添加计时函数，这样就能准确定位到最影响函数性能的底层函数。然后对这个底层函数进行深层次的分析，寻找可以进行向量化的地方，这样就可以实现 OpenCV 在 FT－M7002 平台上的整体性能的提升。本文主要是对 OpenCV 的 add、addWeighted、subtract 和 multiply 函数进行向量化的改造，并通过添加计时函数和单步追踪发现四者调用了其底层的 VBinOp8、addWeighted_和 mul_函数，并且其运行时间占据了整个 add、subtract、addWeighted 和 multiply 运行时间的 90%～98%（见图 4），因此对 VBinOp8、addWeighted 和 mul_函数进行向量化改造，会实现很高的性能提升。本文单独针对 add 函数来讲，由于图像的像素是 8 位无符号整数，而 VBinOp8 函数主要是通过 for－for 嵌套循环实现对应的两幅图片的矩阵元素的饱和加的过程，所得出结果就是叠加图片所对应矩阵的元素。因此可以利用这种对像素进行矩阵运算的思想来进行向量化的改造。其改造的结果如下所示：

```
__vector unsigned int *x1 = (__vector unsigned int *)0x040000000;
```

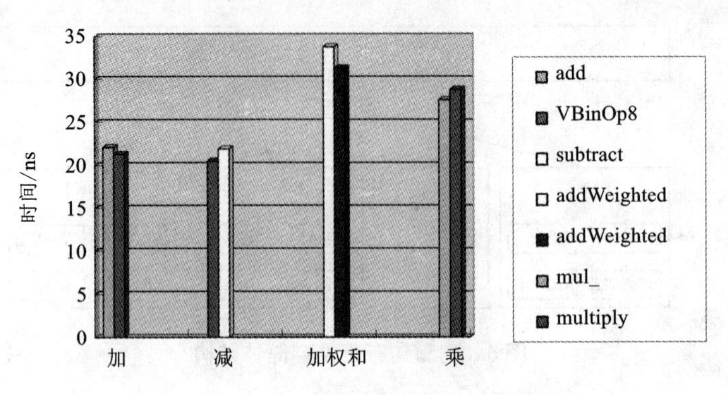

图4　运行时间对比图

```
__vector unsigned int   * x2 = (__vector unsigned int * )(x1 +2400);
__vector unsigned int   * x3 = (__vector unsigned int * )(x1 +4800);
//定义向量空间 x1, x2, x3
__ vector unsigned int tempa, tempb, temp4, temp5, temp6, temp7, temp8, temp8_8,
temp9,
            temp9_9, temp10, temp10_10, temp11, temp11_11, temp12, temp13;
      const uchar * temp1 = src1; //第一幅图像像素所在空间的首地址
      const uchar * temp2 = src2; //第二幅图像像素所在空间首地址
      const uchar * temp3 = dst; //结果图像像素所在空间首地址
int i, n;
tempa = vec_vmovi_si(0xff00ff00);
tempb = vec_vmovi_si(0x00ff00ff);
for(n =0; n <6; n + + )
{
  M7002_datatrans(temp1 +38400 * 4 * n, x1, 0x25800); //将数据搬移到向量空间
  M7002_datatrans(temp2 +38400 * 4 * n, x2, 0x25800); //将数据搬移到向量空间
for(i =0; i <38400; i =i +16)
    {
    temp4 =vec_vldsi(i, x1); //把数据 load 到寄存器当中去
        temp5 =vec_vldsi(i, x2);
        temp6 =vec_vand(temp4, tempa); //分别取两个16位的高8位
        temp7 =vec_vand(temp5, tempa);
        temp8 =vec_vsubu16(temp7, temp6); //进行16位的无符号的饱和加
        temp8_8 =vec_vand(temp8, tempa);
        temp9 =vec_vand(temp4, tempb); //分别取两个16位的低8位
        temp10 =vec_vand(temp5, tempb);
        temp9_9 =vec_vshfll16(8, temp9); //分别将两个16位的数左移8位
```

```
        temp10_10 = vec_vshfll16(8, temp10);
        temp11 = vec_vsubu16(temp10_10, temp9_9);
        temp11_11 = vec_vand(temp11, tempa);
        temp12 = vec_vshflr(8, temp11); //分别将两个 16 位的数右移 8 位
        temp13 = vec_vaddu16(temp12, temp8_8);
        vec_vstsi(temp13, i, x3); //将数据 store 到指定的地址空间
}
M7002_datatrans(x3, temp3 + 38400 * 4 * n, 0x25800);
//将数据从向量空间搬到标量空间
}
```

本文选用的是大小为 640×480 的 CV_8UC3 图片，因此图片的所存 640×480×3＝921600 个字节数，大小也就是 900 kB，而程序员可用的向量空间的大小为 512 kB，因此一次性将两幅图片的数据跟产生的结果数据放入到向量空间里面，显然是不可行的。所以就要用 DMA 分批次将数据从标量空间搬移到向量空间中，进行数据处理后，然后再用 DMA 将处理后的结果从向量空间搬移到指定的标量空间，这样就可以解决因向量空间不足的问题。由于 FT－M7002 的向量函数接口没有 8 位的饱和加，而只有 16 位的饱和加，本文通过取位、移位、取位实现 16 位的饱和加代替 8 位饱和加的过程。所有的数据处理后，将数据导出，并与未改造之前的纯标量结果数据作对比，发现数据完全一致，得出的图片一致，说明向量化的改造是正确无误的。因此可以总结出一类有关底层是通过像素的矩阵运算来实现函数功能的 OpenCV 函数进行向量化改造的一般方法（见图 5）。

```
for(主要根据图片的大小、类型确定循环次数)
{
    M7002_datatrans(标量空间首地址1+迭代偏移量,向量空间首地址1,所要搬移的数据长度);
    M7002_datatrans(标量空间首地址 2+迭代偏移量,向量空间首地址 2,所要搬移的数据长度);
    //将数据从标量空间搬移到指定的向量空间
    for(i=0;i<搬移数据字的大小; i=i+16)
    {
      根据 OpenCV 函数未改造之前所用到的矩阵算法相结合，
      然后通过 load/store 以及调用向量函数接口来实现未
      改造之前的矩阵算法。
    }
    M7002_datatrans(向量空间地址 3,标量空间首地址 3+迭代偏移量,所要搬移的数据长度);
    // 将处理之后的数据从向量空间搬移到标量空间
}
```

图 5　OpenCV 函数向量化改造的一般方法

本文经过总结出 OpenCV 底层通过对像素进行一系列的矩阵运算来实现特定功能的思想，总结出对这类函数进行向量化改造的一般方法，又做出对 subtract、addWeighted、multiply 函数的像素矩阵运算进行向量化的改造，并且发现改造之后速度有明显的提升（见表 1）。

表1 改造前后时间对比

功能函数	FT_M7002 标量/ms	FT_M7002 向量/ms	加速比
add	22.1	1.8	12.3
subtract	21.9	1.6	13.7
addWeighted	33.8	5.4	6.3
multiply	28.8	4.9	5.9

4 结束语

本文通过在Linux系统下，构造以FT－M7002为平台的交叉编译工具链，以及做出了在Linux系统下基于FT－M7002平台的OpenCV2.4.9的交叉编译，成功实现OpenCV到FT－M7002上的移植，并且验证了移植后OpenCV库的完善性。根据FT－M7002的体系结构，对OpenCV的函数做出了向量化的改造，总结出针对OpenCV底层对像素做矩阵运算处理的函数进行向量化改造的一般方法，改造之后能够得出跟VS平台上生成的正确图像完全一样的图片，说明向量化改造的正确性。并且实现OpenCV在FT－M7002的运行性能提高5～14倍。

参考文献

[1] 毛星云. OpenCV3编程入门[M]. 北京：电子工业出版社，2015.

[2] http：//www.ti.com/lsds/ti/processors/technology/libraries/open－cv－libraries.page？keyMatch＝OpenCV & tisearch＝Search－EN－Everything[EB/OL].

[3] http：//sourceforge.net/project/emcv.

[4] http：//www.cvdsp.wezhan.cn.

[5] 李津，扈啸，陈跃跃. 基于TI6678多核DSP的OpenCV并行优化[J]. 计算机工程与科学，2018，40(5)：780－786.

[6] 尤盈盈，孟利民. 构建嵌入式Linux交叉编译环境[J]. 计算机与数字工程，2006，34(6)，31－32，78.

[7] 贺丹丹，张帆，刘峰. 嵌入式Linux系统开发的教程[M]. 北京：清华大学出版社，2010.

[8] 李春阳，谈际清，陈远知. 基于ARM和Linux的交叉编译环境建立方法[J]. 中国传媒大学学报自然科学版，2006.

[9] 弓雷. ARM嵌入式Linux系统开发详解[M]. 北京：清华大学出版社，2010.

作者简介

孙广辉，研究方向：嵌入式应用，图像处理；通信地址：湖南省长沙市开福区德雅路109号国防科技大学；邮政编码：410073；联系电话：13393916199；E－mail：532707764@qq.com。

扈啸，研究方向：嵌入式系统，图像处理；通信地址：湖南省长沙市开福区德雅路109号国防科技大学；邮政编码：410073。

王蕊，研究方向：嵌入式应用，图像处理；通信地址：湖南省长沙市开福区德雅路109号国防科技大学；邮政编码：410073。

基于 OCR 技术的离线信息录入系统设计与实现

张春林　吴　智

【摘要】 本文针对实际工程实践中 PCB 板上板号和芯片号手动录入效率低下、可靠性低等问题，设计实现了一套利用 OCR 技术，可离线读写的系统，包括硬件设计与软件实现，实验结果表明该套系统具有较高的图像识别准确性，在工程实践中可以得到推广。

【关键词】 图像识别；i2c；离线读写

1　引言

在超级计算机的研制生产过程中，涉及大量的 PCB 板号和芯片号的录入工作，板号和芯片号对于 PCB 板和芯片的生命周期管理具有重要意义。以往常用的方法是手动记录下来，再通过在线读写通路将板号和芯片号记录到板上的 EEPROM 中。这种方法的缺点是录入效率低下，且特别容易出错，导致系统中存在板号和芯片号重号的现象，影响系统可靠性。在这种情况下，急需要研制一种可自动化扫描板号和芯片号并能离线记录到 EEPROM 中的系统。

光学字符识别(OCR)技术应用十分广泛，在金融、电子、安全等领域发挥越来越重要的作用，是计算机视觉的重要研究方向之一。典型的处理步骤包括：提取图像亮度信息、分割、二值化、归一化、调整字符重心、提取文字网络化特征或方向链码特征分类[1]。利用 OCR 技术实现一套离线可读写系统是切实可行的方案。

2　系统设计与实现

2.1　硬件系统设计与实现

本系统由 USB 摄像头实现图像数据的获取，USB 转 I2C 读写头实现数据读写，目前使用型号为吉阳光电的 GY7501，图 1 所示为系统总体组成。电脑负责图像识别与数据写入程序运行。

在 PCB 板上，需要一片用于记录芯片 ID 的 EEPROM 小芯片。为了实现离线读写，即在不加电的情况下可以读写 EEPROM，需要做一些特殊设计。如图 2 所示，离线读写时，由 I2C 读写头提供 3.3 V 电源对 EEPROM 供电，EEPROM 供电引脚串接二极管用于供电隔离，从而保证了只需要对 EERPOM 电路供电。连接在 I2C 总线上的其余器件由于没有供电，引脚一般呈现高阻态(在实际使用过程中，也遇到过三星的 S3C2440、NXP 公司的 I. MX6 处理器，在

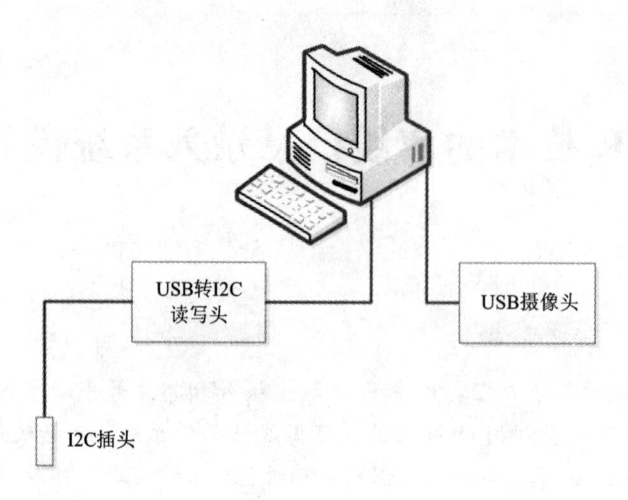

图1　总体组成

离线读写时拉低 I2C 总线导致失败的情况)。

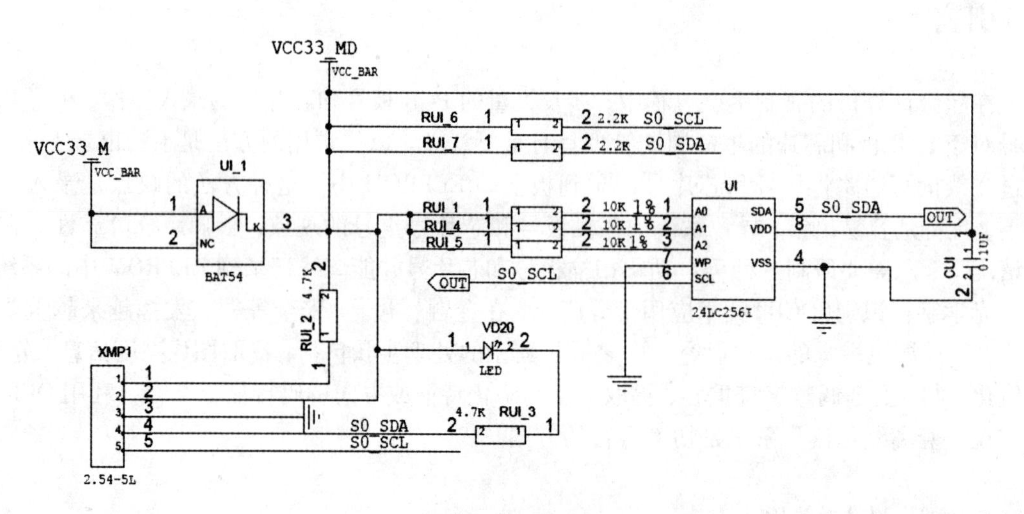

图2　离线读写电路

2.2　软件系统设计与实现

2.2.1　软件系统模块设计

本系统主要设计了两大模块，FORM 模块和 OCR 模块(见图3)。其中 FORM 模块负责处理用户交互与业务逻辑，OCR 模块是图像识别模块。当 FORM 模块处理到读取芯片号时，调用 OCR 模块进行图像识别得到芯片号。

2.2.2　软件系统实现

(1)FORM 模块实现。

FORM 模块实现整个程序的业务逻辑，提供可交互的用户界面处理用户输入输出。软件流程图如图 4 所示。

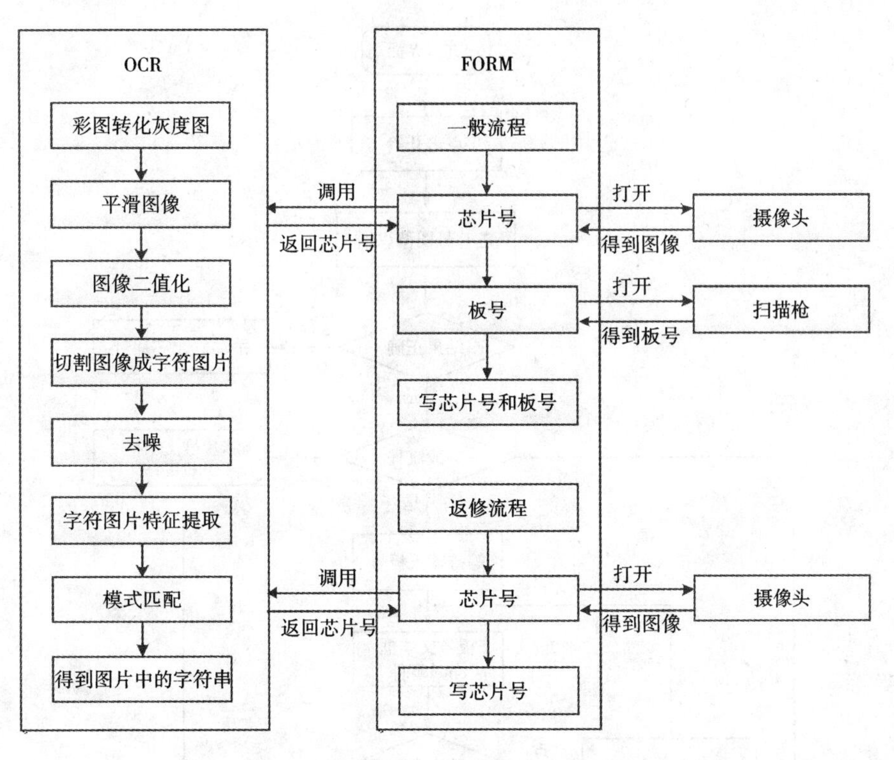

图3 软件结构图

(2)OCR模块实现。

OCR模块是本系统的核心模块，负责图像识别。OCR模块各功能用到的算法如下：归一化平滑算法，局部阈值二值化算法，投影切割算法，块阈值去噪和线阈值去噪算法，图像像素特征提取算法，经典距离最近匹配算法。

归一化平滑算法是最常用的平滑算法，思路是将图像中的每个点都取其周围9个点(包括自己)的平均值，目的是突出图像的重点区域、低频成分、主干部分或抑制图像噪声和干扰高频成分，使图像亮度平缓渐变，减小突变梯度，改善图片质量。计算公式如下：

$$v(i,\ j)\ =\sum_{m,\ n=(-1,\ 0,\ 1)} v(i+m,\ j+n)$$

图像二值化是将图像上像素点的灰度值设置成0或255，将整幅图像表现成黑白两色。二值化算法常分为全局阈值二值化和局部阈值二值化，全局阈值二值化是选取一个阈值，再将图像分成大于阈值的像素群和小于等于阈值的像素群，如此达到二值化的目的；局部阈值二值化是将图像划分成若干小区域，每个小区域选取各自的阈值进行二值化[2]。但是，本程序用到的二值化算法不同于常规的二值化算法，我们将其命名为全局阈值局部对比二值化，这种算法对于给定分辨率的图片具有非常好的二值化效果，思路是对于给定点取某个固定值为长(这个固定值一般取字符分辨率)，3为宽的窗口，其中窗口的方向又分为左右、上下、左上右下和左下右上四个，计算四个方向窗口的平均灰度和给定点灰度的差，只要有一个方向大于阈值的点(包括该点的上下左右)划分为一个像素群，其他点为另一个像素群，来达到二值化。这种算法的好处是对于每个点都是做的局部处理，非常精细地做出了二值化分，降

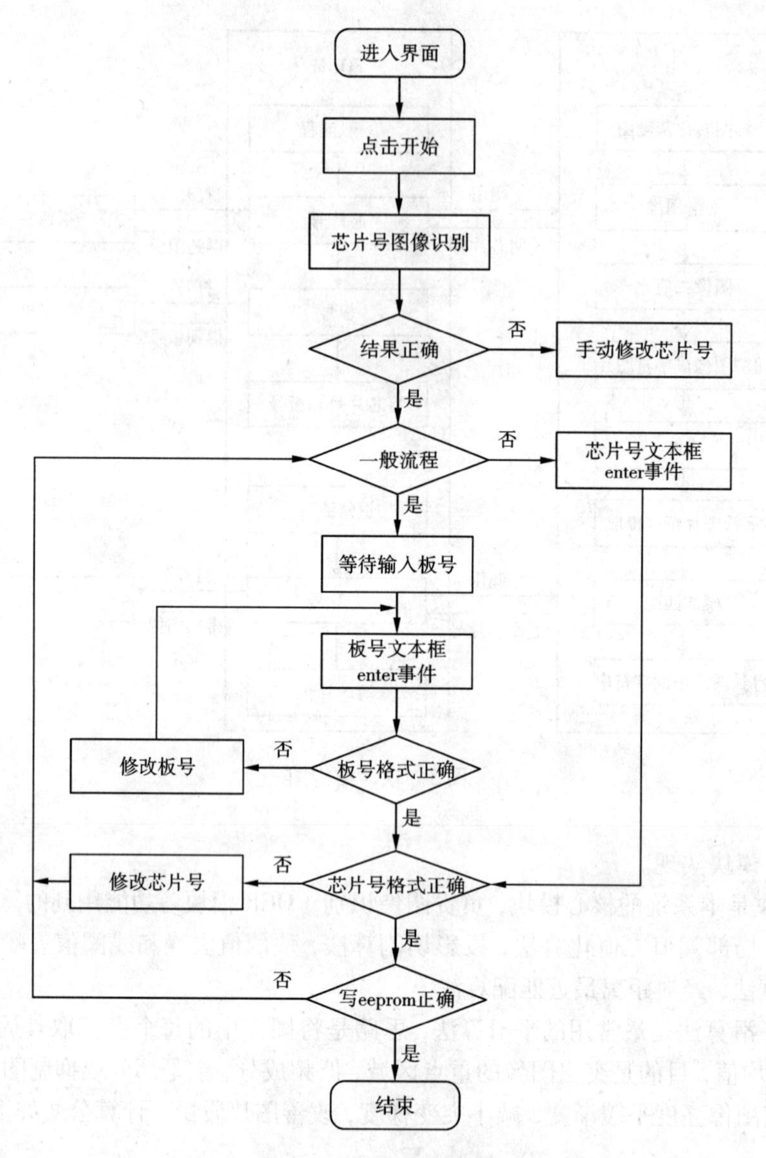

图4　软件标准流程图

低了对图像明暗不均匀的敏感度。四个方向的灰度差公式如下(其中,*res* 表示字符分辨率):

$$\mathrm{inner}(i,j)=\frac{1}{9}\sum_{m,n=(-1,0,1)}v(i+m,j+n)$$

$$\mathrm{lfri}(i,j)=\frac{1}{6}\sum_{\substack{m=(-res,res)\\n=(-1,0,1)}}v(i+m,j+n)-\mathrm{inner}(i,j)$$

$$\mathrm{updn}(i,j)=\frac{1}{6}\sum_{\substack{m=(-1,0,1)\\n=(-res,res)}}v(i+m,j+n)-\mathrm{inner}(i,j)$$

$$\mathrm{ldru}(i,j)=\frac{1}{6}[v(i+res-1,j+res-1)+v(i-res+1,j-res+1)$$

$$+v(i+res,\ J+res-2)+v(i-res,\ j-res+2)$$
$$+v(i+res-2,\ j+res)+v(i-res+2,\ j-res)]$$

$$\mathrm{ldru}(i,\ j)=\frac{1}{6}[v(i+res-1,\ j-res-1)+v(i-res+1,\ j+res+1)$$
$$+v(i+res,\ J-res)+v(i-res+2,\ j+res)$$
$$+v(i+res,\ j-res+2)+v(i-res,\ j+res-2)]$$

图像切割是图像识别过程中的重要一步，只有将图像中的每个字符切分出来才能进行下一步的操作。本程序用到的图像切割算法，故称为投影切割算法(见图5)。思想是先将图像投影到纵轴上，形成一条曲线，曲线上的每一点的横坐标是这一行像素为0的点总数，这样有字符的地方横坐标会明显大于没有字符的地方，再取一条能将这条曲线分为 n 个山头的纵线，如此纵线和曲线的交点的纵坐标就是各字符行的上下边界。然后对于每行字符再投影到横轴上，用同样的方法切割出 m 个字符，其中 m 是个数组。因为每行都有数量不同的字符个数，对于同一批次的芯片，n 和 m 都是固定的常数。

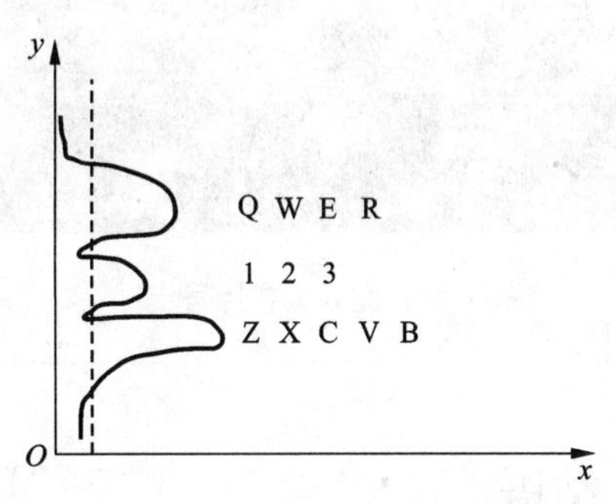

图5　纵向投影示意图

去噪是为了消除图片中的噪声成分，减少图像识别结果受噪声的影响程度，提高图像识别率[3]。本程序用了两个去噪函数，分别是块阈值去噪算法和线阈值去噪算法，其中块阈值去噪的思想是对于图片中小于阈值的0像素点块认为是噪声区域，将其去除；线阈值去噪的思想是对于图片中宽度或者高度小于阈值的0像素点线认为是噪声区域，将其去除。块阈值去噪的核心是如何快速搜索块，本程序用的是递归算法，通过搜索某一点的整个连通域进行。当连通域的面积小于阈值时，我们认为该块区域是噪声区域。

字符特征提取是模式识别的前提，本程序用到的字符特征提取算法是图像像素特征提取算法，其思想是将经过标准化后的图像划分成长宽为4×2的若干小矩阵，计算每个矩阵中的黑点个数总数，如此得到一个特征向量。这种特征提取方法的缺点是对于图像的特征是均匀采集的，没有侧重重点部位，因为对于像“O”和“Q”还有“1”和“I”这类在全局都比较相似的字符容易混淆，因此程序中又对此类情况进行了二次识别。二次识别的时候对于相似度较高的字符提取重点部位的特征再做识别，对于“O”和“Q”重点部位在字符下半部分，对于“1”和“I”重点部位在字符左半部分。

模式匹配是整个图像识别过程的最后一步，本程序用到的是经典距离最近匹配算法，其思想是计算待识别字符图片和字符库中的字符图片之间的特征向量之间的距离，取距离最小值的字符图片所代表的字符为其结果。由于芯片 ID 所采用的字体是单一的且 ID 由机打产生，故每个字符都有且只有一个标准模型，所以采用这种算法是比较合适的。

3　实验结果分析

采用这套系统，我们对10块 PCB 板做了实验，其中正确识别出结果的有9块，识别正确率达到了90%，10块 PCB 板全部正确读写，读写正确率达到100%。

以图6为例，此芯片表面光照不均，且局部受到污染，经过该系统处理后得到的字符图片清晰可辨，被系统准确识别出结果。

图6 芯片号

4 结语

本文以解决在超级计算机研制过程中大量板号芯片号手动录入效率低下，且易出错等问题为目的，设计了一套基于OCR技术的离线信息录入系统。系统包括图像识别、离线读写等功能，具备简单易用、鲁棒性强、识别率高等特点。在图像识别算法上针对实际问题，提出了一些新方法，根据实验结果来看，效果明显，极大程度解决了目前的问题。

参考文献

[1] 姬敬. 采用加权协方差矩阵描述子的OCR识别方法[J]，智能计算机应用，2012.2(2)：24－28.

[2] 杨超，杨振，胡维平. 车牌识别系统中反色判断及二值化算法[J]，计算机工程与设计，2016.37(2)：534－539.

[3] 程东旭，杨艳. 基于自适应耦合PDE模型的车牌图像去噪研究[J]，计算机测量与控制，2014.22(8)：2592－2594.

作者简介

张春林，研究方向：高性能计算维护诊断系统设计与实现；通信地址：江苏省无锡市滨湖区山水东路江南计算技术研究所；邮政编码：214000；联系电话：18951511272；E－mail：zjphzcl@163.com。

基于滚球模型的卷积神经网络数据复用方法及硬件实现

李盈达　鲁建壮　陈小文

【摘要】 人工智能和卷积神经网络是当前的研究热点，针对卷积神经网络中的大量矩阵运算，本文提出了用于提高运算效率的数据复用方法。在该方法中提出了滚球模型，将卷积核在逻辑上首尾相接形成球形，通过球的滚动判断数据的复用与更新，使球在数据矩阵上折返滚动前进，以最大程度复用数据。当卷积核宽度为 m 时，数据复用率大于 $1/m \sim 1$。实验中，通过 FPGA 硬件电路平台实现了该方法。在实现过程中运用了 4 级流水线技术，将计算一次卷积所需的时钟周期数减少了 2/3。

【关键词】 卷积神经网络；滚球模型；FPGA；数据复用；流水线

1　引言

人工神经网络是根据生物神经网络建立的模型，是由具有适应性的简单单元组成的广泛并行互联的网络，它的组织能够模拟生物神经系统对真实世界物体所做出的交互反应[1]。神经元是神经网络的基本单元，1943 年 Mc Culloch 和 Pitts 提出了 M－P 神经元模型，在该模型中神经元接收 n 个来自其他神经元的输入信号，这些信号通过带权重的连接传递，神经元接收到的总输入值经过与阈值的比较再通过激活函数的作用产生输出[2]。20 世纪 90 年代卷积神经网络就已经被提出，并且在人脸识别等几个模式识别领域取得较大突破[3]。2006 年 Hinton G 等人克服了深度神经网络在训练上的困难，引发了深度学习的研究热潮。

卷积运算占据了卷积神经网络的绝大部分，在卷积神经网络的卷积层和池化层中，有大量数据需要被重复读取，如果能将这些数据复用减小重复读取的开销，那么运算效率和速度将大大提高。数据复用主要有空间复用和时间复用两种，空间复用的含义是从缓冲器读取数据后，一组像素或权重同时用于多个并行的乘法器。时间复用的含义是一组像素或权重在多个连续的时钟周期内被使用[4]。对于输入数据重用的数据流有三种形式，包括卷积、特征映射和滤波器[5]。对于卷积重用，在给定的通道内使用相同的输入特征映射激活和滤波器权重，只是针对不同的输出采用不同的组合。对于特征映射重用，多个滤波器被应用到相同的特征映射，因此输入特征映射激活在滤波器之间多次使用。对于滤波器重用，当处理多个输入特征映射时，滤波器权重在输入特征映射中被多次使用。数据重用的数据流方式包括权重固定、输出固定和行固定等，主要是利用缓冲器来减少直接访存的次数[6]。

通过分析数据读取的顺序，本文提出了滚球模型的数据复用方式。滚球模型将权重卷积核作用的区域在逻辑上首尾相连，形成一个球形。球形向前滚动意味着读取新的数据，通过球形在数据矩阵上滚动时的方向和位置判断哪些数据可以被复用，哪些数据需要读取。在硬件数字电路上实现这种数据复用方式更能体现其效率。

基于FPGA的应用有着可重构、并行性高、设计周期短等优点，这些特性在含有大量运算的卷积神经网络中发挥出巨大潜力[7]。这里在FPGA平台上实现该卷积数据复用方法，同时采用流水线来提高电路的处理效率。流水线将一个操作切分成多个步骤由不同的部件逐步完成，多个操作同时在流水线的不同步骤中，实现了一定程度的并行，提高了处理速度[8]。

2 数据复用

流水线各部件功能的实现有赖于对数据复用方式的设计，因此这里先从数据复用的思路和实现细节开始分析，再进行流水线的设计。

2.1 数据流

在卷积核移动的过程中，每次移动只更新前进方向的一行或一列数据，内部的其他数据都可以继续复用，以2×2的卷积核在4×4的数据矩阵中移动为例，如图1所示。

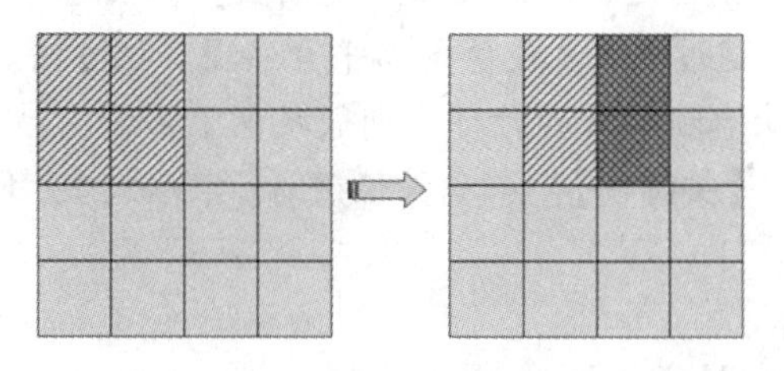

图1 数据复用示意图

卷积核在向右移动过程中，图1右图中深色方块为新读取的数据，浅色方块为复用的数据。在此例中，数据的复用率达到50%，如果卷积核尺寸更大一些，这一提高将更明显。

为了使数据复用率最高，这里打破卷积核逐行扫描的移动方式，而采用折返移动的路线。移动方向可分为如下四种：①向右移动；②右下转向移动；③向左移动；④左下转向移动。如图2~图5所示。

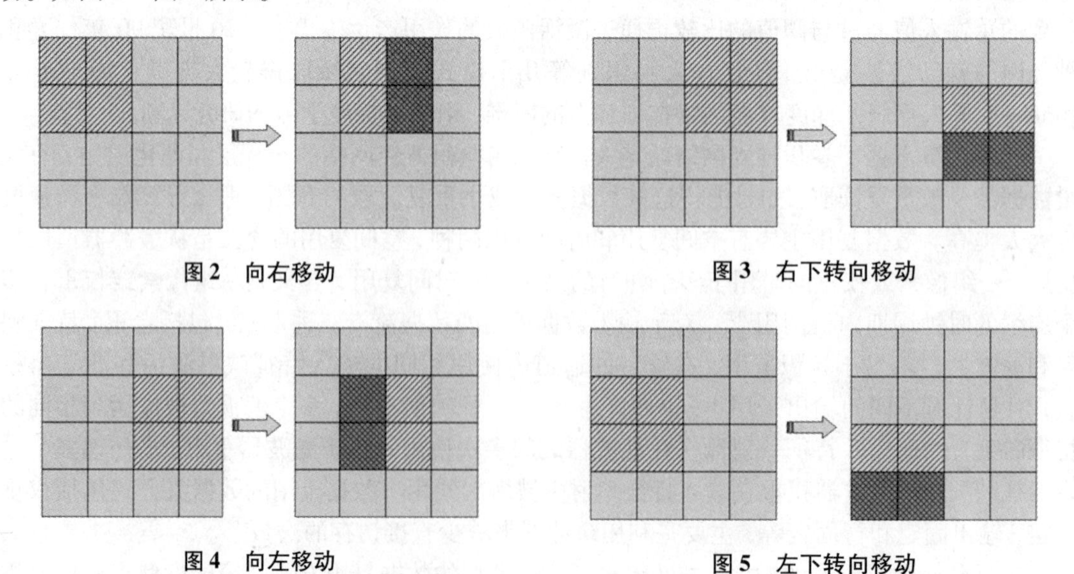

图2 向右移动　　图3 右下转向移动

图4 向左移动　　图5 左下转向移动

2.2　寄存器更新判断与滚球模型

在运算的第三步，要将卷积核内的数据存入运算寄存器。因为复用了一部分数据，所以只需要将新读取的数据存入运算寄存器即可。运算寄存器组中哪些数据将被新数据替换，是接下来需要解决的问题。

这里引入一个生动形象的滚球模型，将运算寄存器组织成与卷积核规格相同的矩阵形式。为了使结论更具有通用性，这里以 3×3 的卷积核在一个足够大的数据矩阵（矩阵行数列数≥4）上移动为例进行分析。运算寄存器组如图 6 所示。

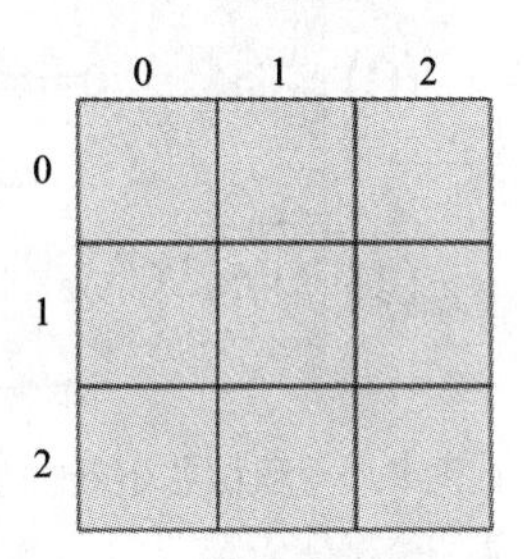

图 6　运算寄存器组

将运算寄存器组的每行和每列分别进行顺序编号，并且使序号累加计数的过程是循环的，即 0→1→2→0 的计数过程。这样就使寄存器组横向与纵向都在逻辑上首尾相连，形成一个球形。

模型分别设置一个行更新寄存器（update_row_window）和一个列更新寄存器（update_col_window），用来记录寄存器组当前要更新的行列号。卷积核每向右移动一次，球就向右滚动一次，行更新寄存器累加 1，当行更新寄存器值为 2 时，下次累加循环回 0。同理，卷积核向左移动行更新寄存器递减 1，卷积核向下移动列更新寄存器累加 1。卷积核横向移动时，新数据存入列更新寄存器的值所对应的一列寄存器。卷积核纵向移动时，新数据存入行更新寄存器的值所对应的一行寄存器。

2.3　运算寄存器组数据对齐

上一小节解决了新数据存入运算寄存器组哪一行或哪一列的问题，但是在球模型连续转向滚动时，如果更新的数据按卷积核寄存器的原有物理顺序存放，会造成数据错位。在后续的数据更新中，会导致需要保留复用的数据被错误覆盖。

这里考虑卷积核移动方向连续改变的特殊情况，以卷积核右移至最右端，再向下移动，然后向左移动为例进行分析。过程如图 7 ~ 图 10 所示。

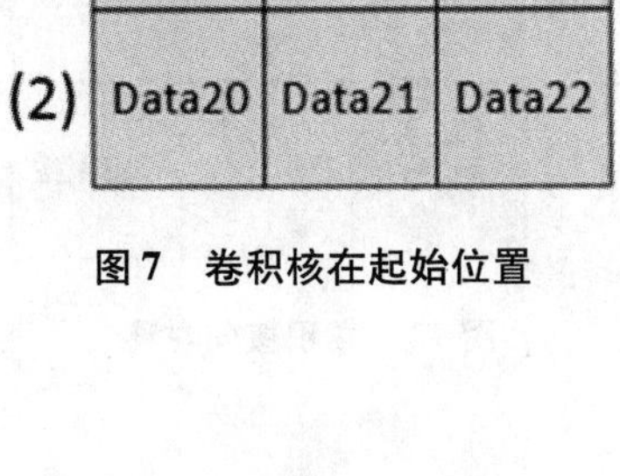

	(0)	(1)	(2)
(0)	Data00	Data01	Data02
(1)	Data10	Data11	Data12
(2)	Data20	Data21	Data22

图 7　卷积核在起始位置

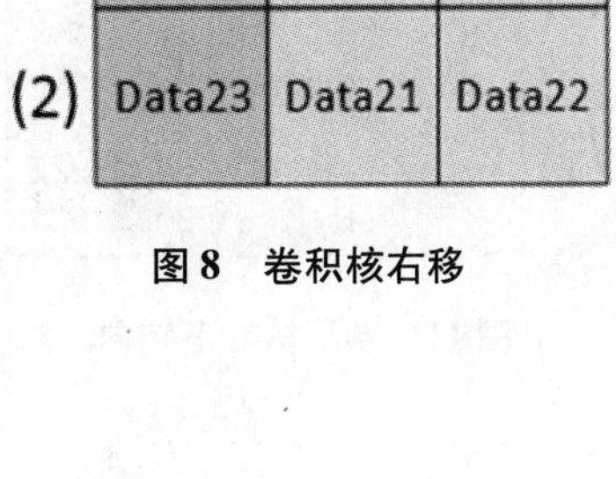

	(2)	(0)	(1)
(0)	Data03	Data01	Data02
(1)	Data13	Data11	Data12
(2)	Data23	Data21	Data22

图 8　卷积核右移

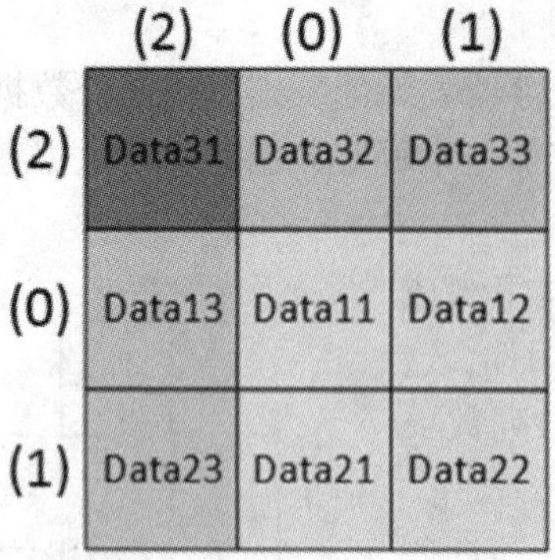

	(2)	(0)	(1)
(2)	Data31	Data32	Data33
(0)	Data13	Data11	Data12
(1)	Data23	Data21	Data22

图 9　卷积核右下转向(数据没有对齐)

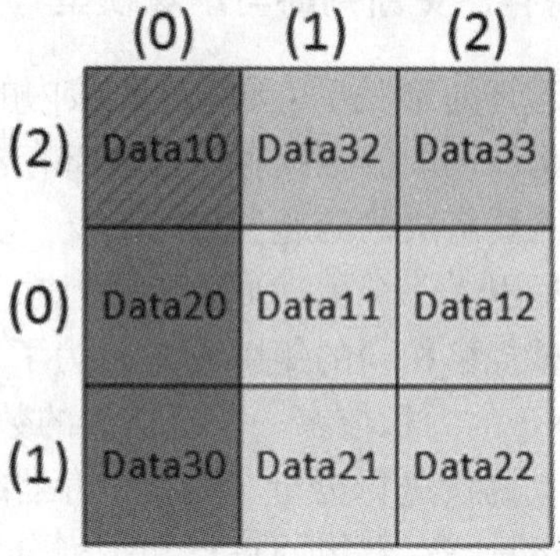

	(0)	(1)	(2)
(2)	Data10	Data32	Data33
(0)	Data20	Data11	Data12
(1)	Data30	Data21	Data22

图 10　卷积核左移(发生数据错误)

卷积核在起始位置时，如图 7 所示，运算寄存器组的数据与卷积核中的数据位置一致。图中行列标号表示寄存器组中的数据在卷积核中相应的行列号。卷积核右移，如图 8 所示，寄存器组原第 2、3 列数据被复用对应新位置的第 1、2 列数据，寄存器组原第 1 列数据依次被替换为新位置的第 3 列数据。卷积核右下转向，如图 9 所示，寄存器组第 2、3 行数据被复用，对应新位置的第 1、2 行数据，寄存器组第 1 行数据依次被替换为新位置的第 3 行数据。卷积核接着折返向左移动，如图 10 所示，原卷积核的第 1、2 列数据，即寄存器组第 2、3 列数据被复用，对应新卷积核的第 2、3 列数据，原卷积核第 3 列数据，即寄存器组第 1 列数据依次被替换为新卷积核第 1 列数据。

这里便出现了一个错误，寄存器组里的数据 Data33 并不是卷积核中的，同时缺失了 Data31 这一数据。观察数据替换过程可以发现，在图 10 中，新的数据 Data10 本应该替换掉 Data33，但错误地替换掉了 Data31，因此错误的根源在图 9 的卷积核右下转向处理过程中就埋下了。在图 9 中，新数据替换掉原第 1 行数据，是按着寄存器的实际顺序逐个替换的，正确的处理应该是按着寄存器组与卷积核相映射的逻辑顺序替换。Data31 作为卷积核中第 1 列上的数据应存入寄存器组的第 2 列，其他数据同理，即需要进行数据对齐，将卷积核中的数据按寄存器组与卷积核映射的逻辑位置进行存放。数据对齐后的结果如图 11、图 12 所示。

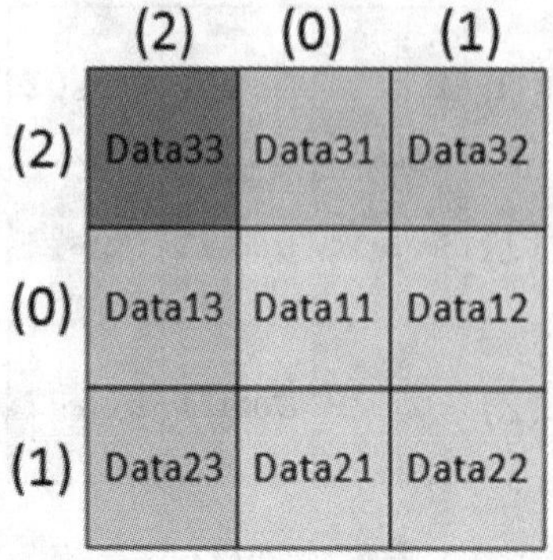

	(2)	(0)	(1)
(2)	Data33	Data31	Data32
(0)	Data13	Data11	Data12
(1)	Data23	Data21	Data22

图 11　卷积核右下转向

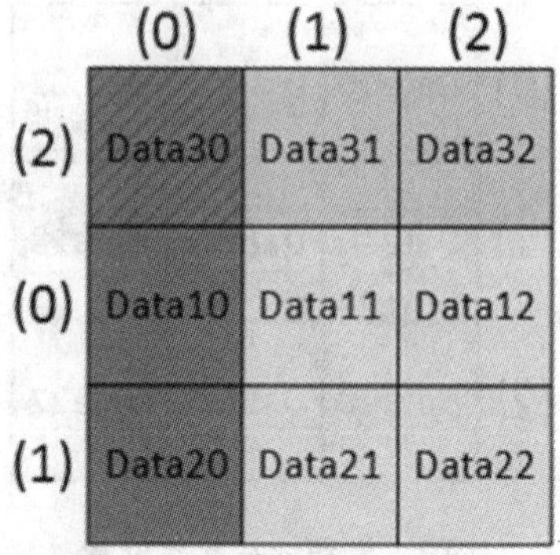

	(0)	(1)	(2)
(2)	Data30	Data31	Data32
(0)	Data10	Data11	Data12
(1)	Data20	Data21	Data22

图 12　卷积核向左移

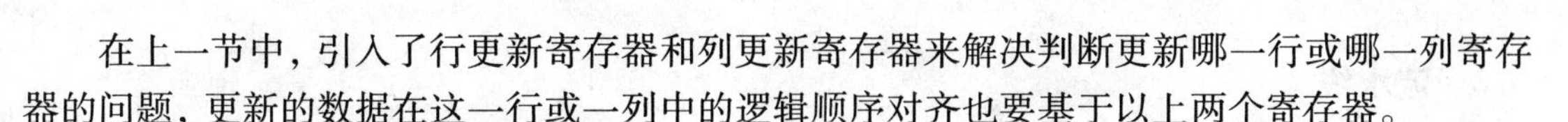

在上一节中，引入了行更新寄存器和列更新寄存器来解决判断更新哪一行或哪一列寄存器的问题，更新的数据在这一行或一列中的逻辑顺序对齐也要基于以上两个寄存器。

以更新某一行数据为例，先通过 update_row_window 确定被更新寄存器所在的行号。update_col_window 存储的为列更新的列号，按着逻辑顺序映射到原卷积核，分为两种情况：

①卷积核向右移动或右下转向时：

update_col_window 映射到最右侧一列，则列号

$index_{col} = (update\_col\_window + count) \bmod 3$

其中 count 为这一行数据的序号，从 1 开始计。

②卷积核向左移动或左下转向时：

update_col_window 映射到最左侧一列，则列号

$index_{col} = (update\_col\_window + count - 1) \bmod 3$

其中 count 为这一行数据的序号，从 1 开始计。

这样即可得到数据的行号与列号，从而将更新的数据按着逻辑顺序对齐地存入相应的寄存器。更新某一列数据同理。

3　设计与验证

该加速器采用 Verilog 语言编写，在某 FPGA 开发平台中进行实际的硬件验证。

3.1　模块层次

在该加速器的设计中，首先考虑存放待处理数据与计算结果的存储器组，这里调用了开发平台提供的存储 IP 核，一共创建 3 个单端口的存储器，用于存储待处理数据、卷积结果。

该设计包括：①顶层模块；②卷积模块；③数据加载模块；④显示模块；⑤信号线切换模块；⑥存储模块；⑦仿真验证模块。所有模块之间以及模块内部都采用同步时序逻辑，其层次结构如图 13 所示。其中数据加载模块实现存储器组初始化数据，显示模块实现将存储器组内的数据读出。当开始加载数据时，数据加载模块会给信号切换选择模块 load 信号以获取对存储器的写入控制权。当数据加载结束后，会给信号切换选择模块一个 success 信号，将存储器的写入控制权移交给卷积核心模块。显示模块同理。

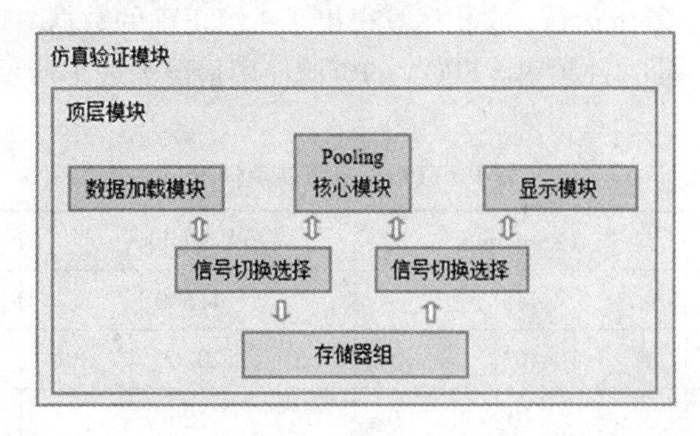

图 13　模块层级结构

3.2 流水线

该设计采用四级流水，每一级分别完成如下任务：①给数据存储器地址和控制信号；②读出数据；③将数据存入寄存器并得出运算结果；④将运算结果存入存储器。这里采用三段式有限状态机的方式实现该流水线[9]，流水线中的操作主要有卷积核右移、卷积核右下转向、卷积核左移、卷积核左下转向几种状态。为了使流水线在状态切换时不产生停顿，为流水线的每一级分别设置了独立的状态寄存器和计数器，只在第一级流水线中，进行对状态寄存器的切换和计数器的累加与清零，后面三级的状态寄存器和计数器的值由前面一级流动而来[10]。这样就可以实现每一个时钟周期读取一个数据，各个部件达到最高的使用率，达到较高的运算效率。结构如图 14 所示。

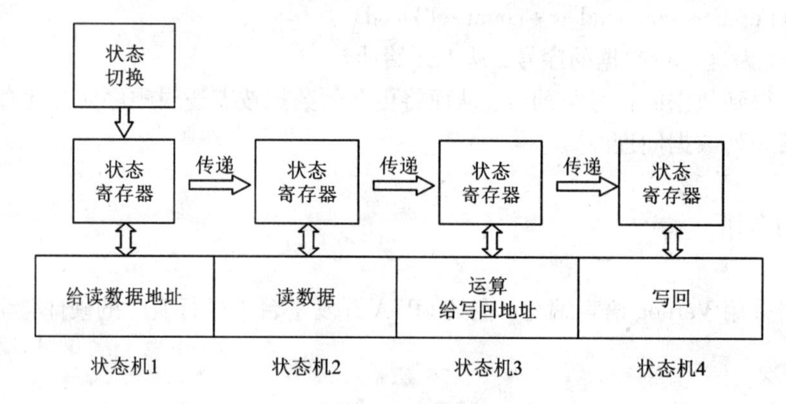

图 14 流水线结构图

3.3 功能仿真与硬件验证

在验证过程中，先启动数据加载模块，待将所有数据全部装载进 blk_mem_source，再启动 pooling 模块，运算结束后启动 display 模块，查看 blk_mem_destination 和 blk_mem_index 中的结果是否正确。通过以上验证过程，可知流水线按设计的方式满负荷运行，能够得到正确的运算结果和索引值。图 15 所示为卷积运算流水线波形。

将编写好的 RTL 代码综合并生成二进制文件，烧录至 FPGA 中，并提前向存储器中载入一组 3 ×3 的测试数据。复位运行，卷积运算得出了 4 组正确的数据。通过时序约束，在此平台上可以达到 140 MHz 的时钟频率。FPGA 的资源使用情况如表 1 所示。

表 1 FPGA 资源使用情况

Resource	Estimation	Available	Utilization %
FF	448	41600	1.08
LUT	463	20800	2.23
I/O	20	106	18.87
BRAM	1.5	50	3.00
BUFG	2	32	6.25

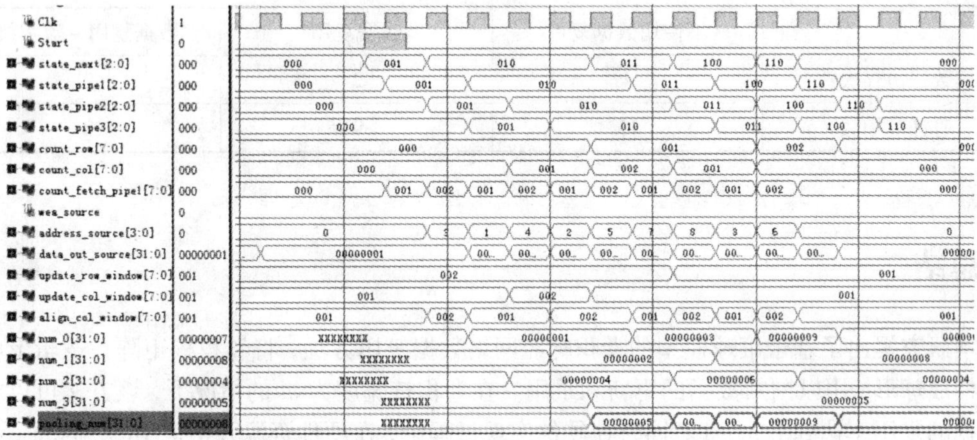

图 15　卷积运算流水线波形

4　性能分析

4.1　数据读取

以 $a \times b$ 规模的数据以 $m \times n$ 的卷积核进行步幅为 1 的卷积运算为例，在不采取数据复用的情况下，需要读取数据的次数为：$count_1 = mn(a-m+1)(b-n+1)$

在逐行顺序读取数据并进行数据复用的情况下，需要读取数据的次数为：$count_2 = na(b-n+1)$。当采用折返读取数据的方式时，读取的次数为：$count_3 = na + n(a-m)(b-n)$。则有，$\frac{count_2}{count_1} = \frac{na(b-n+1)}{mn(a-m+1)(b-n+1)} = \frac{a}{m(a-m+1)}$，则有$\frac{count_3}{count_2} = \frac{na+n(a-m)(b-n)}{na(b-n+1)} = \frac{a+(b-n)(a-m)}{a+(b-n)a}$。通常情况下，$a \gg m$，$b \gg n$，因此，有时$\frac{count_2}{count_1} \approx \frac{1}{m}$，数据复率达到了 $1-\frac{1}{m}$。又因为$\frac{count_3}{count_2} = \frac{a+(b-n)(a-m)}{a+(b-n)a} < 1$，采用折返的读取方式，进一步提高了效率。

4.2　流水线

这里采用了四级流水线，每一级分别用于给读数据地址、读数据、运算并给写回地址、写回。每个时钟上升沿都会给一个数据地址，同时读出上一次给地址的数据，保证了每个时钟沿都有新数据流入，使整个系统的负载率始终保持在一个最高的状态。相比于不使用流水线的情况，该方法可以将处理效率提升 3 倍。

综合该数据复用方法和流水线对运算效率的影响，以 2×2 的卷积核为例，比较不使用数据复用方法、使用数据方法不使用流水线，和同时使用数据复用方法及流水线三种情况的访存次数和时钟节拍数，结果如表 2 所示，数据复用使访存次数减少一半以上，流水线的运用使电路运行时间减少 2/3。

表2 数据复用和流水线对效率的提高

	不使用数据复用	数据复用	数据复用+流水线
读数据访存次数	4	2	2
时钟节拍数	15	9	3

5 总结

本研究提出了基于滚球模型的卷积神经网络数据复用方法，将卷积核矩阵在逻辑上收尾相连构成球形，用以判断数据的更新和重用。在卷积核宽度为 m 的情况下，该方法可以将所读数据的复用率达到 $1/m \sim 1$。同时在硬件实现过程中，在硬件资源开销很小的情况下，使用了4级流水线，另所有电路部件尽可能满负荷运行，再次将硬件运行的时间减少2/3。综上结论，该方法达到了提高卷积运算效率的目的。

参考文献

[1] 周志华. 机器学习[M]. 北京：清华大学出版社，2016.

[2] Mc Culloch W S, Pitts W. A Logical calculus of the ideas immanent in nervous activity[J]. Bulletin of Mathematical Biophysics, 1943, 5(4): 115-133.

[3] Lawrence S, Giles C L, Tsoi A C, et al. Face recognition: A convolutional neural-network approach[J]. IEEE Transactions on Neural Networks, 1997, 8(1): 98-113.

[4] Ma Y, Cao Y, Vrudhula S, et al. Optimizing Loop Operation and Dataflow in FPGA Acceleration of Deep Convolutional Neural Networks[C]// Acm/sigda International Symposium on Field - Programmable Gate Arrays. ACM, 2017: 45-54.

[5] Sze V, Chen Y H, Yang T J, et al. Efficient Processing of Deep Neural Networks: A Tutorial and Survey[J]. Proceedings of the IEEE, 2017, 105(12): 2295-2329.

[6] Chen Y H, Emer J, Sze V. Eyeriss: A Spatial Architecture for Energy-Efficient Dataflow for Convolutional Neural Networks[C]// ACM/IEEE, International Symposium on Computer Architecture. IEEE, 2016: 367-379.

[7] Ling A, Anderson J. The Role of FPGAs in Deep Learning[C]// Acm/sigda International Symposium on Field-Programmable Gate Arrays. ACM, 2017: 3.

[8] John L. Hennessy, David A. Patterson. 计算机体系结构[M]. 北京：人民邮电出版社，2017.

[9] 方洪浩，雷蕾，常何民. 基于 Verilog HDL 的有限状态机设计[J]. 科学技术与工程，2007，7(20)：5278-5281.

[10] Lodi A, Toma M, Campi F. A pipelined configurable gate array for embedded processors[C]// Acm/sigda Eleventh International Symposium on Field Programmable Gate Arrays. ACM, 2003: 21-30.

作者简介

李盈达，研究方向：集成电路设计；通信地址：湖南省长沙市开福区德雅路109号国防科技大学；邮政编码：410073；联系电话：18018020869；E－mail：lydkey@ qq. com。

鲁建壮，研究方向：微处理器体系结构；通信地址：湖南省长沙市开福区德雅路109号国防科技大学；邮政编码：410073；联系电话：13873192990；E－mail：lujz1977@ 163. com。

陈小文，研究方向：微处理器体系结构；通信地址：湖南省长沙市开福区德雅路109号国防科技大学；邮政编码：410073；联系电话：18973104983；E－mail：xwchen@ nudt. edu. cn。

基于输出电感分组耦合的VRM电路设计

曹 清 杨 栋 杨培和

【摘要】 随着相数的增加，基于全相耦合电感的VRM面临着电感制造困难、器件布局不灵活等问题，采用输出电感分组耦合方式可以有效解决这一问题。在分析多相耦合电感稳态等效电感和动态等效电感的基础上，总结了分组耦合方式下电感电流纹波和输出电流纹波的计算公式。本文以八相VRM电路为例，分析了不同分组耦合方式对电流纹波特性的影响，并与全相耦合、无耦合方式进行了对比。通过分析，明确了不同分组耦合方式对电流纹波特性的影响，为VRM优化设计提供了理论指导。

【关键词】 VRM；耦合电感；分组耦合；稳态等效电感；动态等效电感；电流纹波

1 引言

随着半导体技术的飞速发展，CPU核心电源电压持续下降，功率不断上升。VRM电路的输出特性必须满足低压、大电流、高动态变化率等要求[1]。其中，电感作为VRM中关键的滤波元件，对于电源的效率、动态性能、尺寸和功率密度等都有较大影响。一般来说，电感增大可以减小电流纹波，提高效率，但是会降低动态性能；减小电感，可以提升动态性能，但同时会增加电流纹波，降低效率。文献[2-4]提出在VRM中使用多相耦合电感，可以在保持动态性能的同时，减小电感尺寸，减小电流纹波，改善铁芯损耗和绕组损耗，从而提高电源效率。

传统上，VRM一般采用全相耦合方式，即VRM的全部相数对应一片耦合电感。全相耦合模式具有较好的磁路抵消效果，有助于减少电流纹波。但是当VRM输出相数增多时，耦合电感相数增加，体积变大，VRM布局灵活性下降。为解决这一问题，可以采用分组耦合方式，将输出相数平均分组，每组对应一片耦合电感。分组耦合可以采用减少电感相数和电感体积，有利于VRM器件灵活布局。但是，耦合相数减少后，磁路抵消效果减弱，可能导致电流纹波增加，转换效率降低。评估分组耦合方式对电流纹波特性的影响，对于VRM优化设计具有重要的指导意义。但关于这一问题，目前尚无专门研究。

本文主要针对输出电感分组耦合的VRM电路进行了研究，首先回顾了耦合电感的基本特性，分析了稳态等效电感、动态等效电感及其与电感电流纹波、输出电流纹波之间的关系，得到了针对分组耦合方式VRM的电流纹波计算公式，针对八相VRM电路进行了详细分析，明确了分组耦合方式对输出电流纹波的影响。

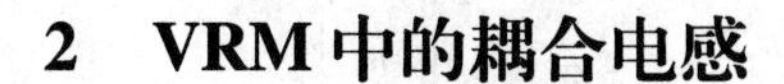

2　VRM 中的耦合电感

在 VRM 电路中使用耦合电感，可以在不影响动态性能的基础上，减小电感尺寸，提高电源效率。耦合电感的各相之间存在反向磁场耦合，当其中一相开通时，部分能量会耦合至其他各相。对于耦合电感分析来说，关键参数是稳态等效电感和动态等效电感。

2.1　耦合电感基本模型

在 VRM 电路中，输出滤波通常采用反向耦合电感，即两相或者多相绕组位于同一个磁芯上，各相磁场方向相反。设 L_m 为相间互感，L_k 为漏感，单相电感量 $L = L_m + L_k$。采用全相耦合方式的 n 相 VRM 电路结构如图 1 所示。

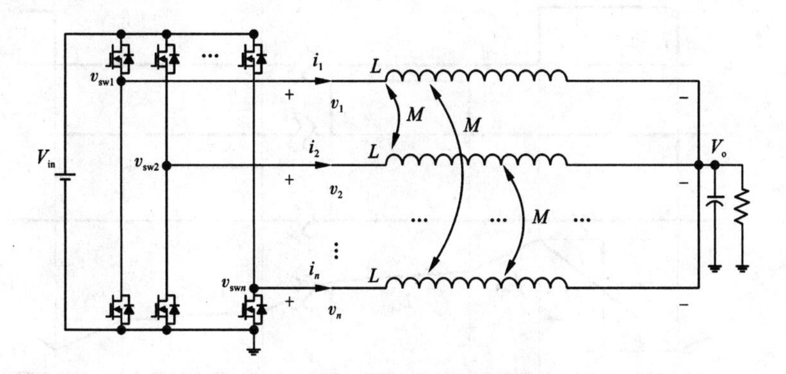

图 1　n 相全相耦合的 VRM 电路

设相邻两相之间耦合系数为 $\alpha(\alpha = L_m/L)$，则有基本关系式如下：

$$
\begin{bmatrix} v_1 \\ v_2 \\ v_3 \\ \cdots \\ v_n \end{bmatrix} = L \begin{bmatrix} 1 & \alpha & \alpha & \cdots & \alpha \\ \alpha & 1 & \alpha & \cdots & \alpha \\ \alpha & \alpha & 1 & \cdots & \alpha \\ \cdots & \cdots & \cdots & \cdots & \cdots \\ \alpha & \alpha & \alpha & \cdots & 1 \end{bmatrix} \begin{bmatrix} \mathrm{d}i_1/\mathrm{d}t \\ \mathrm{d}i_2/\mathrm{d}t \\ \mathrm{d}i_3/\mathrm{d}t \\ \cdots \\ \mathrm{d}i_n/\mathrm{d}t \end{bmatrix} \tag{1}
$$

求解矩阵方程可得

$$
\begin{bmatrix} \mathrm{d}i_1/\mathrm{d}t \\ \mathrm{d}i_2/\mathrm{d}t \\ \mathrm{d}i_3/\mathrm{d}t \\ \cdots \\ \mathrm{d}i_n/\mathrm{d}t \end{bmatrix} = \frac{1}{(1-\alpha)[1+(n-1)\alpha]L}
$$

$$\times\begin{bmatrix} 1+(n-2)\alpha & -\alpha & -\alpha & \cdots & -\alpha \\ -\alpha & 1+(n-2)\alpha & -\alpha & \cdots & -\alpha \\ -\alpha & -\alpha & 1+(n-2)\alpha & \cdots & -\alpha \\ \cdots & \cdots & \cdots & & \cdots \\ -\alpha & -\alpha & -\alpha & \cdots & 1+(n-2)\alpha \end{bmatrix}\begin{bmatrix} v_1 \\ v_2 \\ v_3 \\ \cdots \\ v_n \end{bmatrix} \tag{2}$$

2.2 电流纹波分析

基于公式(1)、(2)，可以推导出 n 相 VRM 电路在不同工作阶段的各相电流变化率(见图2)。为简化起见，只考虑 $D<1/n$ 的情况(各相工作不重叠)，由于 n 相波形对称，相位相差 $360/n$，所以只考虑 $0\sim T_s/n$ 的情况。

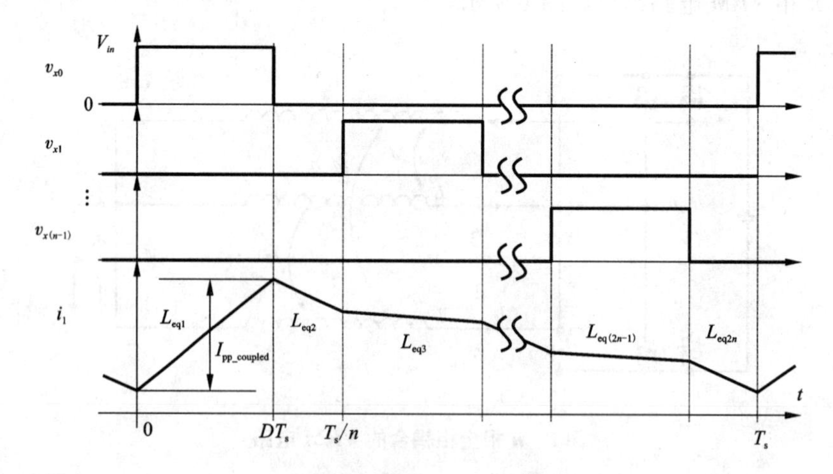

图2 各阶段全相耦合 VRM 电路工作波形

由文献[2]可知，对于 n 相全相耦合 VRM 来说，单相电感电流纹波为

$$\Delta I_{\mathrm{L}}=\frac{[1-(n-2)\alpha-(1-\alpha)D]V_{\mathrm{o}}}{(1-\alpha)[1+(n-1)\alpha]Lf_{\mathrm{SW}}} \tag{3}$$

总输出电流纹波为

$$\Delta I_{\mathrm{Total}}=\frac{(1-nD)V_{\mathrm{o}}}{[1+(n-1)\alpha]Lf_{\mathrm{SW}}} \tag{4}$$

其中，电感电流纹波的大小对应电感磁芯损耗，输出电流纹波对应输出电压纹波。所以，降低单相电感电流纹波和输出电流纹波，对于提高 VRM 电路转换效率和减少输出电压波动具有关键作用。

2.3 稳态等效电感和动态等效电感

为便于对比和分析，文献[2, 3]提出了稳态等效电感 L_{ss} 和动态等效电感 L_{tr}。相应计算公式如下：

$$L_{\mathrm{ss}}=\frac{(1-\alpha)[1+(n-1)\alpha]}{1+\left[(n-2)+(n-1)\dfrac{D}{1-D}\right]\alpha}L \tag{5}$$

$$L_{tr} = [1 + (n-1)\alpha]L \tag{6}$$

稳态等效电感在数值上等于具有相同电感电流纹波的分立电感值，动态等效电感在数值上等于具有相同动态响应特性的分立电感值。

通过引入等效电感的概念，可以方便电流纹波的计算。基于稳态等效电感和动态等效电感的电流纹波计算公式如下：

$$\Delta I_L = \frac{(1-D)V_o}{L_{ss}f_{SW}} \tag{7}$$

$$\Delta I_{Total} = \frac{(1-nD)V_o}{L_{tr}f_{SW}} \tag{8}$$

3　分组耦合的评估对比

3.1　分组耦合方式

考虑八相 VRM 电路，具体参数如下：

输入电压为 $V_{in}=12$ V，输出电压 $V_{out}=1$ V，占空比 $D=0.083$，工作频率 $f_{sw}=500$ kHz，相数 $n=8$。

为便于性能对比，在采取不同电感配置方式时，保证动态等效电感量始终相同(动态响应性能相同)，并对电流纹波特性进行比较。

采用平均分组模式，则可以将全部八相分为两组，每组对应一片四相耦合电感，记作分组耦合 A；也可以将全部八相分为4组，每组对应一片两相耦合电感，记作分组耦合 B。则按照电感配置方式的不同，八相 VRM 可以分为全相耦合、分组耦合 A、分组耦合 B 和无耦合四种情况。详细信息如表1所示。

表1　四种电感配置方式的稳态等效电感与动态等效电感

电感配置	输出电感	电感参数	电感数量	稳态等效电感/nH	动态等效电感/nH
全相耦合	八相耦合电感	$L=300$ nH，$\alpha=0.12$	1	296	50
分组耦合 A	四相耦合电感	$L=300$ nH，$\alpha=0.28$	2	268	50
分组耦合 B	两相耦合电感	$L=300$ nH，$\alpha=0.83$	4	99	50
无耦合	分立电感	$L=50$ nH，$\alpha=0$	8	50	50

上述四种电感配置模式的动态等效电感值均相同，稳态等效电感值具有如下关系：全相耦合≈分组耦合 A < 分组耦合 B < 无耦合。

3.2　纹波电流计算与比较

根据表1中数据可知，四种电感配置方式具有相同的动态响应特性，所以需要基于稳态等效电感计算相应的单相电感电流纹波和总输出电流纹波，以便评估对转换效率和输出电压纹波的影响。

对于全相耦合 VRM，可以根据公式(7)和公式(8)得到相应的单相电感电流纹波和总输出电流纹波。

对于无耦合 VRM 来说，输出采用分立电感，可以根据文献[5]中的公式计算电流纹波：

$$\Delta I_{\mathrm{L}} = \frac{(1-D)V_{\mathrm{o}}}{Lf_{\mathrm{SW}}} \tag{9}$$

$$\Delta I_{\mathrm{Total}} = \frac{(1-nD)V_{\mathrm{o}}}{Lf_{\mathrm{SW}}} \tag{10}$$

对于 A、B 两种分组耦合方式来说，其每组内部相当于全相耦合，各组之间存在与无耦合模式相同的纹波抵消作用。需要综合使用全相耦合和无耦合的输出电流计算公式，才能得到正确的分组耦合模式电流纹波。分组耦合 VRM 的具体计算公式如下：

$$\Delta I_{\mathrm{L}} = \frac{(1-D)V_{\mathrm{o}}}{L_{\mathrm{ss}}f_{\mathrm{SW}}} \tag{11}$$

$$\Delta I_{\mathrm{Total}} = \frac{(1-nD)}{(1-mD)}\frac{(1-mD)V_{\mathrm{o}}}{L_{\mathrm{tr}}f_{\mathrm{SW}}} = \frac{(1-nD)V_{\mathrm{o}}}{L_{\mathrm{tr}}f_{\mathrm{SW}}} \tag{12}$$

其中，L_{ss} 和 L_{tr} 均指单个耦合电感对应的稳态等效电感和动态等效电感，m 为单个耦合电感相数，n 为 VRM 总体输出相数。

根据公式(7)至公式(12)，可以得到各种电感配置模式的电感电流纹波和输出电流纹波。

从表 2 数据可知，四种电感配置方式的输出电流纹波相同，意味着它们具有相同的输出电压纹波，从电感电流纹波中可以看出，分组耦合 A 的损耗略高于全相耦合模式，并低于分组耦合 B 和无耦合模式。

表 2　四种电感配置方式的电感电流纹波与输出电流纹波

电感配置	输出电感	电感参数	电感数量	电感电流纹波/A	输出电流纹波/A
全相耦合	八相耦合电感	$L=300$ nH, $\alpha=0.12$	1	6.20	13.33
分组耦合 A	四相耦合电感	$L=300$ nH, $\alpha=0.28$	2	6.83	13.33
分组耦合 B	两相耦合电感	$L=300$ nH, $\alpha=0.83$	4	18.48	13.33
无耦合	分立电感	$L=50$ nH, $\alpha=0$	8	36.67	13.33

3.3　VRM 布局灵活性

由文献[6]可知，各种相数的耦合电感的尺寸见表 3。

表 3　不同相数耦合电感尺寸对比

电感型号	耦合相数	电感参数/nH	长度/mm	宽度/mm	高度/mm
CPL-2-50TR-R	二相耦合	$L=300$, $L_k=50$	18	8.5	4.8
CPL-3-50TR-R	三相耦合	$L=300$, $L_k=50$	27	8.5	4.8
CPL-4-50TR-R	四相耦合	$L=300$, $L_k=50$	36	8.5	4.8
CPL-5-50TR-R	五相耦合	$L=300$, $L_k=50$	45	8.5	4.8
CPL-6-50TR-R	六相耦合	$L=300$, $L_k=50$	54	8.5	4.8

由表 3 可以看到，耦合电感尺寸随着耦合相数呈线性增加。所以，与全相耦合方式相比，使用多个小尺寸的电感进行分组耦合，可以明显改善 VRM 器件的布局灵活性。

同样以八相 VRM 为例，详细讨论不同电感配置模式的布局灵活性。图 3 是几种可能的 VRM 布局方式。

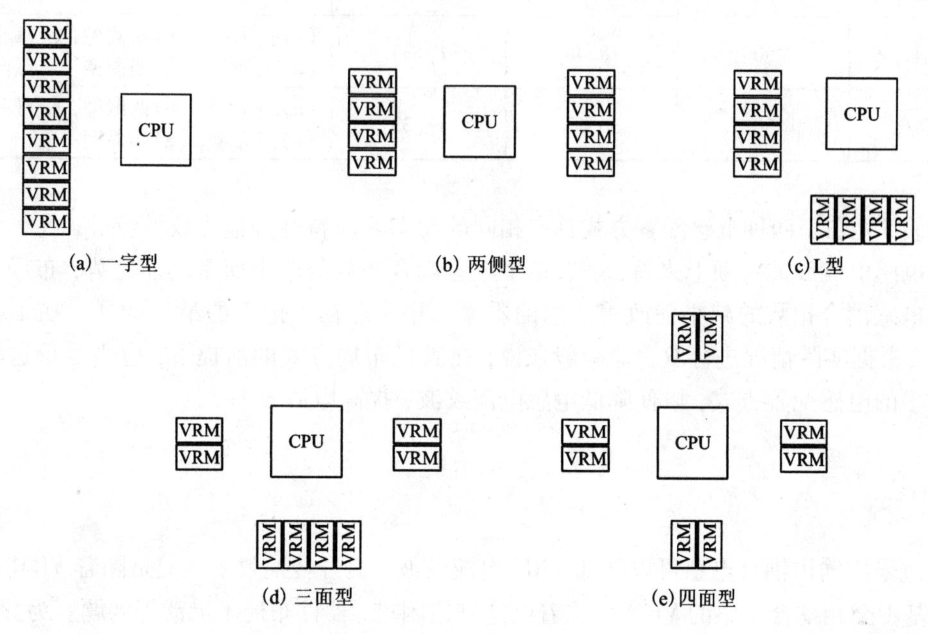

图 3　几种 VRM 布局方式

对于八相 VRM 来说，四种输出电感配置方式对应可采用的 VRM 布局方式，如表 4 所示。

表 4　四种电感配置方式可支持 VRM 布局方式

电感配置	输出电感	电感数量	可支持 VRM 布局方式
全相耦合	八相耦合电感	1	(a)一字型
分组耦合 *A*	四相耦合电感	2	(a)一字型，(b)两侧型，(c)L 型
分组耦合 *B*	两相耦合电感	4	(a)一字型，(b)两侧型，(c)L 型，(d)三面型，(e)四面型
无耦合	分立电感	8	(a)一字型，(b)两侧型，(c)L 型，(d)三面型，(e)四面型

从 VRM 灵活布局方面来看，分组数量越多，耦合相数越少，可以考虑的布局范围就越大，布局灵活性就越高。

3.4　综合对比

综合表 1 至表 4 可以得到四种电感配置方式的性能对比，如表 5 所示。

表5　四种电感配置方式综合比较

电感配置	动态等效电感/nH	电感电流纹波/A	输出电流纹波/A	可支持VRM布局方式
全相耦合	50	6.20	13.33	(a)一字型
分组耦合*A*	50	6.83	13.33	(a)一字型，(b)两侧型，(c)L型
分组耦合*B*	50	18.48	13.33	(a)一字型，(b)两侧型，(c)L型，(d)三面型，(e)四面型
无耦合	50	36.67	13.33	(a)一字型，(b)两侧型，(c)L型，(d)三面型，(e)四面型

由表5可知，四种电感配置方式具有相同的动态响应特性和输出纹波特性，在影响转换效率的电感电流纹波一项上来看，随着单个电感耦合相数的减小而呈增加趋势；布局灵活性则随着电感耦合相数的减小而改善。总的看来，并不存在理论上的最佳选择。在工程设计中，需要根据实际情况进行取舍。一般来说，在满足布局方式的前提下，应当尽量选择耦合相数较多的电感配置方式，以便降低电感电流纹波，提高电源效率。

4　结论

通过采用输出耦合电感可以降低VRM电流纹波，提升转换效率。但是随着VRM相数的增加，基于全相耦合电感的VRM面临着电感制造困难、器件布局不灵活等问题。为此，有必要研究输出电感分组耦合方式的相关特性，特别是电流纹波特性。通过对比分析，在综合了全相耦合和无耦合相关计算公式的基础上，得出了分组耦合方式的电流纹波计算公式。以八相VRM电路为例，对比分析了不同电感配置方式对VRM动态性能、转换效率、输出纹波和布局灵活性等方面的影响，明确了不同分组耦合方式的优缺点，为多相VRM的优化设计提供了理论指导。

参考文献

[1] Lidow A, Sheridan G. Defining the future for microprocessor power delivery[C]// Applied Power Electronics Conference and Exposition, 2003. Apec '03. Eighteenth IEEE. IEEE, 2003: 3-9.

[2] Wong P L. Performance Improvements of MultiChannel Interleaving Voltage Regulator Modules with Integrated Coupling Inductors[J]. Virginia Tech, 2001.

[3] Wong P L, Xu P, Yang B, et al. Performance improvements of interleaving VRMs with coupling inductors[J]. IEEE Trans Power Electronics, 2001, 16(4): 499-507.

[4] Li J, Stratakos A, Schultz A, et al. Using coupled inductors to enhance transient performance of multi-phase buck converters[C]// Applied Power Electronics Conference and Exposition, 2004. Apec'04. Nineteenth IEEE. IEEE, 2004: 1289-1293.

[5] ISL6366 datasheet[EB/OL]. [2011-01-03].

[6] Multi-Phase Power Inductors CPL, CPLA & CPLE Series Datasheet[EB/OL]. [2009-08-03].

作者简介

曹清，研究方向：高性能计算电源系统设计；通信地址：江苏省无锡市滨湖区山水东路江南计算技术研究所；邮政编码：214083；联系电话：15951560646；E - mail：mengruancn@163. com。

基于预取深度自适应调节机制的硬件预取策略

王锦涵　路冬冬　尹　飞　朱　英

【摘要】 硬件预取技术是一项可以提升处理器性能的优化技术，有待进行深入研究。本文借鉴了学术界关于硬件预取技术的研究成果，针对预取机制中预取深度问题进行优化，提出了预取深度自适应调节机制。该机制可以根据当前地址流的访存特征动态调节预取深度，在解决预取时效性不足的同时也避免了“Cache 污染”问题。经测试在运行 SPEC2006 测试集时，有 10 项应用的性能提升幅度超过了 10%。其中，性能最大提升幅度达到了 92.07%。测试结果表明，预取深度自适应调节机制能够有效隐藏访存延时，提升处理器性能。

【关键词】 硬件预取；“Cache 污染”；预取深度；自适应调节；SPEC2006 测试集

1　引言

国产高性能处理器经历了将近 20 年的发展，目前在各个方面具有非常广泛的应用。在核心架构与微结构设计方面，国产高性能处理器与国际主流商用处理器保持了一致步伐，但在技术细节上，国产高性能处理器与国际主流处理器仍然存在一定差距。因此，针对技术细节进行深入研究，是进一步提升国产高性能处理器的重要手段之一。硬件预取技术就是其中一项有待进一步深入探究与细化完善的技术。

硬件预取技术是一项重要的优化技术，它通过当前的访存地址流预测未来一段时间内可能用到的数据地址，并将处在该地址的数据提前装入 Cache，降低 Cache Miss 率，达到隐藏访存延时的目的，提升访存性能。国外主流处理器厂商如 Intel、AMD、IBM 等均在其产品中采用了硬件预取技术，并充分肯定了该技术对访存性能的提升效果。因此，硬件预取技术可以切实有效地提升处理器的访存性能，对硬件预取技术进行更为深入的研究，对提升高性能处理器的自主设计水平具有重要意义。

2　相关研究

学术界对硬件预取技术的研究已经取得了一定成果，提出了多种硬件预取机制，包括顺序预取、跨步预取和流预取等，这些预取机制大多是为了提升预取地址的准确度。

相关文献[3]、[4]提出了顺序预取策略，利用了程序的局域性原理，预取相邻的 Cache

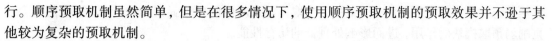

行。顺序预取机制虽然简单，但是在很多情况下，使用顺序预取机制的预取效果并不逊于其他较为复杂的预取机制。

文献[5-7]提出了跨步预取策略，该策略针对访存地址存在固定步长的情况而提出，在数组、矩阵运算等高性能计算领域具有广泛应用。在硬件实现方面，跨步预取通常使用如图1(左)所示的访问预取表(PRT)，访问预测表的每个条目记录了指令的PC值、访存地址、步长、状态信息。预取部件根据上述信息决定是否发出预取指令及预取的地址。

文献[8，9]提出了流预取策略，该策略根据数据流访存特征进行预取，数据流访存特征指在一段时间内，访存地址出现有规律的增加或减少的情况。在硬件实现方面，流预取通常设置流预取缓冲，如图1(右)所示，每个流预取缓冲条目包含了访存地址、步长、状态等信息。预取部件根据流预取缓冲条目的信息识别数据流，一旦识别出数据流，则发出预取指令。

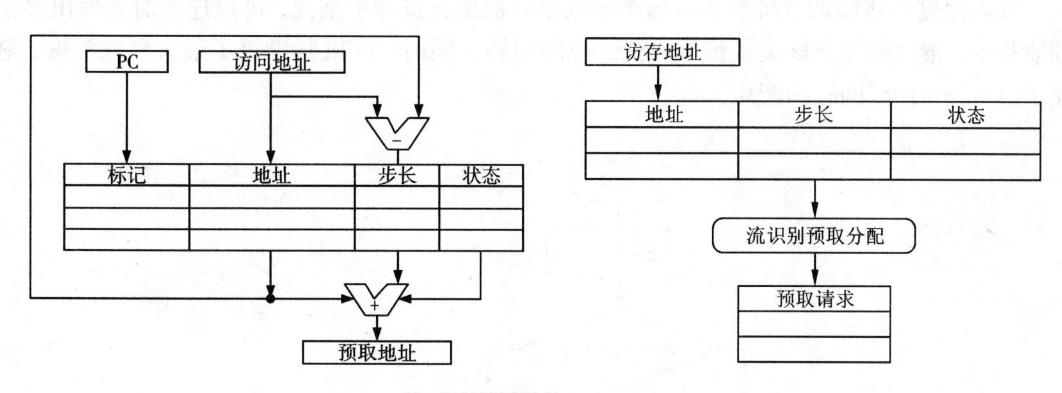

图1　跨步预取和流预取机制的硬件实现

预取时机的把握是硬件预取技术的另一个重要方面。预取的时效性可以通过有效预取降低访存延时的程度来衡量，具体计算公式如下：

$$\text{timeliness} = \frac{\sum_{\text{useful\_prefetches}} \min(miss\_latency,\ cycles)}{\sum_{\text{useful\_prefetches}} miss\_latency}$$

值得说明的是，如果过晚地产生预取请求，那么预取的数据尚未装入Cache，访存该地址的请求已经产生，这样就不能达到预取的目的；与此同时，预取的时机并不是越早越好，文献[10]提出，如果过早地执行预取，就有可能出现Cache中有用的数据被提前替换出Cache，造成新的缺失，造成“Cache污染”问题。

3　预取深度自适应调节机制

传统的硬件预取机制大多是针对预取地址的准确度进行优化，但都不涉及预取的时效性。在处理器实际使用过程中，预取的时效性却是一个非常重要的因素。由于预取模块产生预取请求、将预取数据装入Cache等操作均需要占据若干个时钟周期，而传统的硬件预取机制在上述时钟周期中只会产生一条预取指令，这就有可能导致预取不够及时的问题。如果相邻两条访存指令的间隔周期很短，那么预取不够及时的问题就显得异常严重，而该问题会严重削弱预取模块的作用，进而影响处理器的访存性能。

针对传统的硬件预取机制可能会导致的预取不够及时的问题，本文提出了预取深度自适应调节机制，该机制根据当前地址流的特征，自适应地调节预取深度，从而实现对预取时效性的优化。

预取深度自适应调节机制的实现流程如图2所示。访存地址进入到预取模块以后，首先查询该地址是否命中预取条目，若不命中预取条目则给该访存地址分配预取条；若命中预取条目，则在更新预取条目后将该条目的命中次数加1。同时，在预取条目中设置最大值 M，当命中次数 K 到达设置的最大值 M 时，将此时的预取深度固定为[$M/2$]，这样避免了过早进行预取可能导致的"Cache 污染"问题。最后，本文将预取深度设置为[$K/2$]或[$M/2$]则是采用了较为保守的预取策略，即每个预取条目命中两次才能对外发出相应的预取指令。

预取深度自适应调节机制通过每个预取条目根据自身命中情况，可以连续对外发出多条预取指令，很大程度上解决了预取时机过晚的问题。同时，该机制设置了最大预取深度，避免了"Cache 污染"问题的产生。

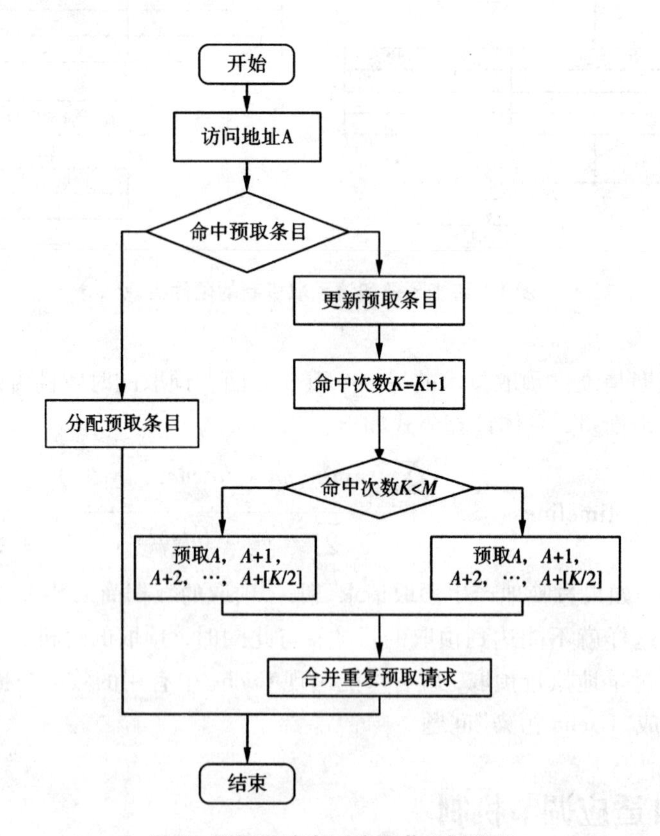

图2 预取深度自适应调节机制流程

4 实践与评测

4.1 预取深度自适应调节机制的实现

本文在某自主品牌的高性能处理器平台的基础上重新设计了预取模块，预取模块采用了流预取的预取策略，同时加入跨步检测模块。一旦检测到访存地址按照固定步长有规律地递增或递减则分配流缓冲条目，并且产生预取请求。与此同时，在预取模块中加入了预取深度自适应调节机制，用来调节预取的深度。

该处理器设置了三级 Cache，预取部件在每个周期可以发出一条预取指令，该预取指令可以针对一级和二级 Cache 进行数据预取。一级、二级 Cache 的预取策略大致相同，本文仅对一级预取的工作方式进行描述。

预取部件的微结构如图 3 所示，虚线方框内为预取部件，整个预取部件包括三个部分，分别是预取控制(PFH_Ctrl)、跨步检测(Stride_Ctrl)和预取条目(PFH_Item)模块。预取控制模块(PFH_Ctrl)用来接收流水线的访存请求，判断请求是否需要分配预取缓冲条目及向流水线发出预取请求；跨步检测模块(PFH_Ctrl)用来检测访存地址流中是否存在固定步长的跨步，一旦检测到跨步则向跨步控制模块申请预取缓冲条目。

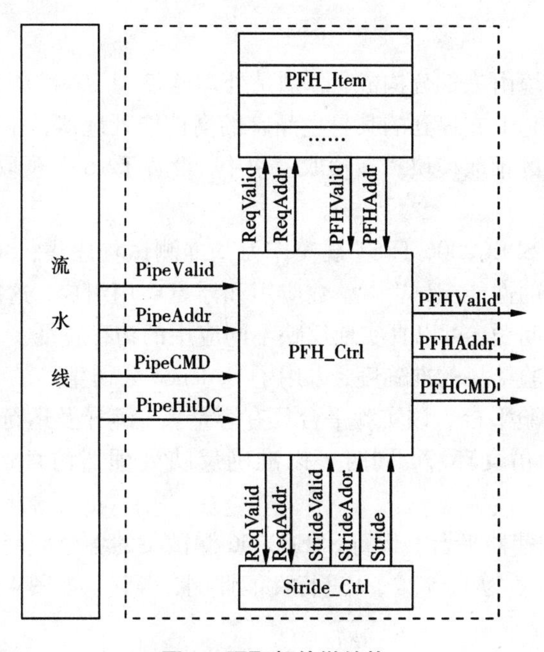

图 3 预取部件微结构

预取条目模块中的每个预取缓冲条目则按照图 2 中的流程进行工作，每个预取缓冲条目记录了当前条目地址、当前命中该条目次数、当前预取距离等信息，具体的信号和含义如表 1 所示。信号 r_Addr 记录了当前预取条目的地址，每个访存请求需要和该地址进行比较，以判断是否命中预取条目；r_Strde 记录了该条目的固定跨步；r_ConfirmCnt 记录了访存地址命中该条目的次数，访存地址每命中该条目一次，r_ConfirmCnt 就加 1，直到 r_ConfirmCnt 等于最大值 r_MaxCnt；r_MaxCnt 则是提前设置好的最大命中次数，当 r_ConfirmCnt 增加至 r_MaxCnt 时，即使访存地址继续命中该条目，r_ConfirmCnt 值也不会再次增加，这避免了预取距离过大可能导致的"Cache 污染"问题；r_ReqCnt 则记录了当前该条目的预取距离，本文采用了较为保守的预取策略，故只有在满足 $r\_ReqCnt < \frac{1}{2} r\_ConfirmCnt$ 的条件下，预取缓冲条目才会对外发出预取指令。

表1　预取缓冲条目记录的信息

信号名	含义
r_Addr	当前预取条目地址
r_Stride	当前条目的跨步
r_ConfirmCnt	当前命中该条目次数
r_ReqCnt	当前预取距离
r_MaxCnt	最大命中次数

4.2　性能评测

性能评测的实验环境由三部分构成，分别是处理器模型、基准测试程序和硬件仿真加速器。处理器模型选用的是上文提到的某自主品牌的高性能处理器，并且将该处理器原来的预取模块替换为本文介绍的预取模块。在预取模块中，设置了 16 个预取缓冲条目，每个周期最多可产生一条预取指令。

实验环境中采用了 SPEC2006 TEST 规模作为基准测试程序集，SPEC2006 目前被广泛应用于服务器及桌面系统的性能测试，由整数应用和浮点应用组成，这些测试应用都是用来处理各大应用领域的实际问题，可以真实地反映不同应用的访存特征。

为了进一步提升实验结果的准确度，采用了 Cadence 公司生产的 Palladium XP GXL 系列硬件仿真加速器作为实验平台。该实验平台具有容量大、编译及运行速度快的特点，可以很好地提供处理器模型的仿真环境，同时可以准确反映处理器仿真运行过程中的相关性能参数。

在 PXP 硬件方正加速器平台上运行 SPEC2006 测试集的各个应用，同时将需要预先设定的参数 r_MaxCnt 分别调整为 3、5、7、9 进行性能评测，得到了如图 4 所示的在不同参数下的性能提升。

从图 4 中可以看出，与传统单步流预取机制相比，处理器性能在使用本文提出的预取深度自适应调节机制后取得了明显提升。其中，有多达 10 个应用的性能提升幅度超过了 10%，性能提升最多的是应用 470. lbm，在 r_MaxCnt 的参数配置下达到了 92.07%。表 2 列出了超过部分应用的性能提升幅度。

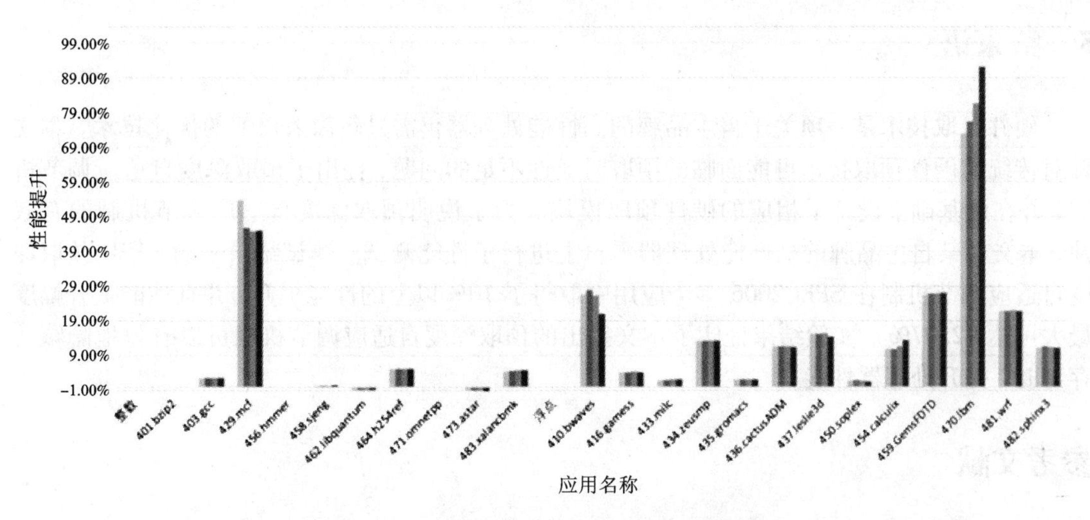

图 4　不同参数下的预取模块性能提升效果

表 2　部分 SPEC2006 应用性能提升

应用名称	最佳 r_MaxCnt 参数	性能提升百分比/%
429. mcf	3	53.90
410. bwaves	5	26.80
434. zeusmp	3	13.26
436. cactusADM	3	11.57
437. leslie3d	7	15.38
454. calculix	9	13.39
459. GemsFDTD	9	27.16
470. lbm	9	92.07
481. wrf	7	22.07
482. sphinx3	5	11.20

从图 4 和表 2 可以看出，不同应用的最佳 r_MaxCnt 参数并不是统一的，有的应用要求 r_MaxCnt 参数较大，而有的应用则在 r_MaxCnt 参数较小时才能发挥最好的效果。导致这种情况的原因可能是不同应用具有不同的访存模式，较大的 r_MaxCnt 参数适合相邻两次访存的时间间隔较短的访存模式，而较小的 r_MaxCnt 参数则在相邻两次访存的时间间隔较长时更能发挥作用。但是，处理器在使用前无法得知各个应用的最优参数，因此，接下来的工作重点是提出 r_MaxCnt 参数动态调节机制，处理器根据当前访存行为对 r_MaxCnt 参数进行反馈调节，使处理器在使用过程中发挥最佳性能。

5 结束语

硬件预取技术是一项关于自主品牌的高性能处理器仍需进行深入探索的优化技术。本文针对传统的硬件预取技术可能面临的预取时效性不足的问题，提出了预取深度自适应调节机制，并在此基础上设计了相应的硬件预取模块。为了说明预取深度自适应调节机制的有效性，本文在某自主品牌的高性能处理器平台上进行了性能测试。测试结果表明，使用预取深度自适应调节机制在 SPEC2006 多个应用中取得了 10% 以上的性能提升，并且性能提升幅度最大可达 92.07%。实验结果证实了本文提出的预取深度自适应调节机制可以有效地隐藏访存延时，提升处理器性能。

参考文献

[1] 贾迅，翁志强，胡向东. 基于流访问特征的多级硬件预取[J]. 计算机工程，2016，42(1)：51-55.

[2] 贾迅，尹飞，胡向东. 申威处理器硬件预取技术的实现[J]. 计算机工程与科学，2015，37(11)：2013-2017.

[3] Smith J E. Decoupled access/execute computer architecture[J]. ACM SIGARCH Computer Architecture News, 1982, 10(3): 112-119.

[4] Guo Y, Narayanan P, Bennaser M A, et al. Energy-efficient hardware data prefetching[J]. Very Large Scale Integration(VLSI) Systems, IEEE Transactions on, 2011, 19(2): 250-263.

[5] Chen T F, Baer J L. Effective hardware-based data prefetching for high-performance processors[J]. Computers, IEEE Transaction on, 1995, 44(5): 609-623.

[6] Pinter S S, Yoaz A. Tango: a hardware-based data prefetching technique for superscalar processors[C]// Proceedings of the 29th annual ACM/IEEE international symposium on Microarchitecture. IEEE Computer Society, 1996: 214-225.

[7] Baer J L, Chen T F. An effective on-chip preloading scheme to reduce data access penalty[C]//Proceedings of the 1991 ACM/IEEE conference on Supercomputing. ACM, 1991.

[8] Jouppi N P. Improving Directed-mapped Cache Performance by Addition of Small Fully-associative Cache and Prefetching Buffers [J]. ACM SIGARCH Computer Architecture News, 1990, 18(3): 363-373.

[9] Palacharls S, Kessler R E. Evaluating stream buffer as a secondary Cache replacement[J]. ACM SIGARCH Computer Architecture News, 1994, 22(2): 24-33.

[10] Lai A C, Fide C, Falsafi B. Dead-block prediction & dead-block correlating prefetchers[C]//Computer Architecture, 2001. Proceedings. 28th AnnualInternational Symposium on. IEEE, 2001: 144-154.

作者简介

王锦涵，研究方向：计算机体系结构和高性能处理器设计；通信地址：上海市浦东新区毕升路 399 号；邮政编码：201204；联系电话：15061734318；E-mail：pkuwangjh@163.com。

路冬冬，研究方向：计算机体系结构和高性能处理器设计；通信地址：上海市浦东新区毕升路 399 号；邮政编码：201204；联系电话：18616673968；E-mail：as8891@163.com。

尹飞，研究方向：计算机体系结构和高性能处理器设计；通信地址：上海市浦东新区毕

升路 399 号；邮政编码：201204；联系电话：18917018236；E－mail：yinf 0506@ sina. com。

朱英，研究方向：计算机体系结构和高性能处理器设计；通信地址：上海市浦东新区毕升路 399 号；邮政编码：201204。

卷积神经网络图像识别在M7002上的移植与优化

王 蕊 扈 啸 孙广辉

【摘要】 随着数字图像处理和DSP应用技术的不断发展，与DSP技术相结合的图像处理技术在各方面得到了广泛的应用。本文以基于卷积神经网络的图像识别为研究对象，结合高性能多核DSP技术，展开嵌入式软硬平台设计技术和并行处理技术研究。本文主要内容是将图像识别在PC机上训练好的卷积神经网络识别模型和darknet源码框架移植到FT－M7002 DSP，并结合M7002芯片的硬件结构对程序进行优化，实现了更好更快的识别效果。

【关键词】 FT－M7002；DMA；cache；优化；向量化

1 引言

国防科技大学推出的FT－M7002是一款40 nm工艺的高性能处理器芯片，该芯片包含1个CPU核和2个FT－MT2 DSP核。FT－MT2内核针对矩阵乘、FFT等运算密集型算法进行了高度优化，在图像处理等需要进行大量数据运算的场合下能很好地发挥其优势，可以作为FT－M7002芯片的评估板，或嵌入到其他系统中作为信号协处理模块。同时也推出了相应的配套软件，其中RISC CPU核兼容主流开发环境和工具系统，支持Linux、VxWorks、Andriod和Java等多种主流软件系统。其中DSP部分配套软件全部自主设计，包括编译器、工具链、集成开发调试环境等。在最新的计算机视觉[1]相关研究中，深度学习技术已经广泛应用于更多的具体应用中，如图像分割、图像生成、视觉内容的文字表述等，近年来许多大公司的人工智能技术已经以开源代码的形式发布了它们的网络框架，其中包括TensorFlow、Caffe、Keras、CNTK、Torch7、MXNet、Leaf、Theano、DeepLearning4、Lasagne、Neon[2]等，虽然目前大部分图像识别还是基于CPU＋GPU来完成的，但是伴随着半导体行业的不断发展，也为深度学习挑战在嵌入式平台上的实现提供了可能。因此，本文的主要工作是选定某一种网络框架移植[3]到FT－M7002 DSK板上，并对其代码进行优化，改写出一套可以在嵌入式设备上利用深度学习的知识实现图像识别的代码，并充分利用软硬件特点，探索在嵌入式设备上利用深度学习实现图像识别的可行性。

2 M7002 DSP内核结构

FT－MT2内核基于超长指令字(VLIW)结构，包括一个五流出标量处理单元(SPU)以及六流出向量DMA处理单元(VPU)，两个处理单元以紧耦合方式工作。

SP由标量执行单元(SPE)、指令流控单元和标量数据访存单元(SM)组成，SPE是标量

处理单元的计算引擎，负责应用中串行处理部分，主要包括整数单元和浮点单元。

VPU 是一种可扩展(数目可配置)向量运算簇结构，FT－MT2 内核由 16 个同构运算簇(简称 VPE)构成。

SPU 和 VPU 之间可以通过一组标向量共享寄存器(SVR)进行数据交换。FT－MT 内核的 SPU 还可向 VPU 广播标量数据，用于标量数据到向量数据的扩展。

向量存储体(VM)是片上大容量的向量数据存储器，为 VPU 提供向量数据访问，可同时支持两个向量数据的 load/store 操作以及标量单元和 DMA 的向量数据访问。向量存储指令支持连续 16 个半字、字和双字的访问，这些访问分别按半字、字和双字粒度对齐。

直接存储访问(DMA)部件为内核提供了高速数据传输通路，其性能直接决定了内核整体性能。DMA 接收 SPU 配置的传输参数启动对特定存储资源的访问，这种数据传输通过 DMA 通用通道实现，数据传输包含读操作过程和写操作过程。DMA 部件访问的存储资源包括向量存储器(VM)、标量存储器(SM)等。DMA 支持一维、二维传输，而且支持矩阵转置传输。

图 1 所示为 M7002 DSP 内核结构图。

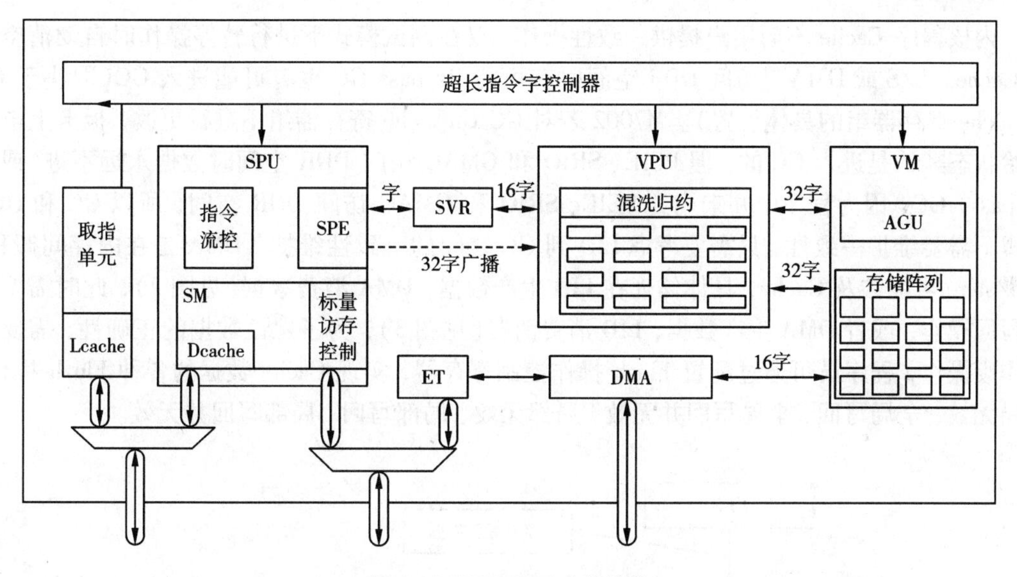

图 1　M7002 DSP 内核结构

3　移植 darknet 网络框架到嵌入式平台

移植网络框架首先需要对 Darknet 网络代码结构进行分析和对接口进行处理，在 EVM 上设计图像处理必要的接口代码，最终实现图像的识别功能，然后对编译不通过的地方进行库文件的修改，修改接口并寻找相近的库函数进行替代，最后安排存储空间，需要人工分配存储空间以确保系统可以正常运行，直到最终在电路板上得到正确的识别结果。

4 根据软硬件特点对程序进行优化与改写

4.1 利用 DMA 搬移可以实现数据在标向量空间的搬移

由于训练好的卷积神经网络模型权重参数和每一层的输入输出一般情况下数据量比较大，而 M7002 每个核上程序员可用的 AM 数据空间只有 512 kB，因此考虑到性能和存储空间两者之间的矛盾，如何合理地安排数据的存放位置显得尤为重要，这样就不可避免地会涉及数据在不同空间的相互搬移。DMA 数据传输模式包括点对点传输、分段数据传输、广播数据传输、核外主机数据访问和 ET 调试请求。本文只讨论 M7002 单核运行情况，因此采用点对点传输方式(指 DSP 核通过 DMA 发起的核内存储资源(SM 和 AM)和核外存储资源(本地 SubGC 和其他环网上的存储资源之间的数据交换)中的普通点对点方式。具体实现方式在结合维护一致性和算法优化上给出。

4.2 维护 Cache 一致性

内核程序 Cache 不向用户提供一致性操作，仅在调试模式下进行暂停操作时自动清空程序 Cache。L/S 或 DMA[4] 访问 DDR 空间时有可能 By pass GC 也有可能进入 GC(取决于 GC UnCache 寄存器组的具体设置)。M7002 若对 GC UnCache 寄存器组不进行更改，板卡上电的初始状态默认是进入 GC 的，但 PCIE、SRIO 和 GMAC 访问 DDR 空间时数据永远不进(或称 By pass) GC，因为程序中并未用到 PCIE、SRIO 和 GMAC 访问 DDR 空间，所以 GC 和 DDR 之间不需要维护一致性，只需要考虑 LID 到 GC 之间的一致性维护。DMA 是在内存间搬移，load/store 可能涉及 Cache，具体体现在 LID 生产数据，DMA 消费数据(见图 2)，此时需要进行写回操作，或者 DMA 生产数据，LID 消费消费(见图 3)，为了保证数据的正确性，需要进行作废操作，程序员可通过配置 Flush 操作控制寄存器，实现 Cache 数据的各种 Flush 操作：全局无效、全局写回、全局写回并无效、局部无效、局部写回、局部写回并无效。

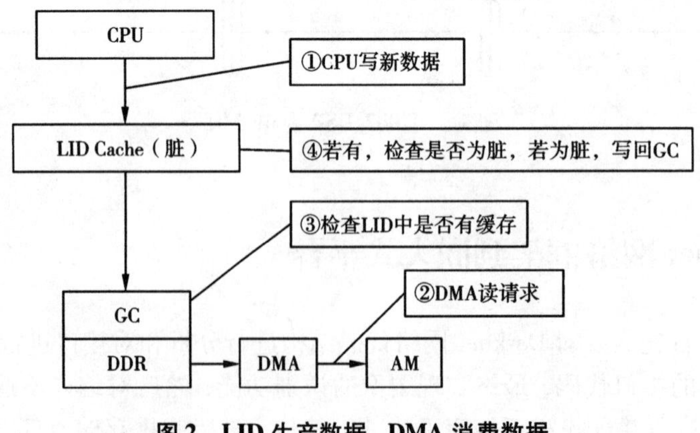

图 2 LID 生产数据，DMA 消费数据

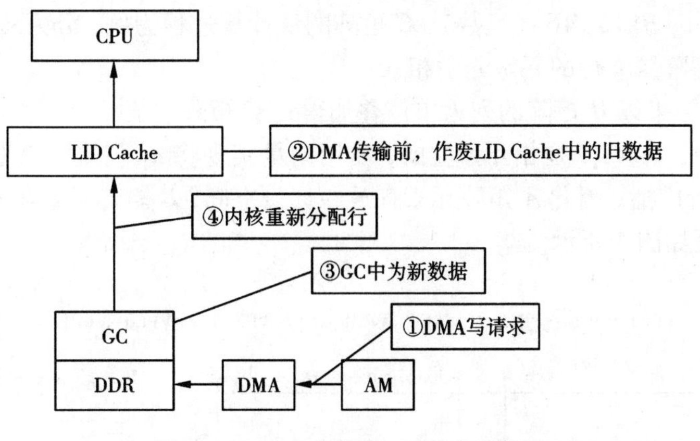

图 3　DMA 生产数据，LID 消费数据

4.3　算法优化，采用向量编程

根据 M7002 的硬件体系结构，本文对程序中涉及的大部分比较耗时的计算进行向量化改造，比如 gemm 函数、normalize_cpu 函数、scale_bias 函数和 add_bias 函数，其中 gemm 函数为矩阵乘函数，在一般标量的算法中，矩阵乘的实现过程是这样的：设 $\boldsymbol{A}$ 为 $m \times n$ 的矩阵，$\boldsymbol{B}$ 为 $n \times k$ 的矩阵，那么矩阵 $\boldsymbol{A}$ 与 $\boldsymbol{B}$ 的乘积为 $m \times k$ 的矩阵 $\boldsymbol{C}$。

$$\begin{bmatrix} a_{11} & a_{12} & \cdots & a_{1n} \\ a_{21} & a_{22} & \cdots & a_{2n} \\ \cdots & \cdots & \cdots & \cdots \\ a_{m1} & \cdots & \cdots & a_{mn} \end{bmatrix} \times \begin{bmatrix} b_{11} & b_{12} & \cdots & b_{1k} \\ b_{21} & b_{22} & \cdots & b_{2k} \\ \cdots & \cdots & \cdots & \cdots \\ b_{n1} & \cdots & \cdots & b_{nk} \end{bmatrix} = \begin{bmatrix} c_{11} & c_{12} & \cdots & c_{1k} \\ c_{21} & c_{22} & \cdots & c_{2k} \\ \cdots & \cdots & \cdots & \cdots \\ c_{m1} & \cdots & \cdots & c_{mk} \end{bmatrix} \tag{1}$$

其中矩阵 $\boldsymbol{C}$ 中的第 i 行第 j 列元素表示为：即 $\boldsymbol{A}$ 的第 i 行与 $\boldsymbol{B}$ 的第 j 列对应元素相乘并将乘后结果累加。

$$c_{ij} = \sum\nolimits_{k=1}^{n} a_{ik} b_{kj} = a_{i1} b_{1j} + a_{i2} b_{2j} + \cdots + a_{ip} b_{pj} \tag{2}$$

$$\begin{bmatrix} a_{11} & a_{12} & \cdots & a_{1n} \\ a_{21} & a_{22} & \cdots & a_{2n} \\ \cdots & \cdots & \cdots & \cdots \\ a_{m1} & \cdots & \cdots & a_{mn} \end{bmatrix} \times \begin{bmatrix} b_{11} & b_{12} & \cdots & b_{1k} \\ b_{21} & b_{22} & \cdots & b_{2k} \\ \cdots & \cdots & \cdots & \cdots \\ b_{n1} & \cdots & \cdots & b_{nk} \end{bmatrix}$$

在向量操作中，无法读取 $\boldsymbol{B}$ 矩阵中某一列元素，且没有规约操作将乘后结果累加，为了适应向量运算需要寻找另外的算法。以 $\boldsymbol{C}$ 矩阵第一行的值计算过程为例，每个元素计算步骤是相近的且计算过程是独立的。

$$\begin{aligned} c_{11} &= \sum\nolimits_{k=1}^{n} a_{1k} b_{k1} = a_{11} b_{11} + a_{12} b_{21} + \cdots + a_{1p} b_{p1} \\ c_{12} &= \sum\nolimits_{k=1}^{n} a_{1k} b_{k2} = a_{11} b_{12} + a_{12} b_{22} + \cdots + a_{1p} b_{p2} \\ &\cdots \\ c_{1j} &= \sum\nolimits_{k=1}^{n} a_{1k} b_{kj} = a_{11} b_{1j} + a_{12} b_{2j} + \cdots + a_{1p} b_{pj} \end{aligned} \tag{3}$$

假设 $A[1, 16]$、$B[16, 16]$(复数), **C** 矩阵的值计算过程为例, 分为两个步骤:

(1)将 a_{1k}与矩阵第 k 行的元素分别相乘;

(2)将相乘的结果以 **B** 矩阵的列为单位叠加得到 **C** 矩阵的值。

在向量实现中, 各 VPE 是相互独立的, 要用向量实现将 a_{1k} 与矩阵第 k 行的元素分别相乘, 需要将 a_{1k}进行广播, 因此 **A** 矩阵元素存放在标量空间, **B** 矩阵元素存放于向量空间。对应的向量实现过程如图 4 所示。

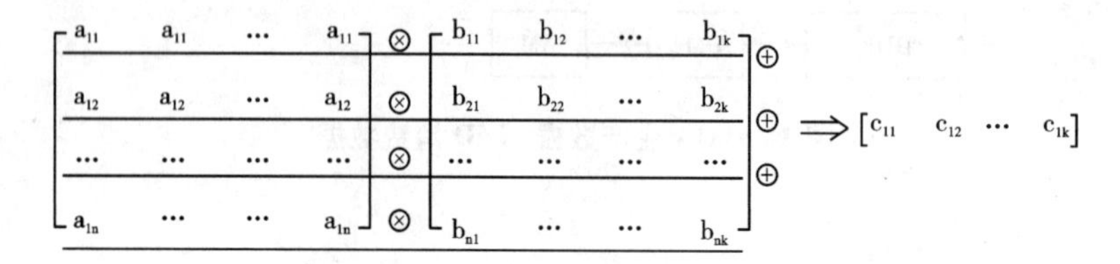

图 4　DMA 生产数据, LID 消费数据

向量实现步骤:

(1)将 a_{1k}广播到各 VPE 中;

(2)读取 **B** 矩阵中第 k 行元素;

(3) a_{1k}与矩阵第 k 行的元素分别相乘;

(4) **B** 矩阵乘后结果以列为单位累加。

但由于每一层输入数据, 权重数据和输出数据数据量较大, 而向量空间大小受限, 可用空间只有 512 kB, 本文选择把输入数据和输出数据存放在向量空间, 权重数据放在 DDR 中, 但存在某些层的输入数据和输出数据之和超过向量空间, 此时需要根据矩阵规模进行拆分计算。因此在优化 gemm 函数时, 需要分几次把输入数据用 DMA 搬移到 VM 空间, 然后进行矩阵乘计算, 再把计算结果从 VM 空间搬移到 DDR 中。搬移过程采用 DMA 点对点传输中的带索引方式, 效率会比较高。其中某些层的参数规模可能比较特殊, 本文针对这些特殊的矩阵规模计算选择适当的算法, 如利用带有 DMA 搬移的矩阵转置及分块矩阵计算, 甚至适当关闭某些数量的 VPE, 这样可避免使用大量使用 memcopy 操作进行数据的复制, 以提高效率。DMA 进行数据搬移, 则需对 DMA 的传输参数和全局寄存器进行正确的配置。DMA 参数由 8 个字构成, 每个字 32 位, 如图 5 所示, DMA 设置 16 个逻辑通道, 当逻辑通道参数配置完成后, SPU 通过写 ESR 寄存器的相应位来启动 DMA 逻辑通道。每个逻辑通道对应参数 RAM 的一个入口, DMA 通道启动后将传输参数从参数 RAM 中读出并提交给 DMA 通用通道处理, 完成数据传输过程。程序员可通过两种方式来检测 DMA 传输是否结束, 一是通过 DMA 产生传输完成中断; 二是检测传输完成标识寄存器。本文采用检测传输完成标识寄存器(CIPR)来判断传输是否完成。

但其中需要添加 flush 操作, 用以维护 DMA 操作和标量访存指令之间的一致性维护。对于 normalize_cpu 函数, 根据源代码中的标量算法将其改写为向量算法, 主要涉及精度问题, 需要在代码中添加迭代公式 Newton - Rhason 来增加精度, 每迭代一次精度增加一倍, 直到数据误差在可接受范围内。因为在提供的向量 C 代码接口函数中得到的结果精确度为 2^{-8}, 有

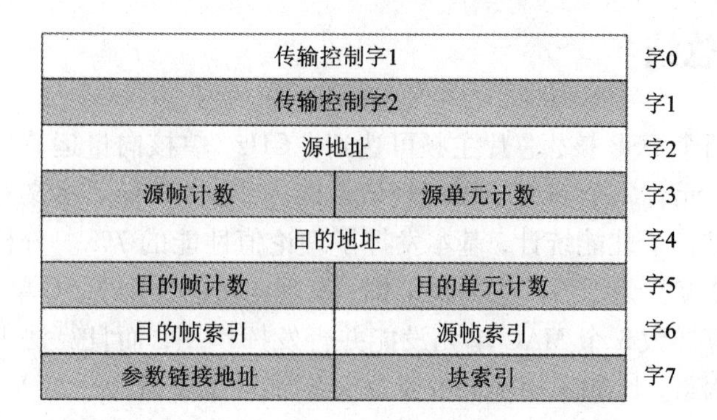

图5　DMA 参数

时候为了算法的精确度，需要对结果进行多次迭代。在本文中对中间的计算结果分别进行了两次迭代，保证了每一层数据的精确度和识别结果的准确度由于 scale_bias 函数和 add_bias 函数。同样根据源码结构将这两个函数改写为一个函数，这样可避免 DMA 多次在标向量空间搬移数据和存取数据，提高了效率。具体实现方式在代码中给出，为验证程序的正确性，将每层输出数据与标量未优化前的各个层输出数据作对比，发现误差均在可接受范围内，数据几乎一致，且不影响图像识别的准确率。

FT－M7002 源码未优化(见表1)。

表1　源代码未做优化前的准确率和识别时间

种类	准确率	时间/s
railwaystation	1.000000	20.456
oildeport	0.999999	20.456
damn	0.999994	20.433
tower	0.999986	20.433
airport	0.999983	20.433

FT－M7002 单核优化后(见表2)。

表2　源代码做优化后的准确率和识别时间

种类	准确率	时间/s
railwaystation	1.000000	0.084
oildeport	0.969033	0.084
damn	1.000000	0.084
tower	0.975215	0.084
airport	0.999990	0.084

5 性能分析与总结

M7002 芯片有两个 DSP 核，芯片主频可达到 1 GHz，单核向量运算单元有 3 个 MAC，16 个 VPE，标量运算单元有 2 个 MAC，因此峰值性能为 200 Gflops。本文对优化后的某些卷积层中矩阵乘的运算进行了性能统计，基本发挥了理论值性能的 7%。分析具体原因可能与算法、流水有关。通过查看编译器产生的反汇编，发现向量的 3 个 MAC 单元未能充分流水，主要是地址的穿插计算导致 3 个 MAC 单元没能并行发挥作用，而且算法上可能有一些可以优化但没有考虑到的因素，比如采用不同的算法会导致程序中避免一些 load，store 操作，节省节拍数。因此在后续工作中，一方面还会对 C 程序不断进行优化，充分发挥 MAC 单元的并行性，如果性能还得不到充分发挥，就对关键的运算使用汇编手工优化，提高计算效率。另一方面，多尝试各种不同的卷积或者矩阵相乘并行算法，找出一种最优实现方式，甚至也可建立矩阵相乘或卷积运算峰值性能模型，分析模型，进而给通用的 DSP 设计提供指导。

表 3 中的 FPS 和平均功耗均是单核运行所得结果，由此可以看出，M7002 芯片体系结构[5]在图像处理等需要进行大量数据运算的场合下能很好地发挥其优势，为进一步移植及优化一些大型算法库和网络框架及模型奠定了很好的基础。

表 3 M7002 资源及实现图像识别性能测试结果

平台	M7002
主频	1GHZ
核数	2
L2cache	2MB
L3cache	—
处理器功耗	9 ~ 15
FPS(张/s)	11.90
平均功耗(W.s/张)	0.76 ~ 1.26

参考文献

[1] 张健. CEVA 进一步丰富并强化图像和视觉平台 CEVA - MM3000[J]. 世界电子元器件，2013(9)：56 - 57.

[2] Zhu A, University N N. Research and development of digital image processing and recognition system[J]. Electronic Test, 2016.

[3] 林升，扈啸，陈跃跃. 基于卷积神经网络的机场识别：第二十一届计算机工程与工艺学术年会，2017.

[4] 周佩，周维超，王凯凯. TM S320C 6678 多核 DSP 并行访问存储器性能的研究[J]. 微型机与应用，2014(13)：20 - 24.

[5] 徐贵宝. 人工智能技术体系架构探讨[J]. 电信网技术，2016(12)：1 - 6.

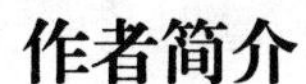

作者简介

王蕊，研究方向：嵌入式应用，图像处理；通信地址：湖南省长沙市开福区德雅路109号国防科技大学；邮政编码：410073；联系电话：18890052359；E－mail：1171087675@qq.com。

扈啸，研究方向：嵌入式系统，图像处理；通信地址：湖南省长沙市开福区德雅路109号国防科技大学；邮政编码：410073；联系电话：13973159935；E－mail：xiaohu@nudt.edu.cn。

孙广辉，研究方向：嵌入式应用，图像处理；通信地址：湖南省长沙市开福区德雅路109号国防科技大学；邮政编码：410073；联系电话：13393916199；E－mail：532707764@qq.com。

面向 EMIF 接口的 RS 纠错码设计与实现

安天乐　陈海燕　刘　胜　宋　蕊　张　显

【摘要】 外部存储器接口(EMIF)是 DSP 芯片访问各种外部存储器件的重要转换接口，随着特征尺寸变小、存储密度增加以及新结构的引入，片外存储器件的单粒子失效频率和严重程度不断增加，传统的纠－检二编码技术不能满足芯片的可靠性设计要求，迫切需要一种纠错能力强、硬件代价低的编码技术实现纠错。里德－索罗门(RS)编码是非二进制 BCH 码中的重要的子类，具有很强的纠正突发、随机错误能力。本文基于某芯片 EMIF 接口抗辐照设计要求，在分析 RS 编解码算法原理的基础上，设计了 RS(520, 512)纠错码电路，重点对复杂的译码阶段中重组无逆 BM(RiBM)算法、Chien 搜索算法的流水实现进行了阐述。最后的验证和逻辑综合结果表明，该电路结构能够纠正页大小为 512 字节以内的任意四个字节的错误，时序满足 EMIF 所接的片外存储器的带宽要求。

【关键字】 外部存储器接口；RS 编码；重组无逆 BM 算法；Chien 算法

1　引言

随着集成电路技术的进步，半导体存储器的集成密度越来越大。其存储单元更容易受到辐射粒子的影响而发生翻转，造成“软错误”。“软错误”主要造成存储器中的数据发生随机、临时的状态改变或瞬变。为满足芯片数据完整性、可靠性要求，ECC(error checking and correcting)校验码作为存储器的一种有效容错机制被业界广泛采用。

EMIF 是高性能 DSP 片上集成的访问各类外部存储器件的重要外设接口，可实现 DSP 与不同类型外部存储器的连接，方便 DSP 存储器的扩展。随着 EMIF 外接存储器件新结构的出现、存储密度的增加，存储器件容易出现多位随机或突发软错误。Nand Flash 是 EMIF 接口最常用的存储器件，自从英特尔和镁光发布了基于 20 nm 工艺制造的 multi-level cell(MLC)结构 Nand Flash 之后，其存储密度变得越来越高，价格越来越便宜，传统的 sigle-level cell(SLC)结构正逐渐被 MLC 结构所替代[1]。由于 MLC Nand Flash 的特殊结构，在大幅提高数据存储容量的同时，其数据存储的随机错误率也相应地增大，传统的纠一检二 ECC 技术已经不能满足现在主流的 MLC 结构 Flash 的芯片；同时，由于目前市场上很多常用片外存储器件本身都不带纠错功能，当 DSP 芯片用于航天或运行于存在电磁干扰环境时，数据在读写外存时经常发生多位错误，设计一个基于 EMIF 接口需求的纠错码电路来保证数据访存的正确性、可靠性具有重要的工程应用价值。

目前各种存储器所使用的纠错码技术主要有汉明码、RS 码和 BCH 码。汉明码能够纠正

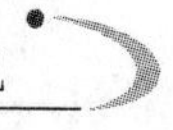

单比特错误以及检测两比特错误，像早期的 SLC 闪存、SRAM 等存储器都会使用汉明码作为纠错码，而且计算速度快。对于 MLC 型闪存易发生多位错误，每页产生的错误往往超过 2 位，甚至更多，所以 BCH 码和 RS 码应用比较广泛[2]。但 RS 码相比 BCH 码适用性更强，对突发错误和随机错误都有很好的纠错能力。另外虽然纠错码种类很多，但每种都有自己的局限性，所以有的存储器采用了两级纠错[2]，但使得硬件开销和性能严重降低。所以根据该 EMIF 接口的实际需要，基于上述特点，选用了 RS 码作为 EMIF 接口加固设计，纠错能力强。

RS 编码是非二进制 BCH 码中的重要的子类，在纠正随机错误和突发错误方面非常有效，被广泛用于通信和存储系统以实现差错控制[2]。本文基于 EMIF 接口访存的 ECC 设计需求，采用 RS 码作为纠错码，针对 NAND Flash 等类型存储器的按页读写的特点，在 EMIF 接口处增加了一个纠错机制，设计实现了 RS(520, 512)纠错码电路，支持对每页(不超过 1024 字节)最多四个字节符号错误的纠错。该设计以单字节进行运算，可以为 8 位、16 位和 32 位等不同 IO 带宽的片外存储器提供 ECC 支持，具有多接口特点。该设计的主要特点是适用性强，对于其他可连接 EMIF 接口的外部存储器都具有很强的纠错能力。

2 RS 编解码算法原理

RS 编码属于线性分组码中的一种循环码，要实现 ECC 校验，每组信息序列需要根据编码算法加入冗余的保护信息从而形成自包含的码字来用于传输或存储[3]。RS 编码将信息分为 $k\times m$ 比特一组，每组包含 k 个符号，每个符号由 m 比特位组成，选择不同的参数，可以提供不同的纠错能力，实现的硬件复杂度也不同。RS 编码可以表示成 RS(n, k)的形式，n 代表总的符号数(码长)，k 是被保护信息符号的数目[4]；如果 t 为要纠正的错误符号个数，则须满足关系：$n=k+2t$。

另外，RS 码的码元都是用伽罗华域(Galois Field, GF)中的元素表示，它是一个封闭的有限域，编码、译码的加减乘除运算都在这个域内进行[5]。对于不同的 m 值，所生成的伽罗华域大小不同，当每个符号包含的比特位为 m 时，所需要的伽罗华域为 GF($2m-1$)，即$\{0, \alpha, \alpha^2, \cdots, \alpha^{2^m-1}\}$，所以又有：$n\leqslant 2^m-1$。

2.1 RS 码的编码原理

进行 RS 编码时，需要根据 RS(n, k)参数，确定一个生成多项式 $g(x)$。$g(x)$是个 $n-k=2t$ 个因式组成的，针对不同的参数生成多项式也是不同的，一般的形式如下[4]：

$$g(x)=(x-\alpha)(x-\alpha^2)(x-\alpha^3)\cdots(x-\alpha^{2t}) \tag{1}$$

也可表示成

$$g(x)=g_0+g_1x+\cdots+g_{2t-1}x^{2t-1}+x^{2t} \tag{2}$$

假设需要保护的信息用 $m(x)$来表示：$m(x)=m_0+m_1x+m_2x^2+\cdots+m_{k-1}x^{k-1}$；

编码多项式为 $c(x)$，则

$$c(x)=m(x)x^{n-k}+r(x) \tag{3}$$

其中，$r(x)=m(x)x^{n-k}\mathrm{mod}g(x)$，为校验位多项式。

所以在编码阶段需要用到 k 级乘法器，但由于 RS 码元符号多比特特点，可以每个周期输入 m 比特信息在多个乘法器中进行运算[5]，所以具有符号“并行性”。每个编码器是根据生成多项式系数确定的，每次数据通过 g_i 乘法器计算出来，再异或出最后结果。

2.2 RS 码译码原理

RS 的译码过程比较复杂，大致可分为以下步骤：

(1)首先根据接收的码字，得到多项式 $R(x)$，计算伴随多项式 S_j，根据公式

$$S_j = R(\alpha^i) = R_{n-1}(\alpha^i)^{n-1} + R_{n-2}(\alpha^i)^{n-2} + \cdots + R_1(\alpha^i) + R_0 [i \in (1, 8)] \tag{4}$$

如果用硬件实现需要将上述公式转换成[6]：

$$S_j = R(\alpha^i) = (\cdots(R_{n-1}\alpha^i + R_{n-2})\alpha^i + \cdots + R_1)\alpha^i + R_0 [i \in (1, 8)] \tag{5}$$

这样通过对读入的数据进行迭代，原理图如图 1 所示。

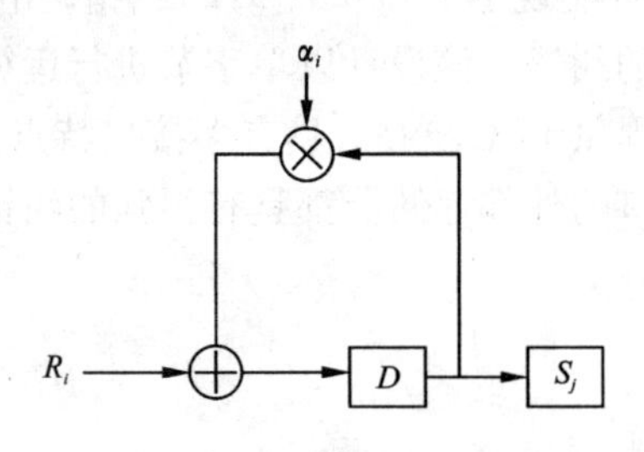

图 1　伴随式计算电路

(2)通过重组无逆 *BM* 算法来求得错误位置多项式 $\sigma(x)$ 和错误值多项式 $\omega(x)$。它是在传统 *BM* 算法的基础上改进而成，它的优点是不用进行有限域的求逆运算，控制信号少，方便硬件实现[7]。

$$\sigma(x) = \prod(1 - \beta_i x) = \lambda_0 + \lambda_1 x + \lambda_2 x^2 + \cdots + \lambda_t x^t \tag{6}$$

错误值多项式由伴随多项式和错误位置多项式的乘积得到：

$$S(x)\sigma(x) = \omega(x) = \omega_0 + \omega_1 x^1 + \cdots + \omega_{t-1} x^{t-1} \tag{7}$$

可知错误值多项式的最高次数比错误位置多项式的最高次数少 1。

(3)根据 Chien 搜索算法求出令 $\sigma(x) = 0$ 的根，根的倒数就是错误位置 β_i。之后利用公式(8)得出错误值。

$$e_i = \frac{\omega(\beta_i^{-1})}{\sigma_{\mathrm{odd}}(\beta_i^{-1})} (i \text{ 为逻辑地址}) \tag{8}$$

其中，e_i 为第 i 个错误位置的错误幅值，β_i 为第 i 个错误位置，$\sigma_{\mathrm{odd}}(x)$ 为错误位置多项式的奇数项。由 e_i 求出错误图样多项式 $e(x)$，之后 $m(x) = R(x) + e(x)$ 即可完成纠错。

3　RS 编解码电路设计

本文所设计的纠错码主要用于 EMIF 中的存储操作纠错，因为 EMIF 所接的片外存储器不具备纠错功能，需要这样一种纠错技术来保证数据的可靠性。同时针对 EMIF 中不同的存储器，一些单一的纠错技术不能满足要求，要同时满足纠正多位、随机、突发性错误。这里以 Nand Flash 为例进行 RS 码纠错逻辑设计的描述，所接存储器通过 DSP 访存指令批处理数据，对 Nand Flash 的接口采用 16 位，但每次处理计算 8 位，由于闪存的每页大小为 512 字

节，所以对 512 字节采用 $m=10$ 比特位组成的符号进行编译码，这样需要由 8 位扩展到 10 位。纠错设计在 EMIF 和片外存储器中的位置如图 2 所示。

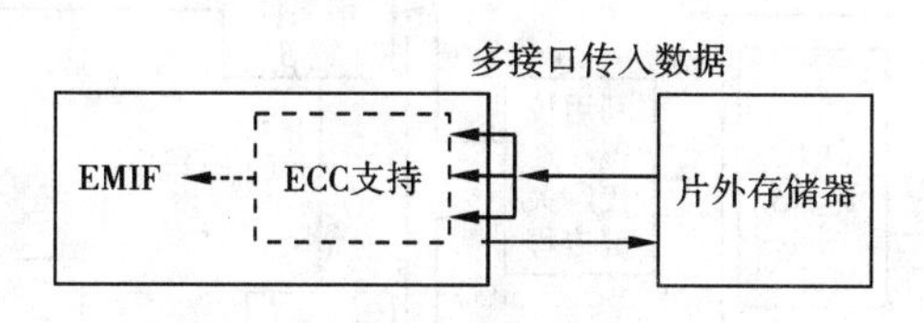

图 2　纠错设计接口连接图

3.1　编码设计

在该模块为不同的设备写入数据提供了三种接口，即按字节写、半字写以及按字写。根据时钟节拍将写入的数据分成字节，对每个字节扩展到 10 位，针对这 10 位数据就可以计算校验位的值，随着节拍不断更新，直至全部数据写入完毕，得到最终 8 个校验值，同时将校验值放入到加载寄存器内，以便后期译码使用，编码完成。

其中生成多项式为：$g(x)=836+587x+58x^2+928x^3+663x^4+323x^5+51x^6+510x^7+x^8$，它们的系数对应伽罗华域内的数值，这样编码器就可以生成多项式构造，电路图如图 3 所示。

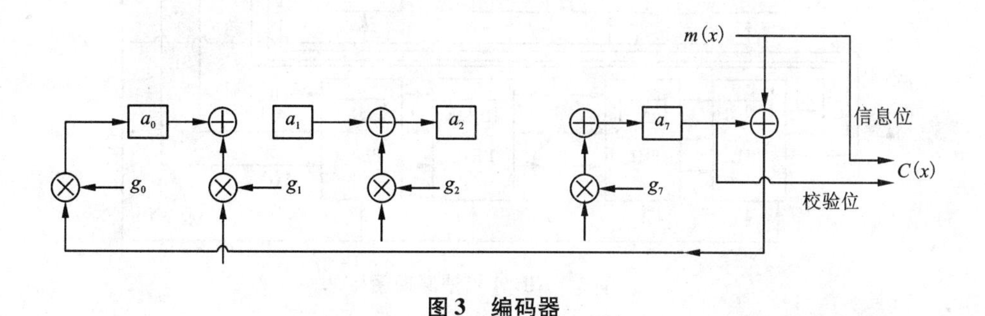

图 3　编码器

其中，a_i 为寄存器，传输的数据并行进入 g_i 乘法器，然后存放在寄存器中，异或出最后的编码结果。

3.2　译码设计

根据第二节的 RS 译码原理，译码主要是完成校正子的计算、求解关键方程以及 Chien 搜索算法和 Forney 算法实现纠错。根据时序要求，将该过程划分为三级流水线实现。其流水过程如图 4 所示。

一级流水主要是完成伴随式(校正子)的计算，它是对读来的数据(编码后)$R(x)$，根据公式(4)来不断地迭代计算，每次迭代都要刷新校正子 S_i，最终计算出 $S(x)$，系数 S_i 即为最终得出校正子。

二级流水模块主要是关键方程的求解，利用重组无逆 BM(RiBM)算法确定错误位置和错误值多项式，原理图如图 5 所示。

硬件实现结构包括两个部分：一部分是 13 个功能相同的 PE 计算单元串接实现多项式的脉动计算；另一部分是控制电路，实现差值更新[8]。实现的电路结构如图 5 所示。

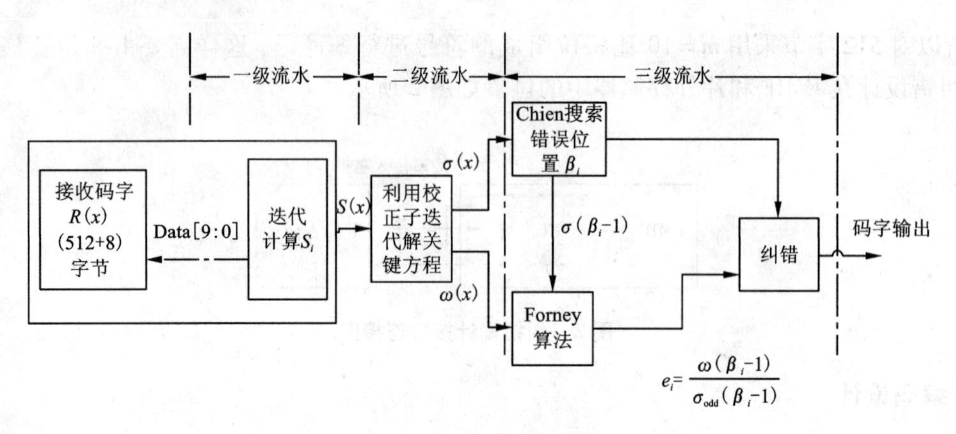

图4　译码总体流程图

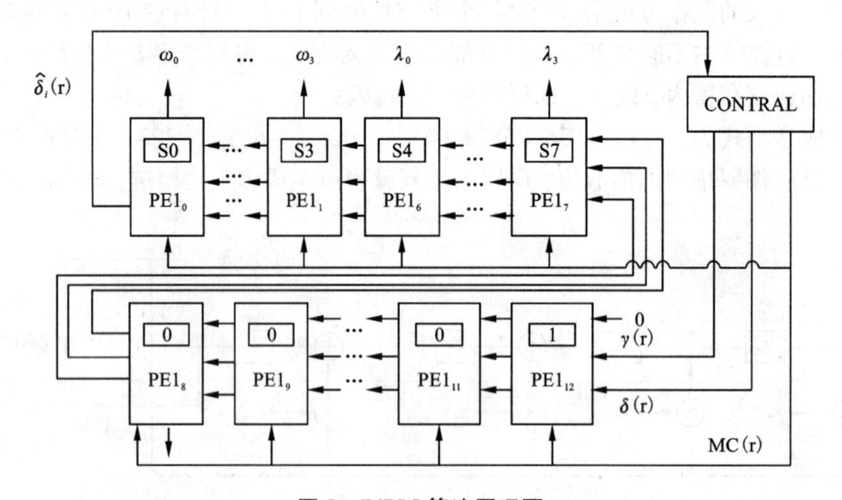

图5　RiBM 算法原理图

$\hat{\delta}_i(r)$为$\hat{\delta}_i(0)$的迭代，$\hat{\delta}_i(0)$初始值为S_i，$\gamma(r)$为$\gamma(0)$的迭代，$\gamma(0)$初始为1；MC为控制信号。输出为$\omega(x)$的系数ω_i，以及错误位置多项式$\sigma(x)$的系数λ_i。

(1)$PE1_0$ ~ $PE1_7$初始化为校正子的值S0 ~ S7，$PE1_8$ ~ $PE1_{11}$初始化为0，$PE1_{12}$更新为1。

(2)计算开始，每个时钟周期，计算单元$PE1_0$至$PE1_{12}$并更新当前的$\hat{\delta}_i(r)$。控制电路内的count信号控制迭代次数，控制电路负责更新当前的$\gamma(r)$和$k(r)$的值，并且更新当前的控制信号MC(r)。

(3)重复步骤2，当迭代结束时，$PE1_0$ ~ $PE1_7$输出错误值多项式$\omega(x)$系数，$PE1_8$ ~ $PE1_{11}$输出错误位置$\lambda(x)$多项式系数。这样错误位置多项式和错误值多项式都可以确定。

三级流水模块是利用钱搜索和Forney算法的硬件实现，由钱搜索算法找出错误位置，由Forney算法求出错误值，完成纠错。钱搜索电路如图6所示，将α到α^{n-1}依次带入$\sigma(x)$方程中，看是否为0，如果为0，说明该根的逆是错误位置，同时与错误值异或即可完成纠错，其错误值e_i由Forney公式得出。

因为$\sigma(x)=1+\lambda_1 x+\lambda_2 x^2+\lambda_3 x^3+\lambda_4 x^4$，所以将$\alpha$带入，D1 ~ D4寄存器存储方程的系数，这样每次迭代就可判断该位置是否为错误位置。

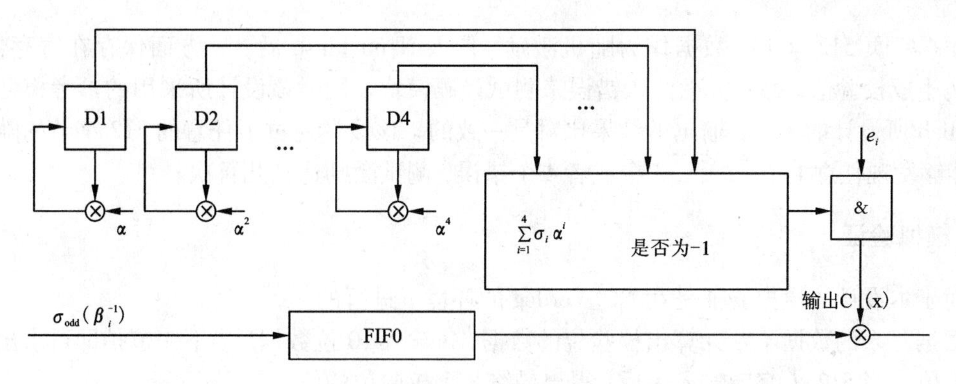

图 6　Chien 搜索算法电路图

Forney 算法的电路图和上述类似，四个寄存器存储的是错误值多项式的系数，最后通过错误位置多项式中的奇次项的倒数和错误值多项式相乘，同时将错误位置带入即可求得错误值[9]。假设错误位置为 β_i，则 $R(x)$ 在该位置的错误值是 e_i，通过公式(8)计算得出。

最后在 Nand Flash 状态寄存器 ERR_NUM 字段给出错误数。错误地址可以从 Nand Flash 错误地址 1 - 2 寄存器中读取。错误字的地址等于(字读取总数) + 7 - 地址值。因此，对于 512 字节，地址为(512 + 7 - 地址值)或(519 - 地址值)。错误值从 Nand Flash 错误值 1 - 2 寄存器中读取，这样确定误码值多项式 $E(x)$ 后，与接收多项式 $R(x)$ 异或即可完成纠错。

由于该设计是基于 EMIF 接口加固的实际需要，没有和其他该类设计进行定性和定量分析，下一步将着重在该部分进行比较分析。

4　验证与综合

4.1　验证平台的搭建

System Verilog 验证方法学推荐使用分层的测试平台，支持事务级验证和约束随机激励生成，可显著提高验证效率。在搭建验证平台的过程中，可以根据被测设计特点以及复杂度，基于通用验证平台结构，灵活地设计出自己的验证平台。根据本设计的接口特性，所设计的验证平台如图 7 所示。

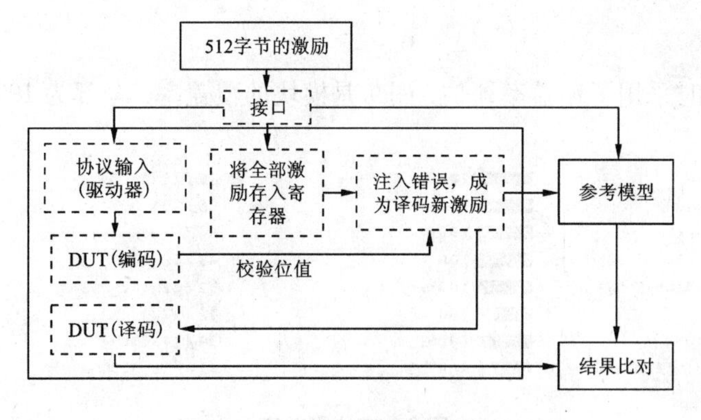

图 7　验证平台架构图

根据一页 512 字节的数据作为随机激励，传入 Nand Flash 后，一方面保存在寄存器中，再编码生成校验值，另一方面注入错误来测试译码模块。同时该设计所采用的参考模型是基于 Matlab 所设计的，最后输出的结果比对是一致的。该设计通过了任意的 512 字节的随机激励，能够发现任意 1 个、2 个、3 个或者 4 个错误，测试激励达到几百次。

4.2 模拟验证

对于本设计的模拟验证是在 NC_Verilog 的环境下进行的。

根据写入的数据不断计算出校验位的数据，每输入 10 位数据后，下一节拍即可求出相应的校验值。当 512 个字节输入完后，得出最终 8 个校验位的值。

译码器输出的错误位置和错误值的仿真如图 8 所示。

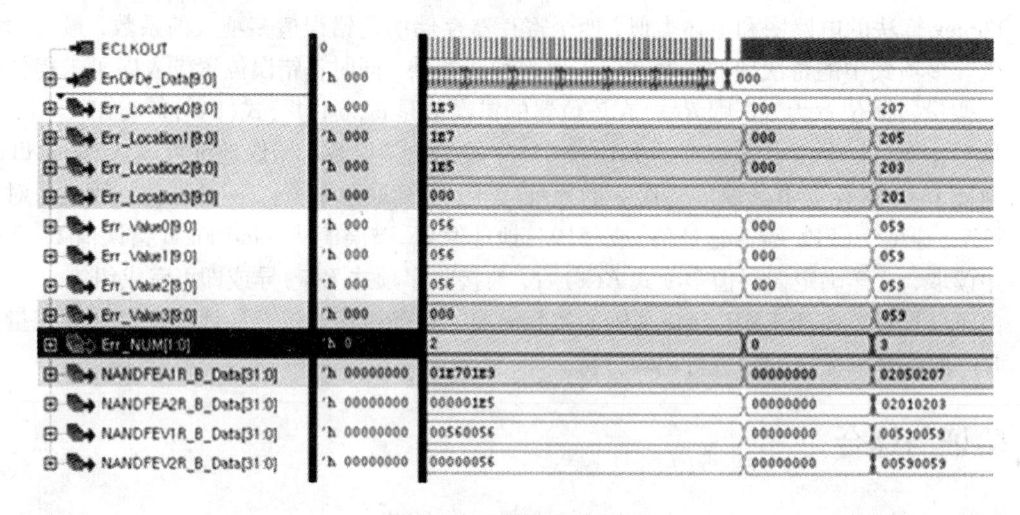

图 8　译码器错误输出图

该时序图中显示了注入任意 2 个或 3 个随机错误，错误位置和错误值存入到了地址寄存器 NANEA1R_B_Data 和错误值寄存器 NANEV1R_B_Data 中。Err_NUM 记录错误的个数，之后可在寄存器中查找错误位置和错误数据。

4.3 覆盖率分析

在系统级验证时采用了覆盖率评估，图 9 是模块的覆盖率，全部为 100%。

Nand4BitEccUnit	100%	18 / 18 (100%)	b e t - - -
BAN4BitECCDataAssembly	100%	60 / 60 (100%)	b e t f - -
Nand4BitEccRSEncode	100%	6 / 6 (100%)	b e t - - -
Nand4BitECCRSSyndromeComputation	100%	48 / 48 (100%)	b e t - - -
Nand4BitECCRSKeyEquationSolver	100%	32 / 32 (100%)	b e t - - -
RSDecodeRDC_PE1	100%	12 / 12 (100%)	b e t - - -
RSDecodeRDC_PE0	100%	14 / 14 (100%)	b e t - - -
Nand4BitECCRSErrSearchErrEvaluator	100%	114 / 114 (100%)	b e t - - -

图 9　模块覆盖率

4.4 综合面积和时序

在某厂家40 nm工艺下，采用DC综合，时序设为5 ns，200 MHz，不确定时序设为300 ps。总体面积报告表见表1，综合结果如图10，面积和时序都满足要求。

表1 总体面积报告表

类型	面积/μm^2
Combinational area	34022
Buf/Inv area	2239
Noncombinational area	48677
Macro/Black Box area	0
Net Interconnect area	undefined
Total cell area	82700

```
clock ECLKOUT (rise edge)                        5.00       5.00
clock network delay (ideal)                      0.00       5.00
clock uncertainty                               -0.30       4.70
EMIF16_RdDataPath/reg_RDMemory_5_reg_1_/CK (STN_FDPQ_V2_1_T0)
                                                 0.00       4.70 r
library setup time                              -0.11       4.59
data required time                                          4.59
-----------------------------------------------------------------------
data required time                                          4.59
data arrival time                                          -4.57
-----------------------------------------------------------------------
slack (MET)                                                 0.02
```

图10 综合时序报告

5 结束语

该硬件设计是基于EMIF的一个纠错设计，针对接口所接的各种片外存储器的粒子翻转，能够保证数据的可靠性，对不同接口不同类型的存储器都能很好地纠错。对接口为16位或8位的装置都能够转换连接，进一步加大了其适用性。在保证EMIF所传输数据的高吞吐率的同时，保证了EMIF传输数据的正确性，对EMIF具有重要意义。该设计通过了参数为(520，512)的纠错测试，最大纠错能力为任意的4个符号。同时利用了重组无逆的BM算法，进一步简化了硬件结构的复杂性。说明该设计能够应用于EMIF，纠正突发和随机错误。

参考文献

[1] 廖宇翔.基于 NAND Flash 主控制器的 BCH 纠错算法设计与实现[D].哈尔滨：哈尔滨工业大学，2014.

[2] 晏坚，何元智等译.差错控制编码[M].北京：机械工业出版社，2007.

[3] 陈武.Nand Flash 纠错码的设计研究[D].杭州：浙江大学，2011.

[4] 任友.RS 码编译码算法研究及其硬件实现[D].成都：电子科技大学，2003.

[5] 孙健，张辉，王宇飞，等.一种基于 RS(24，20)的编译码器设计[J].微电子学与计算机，2016，33(12)：75-79.

[6] 朱起悦.RS 编码和译码的算法[J].电讯技术，1999，39(2)：63-67.

[7] 陈曦.基于 RS 编码的光通信系统的设计与实现[D].成都：电子科技大学，2009.

[8] H M Shao，T K Truong，L J Deutsch，et al. A VLSI Design of a pipeline Reed-Solomon Decoder[J]. IEEETrans. On Computer，1985，34(5)：393-403

[9] Han Lee. A High-Speed Low-Complexity Reed-Solomon on Decoder for Optical Communications[J]. IEEE Transactions On Circuits And Systems，2005，52(8)：461-465

作者简介

安天乐，研究方向：微处理器体系结构设计；通信地址：湖南省长沙市开福区德雅路 109 号国防科技大学；邮政编码：410073；联系电话：18390918778；E-mail：antianle123@163.com。

深度神经网络的归一化算法探究

王 迪 石 嵩 许 勇 李宏亮

【摘要】 随着深度神经网络的发展，其网络结构越来越复杂，训练难度急剧增加。归一化算法(normalization)作为提高训练收敛速度的有效方法，在深度神经网络中得到广泛应用，已成为主流网络的标准配置。本文介绍了归一化算法的原理和统一框架，分析其缓解梯度弥散(vanishing gradient problem)和梯度爆炸(exploding gradient problem)问题的能力，梳理了典型的归一化算法，从数据维度、算法复杂度和适用场景这三个方面对各归一化算法进行了对比，揭示其联系和区别，最后指出了未来归一化算法的发展趋势。

【关键词】 深度神经网络；归一化算法；批量归一化

1 引言

近年来，深度神经网络凭借其强大的特征学习能力和分类能力在图像分类、目标检索、语音识别和自然语言处理等任务中得到了广泛应用，是目前人工智能领域发展的核心[1, 2]。但是随着网络的加深，深度神经网络的训练愈加困难，在反向更新参数时容易出现梯度爆炸或梯度弥散的情况，导致训练收敛速度缓慢甚至无法收敛。梯度弥散[3, 4]是指在反向传播梯度时，随着传播深度的加深，梯度的幅度急剧减小，导致浅层神经元的权重更新缓慢，不能有效学习。梯度爆炸[3, 4]是指在深层网络中，误差梯度在更新中累积，变成非常大的梯度，使得学习变得不稳定。一般有以下几种办法缓解该问题：

(1)使用非饱和激活函数代替饱和激活函数，例如将激活函数换成 ReLU[5]，避免当参数更新尺度较大时饱和激活函数 sigmoid[6] 使梯度成指数级衰减；

(2)调整初始化参数，如使用 Xavier[7] 对权重进行初始化，使输出和输入尽可能服从相同的分布；

(3)对神经元进行 Dropout[8]，减弱神经元节点间的联合适应性，增强泛化能力；

(4)使用 Maxout 层[9]，对多个特征图跨通道选取最大值，效果类似 ReLU；

(5)使用归一化层，例如使用批量归一化(batch normalization，BN)[10] 对激活值进行操作，防止参数的微小变化在网络中放大。

通常情况下，以上解决方法会同时使用。归一化技术一经提出，作为解决该问题最有效的方法之一，得到了广泛的关注和研究，已经在各种深度神经网络中被广泛使用。例如，在进行图像分类和识别时，批量归一化可以使整个训练集的激活值保持一个稳定的分布，降低误差；在循环神经网络(recurrent neural network，RNN)[11]，如长短期记忆网络(long short-term memory, LSTM)[12]中，层归一化(layer normalization, LN)[13]使网络更稳定，可以有效避免梯度弥散；在图片风格化应用中，实例归一化(instance normlization, IN)[14]可以简化图片的生成，提高图片质量；在目标检索、图像分割等输入图像数据很大的应用中，组归一化(group normalization, GN)[15]通过对通道特征进行分组归一化，可以有效提高模型的训练收敛速度。

随着深度神经网络的不断发展，归一化算法的研究仍有着很高的热度，其应用的场景也在不断扩展。本文首先分析了归一化算法的原理和通用框架，介绍了7种典型的归一化算法，对比了各种归一化算法的数据维度、算法复杂度和适用场景，揭示其联系和区别，最后展望了归一化算法可能的发展方向。

2 归一化算法的通用框架和效果

2.1 通用框架

归一化算法来自一种数据预处理的方法——白化(whitening/sphering)[17]：将输入数据线性映射成零均值、单位方差的非相关分布。对每层输入进行白化处理可以实现固定的输入分布，有效消除内部协变量位移(internal covariate shift, ICS)[10]的影响。但如果在训练时，每层网络都使用白化算法，计算量太大且不是处处可微的，所以要寻求一种简化的方式，既可以使每层的数据近似独立同分布，在计算量上也是可接受的。

归一化算法基于白化处理，并对白化进行了简化，在一定维度上计算输入的均值和方差，进行归一化。为了使数据不丧失原有特征，加入两个可学习的参数进行再缩放和再位移。归一化算法的计算公式可以归纳为

$$y=\gamma\cdot\frac{x-\mu}{\sigma}+\beta \tag{1}$$

其中，μ 和 σ 是由输入 x 计算得到的归一化统计量，γ 和 β 是学习参数，用于恢复模型的表达能力。表1是对经典归一化算法总结。

表1 经典归一化算法总结

归一化算法	归一化对象	归一化维度	适用网络	应用场景
批量归一化	激活值	一批样本的单个通道	卷积神经网络	图片的分类、识别
批量再归一化	激活值	一批样本的单个通道	卷积神经网络	图片的分类、识别
层归一化	激活值	一层样本的全通道	循环神经网络	语音识别、机器翻译
组归一化	激活值	一层样本的通道子集	卷积神经网络、循环神经网络、生成对抗网络	目标检索、图像分割、视频分类
实例归一化	激活值	单个样本单通道	卷积神经网络	图片风格化
权重归一化	权重	单个卷积核	卷积神经网络、循环神经网络	图片的分类、识别
归一化传递	权重	输出通道的卷积核	卷积神经网络	图片的分类、识别

2.2 算法效果

归一化算法可以使网络具有“伸缩不变”的特性。当权重或数据发生伸缩变换时，加入归一化层(如 BN)可以使前向传播的激活值和反向传播的雅可比矩阵值保持不变。

当 $W' = \lambda W$ 时，前向传播的激活值为

$$\mathrm{BN}(W'u) = \mathrm{BN}\left(\gamma \cdot \frac{W'u - \mu'}{\sigma'} + \beta\right) = \mathrm{BN}\left(\gamma \cdot \frac{(\lambda W)u - \lambda\mu}{\lambda\sigma} + \beta\right) = \mathrm{BN}(Wu) \tag{2}$$

反向传播的雅可比矩阵值为

$$\begin{aligned} \frac{\partial \mathrm{BN}(W'u)}{\partial u} &= \frac{\partial \mathrm{BN}(Wu)}{\partial u} \\ \frac{\partial \mathrm{BN}(W'u)}{\partial W'} &= \frac{1}{\lambda} \cdot \frac{\partial \mathrm{BN}(Wu)}{\partial W} \end{aligned} \tag{3}$$

在反向传播时，每层参数的更新都是由前层的残差累乘得到的，残差从第 k 层传到第 1 层时，第 1 层权重更新为

$$\frac{\partial L}{\partial W_1} = \frac{\partial L}{\partial \mathrm{BN}(W_k u_k)}\left(\prod_{i=k-1}^{1} \frac{\partial \mathrm{BN}(W_{i+1} u_{i+1})}{\partial \mathrm{BN}(W_i u_i)}\right)\frac{\partial \mathrm{BN}(W_1 u_1)}{\partial W_1} \tag{4}$$

当网络很深时，如果多数残差小于 1，传到前层时其梯度更新的值很小，如 $0.9^{30} \approx 0.04$，此时就很容易出现梯度弥散问题；如果多数残差大于 1，传到前层时梯度更新的值很大，如 $1.1^{30} \approx 17.45$，此时就很容易出现梯度爆炸问题。加入归一化算法，可以使权重更新时不影响原有反向传播的雅可比矩阵，减缓由更新产生的缩放，有效缓解梯度弥散或梯度爆炸问题。

3 典型的归一化算法

3.1 批量归一化

2015 年，Sergey 等人[10]发现在深度神经网络的训练过程中，前层参数的调整会导致之后每一层的输入分布发生变化，他们把这种现象称为内部协变量位移。如果能减少内部协变量位移，保持每层稳定的输入分布，则可以提高训练收敛的速度，因此他们提出了批量归一化的方法。训练时，批量归一化算法在前向运算时首先对每个小批量单独计算均值和方差，进行归一化。同时，为了使数据不丧失原有特征以及扩大模型的容量，他们加入两个可学习的参数进行再缩放和再位移，得到归一化后的激活值。反向运算需要按照加入了归一化的计算流图进行反向传播。推理过程与训练过程类似，但不需重新计算均值和方差，直接使用训练时算出的滑动平均值(moving averages)进行归一化。

在传统的深度神经网络里，过高的学习率会导致梯度弥散或者爆炸。批量归一化可以通过归一化激活值，防止参数的微小变化在网络中扩散，从而有效地解决该问题。此外，批量归一化增加了模型训练对参数大小变化的容忍度，避免参数的大幅震荡，提高了网络的泛化性能。

但是，当批量过小或者每个批量的数据没有充分混洗，导致数据不是独立同分布时，一

批数据的均值和方差不能代替整个训练集的统计量，批量归一化的效果会大打折扣。因此，批量归一化的作者在 2016 年又对该算法进行了一些修改[18]，提出了批量再归一化算法（batch re normalization，BRN），增加两个随着训练不断更新的批常量 r 和 d，对每个批计算出来的均值和方差进行微调，使其越来越逼近全训练集的均值和方差。利用参数 r 和 d，批量再归一化修正了推理时使用的均值和方差，使其更接近真实分布。

3.2 层归一化

批量归一化在图片分类和识别领域获得显著的效果后，很多研究也想把批量归一化算法应用到语音识别和机器翻译等领域上去。但对此领域而言，适用的网络多为循环神经网络（RNN）。在 RNN 中，循环神经元的累加输入常常随序列的长度而变化，不能简单地对每个隐藏层分别存储固定的归一化统计量。如果对 RNN 进行批量归一化则需要对不同的时间步长进行不同的统计，这会带来计算量大、不能进行反向传播等问题。

Jimmy Lei 等人[13]提出了层归一化算法，计算一层网络所有通道的均值和方差，对每个神经元训练自适应的缩放参数和位移参数。训练和推理时执行完全相同的计算。LN 可以有效缓解内部协变量位移问题，改善现有 RNN 模型的训练时间和泛化性能。

3.3 实例归一化

Gatys 等人[15]在 2016 年通过卷积神经网络从参考图捕获“纹理”，从内容图捕获“结构”，在图像风格化生成上取得了比较好的效果，但是该算法效率低下，生成器需要不断迭代，直到它与所需的统计数据相匹配。Dmitry 等人[14]发现，如果在图像风格化生成时将批量归一化替换成归一化尺度更小的实例归一化，在测试时也保持不变，能够从内容图上删除特例的对比度信息，保持实例之间的独特性，使每个图片的信息都源于自身，可以提高生成图片的质量并有效加速训练速度(见图 1)。

(a)风格化内容图

(b)风格化参考图

(c)使用批量归一化生成的风格化图[15]

(d)使用实例归一化生成的风格化图[14]

图1 风格化图的归一化处理

3.4 组归一化

在目标检测、图像分割、视频分类这些输入图片较大的应用里，由于存储的限制，一批训练的样本数减小，使用批量归一化的深度神经网络训练稳定性较差。Kaiming He 等人[16]认为视觉的通道之间不是完全独立的，例如传统的特征方法如尺度不变特征变换（scale-

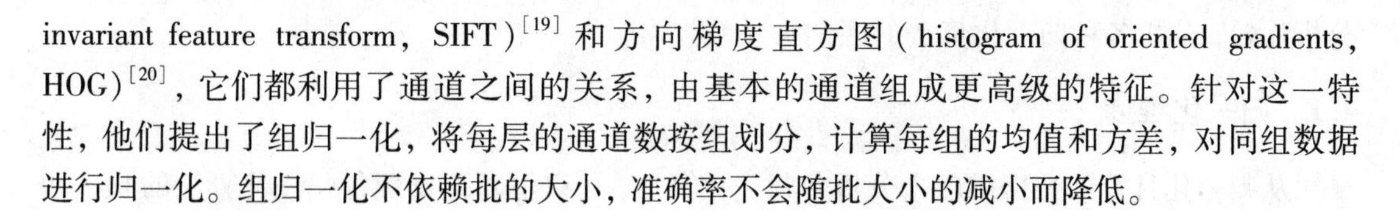

invariant feature transform, SIFT)[19] 和方向梯度直方图(histogram of oriented gradients, HOG)[20],它们都利用了通道之间的关系,由基本的通道组成更高级的特征。针对这一特性,他们提出了组归一化,将每层的通道数按组划分,计算每组的均值和方差,对同组数据进行归一化。组归一化不依赖批的大小,准确率不会随批大小的减小而降低。

3.5 权重归一化

以上 5 种归一化算法都是对卷积后的激活值进行归一化,它们存在计算量较大、计算复杂等问题,归一化带来的额外的计算量随着训练数据的增加而增加。为此,Tim 等人[21] 提出了权重归一化(weight normalization, WN)的概念,对神经网络中的权重向量进行归一化。权重归一化能够有效减少计算量,反向计算的开销也相对较少,不需要额外的内存来存储均值和方差。

权重归一化是对上一层的单个通道到下一层的单个通道的权重进行独立的归一化,如图 2 中红色方框所示,权重归一化不能将每层网络的输出分布固定,所以使用权重归一化的网络需要注意初始化参数的选择。Arpit 等人[22] 提出了另一种对权重进行归一化的算法,称之为归一化传递(normalization propagation, NP),即对上一层所有通道到下一层的单个通道的权重进行整体归一化。归一化传播算法计算到同一输出通道的权重矩阵的 F 范数并根据 F 范数进行归一化。作者证明了通过归一化传递后,反向传播的雅可比矩阵的奇异值接近 1,从而使数据分布可以在前向计算和反向计算时进行传递,缓解反向传播的梯度弥散和梯度爆炸问题。

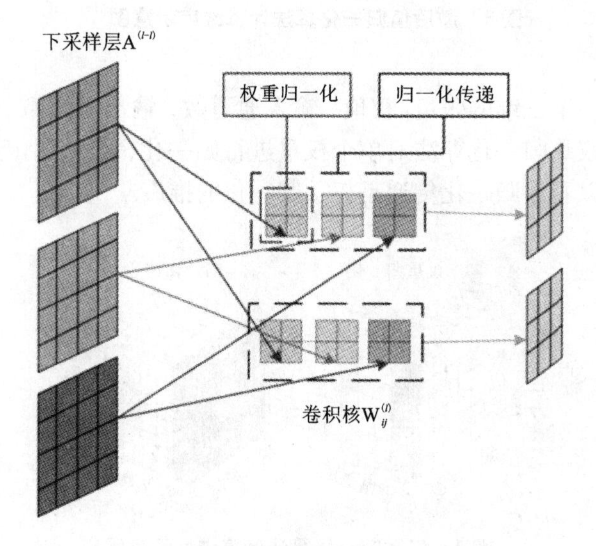

图 2　对权重进行归一化的两种算法

4　归一化算法的比较

本节从归一化算法的数据维度、算法复杂度和适用场景三个方面对各种归一化算法进行分析比较，分析各种归一化算法的区别与联系。

4.1 归一化维度

从归一化计算的数据维度来分析各归一化算法，可以清晰地发现各归一化算法的联系和差异。为便于分析，将每一层的输入数据定义为一个三维张量[数据，通道，批]，可以用一个立方体表示，不同的归一化算法就是在立方体的不同维度上运算，如图3所示。

批量归一化对一批数据的单通道维度进行归一化，批量再归一化的维度与之相同；组归一化将通道分成若干组，对每一组通道的数据进行归一化；层归一化对一层内全部通道的数据进行归一化；实例归一化对单一通道的数据进行归一化。从图3中可以看出，层归一化和实例归一化都是组归一化的特殊形式，即组归一化中将整个通道分为一组则成了层归一化，而将每个通道分为一组就成了实例归一化；同样，实例归一化可以看作特殊的批量归一化，批量归一化是实例归一化的推广。

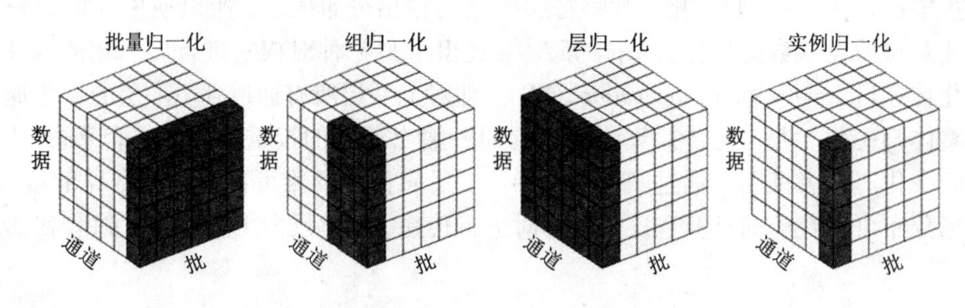

图3 激活值归一化算法计算维度示意图[16]

同样，权重也是一个三维的张量[权值，输入通道数，输出通道数]，可以用一个立方体表示，如图4所示。权重归一化算法对单个权重进行归一化，归一化传递算法在输入通道维度上进行归一化，可以看出归一化传递是权重归一化的推广。

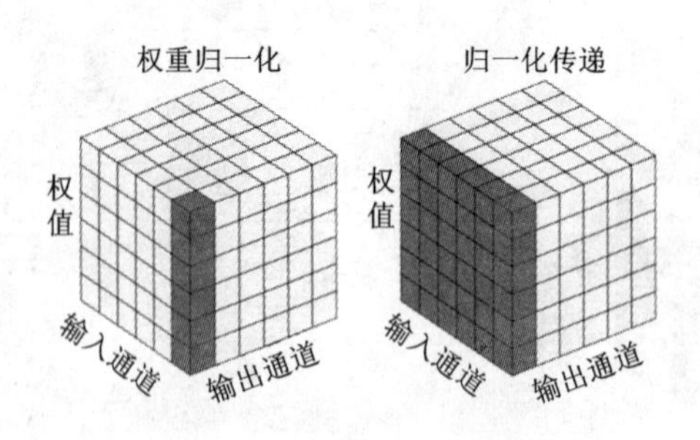

图4 权重归一化算法计算维度示意图

4.2 算法复杂度

在实际应用中，每种归一化算法的使用场景和深度神经网络模型都不尽相同，算法的时间复杂度(T)和空间复杂度(S)也各有不同。将模型训练时归一化层的计算时间定义为时间复杂度，由于整个训练集的激活值数据量远大于网络模型的权重数据量，所以对激活值进行操作的归一化算法时间复杂度远大于对权重进行操作的归一化算法。由于 *BRN* 比基本的归一化算法多了两个批参数 r 和 d，所以其计算复杂度略大于 BN，LN 和 GN，而 IN 不需要学习参数，所以其计算复杂度略小于 BN，LN 和 GN。

$$T(\mathrm{BRN}) > T(\mathrm{BN}) = T(\mathrm{LN}) = T(\mathrm{GN}) > T(\mathrm{IN}) \gg T(\mathrm{WN}) = T(\mathrm{NP}) \tag{5}$$

将模型训练时归一化层所需要的最大存储定义为空间复杂度，不妨设激活值张量为[批(N)，通道(C)，图片长(img_*H*)，图片宽(img_*W*)]，权重张量为[权重长(weight_*H*)，权重宽(weight_*W*)，输入通道(c_in)，输出通道(c_out)]。

BN 和 BRN 的空间复杂度与批的大小相关，为了训练的稳定性，批的大小一般在 32 以上，BN 空间复杂度为

$$S(\mathrm{BN}) = N \times \mathrm{img\_}H \times \mathrm{img\_}W \tag{6}$$

BRN 需要额外计算两个批常量 r 和 d，其空间复杂度略大于 BN。

LN、GN、NP 的空间度与模型的通道数相关，随着网络的加深，每层网络的通道数会成倍增加，如 VggNet[23] 中图像的输入通道数是 3，最后一层卷积后的输出通道数是 512。但由于池化的存在，虽然输出通道成倍增加，输出图像的大小也在成倍缩小，所以 LN 和 GN 的最大存储不会出现大幅度增加。LN 的空间复杂度为

$$S(LN) = \max\{C \times \mathrm{img\_}H \times \mathrm{img\_}W\} \tag{7}$$

GN 的空间复杂度为(G 是通道的分组数)

$$S(GN) = \max\left\{\frac{C}{G} \times \mathrm{img\_}H \times \mathrm{img\_}W\right\} \tag{8}$$

NP 的空间复杂度为

$$S(NP) = \max\{c\_\mathrm{in} \times \mathrm{weight\_}H \times \mathrm{weight\_}W\} \tag{9}$$

IN 仅与图片大小相关，空间复杂度为

$$S(IN) = \mathrm{img\_}H \times \mathrm{img\_}W \tag{10}$$

WN 仅与卷积核大小相关，空间复杂度为

$$S(WN) = \mathrm{weight\_}H \times \mathrm{weight\_}W \tag{11}$$

则有

$$S(BRN) > S(BN) \approx S(LN) > \left\{\begin{matrix} S(GN) > S(IN) \\ S(NP) \end{matrix}\right\} > S(WN) \tag{12}$$

4.3 适用场景

在不同的应用里深度神经网络的模型不同，其对应的归一化算法的组织方式也不同。在图像识别和图像分类中[24]，批量归一化可以使模型使用较高的学习率进行训练，提高模型收敛速度和准确率。批量再归一化有批量归一化的许多优秀性能，如对初始化不敏感，可以以较高的学习率训练，在批大小较小或者数据未充分混洗的应用里其性能优于批量归一化。组归一化在目标检测[25]、图像分割[26]、视频分类[27]这些输入图片较大的应用上有较好的鲁棒性。层归一化算法在使用循环神经网络的语音识别[28]、自然语言处理[29]应用中能有效防止梯度弥散和梯度爆炸。实例归一化在图片风格化[30]应用中可以简化图片的生成，提高图片质量。权重归一化和归一化传递比对激活值进行归一化的算法计算量小，存储需求少，且不依赖于批的大小，在循环神经网络和生成模型中使用广泛。

5 归一化算法的发展方向

目前，归一化层已经在各种模型的深度神经网络中广泛使用，并有较高的研究热度，该领域仍存在一些问题：

(1)完备的数学证明是归一化算法进一步发展的指导。作为一个基于实验效果的算法，其理论研究还相对滞后。归一化算法的相关数学推导和理论研究对其进一步发展有着非常重要的意义。

(2)深度神经网络在不断地发展，其模型的应用场景也在不断发生变化，相应的归一化算法也需不断改进算法，增强其专用性。

(3)输入数据类别增多，数据形式更复杂是当前数据集的发展趋势，归一化算法作为一种有效加快模型训练速度的一种方法，在优化时要更细致地评估计算量，或者采用一些手段来加速归一化层的计算，如硬件实现归一化算法。

(4)归一化算法在不同维度上进行归一化会产生不同的效果，对这一方面的研究还有很大的空间。

6 结语

本文归纳了归一化算法的基本计算过程和统一公式，通过伸缩不变性来防止梯度弥散和爆炸对归一化算法的特性进行分析，对 7 种典型的归一化算法进行了简要的分析和介绍，对比其数据维度、算法复杂度和适用场景。此外，本文还提出了一些归一化算法未来发展的方向。归一化算法作为深度神经网络不可或缺的一部分，随着网络模型的发展不断推陈出新，有着广阔的发展空间。

参考文献

[1] Le Cun Y, Bengio Y, Hinton G. Deep learning [J]. Nature, 2015, 521(7553): 436 - 44.

[2] Desjardins G, Simonyan K, Pascanu R, et al. Natural Neural Networks[J]. Computer Science, 2015, 22(8): 847 - 856.

[3] Hochreiter S. Untersuchungen zu dynamischen neuronalen Netzen[D]. Master's Thesis, Institut Fur Informatik, Technische Universitat, Munchen. 1991.

[4] Krizhevsky A, Sutskever I, Hinton G E. ImageNet classification with deep convolutional neural networks[C]. International Conference on Neural Information Processing Systems. Curran Associates Inc. 2012, 1097 - 1105.

[5] Han J, Moraga C. The Influence of the Sigmoid Function Parameters on the Speed of Backpropagation Learning [C]// International Workshop on Artificial Neural Networks: From Natural To Artificial Neural Computation. Springer-Verlag, 1995:195 - 201.

[6] Glorot, Xavier, Bengio Y. Understanding the difficulty of training deep feedforward neural networks[J]. Journal of Machine Learning Research-Proceedings Track., 2010: 249 - 256.

[7] Krizhevsky A, Sutskever I, Hinton G. Image Net classification with deep convolutional neural networks[J]. Communications of the ACM, 2017, 60(6): 84 - 90.

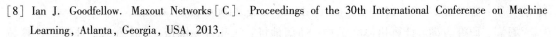

[8] Ian J. Goodfellow. Maxout Networks [C]. Proceedings of the 30th International Conference on Machine Learning, Atlanta, Georgia, USA, 2013.

[9] Narendra K S, Parthasarathy K. Identification and control of dynamical systems using neural networks [J]. IEEE Trans Neural Netw, 1990, 1(1): 4 - 27.

[10] Hochreiter S, Schmidhuber J. Long Short-Term Memory [J]. Neural Computation, 1997, 9(8): 1735 - 80.

[11] Dmitry U, Andrea V. Instance Normalization: The Missing Ingredient for Fast Stylization. [J/OL]. 2017, 1607.

[12] Gatys L A, Ecker A S, Bethge M. Image Style Transfer Using Convolutional Neural Networks[C]// IEEE Conference on Computer Vision and Pattern Recognition. IEEE Computer Society, 2016: 2414 - 2423.

[13] Li G, Zhang J. Sphering and Its Properties[J]. Sankhyā: The Indian Journal of Statistics, Series A(1961 - 2002), 1998, 60(1): 119 - 133.

[14] Szegedy C, Vanhoucke V, Ioffe S, et al. Rethinking the Inception Architecture for Computer Vision[C]// Computer Vision and Pattern Recognition. IEEE, 2016: 2818 - 2826.

[15] Lowe D G. Distinctive Image Features from Scale-Invariant Keypoints[J]. International Journal of Computer Vision, 2004, 60(2): 91 - 110.

[16] Dalal, Navneet, Triggs, et al. Histograms of Oriented Gradients for Human Detection[C]// Computer Vision and Pattern Recognition, 2005. CVPR 2005. IEEE Computer Society Conference on. IEEE, 2005: 886 - 893.

[17] Salimans T, Kingma D P. Weight Normalization: A Simple Reparameterization to Accelerate Training of Deep Neural Networks[J]. 2016.

[18] Arpit D, Zhou Y, Kota B U, et al. Normalization propagation: a parametric technique for removing internal covariate shift in deep networks [C]// International Conference on International Conference on Machine Learning. JMLR. org, 2016: 1168 - 1176.

[19] Salimans T, Kingma D P. Weight Normalization: A Simple Reparameterization to Accelerate Training of Deep Neural Networks[DB/OL], ARXIV, 2014, eprint arXiv: 1602. 07868.

[20] Russakovsky O, Deng J, Su H, et al. ImageNet Large Scale Visual Recognition Challenge[J]. International Journal of Computer Vision, 2015, 115(3): 211 - 252.

[21] Ren S, He K, Girshick R, et al. Object Detection Networks on Convolutional Feature Maps [J]. IEEE Transactions on Pattern Analysis & Machine Intelligence, 2016, 39(7): 1476 - 1481.

[22] Bottou L, Curtis F E, Nocedal J. Optimization Methods for Large-Scale Machine Learning[DB/OL]. arXiv: 1606. 04838v3.

[23] Peng C, Xiao T, Li Z, et al. MegDet: A Large Mini-Batch Object Detector [DB/OL]. 2017. arXiv: 1711. 07240v4

[24] Pham H, Guan M Y, Zoph B, et al. Efficient Neural Architecture Search via Parameter Sharing[J]. 2018.

[25] Hinton G, Deng L, Yu D, et al. Deep Neural Networks for Acoustic Modeling in Speech Recognition: The Shared Views of Four Research Groups[J]. IEEE Signal Processing Magazine, 2012, 29(6): 82 - 97.

[26] Johnson J, Alahi A, Li F F. Perceptual Losses for Real-Time Style Transfer and Super-Resolution[J]. 2016: 694 - 711.

作者简介

王迪，研究方向：计算机体系结构；通信地址：江苏省无锡市 33 信箱 322 号江南计算技术研究所；邮政编码：214125；E－mail：dawn. wang. 1106@ gmail. com。

石嵩，研究方向：计算机体系结构；通信地址：江苏省无锡市33信箱322号江南计算技术研究所；邮政编码：214125。

许勇，研究方向：计算机体系结构；通信地址：江苏省无锡市33信箱322号江南计算技术研究所；邮政编码：214125。

李宏亮，研究方向：计算机体系结构；通信地址：江苏省无锡市33信箱322号江南计算技术研究所；邮政编码：214125。

深度学习加速器矩阵向量乘部件设计

刘 畅 刘必慰 彭 瑾

【摘要】 随着深度学习的发展，通用的CPU和GPU无法满足深度学习对吞吐率和功耗的要求，因此专用指令集的深度学习加速器得到了迅速发展。深度学习算法的特点是访存密集和计算密集，而矩阵向量乘部件提供了强大的计算能力，因此矩阵向量乘部件是深度学习加速器的核心部件。本文主要使用参数化方法编写矩阵乘部件RTL代码，并对其进行功能验证，使用Design Compiler工具进行综合，使用综合后的网表进行了物理设计，分别对展平化和层次化的物理设计进行对比，给出了一个较好的布局方案。

【关键字】 矩阵向量乘；逻辑设计；布局

1 引言

随着深度学习算法的迅速发展，多种新颖的面向深度学习的处理器结构应运而生。例如，中科院计算所的Diannao系列处理器[1-3]、谷歌的TPU[2]处理器等，它们充分考虑了深度神经网络的计算特点和数据传输特点，设计了符合其计算模式的电路结构，相比传统的通用的CPU和GPU，在吞吐率和功耗上均取得了极大的改进。

矩阵向量乘部件是深度学习加速器的关键部件之一。在神经网络长期的发展过程中涌现了多种算法，如MLP(多层感知觉)、CNN(卷积神经网络)和RNN(循环神经网络)等。MLP包含1个输入层、1个输出层和多个隐含层，各层之间通过全连接的方式进行连接。如图1(a)，每个当前层的每个节点都与上一层所有的节点相连，即$B = W \times A$为矩阵向量运算。CNN包含卷积层，池化层和分类层，其中分类层采用的就是全连接方式。RNN的网络结构如图1(b)，可以看出$U \times X_t + W \times S_{t-1}$中包含矩阵向量乘的计算。如Alex Net的分类是一个1024×1024的矩阵与1024维向量乘运算，Lennet-5的F6层是一个84×120的矩阵与120维向量乘运算，OUTPUT层是一个10×84的矩阵与84维向量相乘。Diannao[1]中NFU-1和NFU-2的主要功能就是矩阵向量乘的计算，Cambricon[3]中的矩阵功能单元还有谷歌的TPU[4]的矩阵乘法单元这几类典型的深度学习处理都以一个大规模的乘加矩阵作为核心，提供强大的计算能力。

国内中科院Diannao[1-3]系列和谷歌公司的TPU[4](Tensor Processor Unit)已经取得的很好成果。Diannao[1]在65 nm工艺下，846563 μm^2实现了功耗为132 mW的NFU模块Cambricon[3]在65 nm工艺下，3225980 μm^2实现了功耗为1004.81 mW的矩阵功能单元；TPU[3]中的矩阵单元是其核心部件，由256×256个Multiply Add Components(MAC)组成，每

个 MAC 可执行 8 bits 整型相乘加工作，整个计算部分面积占总设计的 30%。

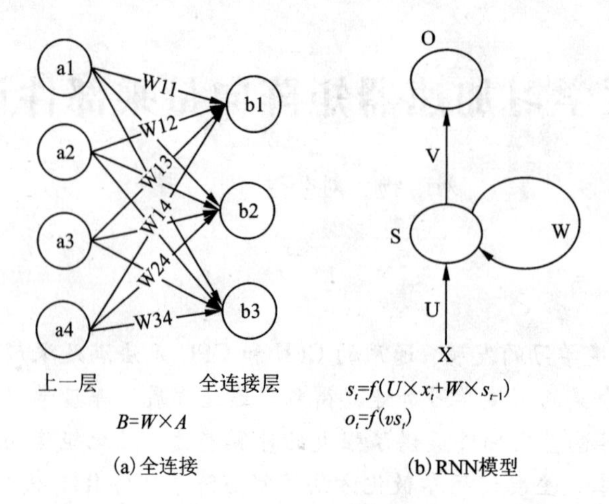

图 1　神经网路模型

文本主要分为六个部分：第一部分介绍了矩阵向量乘单元在深度学习中的重要性；第二部分对深度学习加速器的结构进行简要的介绍；第三部介绍对该部件的设计思想和模块的划分以及各个模块的具体功能；第四部分对其功能点进行逻辑验证；第五部分进行逻辑综合并给出布局方案；第六部分进行最后的总结。

2　深度学习加速器结构

本设计的加速器主要由四部分组成，分别为存储、指令控制、数据路径和标量部分。图 2 为深度学习加速器结构图，存储部分在左下角，由 LS(load and store)、DSM(decompress sparse matix)、MVV(move of vector)、SPV(scratch-pad memory of vector)和两个 SPM(scratch-pad memory of matrix)组成。LS 单元与外部 DDR 之间进行数据存储。

DSM 对稀疏矩阵进行解压；MVV 单元支持向量 SPV 与数据路径间移动；SPV 和 SPM 分别为向量和矩阵的暂存单元。

指令控制单元分为 IM(instruction memory)、Fetch 和 DP(dispatch)三部分。IM 是用来存储指令的单元，Fetch 和 DP 的功能分别是从 IM 单元取出指令和把指令分发到各个单元。

标量部分的主要功能就是用来计算地址。

3　矩阵向量乘部件的逻辑设计

矩阵向量乘单元支持矩阵向量乘指令，其功能是完成矩阵向量乘法。矩阵向量乘法是 RNN 中的核心计算步骤。一个矩阵向量乘法如图 3 所示。

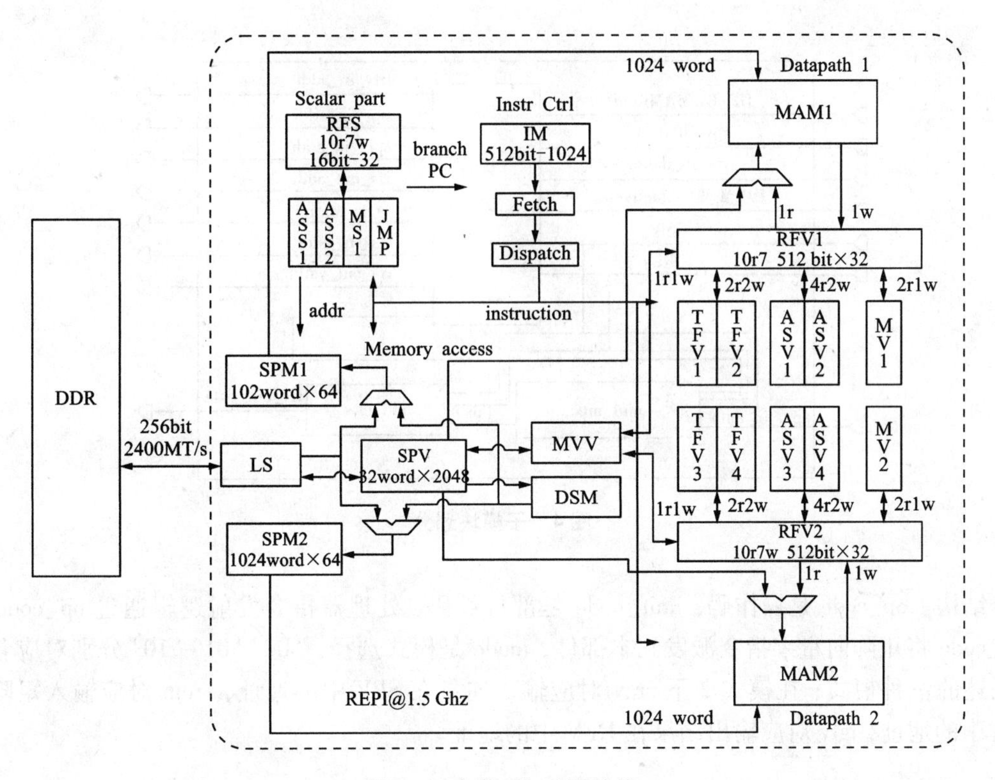

图 2　深度学习加速器结构

$$
\begin{bmatrix}
a_{11} & a_{12} & \cdots & a_{1j} & \cdots & a_{1n} \\
a_{21} & a_{22} & \cdots & a_{2j} & \cdots & a_{2n} \\
\cdots & \cdots & \cdots & \cdots & \cdots & \cdots \\
a_{i1} & a_{i2} & \cdots & a_{ij} & \cdots & a_{in} \\
\cdots & \cdots & \cdots & \cdots & \cdots & \cdots \\
a_{m1} & a_{m2} & \cdots & a_{mj} & \cdots & a_{mn}
\end{bmatrix}
\begin{bmatrix}
x_1 \\ x_2 \\ \vdots \\ x_j \\ \vdots \\ x_n
\end{bmatrix}
=
\begin{bmatrix}
b_1 \\ b_2 \\ \vdots \\ b_i \\ \vdots \\ b_m
\end{bmatrix}
$$

图 3　矩阵向量乘算法

其两个输入分别是 1 个矩阵和 1 个向量，其输出是 1 个向量。矩阵输入来自于 SPM；向量输入有两个来源，分别是 SPV 或者 RFV。

(1)模块划分。

如图 4 所示，本文将矩阵向量乘部件划分为 3 个子模块：指令译码模块 DC、乘法矩阵模块 mul_mtx、加法树阵列 add_mtx。

①DC 模块。

DC 的作用是对指令进行译码，从中提取出输入矩阵、输入向量源操作数地址，以及输出向量目的操作数地址。根据向量的来源和寻址的方式，本设计有 3 种模式：a. 从 RFV 获取向量操作数；b. 从 SPV 获取向量操作数并采用立即数寻址；c. 从 SPV 获取向量操作数，并采用寄存器取址。每条指令固定为 32 bit，其具体指令结构如图 5 所示。以模式 2 为例详细描述

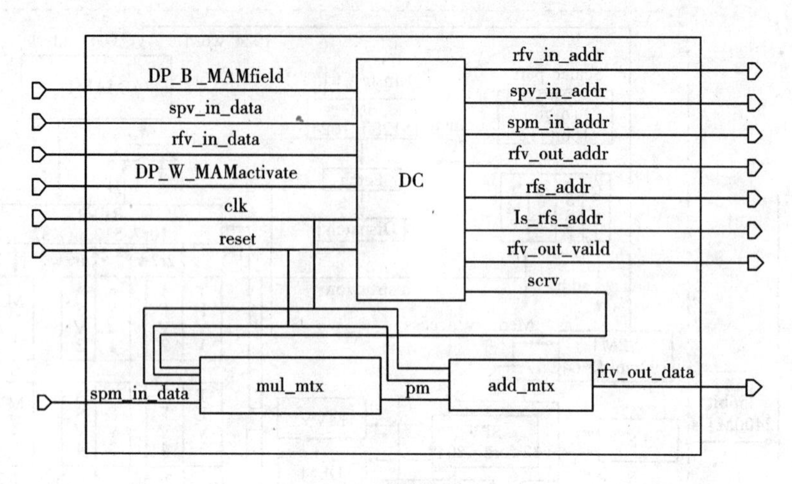

图4　子模块划分

指令结构。op_code 是操作码，unit_code 是部件编码，处理器指令发射逻辑通过 op_code 和 unit_code 将矩阵向量乘指令派发到本部件；mode 是模式选择，‘00’‘01’‘10’分别对应着之前描述的三种模式；在模式 2 下 srcv 对应输入向量在 SPV 中的地址，srcm 对应输入矩阵在 SPM 中的地址，tgtv 对应输出结果在 RFV 中的地址。

0~4	5~6	7~8	9~13	14~19	20~24	25~30	31
op code	unit code	mode	opv	opm	tgv	null	P flag

(a)模式1

0~4	5~6	7~8	9~19	20~25	26~30	31
op_code	unit_code	mode	srcv	srcm	tgv	P flag

(b)模式2

0~4	5~6	7~8	9~13	14~19	20~24	25~30	31
op code	unit code	Mode	srcv	srcm	tgv	null	P flag

(c)模式3

图5　指令结构

②mul_mtx 模块。

mul_mtx 乘法矩阵的作用是将输入向量与输入矩阵中的每一列相乘，得到一个新的矩阵。在该部件采用 16 位定点的操作数，其中符号位 1 位，整数部分 9 位，小数部分 6 位，如图 6 所示。采用补码方式表示数据，数据范围 -512 ~ +511，精度最高为 1/64。

15	6~14	0~5
符号位	整数部分	小数部分

图6　16 位定点数格式

设计时考虑到乘法的结果数据溢出的情况，采取了相应措施。具体做法是乘法计算时创建一个 32 位的中间结果，然后将中间结果归化为 16 位最终结果。如果中间结果大于 511 则最终结果为 511，如果中间结果小于 -512 则最终结果为 -512，否则最终结果等于中间结果。

由于乘法器具有较长的延时，设计中对乘法器采用了流水化的设计，将乘法分解为 2 拍实现。把乘数 a 除符号部分进行移位，后得 shifta_0，shifta_1……shifta_13，shifta14(shifta_i：即把 a 除符号位的整数位和小数位向左移 i 位)，并与乘数 $b[14:0]$ 对应为相与，得到 shift_0，shift_1……shift_13_shift_14。如图 7 所示，再分成四组相加，把部分和与符号位分别寄存，最后把部分和相加，从中取得小数部分和整数部分并判断是否有溢出后，添加符号位后寄存。

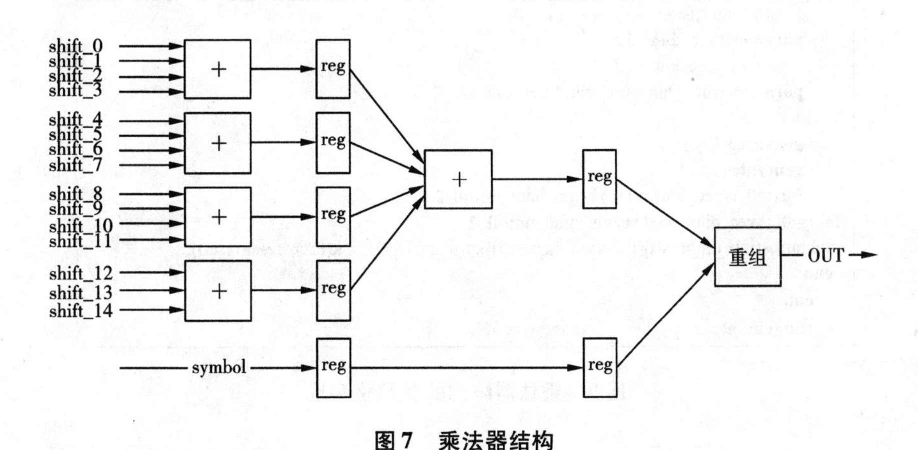

图 7　乘法器结构

③add_mtx 模块。

add_mtx 加法阵列是将 mul_mtx 的每一行内部求和，得到结果向量，其中每一行的求和过程如图 8 所示。和乘法类似，创建一个 17 位宽的中间结果来处理加法溢出的问题。通过流水化的方法来减小级联加法树的延时。如图 8 所示 32 个数的级联加法树分为 5 层，在第 2 层处寄存一拍。

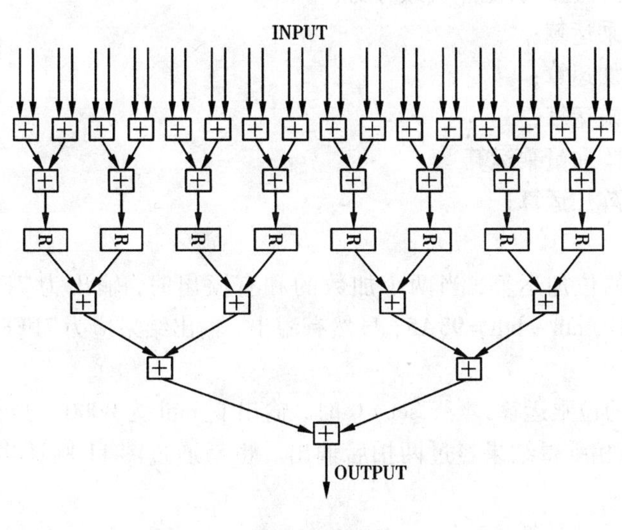

图 8　加法树

(2)参数化实现。

不同的处理器中往往使用不同尺寸的乘加阵列。为了使本设计具有更好的通用性，便于迁移到不同的应用场景中，我们采用了参数化的设计方法。如图9所示，我们在代码中定义了向量维度和矩阵维度的参数，并在实现代码中通过generate语句来实现乘法阵列和加法树阵列。通过调节参数可以方便地实现不同尺寸的矩阵向量乘部件。本设计使用的矩阵尺寸是32×32，向量的尺寸是32。

```
    // vector dimension
    parametervec_dim = 32
    // matrix dimension
    parametermtx_dim = vec_dim * vec_dim

    genvari, j;
    generate
    for(i=0; i<vec_dim; i=i+1) begin : mul_unroll_1
for (j=0; j<vec_dim; j=j+1) begin : mul_unroll_2
mulmul(.a(mtx_in_mtx[i][j]),.b(vec_in_vec[j]),.p(p_mtx[i][j]), .clk(clk), .reset(reset));
 end
   end
   endgenerate
```

图9　乘法器阵列的参数化实现

4　矩阵向量乘部件的逻辑验证

本节进行的是矩阵向量乘部件的定点测试，重点关注乘法和加法功能是否正确，当有溢出时，输出的数据是否正确。对于本设计验证的难点在于数据较大，如输入矩阵为32×32的16位数，所以本设计的验证，采用从最底层的子模块到顶层逐级验证，后使用底层代码去验证高层测试是否正确。验证功能点大致分为：

(1)有符号的位乘运算；

(2)有符号的位加运算；

(3)符号的向量乘运算；

(4)有符号的矩阵向量乘运算

(5)有符号的矩阵加运算；

(6)译码过程。

图10是有符号的位加运算，当两个加数的和有溢出时，输出为7FFF或8000。例如，ath = 3524，bth = 5E81，ath + bth = 93A5，显然有溢出，输出结果应为7FFF，通过图10显然可见sth = 7FFF。

图11是有符号的位乘运算，当reset = 0时，输出p_mul为0000。当reset = 1，且在时钟上升a_mul与b_mul相乘得结果经过两拍后输出。也易通过图11验证当有数据溢出时，输出结果正确。

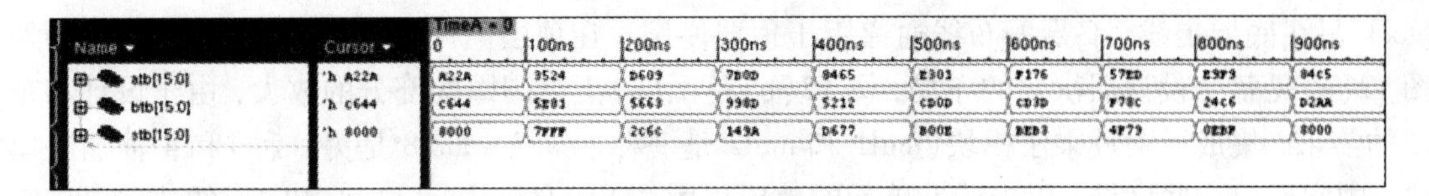

图 10　有符号的位加运算验证

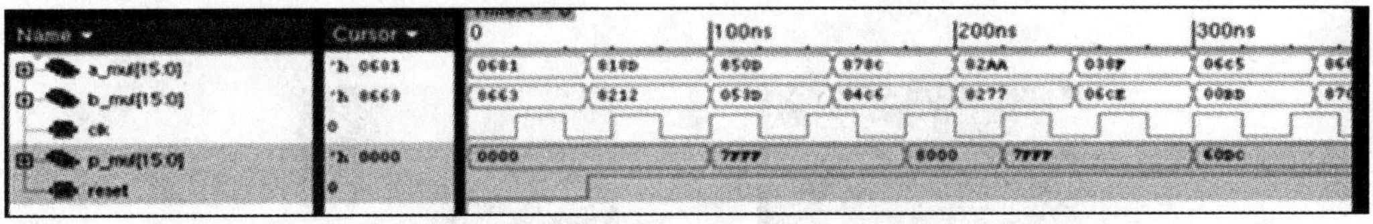

图 11　有符号的位乘运算验证

5　物理设计布局规划

5.1　逻辑综合

本节是对矩阵向量乘单元进行逻辑综合，把 RTL 级 HDL 语言转化为门级网表，以便于下阶段的物理实现。在某厂家 28 nm 工艺下，采用 DC 综合，表 1 是总体面积和各模块的面积报告。

表 1　面积报告

模块	面积/μm^2
add_mtx	523237.4
DC	1237.8
mul_mtx	5051128.6
Total	5575620.9

表 2　时序结果

最大内部延时/ns	0.47
最大输入延时/ns	0.38
最大输出延时/ns	0.44

5.2　布局规划

在逻辑综合基础上，使用 Innovus 工具进行布局布线。本设计对比了 flatten 和 hierarchy

两种布局方式，在层次化设计中，把加法和乘法模块做成 hard block，对于布线的考虑，hard block 只在底层走线，高层的布线通道用于顶层使用。在顶层上调用这些 hard block 模块，如图 12(a)是整个设计层次化的布局，图 12(b)是图(a)黑色圆圈的部分的放大，由于设计和布图的需求，集成了两种乘法模块(mul1 和 mul2 是一种，mul3 ~ mul8 是另一种)和 4 种加法模块，中间留出一些区域，用于标准单元的放置。由图 12 可知，hard block 和 pin 的放置是该实验的一个难点，有 2016 个 hard block 和 17989 个 pin，显然手动放置很困难，因而采用脚本的方式，生成放置 hard block 和 pin 的文件，让 innovus 自动放置。

(a)

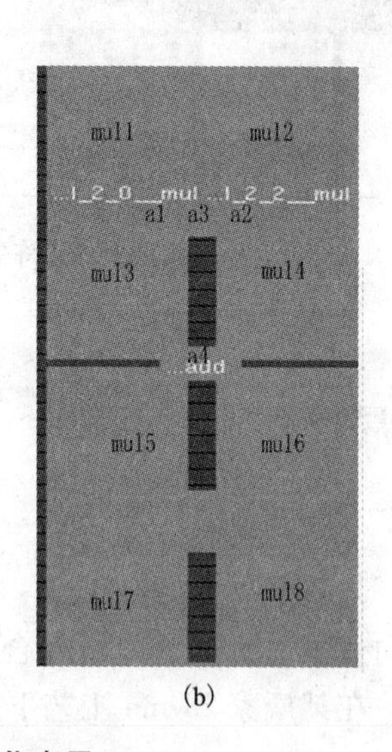

(b)

图 12　层次化布局

(a)总体布局：图 1 中每行与向量对应位相乘，在版图(a)中通过两行来实现；(b)部分布局：mul1 和 mul3 的输出结果，输给到加法器 a1，加法器 a1 和 a2 的输出，输给到加法器 a3，a3 把输出的结果进行寄存。

(1)层次化和展平化布局对比。

相比于展平化布局的方式，层次化布局中，标准单元的放置时间大大缩减，从 10 个小时缩减为 4 个小时。在时序方面也有显著的提升，见表 3。

表 3　展平化和层次化时序比较

	最大违反/ns			
	reg2reg	in2reg	reg2out	in2out
展平化	-0.664	-1.553	-1.294	-0.153
层次化	-0.270	-1.584	-0.991	0.002

(2)层次关键路径分析。

根据表 3 给出的层次化时序，我们分别分析 reg2reg，reg2out，in2reg 关键路径：

①Reg2reg 关键路径是 mul2 的输出 P 经过 a2、a3，最后到寄存器的 D 端[见图 8(b)]。

②Reg2out 的关键路径是在某寄存器 Q 端的数据经由 3 个加法器，最后到达输出向量

的 pin。

③In2reg 关键路径是由于 mul1 和 mul2 子模块的输入向量，要通过译码得到，并要从版图的最左端传到最右端，导致走线很长，延迟很大。

根据上面的分析，有以下几个方案要解决：

①子模块的摆放更紧密。从图 12 可以看到，子模块间有些缝隙占据了较大的面积，可以减小这些缝隙，甚至是完全消除缝隙，这样可以节约版图面积，并缩短走线长度。

②借时钟。对于 in2reg 路径，显然最右端的时序很差，而最左端还有余量，所以可以通过借时钟的方法解决关键路径问题。

层次化设计中模块和 pin 的摆放，遵循数据流的走向，使走线达到最短，从而减小时间延迟；尽量使模块之间的间距最小，甚至可以仅仅满足无 DRC 违法的“无缝”连接，使得 die 面积最小化。由于模块划分过于详细，使得其面积较大。以下是本设计与 Diaonao[1] 和 Cambricon[3] 在面积和功耗方面的对比(见表 3)。

表 3　面积和功耗对比

	Area/μm^2	Power/mW
本设计	10118150.6	1453
Diannao	846563	132
Cambricon	35259840	1004.81

6　结束语

本文主要是对深度学习加速器中的核心功能部件——矩阵向量乘部件展开研究。使用 Verilog 硬件描述语言，变量采用参数进行赋值，从增加的矩阵向量乘部件尺寸和运算的精度的可调性，基于 Design Compiler 工具进行逻辑综合，评估基本的面积、时序。在 28 nm 工艺条件下，提出展平化的 hard block 摆放方式，并解决了由于 hard block 和 pin 数量较多，导致摆放困难的问题，最终面积为 5575620.9 μm^2，最大的时序违反出现在 in2reg 路径，违反值为 -1.584 ns，本文对于矩阵向量乘部件设计具有重要的参考作用。

参考文献

[1] T Chen. Dian Nao. A Small-footprint High-throughput accelerator for ubiquitous machine-learning[C], Proc. 19th Int. Conf. Archit, 2014: 269 - 284.

[2] Y Chen. DaDianNao: A machine-learning supercomputer[C], Proc. 47th Annu. IEEE/ACM Int. Symp. Microarchit., 2014: 609 - 622.

[3] Shaoli Liu, Zidong Du, Jinhua Tao, et al. 2016. Cambricon: an instruction set architecture for neural networks [C]. In Proceedings of the 43rd International Symposium on Computer Architecture (ISCA'16). IEEE Press, Piscataway, NJ, USA, 393 - 405.

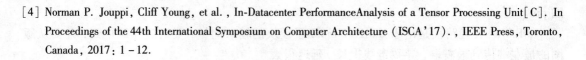

[4] Norman P. Jouppi, Cliff Young, et al., In-Datacenter PerformanceAnalysis of a Tensor Processing Unit[C]. In Proceedings of the 44th International Symposium on Computer Architecture (ISCA'17)., IEEE Press, Toronto, Canada, 2017: 1-12.

作者简介

刘畅，研究方向：微处理器设计；通信地址：湖南省长沙市开福区德雅路109号国防科技大学；邮政编码：410073；联系电话：18874990905；E-mail：775127497@qq.com

刘必慰，研究方向：微处理器设计。

彭瑾，研究方向：数字信号处理及体系结构研究。

神经网络压缩模型的解压算法设计及其硬件实现

彭　瑾　刘必慰　陈胜刚　刘　畅

【摘要】 随着深度学习的发展，神经网络也得到了广泛的关注。神经网络虽然在语音识别、图像识别等许多方面取得了显著的成就，但是，由于神经网络数据量巨大，往往会对其模型进行压缩。本文针对神经网络中模型压缩后权值矩阵的恢复问题，提出了一种解压算法，能够将压缩后的参数解压为一个稠密矩阵，该解压算法支持权重共享和稀疏矩阵。本文对该算法进行了RTL级实现，并进行了仿真和综合，结果表明该算法解压速度快、效率高、硬件开销较小。

【关键词】 深度学习；模型压缩；解压算法；存储优化

1　引言

随着深度学习的火热发展，深度学习中的DNN、RNN等模型得到了广泛的应用。这些神经网络克服了传统技术的障碍，在语音识别[1]、图像识别和自然语言处理[2]等很多领域取得了巨大的成就。无论是DNN还是RNN类神经网络，都会有全连接层的计算，全连接层的计算是将权值矩阵和相对应的向量相乘。由于其计算量巨大，会对大型神经网络的带宽产生很大的影响[3]。因此，在训练神经网络时，使用合适的模型压缩算法，主要是对神经网络中的权值矩阵进行压缩处理，在不影响其精确度的情况下，可以大大提高神经网络推理的执行速度。斯坦福大学一种压缩算法如文献[4]所示：将模型压缩分为剪枝、量化和可变长度编码三部分。模型压缩后的参数按照文献[5]使用游程长度编码的方式进行存储。Farabet等人也提出了一种称为NeuFlow的压缩模型[6]。San Diego[7]等人提出了对RNN参数进行压缩的一种方法。Andros[8]等人在训练中对RNN的参数进行压缩。Denil[9]等人使用矩阵分解方法对权值矩阵进行压缩。

因此，为了解决模型压缩后的权值矩阵的恢复问题，本文对于神经网络模型中的剪枝、量化和权重共享等模型压缩算法，设计了一种针对此类算法的解压算法，该解压算法支持权重共享和稀疏矩阵，并对设计的硬件电路进行验证和综合。本文设计的解压算法具有解压效率高，一次可解压多个矩阵，同时硬件电路设计简单、灵活性高等许多优点。

2　解压算法总体设计

目前主流的模型压缩算法如文献[4]所示。在神经网络模型的推理阶段，通过剪枝移除冗余连接，可将密集型神经网络转化为稀疏型神经网络。权重共享是指量化权重，令多个连接共享相同的权重。对此类压缩算法，设计了如下的解压算法。

解压算法整体结构如图 1 所示，主要分为指令译码、存储和解压三个部分。为了能支持不同数量矩阵的解压，使用指令的形式来控制。指令译码的设计能灵活地支持更多的向量解压成矩阵。指令译码可得到 spv 的源地址、解压的向量个数以及解压后存储权值矩阵的目的地址。在深度学习中广泛使用 spv 来存储向量数据，用于存储临时向量的便签存储器称为 spv，宽度为 32 个字。用于存储临时矩阵的便签存储器称为 spm，宽度为 1024 个字。压缩后的参数存储在 spv 中，解压后的矩阵存储在 spm 中。

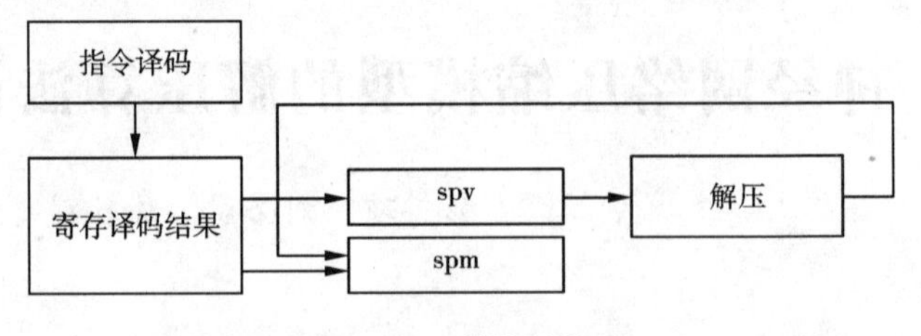

图 1　解压整体结构图

根据模型压缩算法的原理，可将一个完整的解压算法分为三个步骤：绝对地址恢复、量化数据恢复和反量化查找表，如图 2 所示。

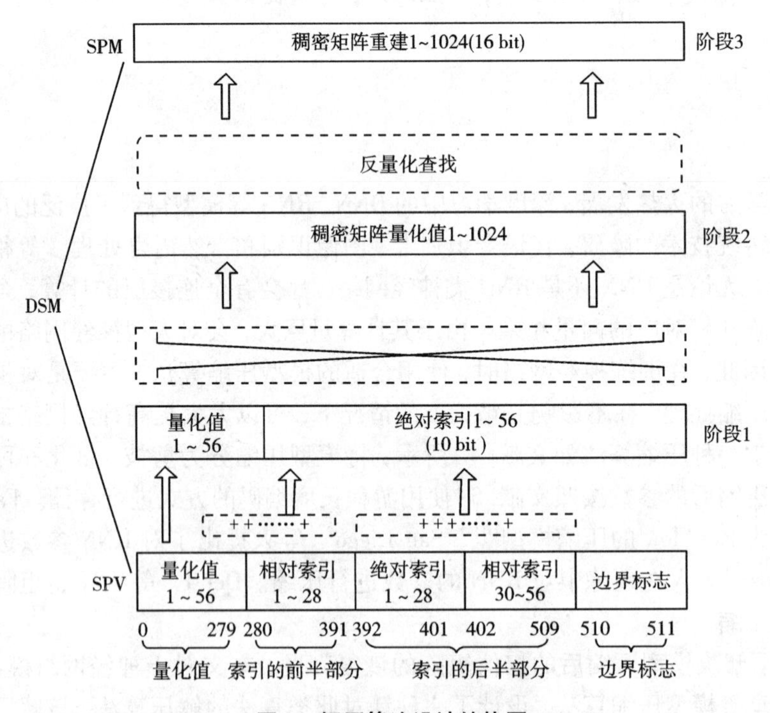

图 2　解压算法设计结构图

为了能恢复压缩前的权值矩阵，需计算每个非零元素的绝对索引。根据相对索引的存储方式，绝对索引恢复是通过累加器来完成的。由于在模型压缩算法中使用权重共享算法会生成一个量化权重值，因此下一步应该是量化权重表的恢复。根据每个非零元素的绝对索引和存储在 spv 中的量化权值表，可恢复出矩阵的量化权重表，权值矩阵的量化权重表将被重建。

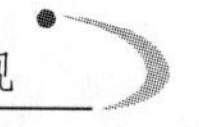

根据量化权重值，通过查找表的方式，将权重表所对应的有效权重值恢复，经过这三个步骤，完整的权值矩阵将被重建。该算法设计成如上三个步骤，具有解压效率高、解压速度快，硬件实现灵活简单等优点。使用指令译码的形式，可以支持不同数量的向量解压成矩阵。

3 绝对地址恢复的设计与分析

3.1 压缩数据组织形式

模型压缩后参数的存储问题十分关键，本节将详细介绍压缩数据组织形式。在本次设计中，我们采用 spv 来存储模型压缩后的参数。我们采用和文献[2]类似的方法，使用游程长度编码的方式对其相对索引进行编码。考虑压缩比对精度的影响，若非零元素前的零元素的个数超过 15，则编码时需要补一个零。由于在模型压缩算法中使用权重共享，所以权重量化值需要存储。存储一个非零元素只需要权重量化值和相对索引，这会大大减少索引的存储空间。

考虑到模型压缩本身的特点，为了节约存储空间，只存储非零元素。压缩后矩阵的非零元素存放在 spv 中的数据组织形式如图 3 所示。低位存储压缩后非零元素的权重量化值，高位存储相对索引。最高两位存储边界标志，一个 spv 地址可以存储 56 个非零元素。第 29 个元素的索引为绝对索引，正是由于第 29 个索引为绝对索引，所以前半部分索引和后半部分索引的恢复可以并行执行。

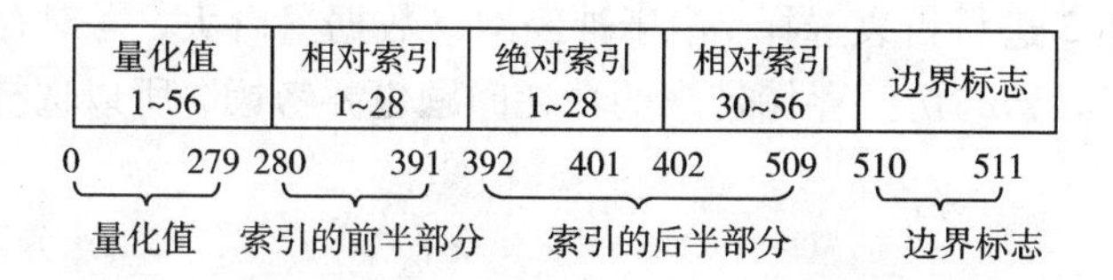

图 3 压缩数据组织形式

由于压缩后的权值矩阵的参数不可能在一行存储完，所以会出现跨行存储的情况。可通过设定不同的边界标志来确定不同的跨行存储的情况。边界标志代表含义如表 1 所示。

表 1 边界标志代表含义

边界标志(二进制数)	代表含义
00	指该行向量中没有矩阵边界
01	指该向量中有矩阵边界，并且不在向量结尾处
10	指该向量中有矩阵边界，并且在向量结尾处
11	向量中有矩阵边界，并且是抛弃边界之后的数据

压缩后参数的存储问题十分关键。对此设计了两种方案。方案 1 如图 4 所示：将参数按

行存储，若两行存储一个矩阵，则到了矩阵边界就停止。下一个矩阵重新存储在下一行。这样存储的优点在于存储简单，不需要设定标志，在执行解压算法时，解压矩阵出错的可能性小，发送指令就可执行解压算法。此种方案的缺点是存储空间利用率低，造成了存储空间极大的浪费，由于神经网络本身数据量巨大，会使 spv 的存储空间变大，访存的效率也会降低。

0 bit　　511 bit

元素56相对索引	元素55相对索引	...	...	元素1相对索引	...	...	元素1权重表	
元素56相对索引	元素55相对索引	...	...					
元素56相对索引	元素55相对索引			元素1相对索引	...			
元素56相对索引	元素55相对索引							
元素56相对索引	元素55相对索引			元素1相对索引	...	...		
元素56相对索引	元素55相对索引			元素1相对索引	...	...		

图 4　参数存储方式

考虑到方案 1 的缺点，对方案 1 进行优化。为了节约存储空间，可将数据不间断地存储，如图 5 所示。图 5 显示了三个矩阵跨行存储的情况。此存储方式能够充分利用存储空间，从而使存储空间的需求大大减少。矩阵边界之间不需要有明显的区分，避免了存储空间的浪费。在进行解压时，只要发送相应的指令，就可从 spv 中取出多个矩阵，一次可解压多个矩阵。同时，缺点是硬件设计较难，要注意矩阵的边界的判定。

对方案 1 和方案 2 进行折衷选择，由于神经网络数据量巨大，需对存储空间的大小进行考虑，以及由于过多频繁的访问存储带来的功耗问题也要考虑，所以选择方案 2 来进行参数存储。

0 bit　　511 bit

元素56相对索引	元素55相对索引	...	...	元素1相对索引	...	...	元素1权重表	00边界标志	00
元素56相对索引	元素55相对索引	...	...	元素1相对索引	...	...	元素1权重表	01边界标志	01
元素56相对索引	元素55相对索引	...	...	元素1相对索引	...	...	元素1权重表	10边界标志	10
元素56相对索引	元素55相对索引			元素1相对索引	...	...	元素1权重表	00边界标志	00
元素56相对索引	元素55相对索引			元素1相对索引	...	...			11

图 5　参数跨 spv 边界存储形式

3.2　绝对地址恢复

在访问 spv 获得数据后，通过数据分配器将相对索引、量化值和边界标志区分开，如图 6 所示。控制模块的设计在绝对地址恢复中十分重要，此模块决定绝对索引和量化值的输出，绝对索引和量化值在边界标志为 01 时，需要分为两拍输出；其他情况下只要一拍输出数据即可。在边界标志为11时，控制模块判断矩阵边界后，会对无效的数据进行处理，以保证整个矩阵的正确性。

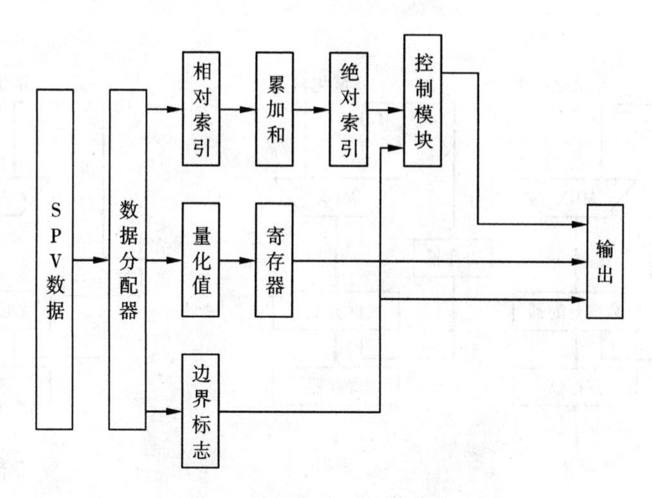

图6　绝对索引恢复结构图

当边界标志为二进制数01或者11时，需要对矩阵边界进行判断，如图7所示。可多设置一位绝对索引，将两个邻近的绝对索引的最高位进行异或，对此进行判断。这样设置的好处是不用通过绝对索引的大小进行相互比较，省去了大量的比较器，节约了综合的面积。

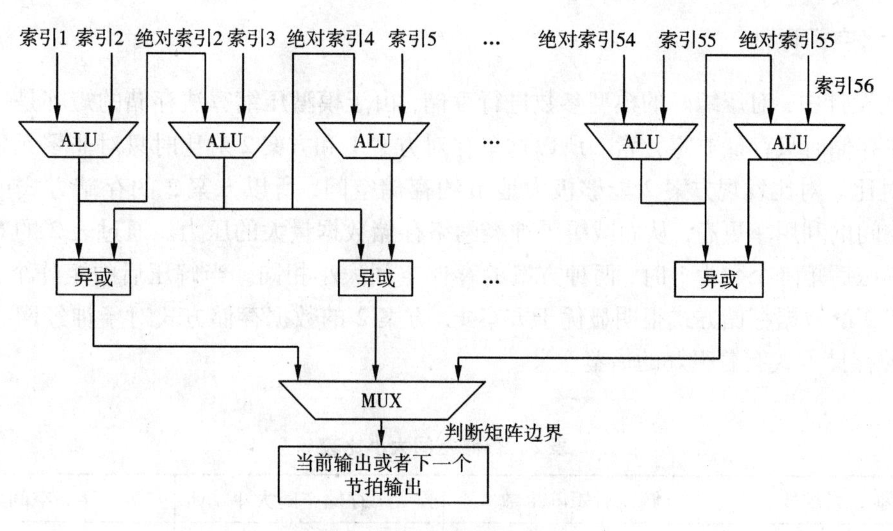

图7　矩阵边界判定原理图

4　量化数据的恢复和反量化查找表的设计

根据绝对地址在矩阵中的位置，利用查找表可得到矩阵数据的权值量化表。一个矩阵所有的权值量化全部恢复出来，才能输出到下一级进行反量化，如图8所示。当到达矩阵边界

时，将权重量化值输出到下一级。若没有到矩阵的边界，需要保存之前的权重量化值。

反量化查找表的设计和量化数据的恢复类似，以查找表的方式，给每个量化的权重赋予相应的有效权重。

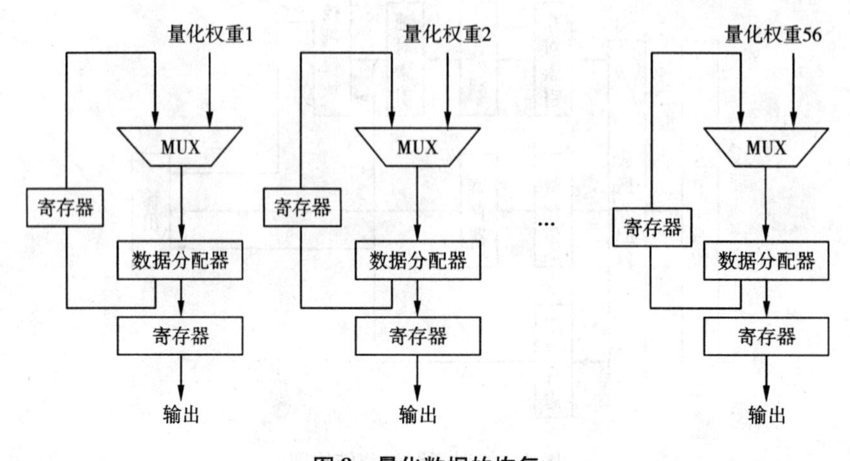

图8　量化数据的恢复

5　算法分析与验证

5.1　存储空间评估

在此设计中，对压缩好的模型参数进行存储，由于模型压缩算法存储的矩阵是一个稀疏矩阵，在存储时只存储非零元素。所以这里在对方案1和方案2对比时只对非零元素的个数进行了对比。对比发现方案2能够极大地节约存储空间，所以方案2的存储方式更节约空间，对空间的利用率更高，从而减缓了神经网络存储数据量大的压力。通过表2的对比可看出，当解压后矩阵个数为1时，两种方案的存储空间大小相同。当解压后的矩阵个数大于1时，方案2的数据存储方式很明显优于方案1，方案2的数据存储方式对于神经网络模型压缩参数的存储方式有着很好的借鉴意义。

表2　存储空间大小比较

非零元素个数	解压后矩阵个数	方案1存储空间大小/byte	方案2存储空间大小/byte
245	3	384	320
162	2	256	192
230	2	384	320
368	4	576	448
139	1	192	192

5.2 验证分析

对该设计进行验证，发送不同的命令，解压不同的参数长度，对压缩数据的组织存储方式进行了多次组合，对跨 spv 边界的数据组织形式进行了多次验证，确保解压缩算法的准确性。将解压缩后的矩阵数据写到文件里，通过验证可得解压缩后的权值矩阵和原矩阵一致。

5.3 解压算法分析

按照方案 2 的存储方式对模型压缩后的参数进行存储，在验证时，设定时钟周期为 10 ns。发送指令，对解压的时间进行统计。由表 3 可看出解压的时间和非零元素个数有很大的关系。该算法实现的主要目的是恢复压缩前的矩阵，压缩后只保留了非零元素。由表 3 可看出，非零元素需要恢复压缩前的状态，因此解压的时间应该和非零元素的个数有很大的关系。当非零元素的数据量增大时，所需的时间并没有增加很多。由此可看出，该解压算法具有解压速度快、解压效率高等很多优点，对较大的数据量也能很好地处理。

表 3　解压时间统计

非零元素个数	解压前向量个数	解压后矩阵个数	所需时间/ns
139	2	1	80
162	3	2	90
230	5	2	110
245	5	3	110
368	7	4	140

5.4 综合结果分析

表 4 为最后综合的结果。本设计基于某 28 nm 工艺进行 RTL 级代码综合。时序约束时钟周期设为 1 ns，其中输入延迟为 90 ps，输出延迟为 90 ps，满足时序要求。同时由于有 200 ps 的时钟抖动，因此实际时序为 800 ps。路径的最大延时为 780 ps。

表 4　综合结果分析

	综合结果
面积	843836.4 μm^2
最大延时	780 ps

由于神经网络本身巨大的数据量，此模块综合会产生较大的面积和功耗。总面积为 843836.454434 μm^2。组合逻辑的面积较大，占总面积的 89%，这是因为设计中运用了大量的累加器和多路选择器的原因。

6 结束语

本文阐述了针对神经网络模型压缩的解压算法，支持稀疏矩阵和权重共享。该算法包括相对地址恢复、量化数据恢复和量化查找表三个部分。本文同时对解压后参数的组织形式、无效数据的处理、多个权值矩阵的解压等问题进行了处理和解决。同时使用一种灵活的办法解决了模型压缩后参数的存储问题，极大地提高了存储空间和存储效率。使用 verilog 语言实现了该算法，并对其硬件电路进行仿真和分析，证明该算法灵活性高、解压速度快等优点。

参考文献

[1] 王龙，王龙，杨俊安，等. 基于 RNN 汉语语言模型自适应算法研究[J]. 火力与指挥控制，2016，41(5)：31 -34.

[2] T Mikolov，M Karafiát，L Burget，et al. Recurrent neural network based language model[C]，in Proc. Annu. Conf. Int. Speech Commun. Assoc.，2010：1045 -1048.

[3] Jiantao Qiu，Jie Wang，Song Yao，et al. Going Deeper with Embedded FPGA Platform for Convolutional Neural Network[C]. Proceedings of the 2016 ACM/SIGDA International Symposium on Field-Programmable Gate Arrays (FPGA'16). ACM，New York，NY，USA，2016：26 -35.

[4] Han S，Mao H，Dally W J. Deep Compression：Compressing Deep Neural Networks with Pruning，Trained Quantization and Huffman Coding[J]. Fiber，2015，56(4)：3 -7.

[5] Han S，Liu X，Mao H，et al. EIE：Efficient Inference Engine on Compressed Deep Neural Network[J]. Acm Sigarch Computer Architecture News，2016，44(3)：243 -254.

[6] C. Farabet，B. Martini，B. Corda，et al. NeuFlow：A runtime reconfigurable dataflow processor for vision[C]，Proceedings of IEEE Computer Society Conferenceon Computer Vision and Pattern Recognition Workshops (CVPRW)，2011：109 -116.

[7] San Diego. Parameter Compression of Recurrent Netural Network and Degradation of Short-term Memory[OL]. 2016. arXiv：1612.00891

[8] Andros Tjandra，Sakriani Sakti，Satoshi Nakamura，Compressing Recurrent Netural Network with Tensor Train [OL]. 2017，arXiv：1705.08052v1

[9] Misha Denil，Babak Shakibi，Laurent Dinh，et al. Predicting parameters in deep learning[C]. Proceedings of the 26th International Conference on Neural Information Processing Systems-Volume 2 (NIPS'13)，2013：2148 -2156.

作者简介

彭瑾，研究方向：数字信号处理及体系结构研究；通信地址：湖南省长沙市开福区德雅路 109 号国防科技大学；邮政编码：410073；联系电话：15091532517；Email：1355723205@qq.com。

刘必慰，研究方向：微处理器设计。

陈胜刚，研究方向：数字信号处理及体系结构研究。

刘畅，研究方向：微处理器设计。

一种大规模 SoC 的 MBIST 低功耗设计方法

李晓宣　胡春媚

【摘要】 针对大规模 SoC 芯片中嵌入式存储体所占比重越来越大带来的电路测试功耗问题，分析了测试功耗产生的原因和带来的不良后果，提出了从存储体分组测试和时钟配置优化两方面来降低功耗的设计。通过某款 SoC 实际测试的功耗数据表明，提出的方法有效降低了 MBIST 的峰值功耗和平均功耗，实现了测试低功耗的要求。

【关键词】 内建自测试；低功耗；分组测试

1　引言

随着集成电路系统复杂度和工艺复杂度的增加，特别是系统芯片(SoC)的出现，使得集成电路测试面临着越来越多的挑战[1]。而且 SoC 上集成电路模块的规模也越来越大，尤其是嵌入式存储体的规模。很多研究表明，嵌入式存储器在芯片面积中的比重将超过 90%，针对嵌入式存储体测试广泛应用的存储体内建自测试(MBIST)技术的功耗问题也将变得越来越突出，会给设计带来不小的挑战。由此也可以看出，测试功耗已成为 SoC 设计中除速度、面积之外，还需要考虑的另外一个重要因素，因此基于大规模 SoC 的面向低功耗的 MBIST 设计具有重大意义[2]。

一方面，由于线性反馈移位寄存器(LFSR)产生的伪随机测试矢量相互之间的关联性很低[3]，在自测试期间会增加电路中节点的翻转活动，所以导致了测试时的功耗要比正常工作时的功耗大[4]。另一方面，在低功耗设计的芯片中，一般只有少量的电路模块工作；而测试时则要求电路中尽可能多的节点发生翻转，这也导致了测试功耗的增加[5]。这可能会带来一系列的问题，测试功耗增加必然会使芯片温度升高。随着温度的升高，系统的失效率会上升，导致芯片成品率下降；而且温度升高还会增加芯片封装和散热的成本，如果因为测试过程散热的要求迫使芯片采用陶瓷封装就大大增加了芯片的成本。

为了解决 MBIST 测试功耗的问题，国内外已经有许多学者从不同角度进行了各种改进和尝试。目前低功耗 BIST 技术本质上可以归为微观上改进 MBIST 结构和宏观测试调控[6]。

微观上的出发点是降低测试向量的翻转活动。如一种思路是在测试向量的生成过程中引入模拟退火算法，优化并去除多余的测试向量[7]。宏观上的出发点是通过调度分层次测试来降低功耗。另一种方法是引入多个测试模式，根据各个模块的需要来控制电源的开关，关闭非工作状态的电源[8]。还有一种方法是提出一个二进制的算法进行测试资源的分配和调度[9]。还有的通过 JTAG 来启动 MBIST，能实现并行和单个测试[10]。

虽然提出了这么多的方法，但是低功耗技术还是明显存在着一些不足之处。从微观上改进结构来看，随着SOC芯片上存储体规模越来越大，通过减少测试向量，提升测试向量之间的相关性，进而降低向量翻转活动的方法已经不能从根本上解决问题。再来看宏观上，现在的许多调度方案都是不够灵活的，而且局限性过大，还有可能引入一些额外逻辑影响性能。因此本文提出了一种基于测试分组和时钟配置优化的方法来降低测试功耗。

2 芯片结构

本文的设计基于一款大规模高性能SoC芯片，该芯片集成了8个CPU内核，含有三级存储系统，存储容量达到8 MB，工作频率为1 GHz，和存储体相关的时钟域多达5个，设计规模庞大。从存储体种类上说，既有单端口，又有双端口，既有基于RAM型，又有寄存器型。此外芯片上还有众多丰富的外设部件，既有低速存储体访问接口M1553B，又有高速串行部件前兆以太网SRIO，这些外设部件功能的正常实现，也依赖于其中的各种类型的存储体。可以说芯片上的存储体种类多，而且层次深，尺寸大小各异，数量众多，造成了芯片复杂的存储体结构。SoC芯片存储体大致分布如图1所示。

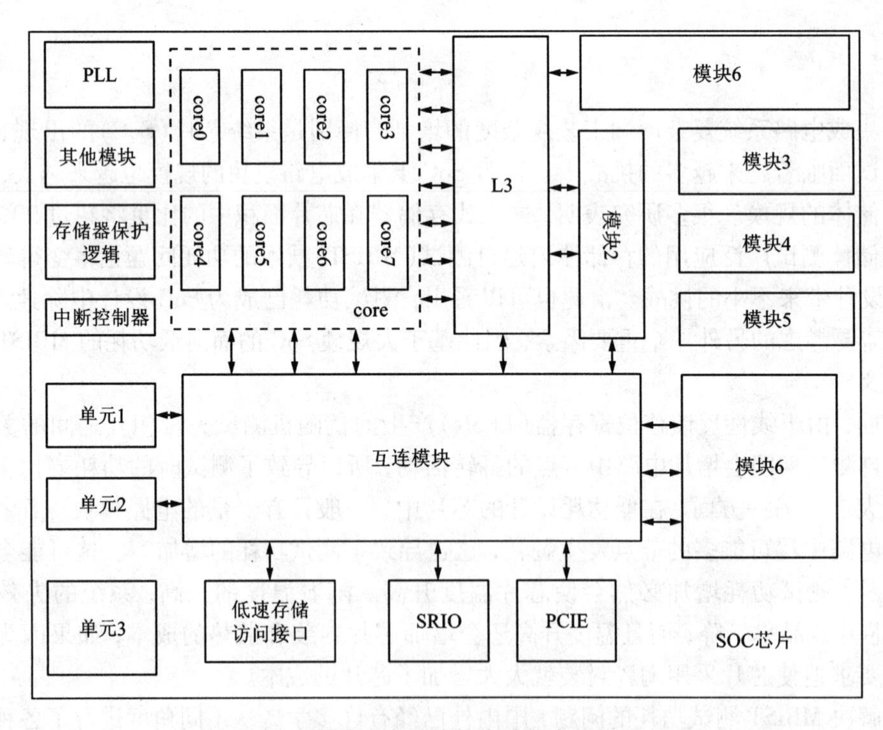

图1 芯片中存储体的大致分布结构图

针对如此复杂的存储体结构，如果还是采用传统的并行测试方法，电路中的节点势必会发生频繁的翻转，导致测试功耗的增加。过高的测试功耗会导致芯片在测试过程中损坏，而且其对芯片的可靠性也有影响。因此，本文在下面两个部分提出了存储体测试分组和时钟配置优化的方法来进行低功耗的设计。

3 分组测试

传统的 MBIST 测试设计中，大多采用的是存储器之间并行测试的方法。即一个存储体配置一个 MBIST 控制器，存储器之间共用的 BIST 控制器很少，但是这样 BIST 所占用芯片的面积较大，测试的最大功耗即各个存储器的功耗之和也就会非常大，造成芯片温度的升高，容易烧坏电路；如果采用降频测试的方法，则增加了测试时间，会增加测试成本[13]。更为重要的是现在芯片内好多模块都需要在高频状态工作，采用降频测试并不能对芯片进行完备的测试，好多故障类型都检测不到，会降低芯片的存储体测试的覆盖率，使电路的性能下降。

本文采用的 SoC 存储体结构复杂，由于 MBIST 测试时是工作在实际频率下的，采用简单并行的测试方法，必然会导致测试功耗过高。为此本文提出了按照各个模块 memory 的大小和 memory 在布局布线中的物理位置以及各个模块的时钟速度来划分存储器分组的方法。本文在顶层将整个 MBIST 分组，分时测试各个分组的 memory。具体分组如表 1 所示。

表 1 全芯片 MBIST 测试的大致分组

Groups	Modules
分组 1	L3
分组 2	core0、core4
分组 3	core1、core5
分组 4	core2、core6
分组 5	core3、core7
分组 6	模块 1、模块 2
分组 7	模块 3、模块 4、模块 5
分组 8	模块 6、互连模块
分组 9	低速存储访问接口、SRIO、PCIE

将它们分组后，每个 BIST 控制器能控制多个存储器，这就减少了控制器数，节省了面积开销。同时本文采用组内并行、组间串行、时钟域之间串行、模块间串行的方法来测试存储器的功耗，这样能在很大程度上有效地降低最大功耗，实现低功耗设计的目的。表 1 中把芯片的存储体分成 9 组，设计了 9 个 MBIST 控制器就能完成存储体的测试。这样的设计，不仅降低了最大功耗，同时很好地避免了存储器周围的时序过于紧张，以及存储器控制器引出的大量信号走线给布线带来的困难。

同时，此款 SoC 芯片 MBIST 的结果观测，采用扫描链控制的方式，通过扫描链扫出获得 MBIST 的运行结果。为了增强对大规模 SoC 存储体 MBIST 结果的诊断，在每个分组内都细化了输出观测结点，例如，每个 core 的一级存储设置一个观测结点，二级存储设置一个观测结点，这样有利于芯片的降额筛选。MBIST 测试完成后，经过一个或者若干个时钟周期，进入 shift out 模式，移位输出各个 memory 的测试结果。

本文设置 MBIST success 观察点 n 个，这样在启动 MBIST 结果的移出时，只要给定足够的时钟周期，正常情况扫出结果就有 n 个 success 为高，高电平长度为 $n \times cycle$。如果某个存储体出错，会出现两种情况：一是高电平不连续，从不连续的位置可以诊断出哪个存储体出错了；二是高电平连续，但是长度不够，这说明首尾的 memory 出错了。通过设置 MBIST success 观察点的方法，本文不仅可以顺序的移出 MBIST 的结果，而且有哪个存储体出错的话，本文可以迅速地得到诊断信息，方便本文定位出错的存储体进而对其修改。

图 2 是 MBIST 结果扫出的示意图，图中设置了 52 个 MBIST success 观察点，MBIST 测试完成后顺序的将 success 标志移出，通过计算移出的 success 为高的电平长度，本文就可以判断各个模块的 MBIST 是否成功。如果有 fail 的存储体，也可快速诊断出是哪个存储体出错了，进而对其进行处理。对于这种细粒度的结果输出，在某些降额应用的场合，如果某一个存储体出错，可以直接将出错的存储体断开或关闭，这就扩大了应用场合。

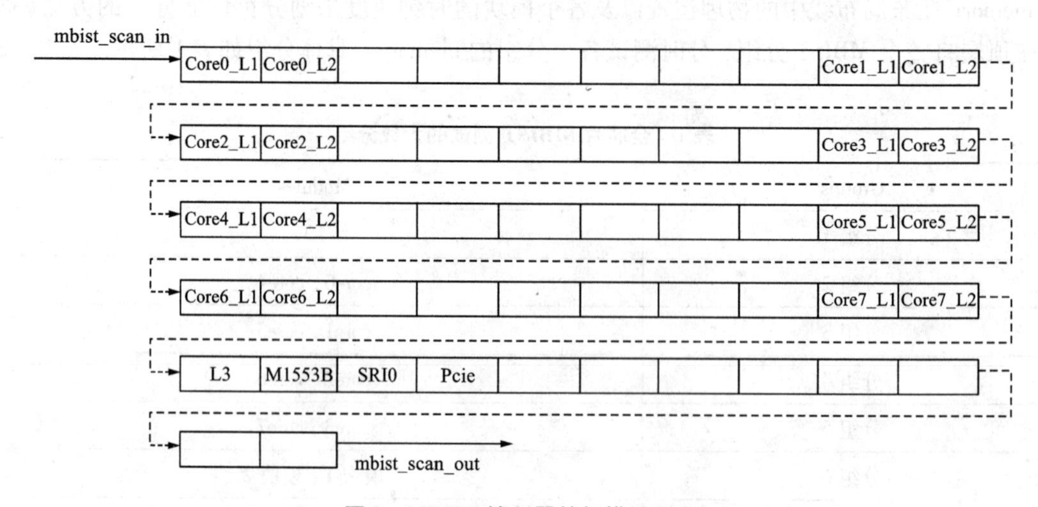

图 2 MBIST 控制器的扫描链顺序

4 时钟的配置优化

存储体的内建自测试都必须在实频下进行，需要对全芯片的 PLL 进行控制。本文实现了通过扫描链配置时钟，控制方法采用扫描链移位输入期望的控制值，有效地减低了测试时间。

表 2 给出了 MBIST 模式时各个模块使用的时钟端口名称及其频率。从表 2 中不难看出，各个模块在 MBIST 测试时所需的时钟频率是不一样的，有高频的也有低频的，仅使用单一的低频时钟并不能对存储体进行完备的测试，所以要对时钟进行配置。

表 2 MBIST 各模块的时钟频率

模块名称	MBIST 模式时钟名称	时钟频率
core	sysclk	1 GHz
L3	CLK1	500 MHz
模块 1	CLK	400 MHz

续表 2

模块名称	MBIST 模式时钟名称	时钟频率
模块 2	CLK	400 MHz
模块 3	clk	200 MHz
模块 4	clk	200 MHz
模块 5	clk	200 MHz
模块 6	rab_clk	333 MHz
互连模块	rab_clk	333 MHz
低速存储访问接口	sys_clk	125 MHz
SRIO	sys_clk	125 MHz
PCIE	wClk	125 MHz

因此，本文采用扫描链控制 PLL 的方式输出 MBIST 测试时各模块所需的时钟，而不是由功能程序码控制。这是因为用功能码程序启动时，PLL 配置花费的时间长，而用扫描链控制就节省了测试时间，也有利于测试功耗的降低。具体的 PLL 配置扫描控制链的实现如图 3 所示。

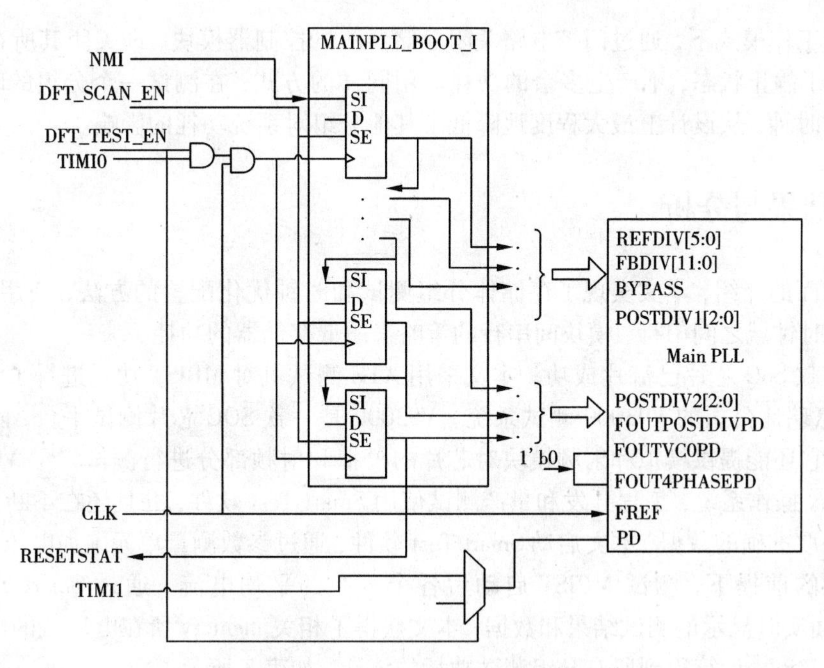

图 3　PLL 配置扫描控制链实现示意图

根据图 3 所示，在测试模式下，DFT_TEST_EN 和 TIMI0 全为 1，CLK 给予一个低频的时钟，并通过 NMI 扫入期望的值，同时可通过 RESETATAT 观测。当期望的值扫入完毕，使能 TIMI0 为 0(各个触发器锁定在固定的配置值下)，等待 PLL 输出为期望的频率，就可以进行

MBIST 测试，通过 NMI 扫入值的不同，PLL 输出频率可以实现任意配置。

同时在分组设计中，在测试一个分组的时候，本文通过关闭其他分组的时钟，达到降低功耗的效果。具体来说就是在关键结点增加门控，对设计中各个分组的模块时钟进行控制。更进一步，如果想要达到更细粒度的控制，即只有被测试 memory 有时钟，该模块的其他逻辑和全芯片其他模块均关闭时钟，则需要增加的门控就会比较多，并且需要对设计中的时钟结构有着非常清楚的认识。

在本文的设计中，选择了增加门控关时钟的方法，并且使用功能逻辑复位降低了被测分组中非 memeory 逻辑的功耗。门控实现的具体电路如图 4 所示。

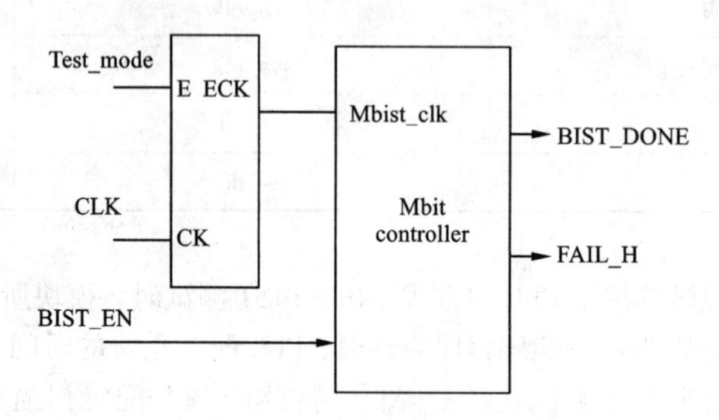

图 4　MBIST 控制器的门控设计

在正常工作模式下，通过门控电路关闭存储器测试控制器模块，即关闭其所在分组的时钟，使其处于静止状态，不产生多余的功耗。用同样的方式，在测试一个分组的时候，关闭其他分组的时钟，从设计上最大程度地降低了其他分组对系统功耗的影响。

5　实验结果与分析

根据前面的介绍，本文实现了存储体分组测试和时钟优化配置的方法，使用组内并行、组间串行、时钟域之间串行、模块间串行的策略来减低存储器的功耗。

目前该款 SoC 芯片已流片成功。本文采用 ATE 测试机对 MBIST 功耗进行了测试，所用的 ATE 是惠瑞捷公司的 V93000 测试系统。V93000 是一款 SOC 芯片测试平台，除了数字测试部分外，它还能提供模拟和射频模块对芯片的模拟和射频部分进行测试[14]。V93000 测试机使用 Linux 操作系统，工程开发和量产测试使用 Smart Test 软件，并且还在不断更新。

为了获取准确的数据，本文启动 Smart Test 软件，通过参数测量单元施加电压，在保证测试结果正确的前提下，测试 MBIST 启动后各个分组的平均电流。通过 Smart Test 软件的 Ulreport 界面实时显示的测试结果和数据，本文获得了相关 memory 所在电压域的电流值。然后通过 $W=V\times I$，计算得到所有分组测试功耗的统计，如表 3 所示。

表 3　所有分组测试功耗的统计

组号	设计中存储体的容量/MB	功耗/W
分组 1	1.2859	1.7044
分组 2	1.2468	1.5624
分组 3	1.2468	1.6476
分组 4	1.2468	1.4755
分组 5	1.2468	1.5392
分组 6	1.0078	1.6280
分组 7	0.9389	1.3683
分组 8	0.8306	1.3664
分组 9	0.8293	1.0234

从表 3 中数据可以看出，通过串并结合的方法，MBIST 所得最大功耗为分组 1 的 1.7044 W，而分组 1 是三级存储(SMC)所在的分组。如果采用传统并行方法，所得功耗将接近所有分组的功耗相加得到的 13.3152 W，这个功耗对于嵌入式 SoC 芯片来说，显然太大了。因此本文的方法显著地降低了芯片的 MBIST 测试最大功耗。通过查阅芯片的详细规范得知本 SoC 的最大功耗要求为 10 W，本文测试得出的结果只有最大功耗的 17%，是完全满足设计要求的。而且从本文也可以看出该方法得出的每个分组的功耗都是比较均匀的，这样降低的功耗相比来说也是最大的。

6　结束语

本文针对一款大规模 SoC 芯片复杂的存储器体测试提出了存储体分组测试和时钟频率优化配置的方法，并采用组内并行、组间串行、时钟域之间串行、模块间串行的方式来进行存储体的内建自测试。通过 93000 机台实际测量得到的数据分析，结果表明该测试方法对比传统方法所得的最大功耗有了显著降低，而且各分组的功耗都比较均匀。同时由于采用分组测试，插入的 MBIST 控制器数目较少，从而节省了面积开销，降低了测试成本，是一种有效降低最大功耗的方法。

参考文献

[1] 李杰，李锐，杨军，等. 基于部分扫描的低功耗内建自测试[J]. 固体电子学研究与进展，2005，25(1)：72－76.

[2] 宋慧滨，史又华. 面向低功耗 BIST 的 VLSI 可测性设计技术[J]. 电子器件，2002，25(1)：101－104.

[3] 邱航，王成华，基于内建自测试的伪随机测试向量生成方法[J]. 淮阴师范学院学报：自然科学版，2006，5(3)：212－215.

[4] Zorian Y. A distributed BIST control scheme for complex VLSI devices[J]. In Proc：VLSI Test Symp，1993(93)：4－9.

[5] Girard P. Survey of low - power testing of VLSI circuits [J]. Design & Test of Computers(IEEE), 2002, 19(3): 80 - 90.
[6] 孙海明. IP 核低功耗测试研究与实现[D]. 长沙: 国防科技大学, 2014.
[7] Girard P, Guiller L, Landrault G, et al. Low-Energy BIST design: Impact of the LFSR TPG parameters on the Weighted Switching Activity. In: IEEE International Symposium on Circuits and Systems. 1999. 1(1): 110 - 113.
[8] E M Tan, S D Song, W K Shi. A vector inserting TPG for BIST design with low peak power consumption[J]. 高技术通讯(英文版), 2007, 13(4): 418 - 421.
[9] Graham Hetherington, TonyFryars, NageshTamarapalli, et al. Logic BIST for large industrial designs: real issues and case studies [A]. Proc. of International Test Conference [C]. Proc. of International Test Conference, 1999: 358 - 367.
[10] Girard P. Survey of low-power testing of VLSI circuits[J]. IEEE Design & Test of computers. 2002. 19(3): 82 - 92.
[11] 袁秋香, 方粮. 一种能有效降低 Memory BIST 功耗的方法[J]. 计算机研究与发展, 2012, 49: 94 - 98
[12] 陈飞. 基于 ATE 的 FPGA 测试[D]. 上海: 复旦大学, 2011.

作者简介

李晓宣, 研究方向: 集成电路可测性设计; 通信地址: 湖南省长沙市国防科技大学计算机学院微电子所; 邮政编码: 410073; 联系电话: 18570607504; E - mail: 15619395718@163.com。

胡春媚, 研究方向: 集成电路设计; 通信地址: 湖南省长沙市国防科技大学计算机学院微电子所; 邮政编码: 410073; 联系电话: 13517318683。

一种多处理器核SoC芯片中IO接口管控方法

蒋毅飞　张丽萍　班冬松

【摘要】 随着芯片集成度的不断提高，在单颗芯片内部集成的处理器核心数量和各种IO接口越来越多。IO接口负责芯片与外界进行数据交换，对IO接口的管控已成为计算机安全的一个重要研究领域。针对IO接口的安全管控问题，在某国产多处理器核SoC芯片中提出并实现了一种IO接口分时分域管控的方法。该方法在一款国产多核处理器芯片内部提供了一组限制IO接口访问系统主存地址空间的边界地址寄存器，用于存储允许每个IO设备访问的系统主存地址边界，并且只能由指定的处理器核心对边界地址寄存器进行写操作。每个IO设备访问系统主存时都进行访问的合法性检查，即检查IO设备请求访问的系统主存地址是否落在对应的边界地址寄存器定义的允许其访问的地址区间内。如果IO设备请求访问的系统主存地址落在边界地址寄存器定义的区间内，则本次访存请求合法；如果IO设备请求访问的系统主存地址超出边界地址寄存器定义的区间，则本次访存请求非法。对合法请求，允许其进行正常的读写操作；对非法请求，直接丢弃并报告中断。该方法能够直接限制IO设备的访存地址区间，并控制IO设备在计算机系统工作的不同时间访问不同的系统主存地址空间，实现了对IO设备的分时分域管控，增强了系统安全性。

【关键词】 片上系统(SoC)；多核处理器；IO管控

1　引言

目前，信息安全的重要性日益凸显，各种预防和保护措施层出不穷。计算机系统中，对数据的访问分为读和写两种操作。对数据未经授权的读操作，可能会导致信息泄露；对数据未经授权的写操作，可能会导致信息篡改。因此，主要的防护措施都从避免数据被非法读取或非法修改入手。

计算机系统一般由中央处理器(CPU)和位于其上的软件构成，安全防护措施也相应地分属软件层面或者硬件层面。中国专利公布号为CN104601580A的发明专利申请公开了一种基于强制访问控制的策略容器设计方法[1]，由用户创建安全容器并选择放入容器的应用程序和程序要访问的文件，配置安全策略并控制应用程序访问容器内的客体，从而实现安全隔离的目的。该方法从软件层面提供了一种安全防护措施。中国专利授权号为CN1152312C的发明专利公开了一种CPU硬件支持的系统攻击防范方法[2]。CPU增加两个控制寄存器，在存储管理部件(MMU)实现段式可执行属性控制；在TLB表项中定义页面可执行属性实现页式可执行属性控制。利用CPU提供的可执行属性控制机制，对进程可执行地址范围进行控制，防范利用缓冲区溢出漏洞进行的非法攻击。该方法从硬件层面提供了一种安全防护措施。

计算机系统通过各种 IO 接口与外界进行数据交换，随着计算机系统 IO 接口的日益丰富，对 IO 接口的管控成为计算机安全的一个重要研究领域。上述发明专利申请和发明专利并非直接针对计算机 IO 接口的安全管控，对 IO 接口的管控需要专门的硬件和软件支持。随着处理器进入多核时代，在多处理器核架构下，利用特定的处理器核心负责 IO 设备安全管控，成为可行的解决方案。

本文首先介绍了某多核处理器芯片的架构及 IO 管控装置构成，其次介绍了 IO 设备分时分域管控方法及工作流程，最后对全文进行总结。

2 多核处理器芯片架构及 IO 管控装置

本文提出的 IO 设备分时分域管控方法适用于多核处理器芯片。本节介绍 IO 设备分时分域管控适用的多核处理器芯片架构及 IO 管控装置。

2.1 多核处理器芯片架构

图 1 显示了 IO 设备分时分域管控适用的多核处理器芯片结构示意图。该多核处理器芯片内集成了多个处理器核心，其中一类处理器核心是安全处理器核心，另一类处理器核心是通用处理器核心。作为示意图，该结构包含了一个安全处理器核心 CPU0、一个通用处理器核心 CPU1、主存(memory)、IO 接口管理部件 PIU0、IO 接口管理部件 PIU1，以及连接各部件的片上互联(interconnect)。

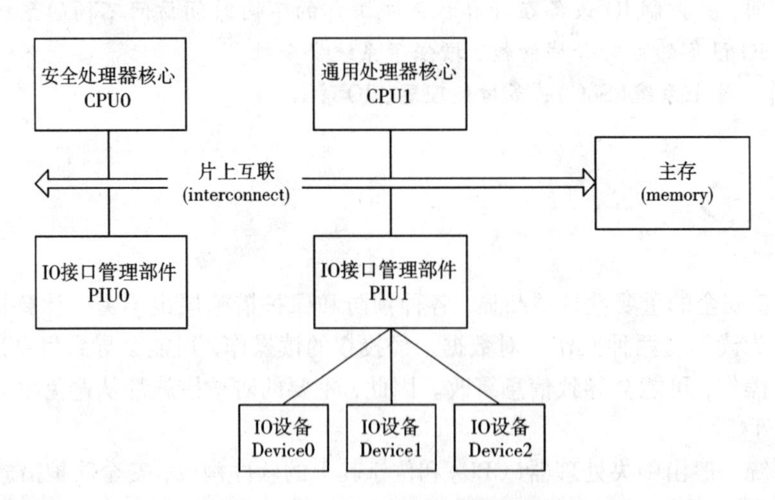

图 1 多核处理器芯片结构示意图

其中安全处理器核心 CPU0 是自主设计的某型号通用处理单元(CPU)，负责安全计算机系统中的安全管控。通用处理器核心 CPU1 是自主设计的某型号通用处理单元(CPU)，是提供给用户使用的 CPU。IO 接口管理部件 PIU0 是用于管理和连接安全处理器核心 CPU0 专用的 IO 设备。IO 接口管理部件 PIU1 用于管理和连接通用 IO 设备。安全处理器核心 CPU0、通用处理器核心 CPU1、IO 接口管理部件 PIU0、IO 接口管理部件 PIU1 和片上互联均位于自主设计的某多核处理器芯片内部。主存可以是 SDRAM、DDRSDRAM 等，用于存放程序运行时的指令和数据。IO 接口管理部件 PIU0 和 IO 接口管理部件 PIU1 对外可扩展连接多个 IO 设备。

2.2 IO 设备管控装置的构成

图 2 为 IO 设备分时分域管控装置构成示意图，包含边界地址存储装置和边界地址检查装置。具体实现时，图 2 所示构成模块可位于图 1 中 IO 接口管理部件 PIU1 内部。

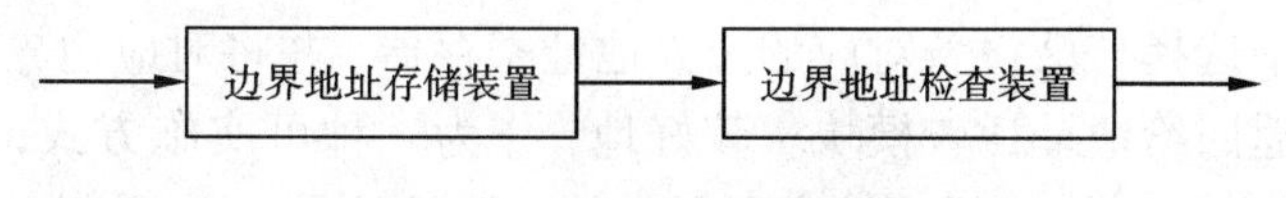

图 2　IO 设备管控装置的构成

边界地址存储装置为 IO 接口管理部件 PIU1 扩展连接的每个 IO 设备定义允许其访问的系统主存地址边界，并进行写权限检查。边界地址存储装置可由相互耦合的写权限检查模块和一组边界地址寄存器构成，如图 3 所示。

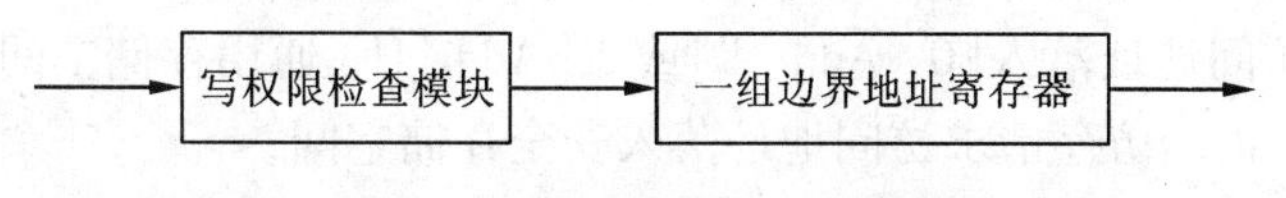

图 3　边界地址存储装置构成

如图 3 所示，写权限检查模块用于检查对边界地址寄存器的写操作是否合法；对合法的写操作，允许其更新寄存器内容；对非法写操作，不允许其更新寄存器内容。前面提到，多核处理器芯片内集成了两类处理器核心，包括安全处理器核心和通用处理器核心。只有安全处理器核心 CPU0 可以对边界地址寄存器执行写操作，具体实现时用执行写操作的 CPU ID 来判断写操作是否合法。

边界地址寄存器包含若干个边界地址寄存器，具体个数视系统中扩展连接的 IO 设备个数而定；每个 IO 设备都对应唯一的 1 个边界地址寄存器，每个边界地址寄存器也对应唯一的 1 个 IO 设备。边界地址寄存器，如图 4 所示，包含地址安全检查功能使能控制标志(En)、IO 设备访问目标域控制标志(Mask)、IO 设备 ID(Device ID)、允许该设备访问的系统主存地址上界(Addr_H)、允许该设备访问的系统主存地址下界(Addr_L)。

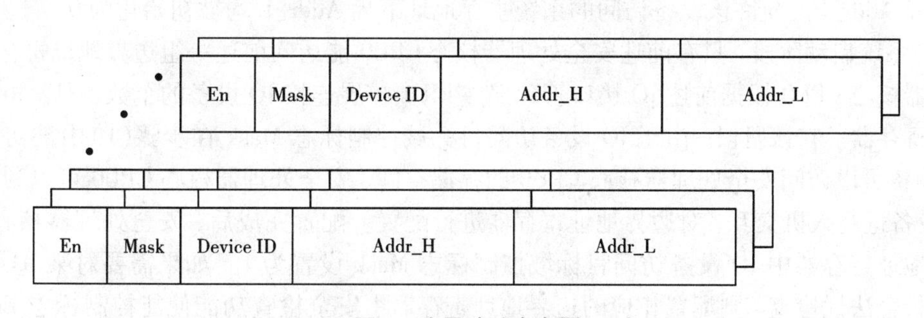

图 4　边界地址寄存器

边界地址检查装置包含相互耦合的IO设备ID匹配模块、地址比较模块、中断报告模块，如图5所示。

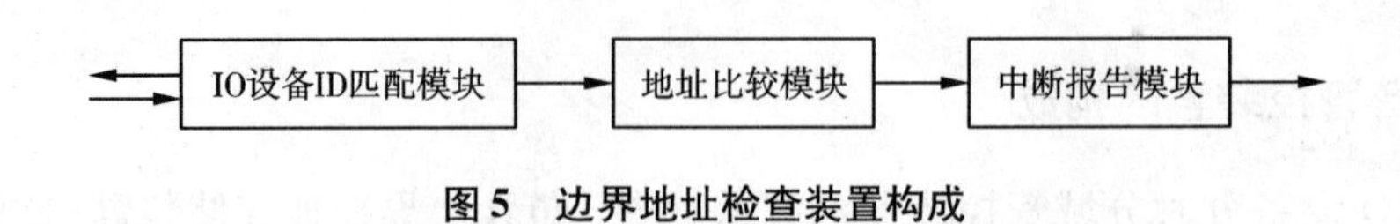

图5　边界地址检查装置构成

其中IO设备ID匹配模块用于在接收到IO设备的请求时，根据IO设备的ID，从前述一组边界地址寄存器中选择与该设备对应的边界地址寄存器，并将对应边界地址寄存器中的边界地址及相关信息返回给地址比较模块。较好地，作为一种可实施方式，IO设备ID从0开始编号，依次增加；前述一组边界地址寄存器也从0开始编号，依次增加；直接用IO设备ID来索引边界地址寄存器，即可得到与当前ID设备对应的边界地址寄存器。

地址比较模块用于在接收到IO设备的请求时，根据前述IO设备ID匹配模块返回的边界地址和其他控制信息，对IO设备的当前请求做合法性检查；当地址安全检查功能使能控制标志En=0时，不对IO设备的当前请求做合法性检查；当地址安全检查功能使能控制标志En=1时，如果出现以下情况，则IO设备的当前请求为非法请求：

(1)访存请求访问地址落入[0，Addr_L]或者[Addr_H，通用存储空间最大容量]区间；

(2)Mask为“1”时，访存请求访问地址落入安全存储空间；

(3)访存请求访问IO空间。

中断报告模块用于在IO设备发生非法访存请求时向指定的处理器核心报告中断。此处指定的处理器核心可以是安全处理器核心，也可以是通用处理器核心。

3　IO设备分时分域管控方法

3.1　IO设备管控流程

系统从上电复位到正常工作，可分为系统复位、系统启动、系统正常工作三个阶段。在这三个阶段中，IO设备管控工作流程如下：

(1)系统复位阶段，前述一组边界地址寄存器所有的边界地址寄存器中安全检查功能使能控制标志En、IO设备访问目标域控制标志Mask、IO设备ID、允许该设备访问的系统主存地址上界Addr_H、允许该设备访问的系统主存地址下界Addr_L均被初始化为0。

(2)系统启动阶段，只有前述安全处理器核心CPU0能访问前述一组边界地址寄存器；安全处理器核心CPU0根据前述IO接口管理部件PIU1扩展连接IO设备的个数，配置相应的边界地址寄存器。在该阶段，由于IO设备访问目标域控制标志Mask在步骤(1)中被初始化为0，IO设备可以访问安全处理器核心CPU0的存储空间，安全处理器核心CPU0可以利用相应的IO设备进行人机交互，对边界地址寄存器进行配置。配置完成后，安全处理器核心CPU0将边界地址寄存器中IO设备访问目标域控制标志Mask设置为1。如果需要对某IO设备的访问进行合法性检查，则配置相应的边界地址寄存器中安全检查功能使能控制标志En为1，并配置允许该设备访问的系统主存地址上界Addr_H、允许该设备访问的系统主存地址下界

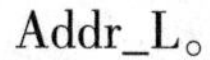

Addr_L。

(3)正常工作阶段，用户使用前述通用处理器核心 CPU1、安全处理器核心 CPU0 同时在后台运行，对用户不可见。用户使用前述 IO 接口管理部件 PIU1 扩展连接的 IO 设备与外界进行数据交互，IO 设备分时分域管控装置自动对 IO 设备的访存请求进行合法性检查。

3.2 IO 设备分时分域管控

如前所述，本文提出的 IO 设备管控方法面向基于多处理器核心架构的安全计算机系统。在这种系统中，有一个处理器核心(称为安全处理器核心)负责系统安全管控，对用户不可见。其余处理器核心(称为通用处理器核心)对用户可见。但两类处理器核心需要共用一套 IO 设备。系统中存在两类处理器核心，因此与两类处理器核心对应，系统主存空间被分为安全存储空间和通用存储空间。

所谓 IO 设备分时管控，即在系统工作不同阶段，能控制 IO 设备被不同的处理器核心使用；所谓 IO 设备分域管控，即控制 IO 设备访问不同的存储空间。

边界地址寄存器中的 IO 设备访问目标域控制标志 Mask 实现了对 IO 设备的分时管控功能。系统复位阶段，IO 设备访问目标域控制标志 Mask 被初始化为 0。系统启动阶段，只有安全处理器核心 CPU0 能访问边界地址寄存器；在该阶段，由于 IO 设备访问目标域控制标志 Mask 在步骤(1)中被初始化为 0，IO 设备可以访问安全处理器核心 CPU0 的存储空间，安全处理器核心 CPU0 可以利用相应的 IO 设备进行人机交互，对边界地址寄存器进行配置；配置完成后，安全处理器核心 CPU0 将边界地址寄存器中 IO 设备访问目标域控制标志 Mask 设置为 1，即不允许 IO 设备访问安全核心处理器的存储空间。

边界地址寄存器中的地址安全检查功能使能控制标志 En 和边界地址共同实现了对 IO 设备的分域管控功能。地址安全检查功能使能控制标志 En 作用是控制对应的 IO 设备访问控制机制是否起作用，相当于一个“开关”。当地址安全检查功能使能控制标志 En = 0 时，不对 IO 设备的当前请求做合法性检查。亦即当某个 IO 设备对应的边界地址寄存器的 En 为 0 时，该 IO 设备对主存空间的访问不受其边界地址寄存器定义的访存地址下界、访存地址上界的限制。而当某个 IO 设备对应的边界地址寄存器的 En 为 1 时，对 IO 设备的当前请求做合法性检查。IO 设备访存请求的合法性检查，按上文所述规则进行。该“开关”功能的设置，增加了对 IO 设备管控的灵活性。

4 结束语

计算机系统通过各种 IO 接口与外界进行数据交换，随着计算机系统 IO 接口的日益丰富，对 IO 接口的管控成为计算机安全的一个重要研究领域。随着处理器进入多核时代，在多核处理器架构下，IO 设备的安全性及对 IO 设备的管控成为重要研究课题。本文提出的 IO 设备分时分域管控方法，在基于多处理核心架构的安全计算机系统中，通过 IO 设备边界地址寄存器控制 IO 设备的访存[3]。该方法已经在某自主研发设计的芯片中实现，有效增强了系统安全性。

参考文献

[1] 赵媛. 一种基于强制访问控制的策略容器设计方法. 中国专利，104601580A[P]. 2015-05-06.
[2] 胡伟武，张福新，李丙辰，唐志敏. CPU 硬件支持的系统攻击防范方法. 中国专利，CN1152312C[P]. 2004-06-02.
[3] 胡向东，蒋毅飞，班冬松. 一种安全计算机系统中 IO 设备分时分域管控装置及方法：发明专利号 CN105389272B[P]. 2018.

作者简介

蒋毅飞，男，博士，助理研究员，研究方向：处理器设计与验证；通信地址：上海市浦东新区毕升路 399 号上海高性能集成电路设计中心；邮政编码：201204；联系电话：13906172339；E-mail：jiangyifei01@126.com。

张丽萍，女，工程师，研究方向：处理器设计与验证。

班冬松，男，博士，工程师，研究方向：处理器设计与验证。

一种多电压轨的数字电源系统设计

何 宁 袁 博 曹 清

【摘要】 本文针对传统模拟电源存在的电路复杂、管理功能欠缺问题，设计了一套多电压轨数字电源系统。该系统以数字 PWM 控制器 UCD9248 和数字功率级 UCD74120 为核心，采用 GUI 可视化软件进行参数配置。详细介绍了系统硬件和软件设计方法，实验表明该系统具有优异的输出特性和管理功能。

【关键词】 数字电源；多电压轨；PWM；GUI 软件

1 引言

传统的 DC－DC 模拟电源基于模拟控制环路，对所设计的负载对象具有稳定的工作关系，包括开关频率、输入输出参数等，具有拓扑结构简单、动态响应快、器件丰富等诸多优点，在计算机、通讯等领域中广泛应用[1]。然而近年来，随着技术的发展，各种高性能芯片对电源的要求越来越高，例如高端 FPGA 对电源加载时序具有严格要求，DDR3 需调整电源以实现高速读写，移动设备芯片需调节电源工作状态以降低功耗增加续航力等。同时，随着系统功能越来越复杂，部分处理器板上电源种类可达数十种，对这些电源的管理，包括电压跟踪、排序、裕度调节、状态监测、故障诊断等成为不可或缺的。对于这些需求，传统的模拟电源难以满足，相比之下数字电源却有显著优势[2]。

数字电源以 DSP 或 MCU 作为核心，以先进的数字算法代替传统的模拟控制环路，同时具有参数在线配置、状态监测等管理功能。数字化控制电源转换和系统层面的管理功能是数字电源的两大特色[2]。目前，世界各大电源厂商均推出了自己的数字电源解决方案，如 TI 的 UCD9K 和 UCD7K 系列，Intersil 的 ISL82K、ZL88K 和 ISL68K 系列，MPS 的 MP28K 系列等。其中 TI 的方案应用较为广泛，但功率变换部分多采用驱动器（UCD7231/2）＋MOS 管的分立方案[1]，存在外围器件多、电路复杂等诸多问题。

本文采用 TI 的数字电源控制器 UCD9248 和数字功率级 UCD74120，为某数据交换板设计一套数字电源系统，其中数字功率级 UCD74120 为 TI 近年来新推出产品，将 MOS 管及驱动电路集成，可大大减少电路复杂度，降低成本和开放难度。

2 系统方案

2.1 设计要求

该数据交互板 12 V 母线输入，板上三路电源分别为：数据交互芯片工作电源 0.9 V，接口电源为 1.8 V，光纤接口芯片组工作电源 3.3 V。要求三路电源输出电压在线可调，加电时序可调，输出功耗实时监测，具备过压（OV）、欠压（UV）、过流（OC）等保护功能。

2.2 系统设计

数字 PWM 控制器 UCD9248 支持 8 相输出、（最多）4 路电压轨，每路电压轨完全独立，单独控制[3]。数字功率级 UCD74120 最大输出 25 A[4]。根据系统需求，采用一片 UCD9248，控制 8 相、三路电源，其中 0.9 V 分配 4 相，1.8 V 和 3.3 V 各分配 2 相，如图 1 所示。

UCD9248 兼容 PMBus 协议，设计时通过 I2C 总线对其进行参数配置，同时在运行过程中管理系统可通过 I2C 总线与其进行数据交互，实现对电源实时控制与状态监测。

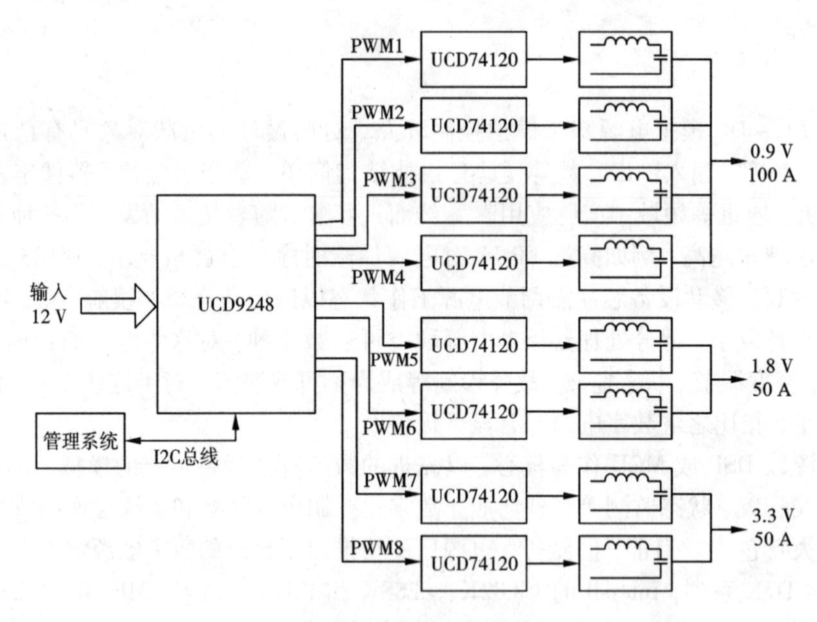

图 1　数字电源方案系统图

3 硬件设计

3.1 数字 PWM 控制器电路设计

数字 PWM 控制电路如图 2 所示，其中电源芯片供电常备 3.3 V 电源由单片 LDO 产生，图中未标示。UCD9248 对三路电源的通道配置见表 1。

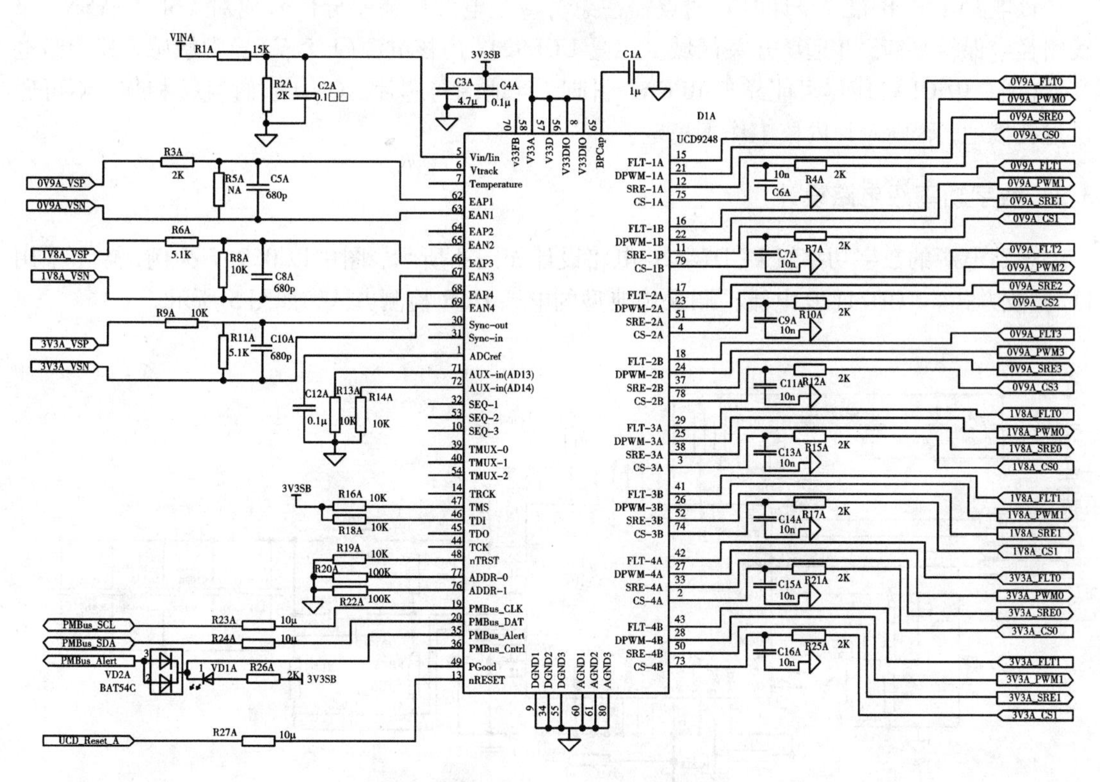

图 2　数字 PWM 控制器电路原理图

表 1　UCD9248 通道配置

电源	RAIL	PHASE	FEEDBACK
0.9 V	1	1A, 1B, 2A, 2B	EAP1, EAN1
1.8 V	2	3A, 3B	EAP3, EAN3
3.3 V	3	4A, 4B	EAP4, EAN4

UCD9248 与后端功率级 UCD74120 通过四根信号线相连：DPWM 由 UCD9248 输出，为 PWM 驱动信号；FAULT 由 UCD74120 输出，当 UCD74120 检测到欠压、过流或过温等故障时，该信号为低，报告故障；CS 由 UCD74120 的 IMON 引脚输出电流检测模拟信号；SRE 由 UCD9248 输出，为同步整流使能信号。

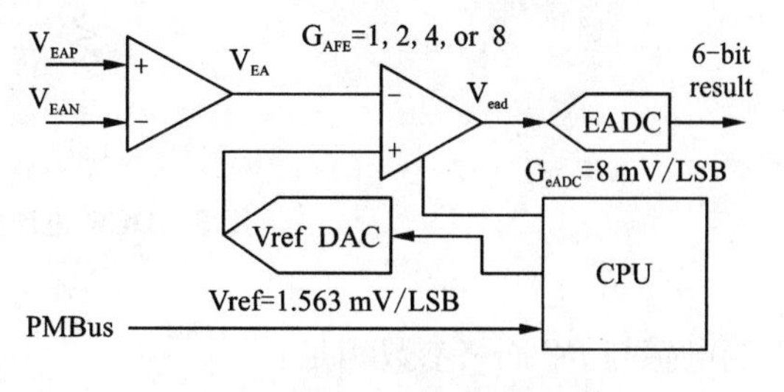

图 3　UCD9248 误差检测模块

各路电源的反馈信号分别连入 UCD9248 误差放大器输入端 EAP 与 EAN，如图 3 所示。由于 UCD9248 内部 DAC 最大输出电压为 1.6 V，因此对于 1.8 V 和 3.3 V 两路电源的反馈信号需做分压处理。

该电路在 PCB 布线设计时有两点需注意。一是电源反馈差分信号线对 VSP 与 VSN，布线路径应保持平衡，并远离开关区域。二是 UCD9248 内核电源(1.8 V)异常敏感，其旁路电容器(图 2 中 C1A)应尽可能靠近 BPCAP 引脚，且地端与芯片 AGND 引脚直接相连，不可通过过孔接地，否则芯片内核工作不稳定。

3.2 数字功率级电路设计

各路电源的数字功率级 UCD74120 电路设计如图 4 所示，图中以 0.9 V 为例，输出采用 LC 滤波方式。UCD74120 电流检测采用典型的电感 DCR 检测方式，如图 5 所示。

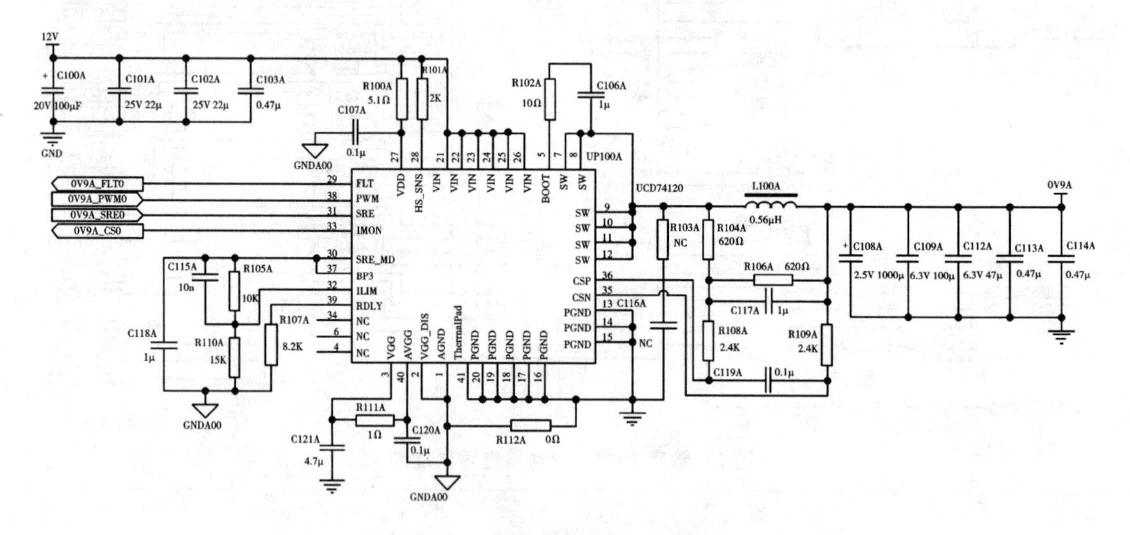

图 4 数字功率级电路原理图

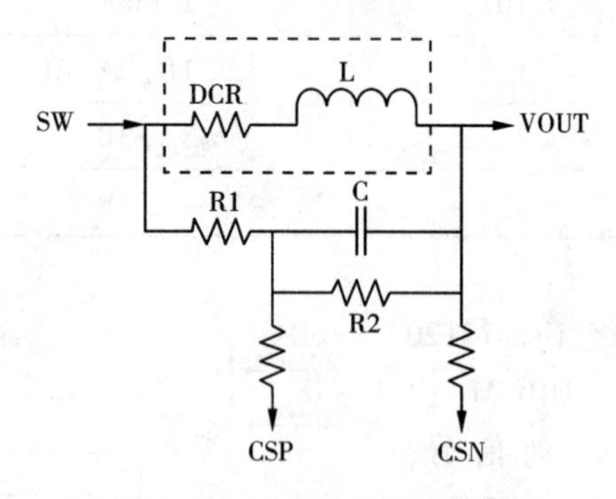

图 5 DCR 电流检测原理图

当电感与 RC 网络参数满足：

$$\frac{L}{DCR} = \frac{C \times R_1 \times R_2}{R_1 + R_2} \tag{1}$$

电容 C 两端电压波形近似与流经电感的电流波形相同，该电压信号通过 CSP 和 CSN 引脚输入 UCD74120 内置电流检测放大器，经内部放大和加偏置后，由 IMON 引脚输出电流检测值：

$$V_{\mathrm{IMON}} = 0.5 + 47 \times DCR \times I_{\mathrm{LOAD}} \times \frac{R_2}{R_1 + R_2} \tag{2}$$

该信号连接至 UCD9248 相应的 CS 引脚，UCD9248 内部采样获取该相 UCD74120 的电流值。同时，UCD74120 通过设置 ILIM 引脚电平来设置限流阈值，当 IMON 引脚电平到达该阈值时，触发过流保护，该相 UCD74120 关闭输出。这种限流方式为“硬限流”，同样可在 UCD9248 限流寄存器中写入限流值，当检测到输出电流达到该值时触发限流保护，这种方式的限流值及故障响应方式均可在线修改，被称为“软限流”。

另需说明，该电流检测相关参数应在软件设计时利用 GUI 软件的校正模块予以校正，以消除器件误差带来的影响。

4　软件设计

本方案的软件设计主要指 UCD9248 的参数配置。

采用 TI 提供 Fusion Digital Power Designer 软件，可在线设置电源的各项参数，包括电源的输出值、开关频率，输入输出过压、欠压、过流、过温保护阈值，故障响应机制，以及启停时序等各项功能。除此之外，软件设计最重要的一项内容就是确定电源的数字环路补偿参数，这也是数字电源与模拟电源最主要的区别。

4.1　补偿器模型

UCD9248 采用的数字补偿器近似于模拟电源中的Ⅲ型补偿器[5]，只是相比标准Ⅲ型补偿器忽略了用于抵消电容 ESR 零点的一个极点，即只包括两个零点，一个零极点和一个高频极点，传递函数如下：

$$H(s) = \frac{\left(\frac{s}{\omega_{Z1}} + 1\right)\left(\frac{s}{\omega_{Z2}} + 1\right)}{\frac{s}{\omega_0}\left(\frac{s}{\omega_{p2}} + 1\right)} \tag{3}$$

式中：ω_{Z1} 与 ω_{Z2} 为两个零点，用于抵消 LC 双重极点；ω_{p2} 为高频极点，用于消除高频噪声；ω_0 为直流增益，零极点用于消除直流误差，对应于模拟补偿器中的积分器。

上述传递函数在 UCD9248 中以离散化方式表示[6]：

$$y_n = b_0 x_n + b_1 x_{n-1} + b_2 x_{n-2} + a_1 y_{n-1} + a_2 y_{n-2} \tag{4}$$

4.2　补偿参数调试

GUI 软件提供了三种补偿器参数调试模式：Real Zeros 模式、Complex Zeros 模式及 PID 模式。其中前两种方法均是基于零极点实际位置，对设计者要求较高，需熟知系统模型参数，而 PID 算法简单实用。本文采用 PID 算法设计补偿器参数，图 6 所示为数字补偿器框图。

GUI 软件可实现显示系统开环幅频特性曲线、相频特性曲线(BODE 图)和电源动态特性。对于一个闭环控制系统，其稳定性条件是具有正相角裕度和正幅值裕度，具体到电源系统，经验上相角裕度应在 30°～60°，幅值裕度大于 20 dB，截止频率大于 FSW/12。

在实际调试过程中，应实时对照系统的 BODE 图及动态特性曲线来调节 PID 参数，其影

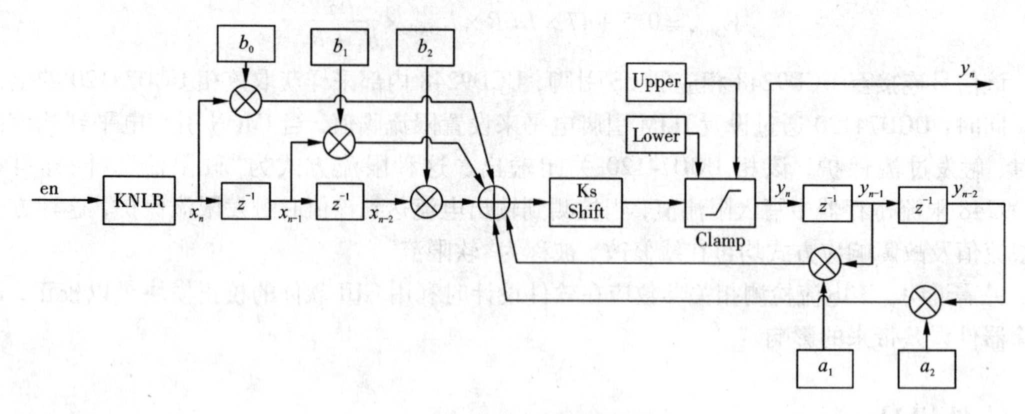

图 6　数字补偿器框图

响趋势如下：积分增益 KI 设置系统阶跃响应包络线，微分增益 KD 影响波形振铃，比例增益 KP 也同样影响振铃。三个参数对系统的影响并非绝对，需反复调节直至系统满足条件。

5　实验

本电源系统测试时，数据交换芯片与光纤接口芯片暂不焊接，连接电子负载进行相关带载实验，对静态波动、动态波动、功耗检测等进行测试，以下实验数据以 1.8 V 电源为例。

(1)输出测试。

测试说明：分别在 20 A 恒定负载下测试输出静态纹波，在 0 ~ 15 A 变化负载下测试输出动态波形。

由图 7 中可以看出静态输出纹波约 13 mV，动态负载输出波动约为 ±60 mV，其中加载调整时间约为 200 μs，去载调整时间约 100 μs。

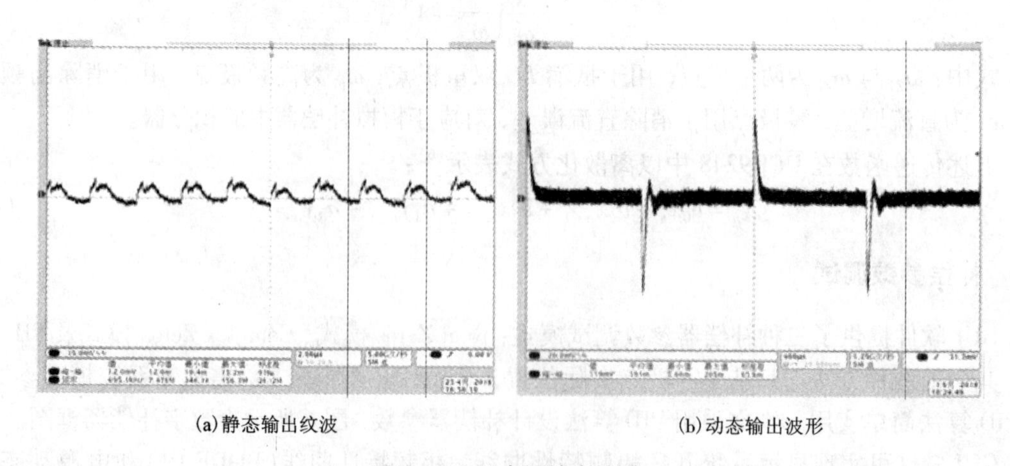

(a)静态输出纹波　　　　(b)动态输出波形

图 7　1.8 V 电源输出波形

(2)电流检测。

测试说明：通过 I^2C 读取输出电流(READ_IOUT@8Ch)，与负载实际值(I_{out})比较。由图8可以看出，电流检测曲线具有较好的线性度，与实际输出值高度吻合。

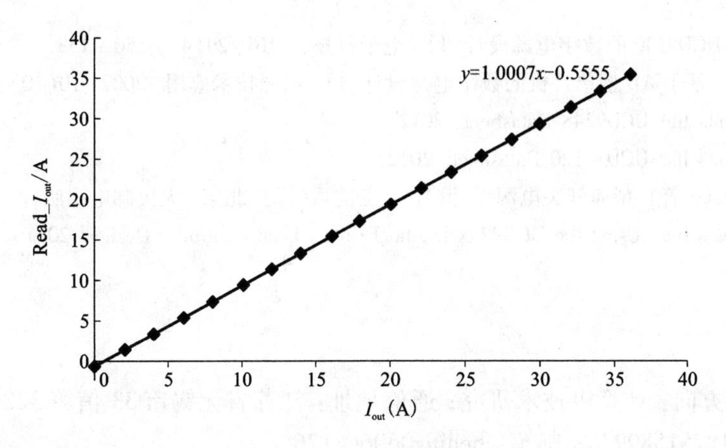

图8　1.8 V 输出电流检测曲线

(3)时序测试。

通过寄存器TON_DELAY(@60 h)设置各电源启动顺序为3.3 V、1.8 V、0.9 V，间隔10 ms，图9所示为示波器观察波形，其时序、间隔与设计值完全相符。

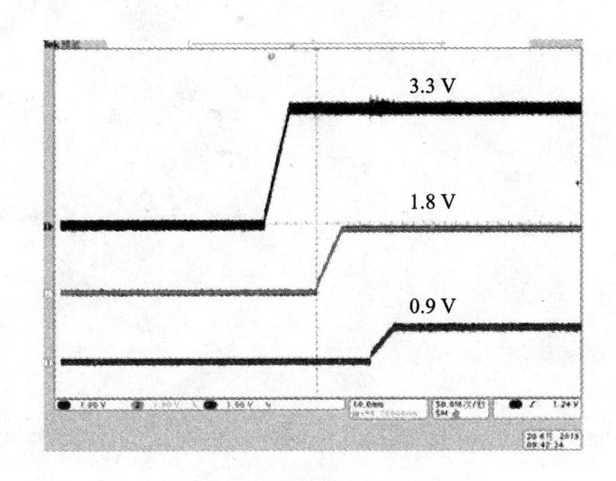

图9　电源启动时序波形

6　总结

本文为某数据交互板设计了一套多电压轨数字电源系统，独立控制三路电源输出。该系统设计灵活，通过GUI可视化软件在线配置电源各项参数。同时在实际运行中，管理系统可通过 I^2C 总线对电源参数进行实时调整，能够实现电压监测、功耗检测、时序调整、故障诊断等一系列管理功能。经实测，该电源系统具有良好的动态和静态特性，和优异的管理功能，符合设计需求。

参考文献

[1] 廖海黔. 基于 UCD9240 的数字电源设计[J]. 电子科技, 2016, 29(4): 150-153.
[2] 江国栋, 邓荣. 基于 AD 型单片机的数字电源设计[J]. 电源技术应用, 2007, 10(10): 23-26.
[3] Texas Instruments Inc. UCD9248 Datasheet. 2012.
[4] Texas Instruments Inc. UCD74120 Datasheet. 2012.
[5] Sanjaya Maniktala(著). 精通开关电源设计[M]. 王健强(译). 北京: 人民邮电出版社, 2015.
[6] Texas Instruments Inc. Using the UCD92xx Digital Point-of-Load Controller Design. 2011

作者简介

何宁, 研究方向: 计算机技术研究; 通信地址: 江苏省无锡市 33 信箱 322 号; 邮政编码: 214083; 电话: 18751589976; 邮箱: hening0606@126.com。

袁博, 研究方向: 计算机技术研究; 通信地址: 江苏省无锡市 33 信箱 322 号; 邮政编码: 214083。

曹清, 研究方向: 计算机技术研究; 通信地址: 江苏省无锡市 33 信箱 322 号; 邮政编码: 214083。

一种高电源抑制能力振荡器设计

赵　前　李振涛　刘　尧　宋婷婷　班桂春

【摘要】 本文在55 nm 工艺下完成了一款800 M 锁相环(PLL)的设计。为了解决电源波动造成的电源抑制比不理想问题，设计了一款新型的电流控振荡器。该振荡器采用源跟随结构将上级 CP 产生的控制电压转化为电流，从而控制环形振荡器的振荡频率。仿真结果表明，1 kHz 对应 PSR(power supply rejection)为 -53.4 dB，PSR 较传统 VCO 结构有明显提升。在电源地上分别加1.4 nH 电感模拟电源地之间50 mV 波动，输出信号叠加2000 个时钟周期后抖动在 SS/1.14v/125°corner 情况下为9.7 ps。

【关键词】 PLL；VCO；电源抑制比(PSRR)

1　引言

在设置有 RAM、微控制模块的大规模集成电路系统中，PLL(phase-locked loops)作为时钟产生单元应用十分广泛。PLL 的主要性能指标是时钟抖动，而引起抖动的一个重要原因是电源抑制比(power supply rejection ratio，PSRR)不理想带入的噪声。在考虑 VCO(voltage-controlled oscillators)的设计时，John G 等人提出了一些较好的抗电源波动的 VCO 结构[1,2]。

提高电源抑制能力的一种方式是设计电路使得环路有很大的带宽，这样的 PLL 可以很迅速地校正 VCO 的输出。但是，带宽过大会造成相位误差，引起输出抖动剧烈增加。还有一种比较流行的方式就是将电荷泵 CP(charge-pump)输出的控制电压转化为电流，由电流值的大小控制输出频率值，即电流控制振荡器 CCO(current controlled oscillator)。Kamran Iravani 等较早提出了电流控制振荡器的结构[3]，但是其需要一个较为精确的参考电压，需单独设计带隙基准源。Wei Liu 对上述结构进行了改进，实现了宽范围输入参考频率以及电源电压的锁相环设计[4]，但是该振荡器电路级数太多，振荡器版图面积占用较大。

考虑以上提到的各结构的优缺点，本文提出了一种改进的振荡器结构。基于55 nm 工艺设计了一款800 MHz 输出频率的锁相环，因频率较低，故环振采用的是全差分结构，VCO 的 buff 设计采用传统的五级反相器链，后级插入了一定的时钟交叠抑制单元。

2　PLL 电路整体结构

2.1　电路基本构成

如图1 所示，该电荷泵锁相环(CPPLL)主要由鉴频鉴相器(PFD)、低通滤波器(LPF)、压控振荡器(VCO)、分频器(DIV)和其他相关模块组成。锁相环为负反馈系统，在反馈回路中压控振荡器的输出被分频器分频(1/N)至低频后，通过鉴频鉴相器与参考时钟比较产生相位差值信号，相差信号通过前向通道中电荷泵和环路滤波器产生电压信号，控制压控振荡器。这样环路中压控振荡器的输出时钟就会锁定在参考时钟频率的 N 倍。

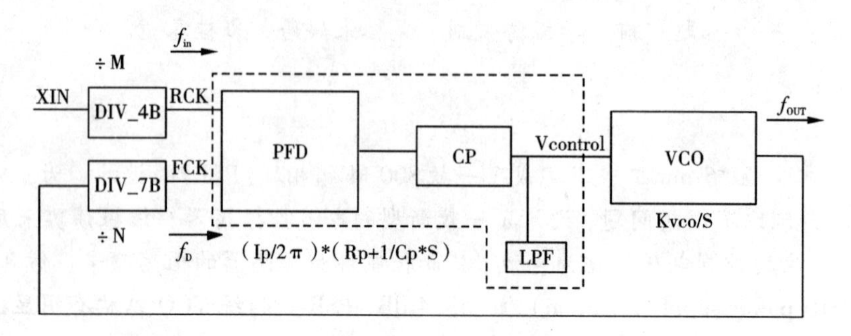

图 1　PLL 整体环路

2.2　闭环系统传输函数以及相关参数

$$H(s)=\frac{\frac{I_P}{2\pi}\left(R_P+\frac{1}{C_PS}\right)\frac{K_{VCO}}{S}}{1+\frac{1}{N}\frac{I_P}{2\pi}\left(R_P+\frac{1}{C_PS}\right)\frac{K_{VCO}}{S}}=\frac{\frac{I_PK_{VCO}}{2\pi C_P}(R_PC_PS+1)}{S^2+\frac{I_P}{2\pi}\frac{K_{VCO}}{N}R_PS+\frac{I_P}{2\pi C_P}\frac{K_{VCO}}{N}} \tag{1}$$

又标准的闭环二阶传输函数为：

$$H(s)=\frac{A}{S^2+2\xi\omega_nS+\omega_n^2} \tag{2}$$

对比得到 −3 dB 带宽：

$$\omega_n=\sqrt{\frac{I_P}{2\pi C_P}\frac{K_{VCO}}{N}} \tag{3}$$

其阻尼系数：

$$\xi=\frac{R_P}{2}\sqrt{\frac{I_P}{2\pi C_P}\frac{K_{VCO}}{N}} \tag{4}$$

环路反馈分频器分频数为 N 时，则相位噪声降低 20lg$N$。结合传输函数以及数字 7 位控制分频器最大工作频率的特征，在该 PLL 中设置 N 为 32。

3 主要模块电路设计

3.1 带电荷泵的鉴频鉴相器设计

鉴频鉴相器(PFD)的主要作用是检测出外部输入的低频信号与 VCO 产生的高频信号分频后的信号之间的相位差以及频率差值[5]。如图 2 所示，为带 CP 的 PFD 电路结构图，通过 PFD 电路，得出的差值通过全差分相位 - 电压转换器即电荷泵得到一个电压，此电压定义为后级振荡器的控制电压 Vcontrol，但是此时 PLL 的线性模型包含了两个虚数极点，系统是不稳定的，所以需要引入 s 的一次项，因而在环路滤波电容 C_p 上串联一个电阻 R_p；同时为了弥补电路工作时电荷泵内部的电流不匹配以及时钟馈通等不理想因素产生的波纹，并联一个电容 C_2 到 LPF 模块可抑制波纹产生。

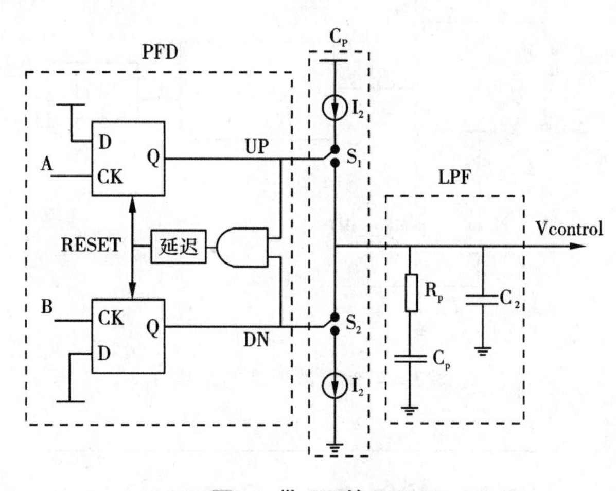

图 2 带 CP 的 PFD

3.2 振荡器以及 buff 设计

首先明确电源抑制比 PSRR 时，如果振荡器的电源发生变化，输出不应该变化，但实际上通常会发生变化。如果 x V 的电源电压变化产生 y V 的输出电压变化，则该电源的 PSRR 折合到输入端为 x/y。无量纲比通常称为电源电压抑制比(PSRR)，以 dB 表示时称为电源电压抑制(PSR)，其计算公式如下[6]：

$$\mathrm{PSR}=20\lg\left|\frac{A_{\mathrm{v}}}{A_{V_{\mathrm{DD}}}}\right|=20\lg\left|\frac{\dfrac{V_{\mathrm{O}+}-V_{\mathrm{O}-}}{V_{\mathrm{i}+}-V_{\mathrm{i}-}}}{\dfrac{V_{\mathrm{O}+}-V_{\mathrm{O}-}}{V_{\mathrm{DD}}}}\right| \tag{5}$$

这种电路结构设计主要是考虑 PSR 的性能值；首先考虑电压 - 电流转换，如图 3 所示，在电路中实际使用 NMOS 的源跟随器 M_3，设置 M_3 为长沟道管，那么电源的波动对 CCO 输入节点的电压影响变得十分小，且 $I_1=I_2+I_3$。I_3 作为尾电流源由 IBIAS2 提供，大小基本不变，

决定 I_1 值的电压为 V_1，对 M_3 管来说，$I_1 = K\frac{W}{L}[2(V_{GS}-V_T)V_{DS}-V_{DS}^2](1+\lambda V_{DS})$，所以 I_1 与 I_2 呈线性关系。因为电荷泵输出的控制电压较低，其不足以驱动 M_3 管，所以在 CCO 前面加入电压提升管 M_1，采用电流源为负载的共源级连接，使得 V_1 和 Vcontrol 满足线性变化的关系，以满足后级的输入要求。

由 Vcontrol 控制的稳定电流 I_2 输出至 CCO 内核控制振荡器的工作状态。如图 4、图 5 所示，分别为带偏置的振荡器结构及环路振荡器结构，考虑到面积等因素，CCO 整体采用四级八相全差分交叉耦合结构实现，可以实现输出波形具有完美的对称性且对电源电压的敏感度极低，对后级 buff 要求显著降低。

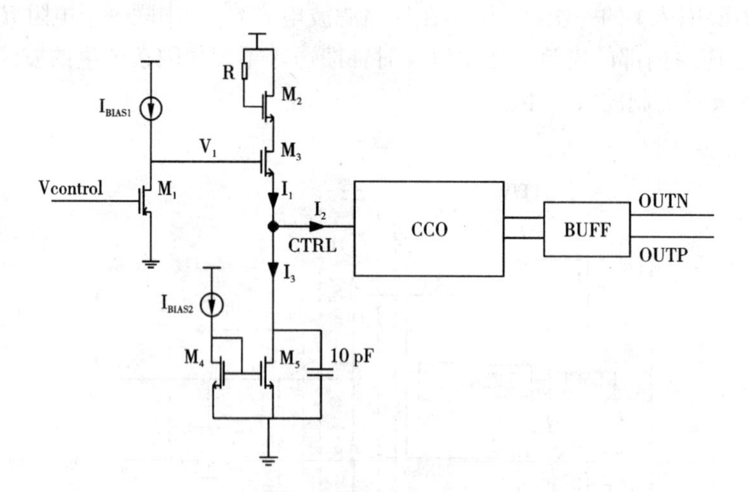

图 3　带偏置的振荡器结构

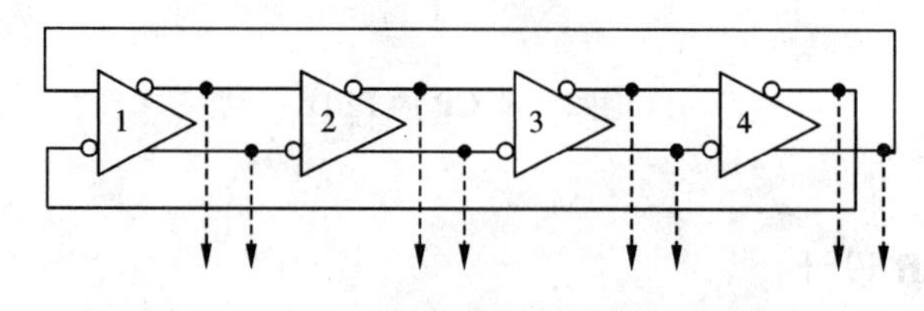

图 4　环形振荡器结构

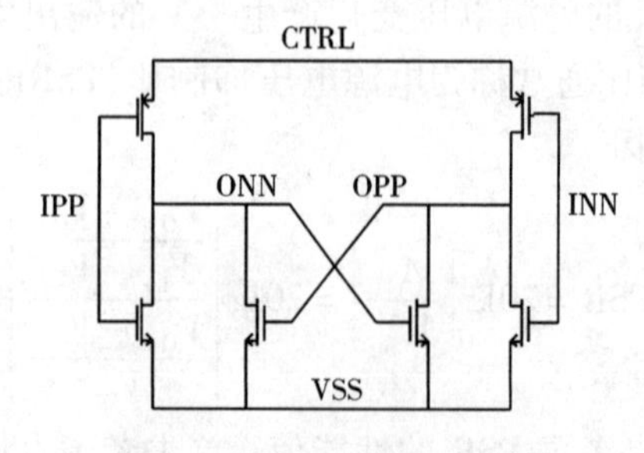

图 5　环形振荡器基本单元

如图 6 所示，buff 的设计采用五级反相器级联的传统结构，尺寸逐级增大以提高输出波形摆率，在后级加入低驱动能力的抑制输出波形交叠单元。若采用非交叉耦合振荡单元，CCO 输出波形交叠部分过大，则可在后级 buff 各级间多加入抑制交叠单元，注意若此单元驱动能力太强，则会造成输出状态锁死为 0 和 1。

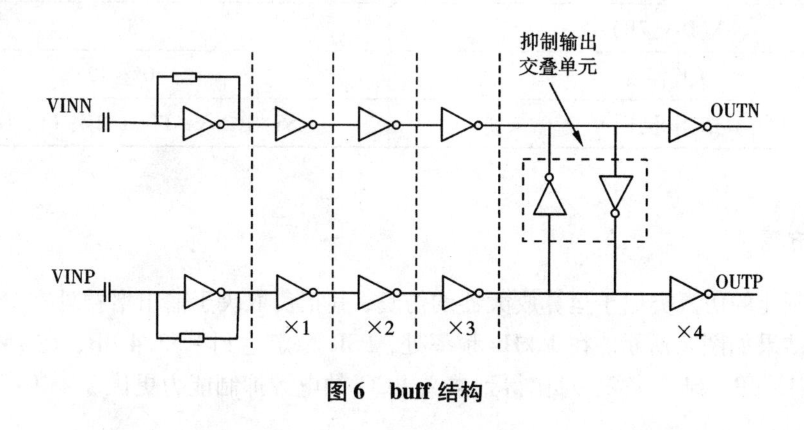

图 6　buff 结构

4　设计结果与分析

版图主体部分如图 7 所示。

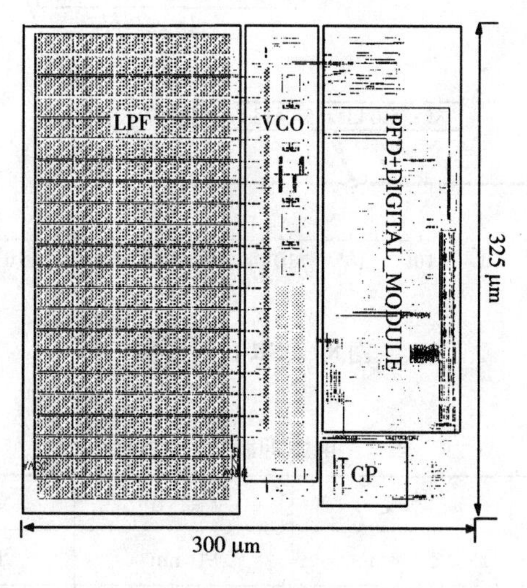

图 7　版图布局

本小节基于 spectre，主要针对振荡器 PSR 以及 PLL 输出时钟抖动进行仿真。

考虑 PSR 的测试，将 VCO 接成单位增益结构，在电源端口加入交流小信号测试输出端的增益，此输出的增益即为 PSR。

如表 1 所示，参考时钟 XIN 经过四位控制的数字分频器进入 PFD 单元，设置 XIN 为 50 MHz，分频器设置为 0010，将 XIN 二分频至 25 MHz；振荡器输出频率 800 MHz 反馈到七位控制的数字分频器，将其设置 32 倍分频送入 PFD 与 XIN 分频之后的信号进行鉴频鉴相。

表1 具体仿真参数

XIN	50 MHz
M(DIV_4B)	2
N(DIV_7B)	32
工作温度	-40°~125°
工作电压	SS：1.26V；TT：1.2V；FF：1.14V

4.1 PSR仿真

电源抑制比的仿真类似于运算放大器的仿真，其正负取决于输出增益处在分母位还是分子位。仿真结果如图8所示，在1 kHz频率处，PSR稳定达到-53.4 dB，在1MHz频率处，PSR为-51.13 dB。结合表2，对比得到本文VCO的电源抑制能力更优。

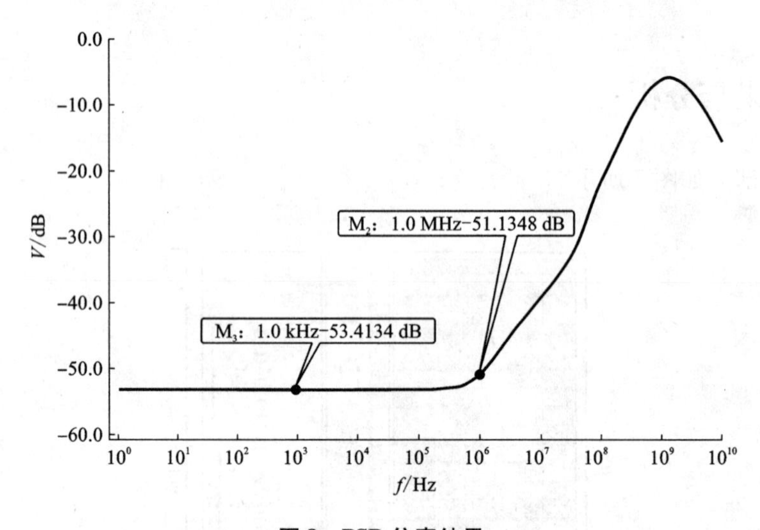

图8 PSR仿真结果

表2 电源抑制比性能对比

文献	本文	文献[6]	文献[7]	文献[8]
CMOS工艺尺寸	55 nm	90 nm	180 nm	180 nm
1 MHz对应电源抑制(PSR)	-51.13 dB	-45 dB	-47 dB	-22 dB

4.2 输出方波抖动叠加图

考虑到封装引入的电感，在电源和地上均加入1.4 nH的电感。在不同PVT条件下，锁相环均能正确锁定，对输出信号进行眼图采样处理，取2000个周期，所得确定性抖动如表3所示。

表3　800 MHz 不同 PVT 对应的时钟抖动

频点	PVT	确定性抖动/ps
800 MHz	1.14 V、SS、125°	9.68
	1.2 V、TT、65°	16.11
	1.26 V、FF、-40°	19.23

SS corner 输出信号抖动叠加如图 9 所示。

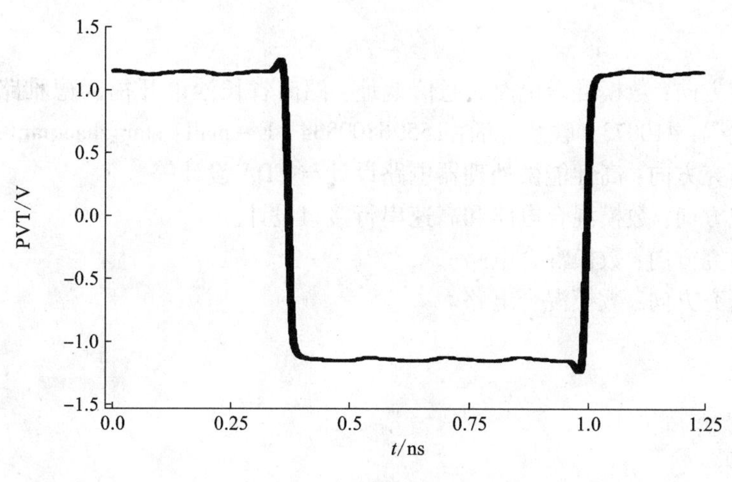

图9　抖动叠加结果

5　结束语

本文设计了一种电流控振荡器的锁相环电路设计与分析，包括整体电路结构、主要模块电路设计、设计结果与分析等，针对传统结构的压控振荡器电源波动抑制效果差等问题，给出了合适的电路架构。仿真结果表明，1 kHz 的 PSR 达到 -53.4dB；仿真锁相环整体电路，1.14 V/SS/125°确定性抖动 9.7 ps，1.2 V/TT/65°为 16.11 ps，1.26 V/FF/-40°为 19.23 ps。

参考文献

[1] G Maneatis, John. Low-jitter process-independent DLL and PLL based on self-biased techniques[J]. IEEE Journal of Solid-State Circuits, 1996(31): 1723-1732.

[2] Zhong Xuan Zhang, He Du, Man Shek Lee. A 360 MHz 3 V CMOS PLL with 1 V peak-to-peak power supply noise tolerance[C], 1996 IEEE International Solid-State Circuits Conference. Digest of Technical Papers, ISSCC, San Francisco, CA, USA, 1996: 134-135.

[3] K Iravani, G Miller. VCOs with very low sensitivity to noise on the power supply[C], Proceedings of the IEEE 1998 Custom Integrated Circuits Conference, Santa Clara, CA, USA, 1998: 515-518.

[4] W Liu, W Li, P Ren, et al. A PVT Tolerant 10 to 500 MHz All-Digital Phase-Locked Loop With Coupled TDC

and DCO[J], in IEEE Journal of Solid-State Circuits, 2010, 45(2): 314 - 321.
[5] Behzad Razavi. Design of Analog CMOS Integrated Circuits[M]. The McGraw-Hill Companies. 2001.
[6] K Cheng, Y sai, Y Lo, et al. A 0.5 - V 0.4 - 2.24 - GHz Inductorless Phase-Locked Loop in a System-on-Chip[J], in IEEE Transactions on Circuits and Systems I: Regular Papers, 2011, 58(5): 849 - 859.
[7] 王建伟, 张启帆, 张先仁, 等. 一种用于 VCO 供电的低噪声 LDO[J]. 微电子学, 2015, 45(5): 602 - 606.
[8] S Magierowski, K Iniewski, S Zukotynski. A wideband LC-VCO with enhanced PSRR for SOC applications[C], 2004 IEEE International Symposium on Circuits and Systems, Vancouver, BC, 2004: I - I.

作者简介

赵前, 研究方向: 数模混合电路; 通信地址: 湖南省长沙市开福区德雅路 109 号国防科技大学; 邮政编码: 410073; 联系电话: 15596800834; E - mail: star_zhaoqian@163.com。

李振涛, 研究方向: 高性能微处理器电路设计与 EDA 设计等。

刘尧, 研究方向: 数模混合电路和高速串行接口设计。

宋婷婷, 研究方向: 数模混合电路。

班桂春, 研究方向: 数模混合电路。

一种抗单粒子翻转效应的选择性电路单元加固方法

焦帅洋　宋睿强　李振涛　李跃进　宋婷婷　黄东昌　韩　雨

【摘要】 本文提出了一种选择性电路单元加固方法，该方法主要针对高频集成电路等性能关键部件进行抗单粒子翻转效应加固。本方法首先针对电路节点进行静态时序分析，其次依据本文所提出的计算方法对电路中需要加固的电路节点进行筛选，最后根据筛选结果有选择地进行抗单粒子翻转加固。本文采用所提出的方法对高频 DDR2 PHY 部件进行抗单粒子翻转加固，模拟结果表明，在不损失 DDR2 工作频率的基础上，本文所提出的方法能够提高 dll 模块的抗单粒子翻转能力。

【关键词】 单粒子翻转；选择性加固；路径敏感度；临界敏感点；路径余量

1　引言

随着我国空间技术的发展，航天器中各种电子设备将不可避免地处于复杂空间辐射环境之中，辐射作用会对电子设备中的集成电路造成不同程度的破坏，使整个电子系统发生故障甚至瘫痪。太空环境下集成电路将面临多种形式的辐射效应，单粒子翻转[1]是其中的一种主要辐射效应。单粒子翻转会造成电路逻辑状态的跳变、存储数据的翻转或者系统的功能中断等一系列错误[2]。因此，针对单粒子翻转效应的加固是非常有必要的。

传统的单粒子翻转加固方法主要采用冗余技术进行加固[3]，然而冗余加固技术会带来性能损耗，同时增大了面积开销，这对于性能敏感电路(如高频数字电路)来说是不可接受的。目前，国内外普遍采用的加固方法都采用冗余结构，通过增加芯片面积达到加固的目的[4]。

对于高频等性能关键电路来说，并不是每条数据路径都是单粒子翻转效应敏感路径，如果某条路径是敏感路径，然而该路径并不是关键数据路径，那么它就存在一定的设计余量，就能够通过采用冗余单元的方式进行加固。如果某条路径为关键路径，但它不是敏感路径，那么就无须对该条数据路径进行加固。基于以上的分析，对高频集成电路进行选择性加固是可行的。本文依据路径敏感度的大小和路径余量的正负这两个关键因素，将数据路径能否加固分为四类，从而达到了在不影响电路性能的基础上对电路单元进行加固的选择性加固。

2 选择性加固方法

2.1 路径敏感度和临界敏感点

路径敏感度即一条时序路径对单粒子翻转效应的敏感程度。它反映了一条时序路径受到单粒子翻转效应影响的程度。假设某条路径的敏感度为 m，则 m 的计算公式为：

$$m = n/N$$

其中，N 代表单粒子效应实验的总次数；n 代表单粒子翻转效应影响导致路径发生故障的实验次数。通过电路敏感度的计算公式可知 m 的取值在 0 到 1 之间。如果 m 比较接近 1，则该路径受到单粒子翻转效应的影响很大，该路径是一条敏感路径，在辐射环境下易发生错误。相反，如果 m 比较接近 0，则表明该路径受到单粒子翻转效应的影响比较小，该路径在辐射环境中不容易发生错误。如果以敏感度达到 0(即某条路径在单粒子效应的影响下重复无数次单粒子实验，一次错误也没发生)为是否进行加固的标准，几乎没有路径能达到要求。因此，提出了临界敏感点的概念。

临界敏感点即对电路是否进行加固的一个临界点。假定临界敏感点的敏感度值为 $M_{sensitive}$，如果某条路径的电路敏感度大于 $M_{sensitive}$，则认为单粒子效应会对该条路径造成显著影响，有必要对该条路径进行加固。如果某条路径的电路敏感度小于 $M_{sensitive}$，则认为该条路径基本不受单粒子效应的影响，该路径可以不加固。临界敏感点概念的提出使得某条路径是否需要加固有了标准，从而有利于筛选出需要加固的路径，使得对电路进行选择性加固成为可能。

2.2 路径余量

路径余量是指将某条路径的商用触发器换成冗余触发器后，该条路径经过 STA 分析后的 setup 余量 T。T 的计算公式为：

$$T = t_{setup} - t_{\triangle}$$

其中，t_{setup} 表示某路径采用商用触发器的 setup 时序余量，$t_{\triangle}$ 表示进行抗单粒子加固将商用触发器换成冗余触发器后损失的时间。如果 $T \geqslant 0$，记 $N_{sensitive} = 1$。如果 $T < 0$，记 $N_{sensitive} = -1$。

通过 $N_{sensitive}$ 值的正负可以判断对触发器抗辐射加固后是否会对电路的时序造成影响。如果 $N_{sensitive} = 1$，证明采用抗单粒子效应的触发器后，该路径还有时序余量，这类路径是可以加固的。如果 $N_{sensitive} = -1$，证明采用抗单粒子效应的触发器后，该路径的 setup 时序不满足要求，电路性能受到影响，此类路径则不能通过冗余的结构进行加固。通过路径余量 T 的正负，可以对电路进行选择性的加固，从而达到既不影响电路性能，又能对电路进行抗单粒子加固的目的。

2.3 选择性加固

为了达到更好的选择性加固的目的，综合考虑上文提出的路径敏感度和路径余量这两个影响因素。设定一个衡量是否加固的值 H。H 的计算公式为：

$$H = M_{sensitive} \times N_{sensitive}$$

通过 H 的取值，做出图 1 所示的选择性加固区域图。

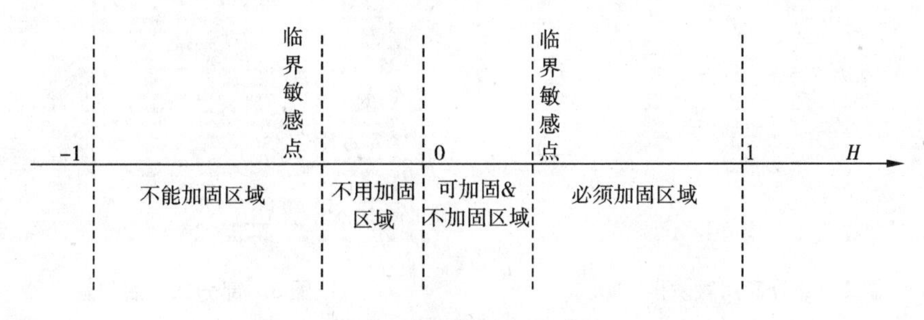

图 1　选择性加固区域图

根据图 1 对路径加固分为四类：第一类是路径余量大于 0，且路径敏感度大于临界敏感点的，表示虽然触发器会对最终的电路造成显著影响，但是有余量进行抗单粒子翻转加固；第二类是路径余量大于 0，并且路径敏感度小于临界敏感点的，表示上述电路不会影响最终的电路抗单粒子翻转能力，且有路径余量，这类触发器可以进行加固也可以不进行加固；第三类是路径余量小于 0，并且路径敏感度小于临界敏感点的，这类电路不会影响最终的电路抗单粒子翻转能力，如果加固影响电路性能，则这类触发器不用加固；最后一类是路径余量小于 0，并且路径敏感度小于临界敏感性的，这类会对电路抗单粒子翻转能力造成影响，并且加固同样会造成电路影响。

3　模拟分析

为了验证上述提出的选择性加固方法的可行性，采用 DDR2 PHY 内的一个 dll 模块进行抗单粒子翻转加固模拟实验[5]。dll 模块是 DDR2 PHY 里的一个生成延时时钟模块，它的作用是使时钟产生一定的相位延迟，生成读和写的延时时钟供其他模块使用。dll 模块影响着 DDRPHY2 的整体抗辐射性能，它的稳定对电路性能的重要性不言而喻。因此，选择 dll 模块为抗单粒子翻转模拟实验的对象很有意义。

此次进行的抗单粒子效应模拟试验中，选用 dll 模块的 100 个触发器。其中部分触发器单元如图 2 所示。

首先将选定的 100 个触发器单元进行替换，把商用触发器替换为抗单粒子加固后的触发器如图 3 所示。然后用 STA 时序分析工具对选定的 1000 个加固的触发器进行时序分析。通过时序报告看替换触发器后路径是否有余量。分别挑选了其中一条有余量的和没有余量的路径报告，如图 4、图 5 所示。

Slack Time 为正值代表有余量，Slack Time 为负值代表没有余量。通过时序报告统计出有余量的路径占 60 条，没有余量的路径占 40 条。

假定临界敏感点 $M_{sensitive}$ 为 0.2，这 100 个触发器的路径敏感度 m 服从正态分布 $N(0.18, 0.0004)$。由此可知，m 的数学期望为 0.18，标准差为 0.02。通过概率论知识可知，$m > M_{sensitive}$ 的概率约为 0.16，$m < M_{sensitive}$ 的概率约为 0.84。

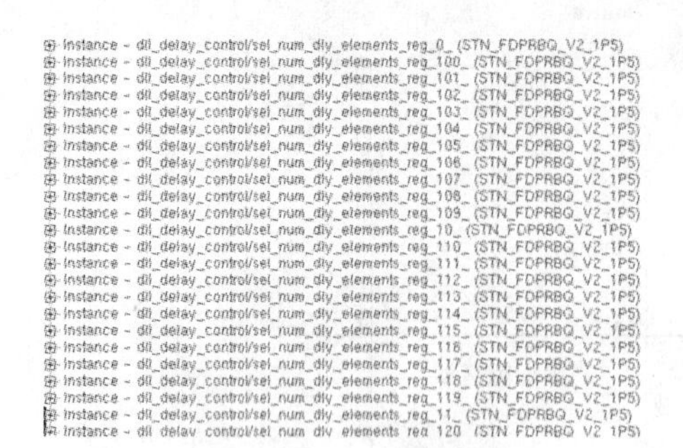

```
Instance - dll_delay_control/sel_num_dly_elements_reg_0_ (STN_FDPRBQ_V2_1P5)
Instance - dll_delay_control/sel_num_dly_elements_reg_100_ (STN_FDPRBQ_V2_1P5)
Instance - dll_delay_control/sel_num_dly_elements_reg_101_ (STN_FDPRBQ_V2_1P5)
Instance - dll_delay_control/sel_num_dly_elements_reg_102_ (STN_FDPRBQ_V2_1P5)
Instance - dll_delay_control/sel_num_dly_elements_reg_103_ (STN_FDPRBQ_V2_1P5)
Instance - dll_delay_control/sel_num_dly_elements_reg_104_ (STN_FDPRBQ_V2_1P5)
Instance - dll_delay_control/sel_num_dly_elements_reg_105_ (STN_FDPRBQ_V2_1P5)
Instance - dll_delay_control/sel_num_dly_elements_reg_106_ (STN_FDPRBQ_V2_1P5)
Instance - dll_delay_control/sel_num_dly_elements_reg_107_ (STN_FDPRBQ_V2_1P5)
Instance - dll_delay_control/sel_num_dly_elements_reg_108_ (STN_FDPRBQ_V2_1P5)
Instance - dll_delay_control/sel_num_dly_elements_reg_109_ (STN_FDPRBQ_V2_1P5)
Instance - dll_delay_control/sel_num_dly_elements_reg_10_ (STN_FDPRBQ_V2_1P5)
Instance - dll_delay_control/sel_num_dly_elements_reg_110_ (STN_FDPRBQ_V2_1P5)
Instance - dll_delay_control/sel_num_dly_elements_reg_111_ (STN_FDPRBQ_V2_1P5)
Instance - dll_delay_control/sel_num_dly_elements_reg_112_ (STN_FDPRBQ_V2_1P5)
Instance - dll_delay_control/sel_num_dly_elements_reg_113_ (STN_FDPRBQ_V2_1P5)
Instance - dll_delay_control/sel_num_dly_elements_reg_114_ (STN_FDPRBQ_V2_1P5)
Instance - dll_delay_control/sel_num_dly_elements_reg_115_ (STN_FDPRBQ_V2_1P5)
Instance - dll_delay_control/sel_num_dly_elements_reg_116_ (STN_FDPRBQ_V2_1P5)
Instance - dll_delay_control/sel_num_dly_elements_reg_117_ (STN_FDPRBQ_V2_1P5)
Instance - dll_delay_control/sel_num_dly_elements_reg_118_ (STN_FDPRBQ_V2_1P5)
Instance - dll_delay_control/sel_num_dly_elements_reg_119_ (STN_FDPRBQ_V2_1P5)
Instance - dll_delay_control/sel_num_dly_elements_reg_11_ (STN_FDPRBQ_V2_1P5)
Instance - dll_delay_control/sel_num_dly_elements_reg_120_ (STN_FDPRBQ_V2_1P5)
```

图 2　部分商用触发器

```
Instance - dll_delay_control/sel_num_dly_elements_reg_0_ (STN_FSDPRBQ_D_1_T0)
Instance - dll_delay_control/sel_num_dly_elements_reg_100_ (STN_FSDPRBQ_D_1_T0)
Instance - dll_delay_control/sel_num_dly_elements_reg_101_ (STN_FSDPRBQ_D_1_T0)
Instance - dll_delay_control/sel_num_dly_elements_reg_102_ (STN_FSDPRBQ_D_1_T0)
Instance - dll_delay_control/sel_num_dly_elements_reg_103_ (STN_FSDPRBQ_D_1_T0)
Instance - dll_delay_control/sel_num_dly_elements_reg_104_ (STN_FSDPRBQ_D_2_T0)
Instance - dll_delay_control/sel_num_dly_elements_reg_105_ (STN_FSDPRBQ_D_1_T0)
Instance - dll_delay_control/sel_num_dly_elements_reg_106_ (STN_FSDPRBQ_D_2_T0)
Instance - dll_delay_control/sel_num_dly_elements_reg_107_ (STN_FSDPRBQ_D_1_T0)
Instance - dll_delay_control/sel_num_dly_elements_reg_108_ (STN_FSDPRBQ_D_1_T0)
Instance - dll_delay_control/sel_num_dly_elements_reg_109_ (STN_FSDPRBQ_D_1_T0)
Instance - dll_delay_control/sel_num_dly_elements_reg_10_ (STN_FSDPRBQ_D_1_T0)
Instance - dll_delay_control/sel_num_dly_elements_reg_110_ (STN_FSDPRBQ_D_2_T0)
Instance - dll_delay_control/sel_num_dly_elements_reg_111_ (STN_FSDPRBQ_D_1_T0)
Instance - dll_delay_control/sel_num_dly_elements_reg_112_ (STN_FSDPRBQ_D_2_T0)
Instance - dll_delay_control/sel_num_dly_elements_reg_113_ (STN_FSDPRBQ_D_2_T0)
Instance - dll_delay_control/sel_num_dly_elements_reg_114_ (STN_FSDPRBQ_D_1_T0)
Instance - dll_delay_control/sel_num_dly_elements_reg_115_ (STN_FSDPRBQ_D_1_T0)
Instance - dll_delay_control/sel_num_dly_elements_reg_116_ (STN_FSDPRBQ_D_1_T0)
Instance - dll_delay_control/sel_num_dly_elements_reg_117_ (STN_FSDPRBQ_D_1_T0)
Instance - dll_delay_control/sel_num_dly_elements_reg_118_ (STN_FSDPRBQ_D_2_T0)
Instance - dll_delay_control/sel_num_dly_elements_reg_119_ (STN_FSDPRBQ_D_1_T0)
Instance - dll_delay_control/sel_num_dly_elements_reg_11_ (STN_FSDPRBQ_D_1_T0)
Instance - dll_delay_control/sel_num_dly_elements_reg_120_ (STN_FSDPRBQ_D_2_T0)
```

图 3　部分加固后的触发器

```
Path 32: MET Setup Check with Pin dll_delay_control_slice_rd/sel_clk_dqs_reg_83_
/CK
Endpoint:   dll_delay_control_slice_rd/sel_clk_dqs_reg_83_/D          (v)
checked with  leading edge of 'clk'
Beginpoint: dll_delay_control_slice_rd/divided_rounded_clk_dqs_reg_0_/Q (v)
triggered by  leading edge of 'clk'
Path Groups: {reg2reg}
Analysis View: function_mode_WCL_CMAX_N40C
Other End Arrival Time          0.311
- Setup                         0.236
+ Phase Shift                   2.500
+ CPPR Adjustment               0.013
- Uncertainty                   0.100
= Required Time                 2.488
- Arrival Time                  2.437
= Slack Time                    0.051
```

图 4　有路径余量的时序报告

```
Path 1: VIOLATED Setup Check with Pin dll_delay_control_slice_rd/product_clk_
dqs_reg_14_/CK
Endpoint:   dll_delay_control_slice_rd/product_clk_dqs_reg_14_/D (v) checked
with  leading edge of 'clk'
Beginpoint: dll_delay_control_slice_rd/encoder_R_reg_2_/Q        (^) triggered
by  leading edge of 'clk'
Path Groups: {reg2reg}
Analysis View: function_mode_WCL_CMAX_N40C
Other End Arrival Time          0.297
- Setup                         0.117
+ Phase Shift                   2.500
+ CPPR Adjustment               0.029
- Uncertainty                   0.100
= Required Time                 2.609
- Arrival Time                  2.622
= Slack Time                   -0.014
```

图 5　没有路径余量的时序报告

由以上两点可以看出那些触发器可以加固，具体分布如图 6 所示。

上述方法通过考虑路径敏感度和路径余量两个因素，模拟实验应用于 DDR2PHY 的 dll 模块，筛选出了能否加固的触发器，在不影响电路性能的基础上对 dll 模块进行了加固。如果采用传统方法，直接对挑选的 1000 个触发器全部加固，那么会有将近 400 个触发器的 setup 时序直接爆掉，此时电路不能正常工作。由此可以看出，本文提出的选择性加固方法在

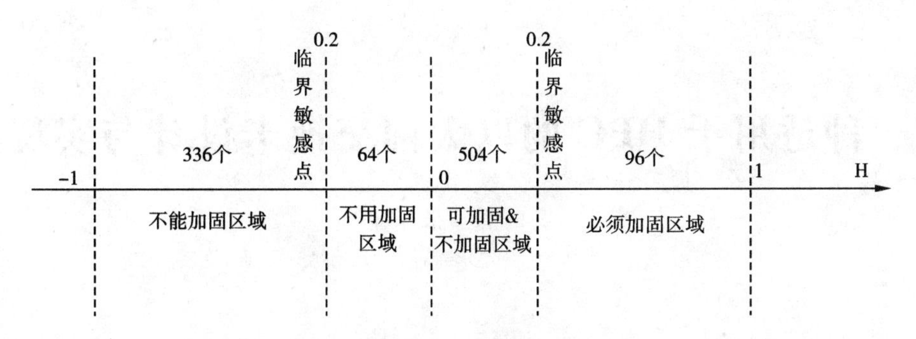

图6 模拟实验筛选触发器分布图

高性能电路加固领域具有重要的实用价值。

4 结束语

本文通过 DDR2PHY 的 dll 模块的抗单粒子模拟实验，基于文中提到的路径敏感度和路径余量理论，在不损失性能的基础上对 dll 模块的触发器进行了选择性加固。由此可说明本文提出的选择性加固方法是可行的。尤其是在高性能电路上，此方法完全可以在不损失电路性能的基础上完成抗单粒子效应的加固。

参考文献

[1] V Ferlet-Cavrois, L W Massengill, P Gouker. Single Event Transients in Digital CMOS – A Review[J]. IEEE Transactions on Nuclear Science, 2013, 60(3): 1767 – 1790.

[2] P E Dodd, M R Shaneyfelt, J R Schwank, et al. Current and Fulture Challenges in Radiation Effects on CMOS Electronics[J]. IEEE Transactions on Nuclear Science, 2010, 57(4): 1747 – 1763.

[3] 孙岩，张民选，李少青，等. 基于敏感寄存器替换的电路软错误率与开销最优化[J]. 计算机研究与发展，2011，48(1): 28 – 35.

[4] 陈书明，杜延康，刘必慰. 一种基于混合模拟的计算组合电路中软错误率的方法与工具[J]. 国防科技大学学报，2012，34(4): 153 – 157.

作者简介

焦帅洋，研究方向：集成电路设计；通信地址：湖南省长沙市开福区德雅路 109 号国防科技大学微电子所；联系电话：18706717457；邮箱：jiaosy1993@163.com。

宋睿强，助理研究员；通信地址：湖南省长沙市开福区德雅路 109 号国防科技大学微电子所。

一种适用于HPC的以太网交换卡设计与实现

吴 智 张春林

【摘要】 以太网是高性能计算系统维护管理网络最广泛使用的组网方式。针对HPC系统设计一款适应其体系结构的以太网交换卡，可以缩短以太网硬件通路，增强系统的可靠性，提高组装密度。基于此理念，本文设计实现了一款基于博通BCM56634芯片，48口千兆下行、2口万兆上行以太网交换卡。本文首先分析了研制针对HPC的以太网交换卡需要考虑的基本问题，然后详细介绍了硬件与软件设计与实现，最后对设计进行了测评和应用情况分析。

【关键词】 以太网交换；HPC；BCM56634；维护管理

1 引言

以太网自1973年问世以来，已经成为当今最重要的一种局域网组网形式。以太网协议作为一种技术规范，具有性价比优、高度灵活、相对简单、易于实现等特点，因此成为最通用、最广泛的协议标准之一。

在高性能计算系统中，以太网是一种广泛应用的互连架构。分析2017年11月份HPC TOP500中系统的互连架构可以看出，500台机器中共有226台采用以太网互连，占比45.2%。此外，高性能计算机系统的基础带外管理网络——维护管理网，大多采用以太网构建。TOP500中排名靠前的"神威太湖之光""天河一号"系统均采用自研以太网交换机的方式构建系统管理网络，可见以太网交换机的设计与研制在HPC系统中是不可或缺的一个环节[1]。

HPC具有规模大、组装密度高、需要统一管理的特点。从性价比和适应性上考虑，对一个特定的HPC系统，根据其体系结构和以太网层次架构自主设计以太网交换机，比购买商用产品更具优势。本文基于博通BCM56634，48口千兆下行、4口万兆上行芯片，设计实现了一款适用于HPC的以太网交换卡。文章首先分析了研制针对HPC的以太网交换卡需要考虑的基本问题，然后分别详细介绍了硬件与软件设计，最后进行了测评和应用情况分析。

2 HPC中以太网交换设计的基本考虑

2.1 自研需求分析与接口类型选择

文献[1]中，基本分析出HPC以太网交换的第一级（节点或者刀片内交换）与第二级（超节点内交换)具备自研需求。这两级的特点是：传输距离近(为同一板内或者机仓内连接)，组装密度大。本设计针对第二级连接。传统商用的 1000BASE - T 千兆交换机，采用“PHY + 变压器”结构，对外连接接口一般都是 RJ45 口，适用于机仓间连接。如果用于机仓内连接，会导致大量网线连接，影响组装密度与稳定性。

随着交换芯片端口密度增大，交换芯片的千兆交换口一般提供 SGMII/SerDes 接口。它为两对差分数据通路 Rx 和 Tx，共 4 根信号线，运行频率为 1.25 Gbaud。这种接口信号数量少，并且信号采用 LVDS 差分传输，大大增强了信号完整性，一般直接接外部光模块，运行 1000BASE - X 协议[2]。由于其具备幅度调整与预加重功能，因此，也可以直接用于背板传输，走线长度可以达到 36 inches 甚至更远。

图 1 为两种连接方案对比。从图中可以看出，HPC 机仓内第一级与第二级以太网交换之间连接采用 SerDes 接口，可以很明显地减少器件数量、通路长度、走线数量，从而提高了系统的组装密度与可靠性。

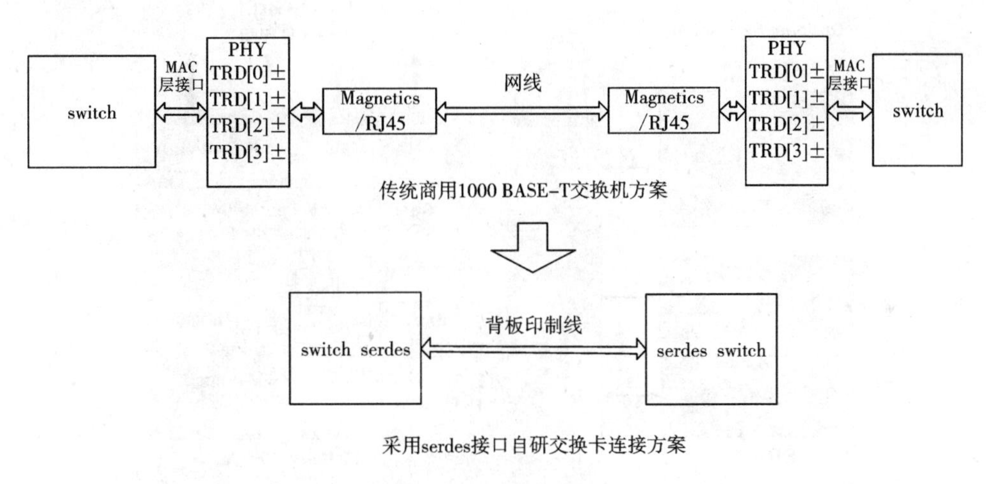

图 1　连接方案对比

2.2　端口速率选择考虑

从速率需求看，第一级连接的每个插件上有多个处理器和 BMC(基板管理控制器)需要上网。处理器的操作系统引导以及管理信息均通过此端口，因此插件对外上行接口至少应该为千兆。从而确定第二级交换卡下行为千兆。第二级交换上行端口可以选择千兆或者万兆或者更高。如果用千兆，上行端口需要同时出若干个千兆端口，会增加布线复杂度。如果这些千兆端口直接连核心交换机，会导致核心交换机千兆口数量巨大，一般会先连接一级商用千兆/万兆交换，然后由商用交换机万兆口再连核心交换，这样也会导致结构复杂、成本增加。如果用 40 G 或者更高速率，理论上性能更好，但成本也相应增加。综合考虑维护管理网络数据量与成本，第二级交换的上行口采用 10 G - Base SR。

2.3　交换芯片选型

目前，主流的以太网交换芯片厂商有 Cisco、Broadcom、Marvell、Fulcum、富士通半导体、

Realtek、英飞凌以及国内的盛科、华为等。

Broadcom 的交换芯片运行稳定，是目前使用最为广泛的以太网交换芯片。从 HPC 系统运算节点以太网接口类型和交换芯片的性能、价格、产品可靠性等多方面考虑，本文采用 Broad Com 公司的 BCM56634(见图 2)以太网交换芯片。

BCM56634 为博通公司推出的较为成熟的产品，其主要特性为[3]：

(1)上行 4 口 10Gbe，支持堆叠协议 HiGig +、HiGig2，如需更多端口可使用多片堆叠完成。

(2)下行 48 口 SGMII。

(3)支持 L2、L3 交换。

(4)X2 2.5 Gbps PCIe 1.1 接口，用于外接管理 CPU。

(5)一个 PCI 接口，支持 PCI 2.2 标准，用于外接管理 CPU。

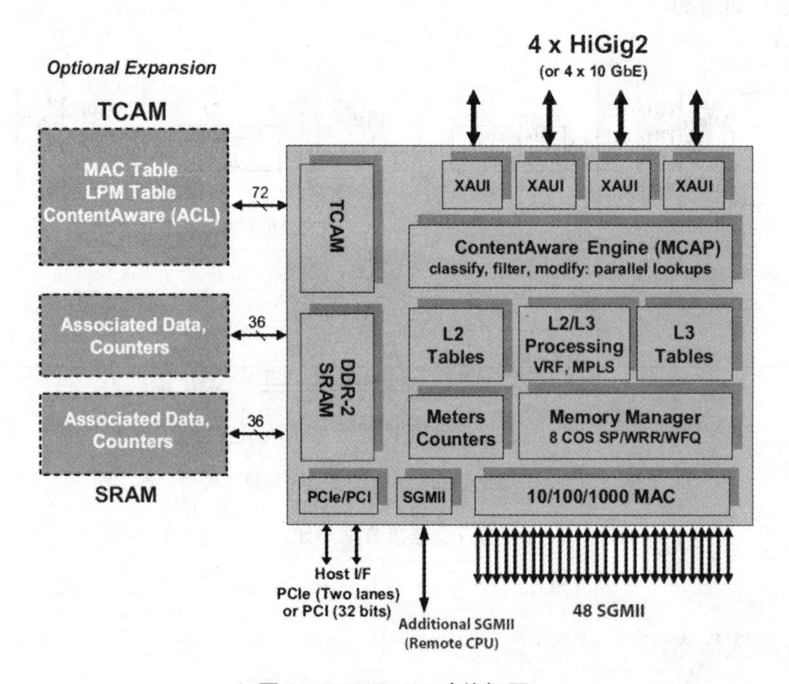

图 2　BCM56634 功能框图

此芯片还支持 TCAM 和 SRAM 扩展，但本设计中未使用此功能。

3　硬件设计

3.1　总体设计

硬件设计主要分为交换部分和配置处理器部分。

交换部分主体由 48 口千兆下行，4 口万兆上行以太网交换芯片 BCM56634 组成。千兆下行电路通过 SerDes 接口连接。2 口上行通过 XAUI 接口与双口光 PHY 芯片 BCM8726 连接，出 SFP+插座，连接10G-Base SR 光口，与核心交换机相连。一个下行口与 BCM5461S 相连，作为1000BASE-T调试口。

控制部分以 MPC8548 嵌入式处理器为主体，配套 DDR2 颗粒、NOR Flash 芯片。配置处理器通过 PCIe 配置交换芯片。配置处理器提供一路 RJ45 调试口，同时连接到交换芯片，正常工作时候可以远程查看交换机状态，配置交换机功能。因为交换芯片正常工作时需要散热处理，配置了一片温度监测芯片 TMP75，可实时监测温度。配置处理器提供 RS485 备份通路，可以在以太网通路故障时，通过此通路查看状态，修复以太网交换机。

图3所示为总体逻辑框图。

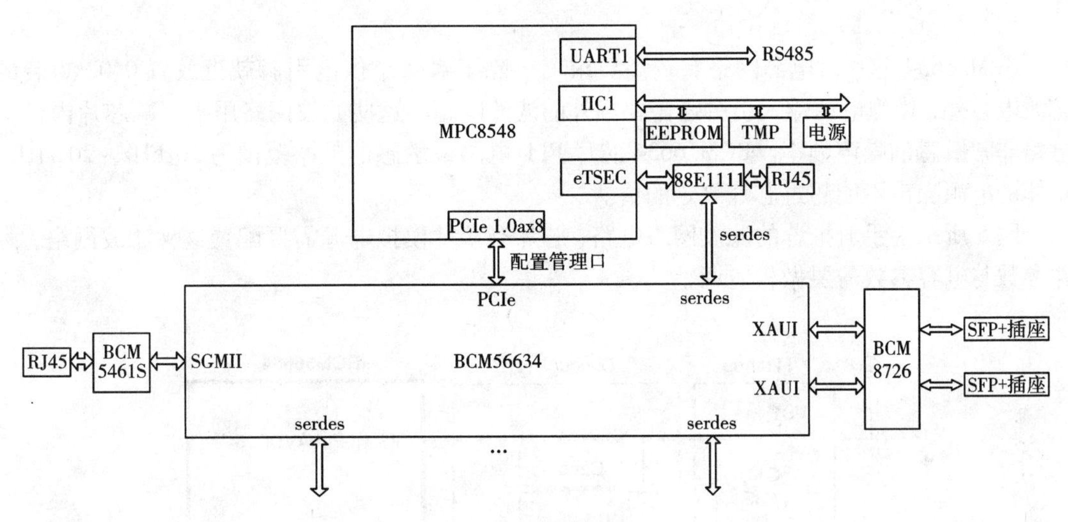

图3 总体逻辑框图

3.2 设计要点

3.2.1 SGMII/SerDes 通路

BCM56634 的下行千兆口为 SGMII/SerDes 接口，可以配置为 SGMII 或者 SeDes 模式。这两种模式共用引脚，电气特性也相同，但是协议略有区别(见图4)。

SGMII 协议由 CISCO 公司提出，用于以太网 MAC 控制器和 PHY 之间的连接[4]。SGMII 即 Serial GMII(SerDes/Serial gigabit media independent interface)，串行 GMII，收发各一对差分信号线，即总共4根信号线。时钟频率625 MHz，数据频率为1.25 GHz，在时钟信号的上升沿和下降沿均采样。参考时钟是可选的，一般情况下不使用。SGMII 通过数据重复传输10/100次以拉长帧长，可以支持100/10 M模式，这个动作在802.3z PCS layer 之上完成。

SerDes 模式下运行1000BASE-X协议，只支持1000 Mpbs 数据率。

从实验情况看，虽然采用 SGMII 模式，通过配置至少一端为 Master，交换芯片之间也能 linkup，且可以正常传输数据。但是考虑到 SGMII 协议一般是 MAC 和 PHY 之间的连接协议，且不支持暂停帧，本设计中下行口使用 SerDes 模式运行1000BASE-X协议。

博通公司对 SerDes 通路的一个测试报告表明，在 FR4 基材，穿过2个连接器，默认输出幅度模式下，走36 inches 可以达到 $<10^{-14}$ BER[5]。在实际设计时可以按这个经验值作为参

	Link Timer	Remote Fault	PAUSE Frame	Speed Bit	Link Status	Duplex Bit
SGMII	1.6 ms	Not Supported	Not Supported	Supported	Supported	Supported
SerDes	10 ms	Supported	Supported	Not Supported (always 1000BASE-X)	Not Supported	Supported

图 4 SGMII 与 SerDes 模式自协商对比

考。也可以进行信号仿真确定精确的稳定传输距离，或者调整信号输出幅度与预加重值以传输更远距离。

3.2.2 电源滤波网络设计

BCM56634 芯片对电源网络有较高要求[6]。除了对每个供电引脚就近放置 0402 封装的滤波电容外，模拟电源输入引脚还需要额外的滤波电路。这些滤波网络用于衰减芯片内模拟电路非常敏感的噪声频率。BCM56634 芯片 PLL 电路最敏感的频率范围为 50 kHz ~ 20 MHz，总体的电源噪声不能超过芯片规定的值。

图 5 所示为手册推荐的滤波网络电路，芯片有多种模拟电源需要配置这种滤波网络，磁珠参数与电容参数需要做相应调整。

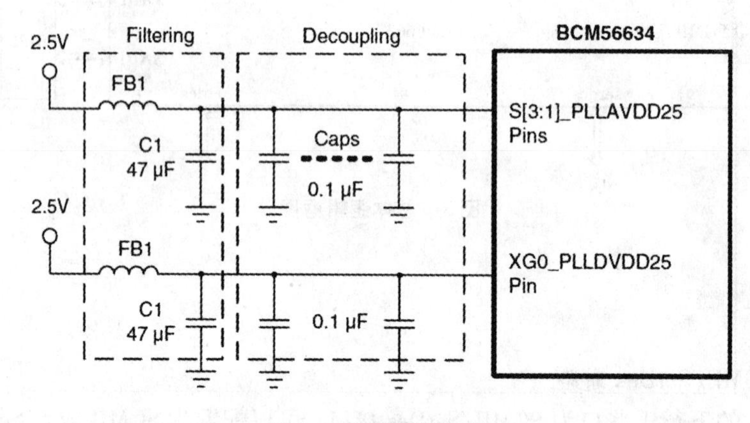

图 5 推荐的滤波网络

4 软件设计

4.1 嵌入式系统移植

嵌入式系统移植涉及的工作主要有搭建开发环境，u - boot、kernel、dtb 文件系统的移植和烧录[7]。

开发环境搭建流程如下：

(1)安装 red hat6.4(64 位)操作系统。

(2)安装 32 位库 glibc - 2.12 - 1.107.el6.i686.rpm、nss - softokn - freebl - 3.12.9 - 11.el6.i686.rpm 和 ncurses - devel - 5.7 - 3.20090208.el6.x86_64.rpm。

(3)解压交叉编译工具 freescale - gcc - 4.1.78 - eglibc - 2.5.78 - dp - 1.tar.gz 到/opt(其他位置也可)。

(4)设置环境变量 PATH = $PATH: $HOME/bin: /opt/freescale - gcc - 4.1.78 - eglibc - 2.5.78 - dp - 1/freescale/usr/local/gcc - 4.1.78 - eglibc - 2.5.78 - dp - 1/powerpc - linux - gnuspe/bin

CROSS_COMPILE = powerpc - linux - gnuspe -

ARCH = powerpc

export PATH CROSS_COMPILE ARCH

本系统用到的嵌入式处理器是 freescale 的 MPC8548，相应的 u - boot、kernel、dtb 源码可以去 Freescale 官网进行下载，再根据自身系统的特点和实际硬件连接进行移植和编译。

在首次烧录 u - boot 或者 falsh 中的 u - boot 不能正常工作的情况下，使用 BDI3000 烧录器通过 MPC8548 的 JTAG 接口将 u - boot 烧录到 flash 中。在 u - boot 能正常工作时，正确配置 u - boot 的网络接口，使用以太网实现 u - boot 的自我更新。其他部分如内核、设备树以及文件系统都使用 u - boot 通过网络来烧录。

使用 BDI3000 烧录 u - boot 的整体过程为：首先通过串口配置好 BDI3000，然后使用 telnet 登录到 BDI3000 上，最后在 BDI3000 上执行相关命令完成烧录。

4.2 博通 SDK 移植

博通针对旗下所有的芯片提供了一整套的 SDK 源码，包含了 Shell 和各种 API。针对当前的系统，关键就在 SDK 源码的优化、剪裁和移植的问题上，软件平台设计的核心就是编译出适合 BCM56634 的驱动[8]。

博通 SDK 只允许用两种交叉编译器编译，从中二选一，本系统选用的交叉编译器是 ELDK4.1。SDK 需要指定编译器的版本、linux 的版本以及 linux 内核源码的头文件、交叉编译的头文件等。

SDK 移植编译过程如下：

(1)src/soc/phy/phyident.c：根据所用外部 phy 芯片的地址修改相应端口 phy 地址。

(2)System/linux/kernel/gto - 2_6 下的 makefile：修改默认交叉编译器、eldk 版本号、linux 版本号。

(3)System/linux/kernel/common 下的 makefile：修改 linux 版本号

(4)Make 下的 Make.linux、Makefile.linux - gto - 2_6 修改：在 Make.linux 里修改 kernel 目录、交叉编译器等。Makefile.linux - gto - 2_6 中需要指定所用内核源码的目录，因为 SDK 编译需要用到内核源码的头文件(注意：有些内核源码头文件是在内核编译过程中产生的，所以在编译 sdk 之前首先需要编译内核)，还需要指定交叉编译器的 include 目录。

(5)Make 下创建一个 Make.local：按照 Make.local.template 这个模板，在其中可以自定义一些用户选项，包括支持哪些芯片，调试标记等。由于 SDK 默认设置是编译支持所有芯片导致编译出的模块体积很大，在这里定制后可以编译出体积更小、更合理的 SDK 模块。

(6)systems/linux/kernel/gto - 2_6 目录下，执行 make，即可在该目录下得到各 SDK 模块和 bcm shell 应用程序 bcm.user.proxy。

本设计会用到其中的 3 个模块，它们的功能如下：

(1)linux-kernel-bde. ko：BDE(Broadcom Device Enumerator)是设备枚举器，用于发现博通的芯片，并为其分配资源。

(2)linux-uk-proxy. ko：linux user-kernel 代理模块提供了 BCM Diagnostic Shell 中命令执行和结果显示的机制。

(3)linux-bcm-diag-full. ko：该模块为 Broadcom 提供的示例应用——诊断模块，作为调试工具与 BCM 核心模块交互。加载后，连接内核中运行的驱动，可调试正在运行的系统。该模块使用 proxy 模块作为终端 I/O，故必须在 proxy 模块之后插入。该模块包含有完整的 BCM API 和诊断 shell 应用，将该模块插入后，环境即为完整的。该模块提供了简单的硬件平台检查，是系统开发的起点。

SDK 的具体用法可以写成一个自启动脚本，代码如下：

```
#! /bin/sh
insmod linux-kernel-bde. ko
insmod linux-uk-proxy. ko
mknod /dev/linux-uk-proxy c 125 0
insmod linux-bcm-diag-full. ko
(
echo “rcloadrc. soc”
sleep 1
echo “exit”
)| ./bcm. user. proxy
```

在实际使用时，由于上行万兆口默认为 higi 模式，本设计中的万兆口运行在 XAUI 模式，需要将其配置成 xe 接口，配置命令如下：

```
port hg2 encap = ieee
```

5 测评与应用分析

基于上述方案，本文实现了以太网交换卡。并对交换机进行了测试。分别使用千兆、万兆网口主机连接千兆口与万兆口。主机间进行 ping 包测试，包长分别设为 64 byte、512 byte、1518 byte，均显示无丢包。读取交换芯片相应端口的错误计数器，均无计数。

使用安捷伦高速示波器在经过背板后的连接器上测试千兆 serdes 信号眼图，在板内测试了 XAUI 信号眼图。如图 6、图 7 所示，从眼图定性来看，经过背板和板内的信号质量可靠。

该交换卡已经进行了小批量试用。从实际应用情况看，该交换机的稳定性、吞吐量、帧丢失率、传输延迟等性能，完全满足 HPC 系统维护管理网通信需求。

本设计的主要思想是在满足需求的前提下，针对 HPC 机仓内维护管理网连接特点，定制以太交换卡，缩短以太网通路。与采用商用交换机相比，本设计达到了适用于 HPC 高密度组装、节省硬件成本、稳定可靠的目标。

后期在硬件上将对以太网交换卡进行更全面的压力测试；软件上，将设计软件程序，将交换卡监控集成到整个 HPC 维护管理系统中。

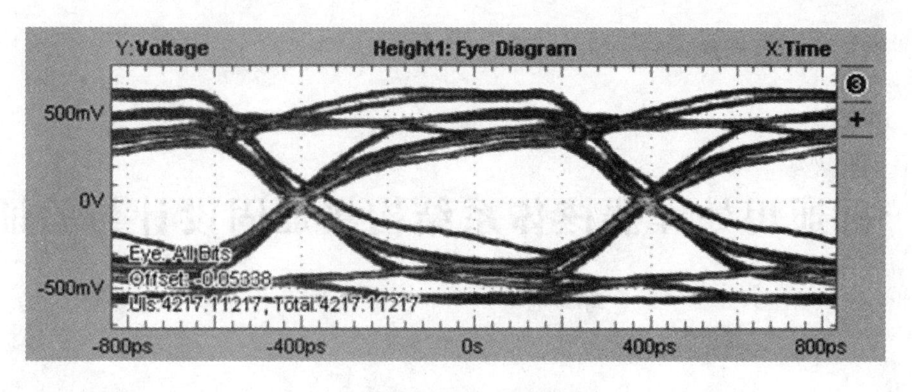

图 6　千兆 serdes 信号眼图

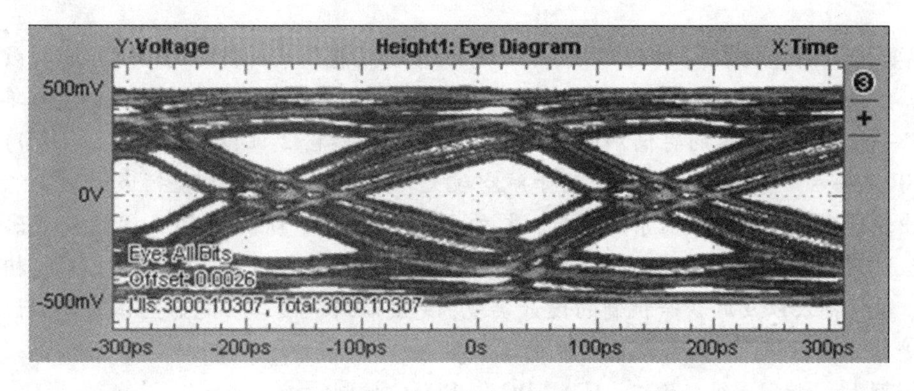

图 7　XAUI 信号眼图

参考文献

[1] 李瑛，叶飞. 一种适用于 HPC 的千兆以太网交换机设计与实现[J]. 高性能计算技术，2012，38(12)：65 –68.

[2] 潘波，朱伟. 基于 SerDes 的千兆以太网设计与实现[J]. 微处理机，2014，35(1)：32 –34.

[3] 48 – Port GbE Multilayer Switch with Four 10 – GbE/HiGig2™ Uplink Ports. BCM56634 Preliminary Data Sheet. Broadcom. 2009.

[4] Serial-GMII Specification[M]. Cisco Systems. 2001.

[5] SerDes Backplane Applications[M]. Broadcom. 2006.

[6] BCM56630 Hardware Design Guidelines[M]. Broadcom. 2009.

[7] 伍召学，吴阳阳. 基于以太网交换芯片 BCM56634 的数据传输系统设计与实现[J]. 广东通信技术，2013 (12)：53 –57.

[8] Network Switching Software Platform Guide[M], Software Development Kit Release 6. 3. 0 . Broadcom. 2013.

作者简介

吴智，研究方向：高性能计算维护诊断系统设计与实现；通信地址：江苏无锡 33 信箱 220 分箱；邮政编码：214083；联系电话：18921156355；E – mail：wuzhi115@ yeah. net。

一种通用处理器核体系结构级加固设计与验证

马 尤 刘 胜 陈海燕

【摘要】 在航空航天等特殊领域，存储体由于受高能粒子所引起的单粒子翻转效应SEU的影响，会造成存储的“0”“1”翻转，影响系统正常运行。由于大多数情况只会发生单比特翻转，所以一般星载处理器的存储加固设计常选用纠1位错检2位错编码(SEC-DED)。处理器X_DSP是一种多核SOC芯片，应用于航空航天。为了避免它在高空领域受到高能粒子的辐射而出现错误，影响计算机系统运行，本文主要实现对X_DSP的CPU通用处理器核的体系结构级加固设计，实现对错误的检测与纠正。设计主要包括对纠一检二、EDAC相关控制寄存器、错误插入以及刷新等机制的设计实现，完成以纠一检二功能为主体的加固设计。最后对其进行完备验证，从而保证其功能的正确性。

【关键词】 加固；纠一检二；ICA；DCA；EDAC控制

1 引言

近年来，航天技术的发展关系到国家的安全，集成电路作为航天飞行器的核心，其性能成为主要的衡量指标之一，而空间环境的复杂性和多样性影响并制约着空间技术发展，高空中存在的高能粒子辐射会对工作的航天器、人造卫星等造成不同程度的威胁。辐射导致的单粒子翻转效应SEU(single event upset)使得航天计算机静态存储器SRAM中的指令或数据可能出现小概率错误[1]，破坏了数据的正确存储，甚至会导致程序的误操作，这种错误若不及时纠正将会影响计算机系统的运行，严重时会导致整个系统崩溃[2]。

多年来，国外学者对SRAM中的存储单元提出了很多种加固结构，早在1988年，S. E. Kerns等人就提出通过增加解耦电阻对存储单元进行加固，但是该加固方法存在很多缺点，如会增加大量的面积以及对写入速度有很大的影响等。同年Rockett等人通过增加冗余节点，利用反馈机制，使得存储节点发生翻转后能够自行恢复正常，提出了一种存储单元加固结构，随后很多学者利用这一机制提出了很多加固存储单元结构[3]。

纠错检错码EDAC是数字通信中用以提高数据传输可靠性的常用技术[4]。其是在传输信号中加入冗余位，在数据输入端进行编码，然后在数据输出端解码自动检测错误并进行纠正的一种技术[1]。具有实时性和自动完成的特点。由于高空中一个高能粒子一般只产生一个SEU，多数情况只产生单比特翻转，所以纠一检二编码SEC-DED即可满足系统对纠错能

力的要求[5]。通过使用 EDAC 技术结合纠错码便可实现纠一检二，能大大提高系统的抗干扰能力，从而提高系统的可靠性。

X_DSP 是一种多核 SOC 芯片，应用于航天飞行器，必须保护其处理器核内部存储体不受到高空中存在的高能粒子的辐射，避免 SEU 效应。处理器 X_DSP 共有三个处理器核，其中 CPU 通用处理器核本身不具有加固能力，为保证处理器 X_DSP 数据及功能的准确性，对该 CPU 通用处理器核的加固十分重要。

整体加固设计可以分别从电路设计层、系统结构层等方面进行实现。由于该设计本身具有加固标准单元库，因此本文的研究方向是对基于 X_DSP 的 CPU 处理器核中存储体进行体系结构级加固设计。对其原本的存储体结构进行分析，通过一系列 EDAC 控制寄存器并结合纠错 Hisao 码进行加固设计，包括对纠检错、刷新、注入错误等机制的设计，实现纠一检二，并对加固设计进行完备验证，避免产生功能错误[6]。

2 处理器结构

处理器作为计算机的运算和控制核心，是一块超大规模的集成电路。X_DSP 处理器是一种多核的 SOC 芯片。图 1 为 X_DSP 的总体结构示意图。

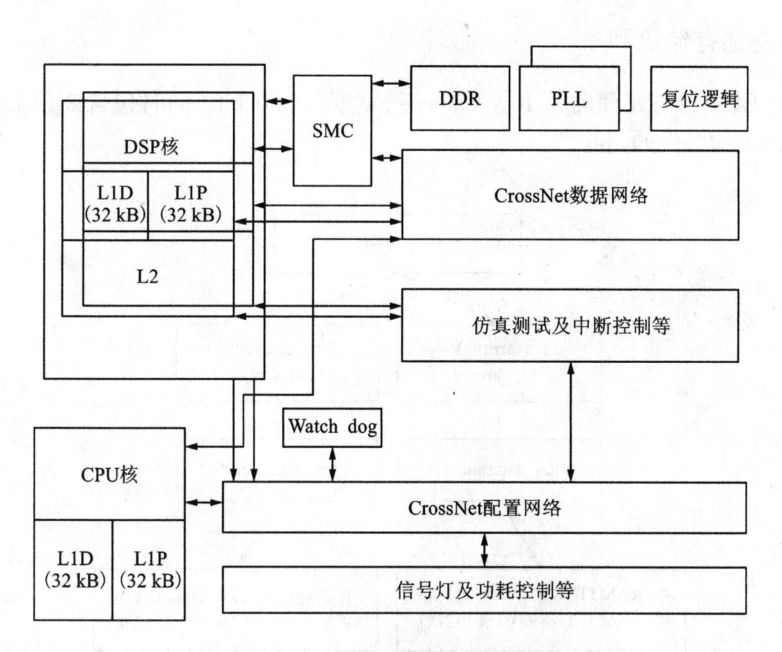

图 1　X_DSP 的总体结构示意图

由图 1 可知，X_DSP 处理器共有三个处理器核（两个 DSP 核和一个 CPU 通用处理器核），由于 CPU 通用处理器核不具备加固能力，为了避免它在高空领域受到高能粒子的辐射，影响计算机系统运行，因此本文研究方向为对该通用处理器核的加固设计。

SOC 芯片 X_DSP 的 CPU 通用处理器核一级 Cache 存储体分为 ICA 和 DCA，其中 ICA 负责存储代码，DCA 负责存储数据[7]。ICA Cache 行宽度为 256 bit，DCA Cache 行宽度为 266

bit，深度均为 512，容量均为 32 kB。

对 X_DSP 的 CPU 通用处理器核整体加固思路可以分别从电路设计层、系统结构层等方面设计实现。其中电路级加固是通过电路结构和版图布局对处理器进行加固设计的。系统结构层是体系结构级的加固，主要包括对错误的监测与修复[2]。但由于该设计本身具有加固标准单元库，因此本文研究方向是对 X_DSP 的 CPU 通用处理器核进行体系结构级加固设计。对该处理器核中小容量存储器均采用 RTL 描述的 Flip-flop 来完成，通过加固的综合库统一处理；对 DCA 和 ICA 中的大容量存储器可设计提供纠一检二的功能。

设计思路为首先对该处理器核的原有存储机制进行分析，然后使用一系列 EDAC 加固控制寄存器设计刷新机制、错误注入机制及通过使用 Hisao 码进行编解码对其进行纠检错的机制等，最终实现纠一检二。

3 处理器核存储机制分析

X_DSP 的 CPU 通用处理器核一级 Cache 存储体分为指令 Cache ICA 和数据 Cache DCA，ICA Cache 行宽度为 256 bit，DCA Cache 行宽度为 266 bit，深度均为 512，容量均为 32 kB。

3.1 ICA 本身的存储机制

X_DSP 的 CPU 通用处理器核 ICA Cache 行宽度为 256 bit，同时包含 8 位数据校验位和 2 位 Tag 体校验位，共计 266 bit。

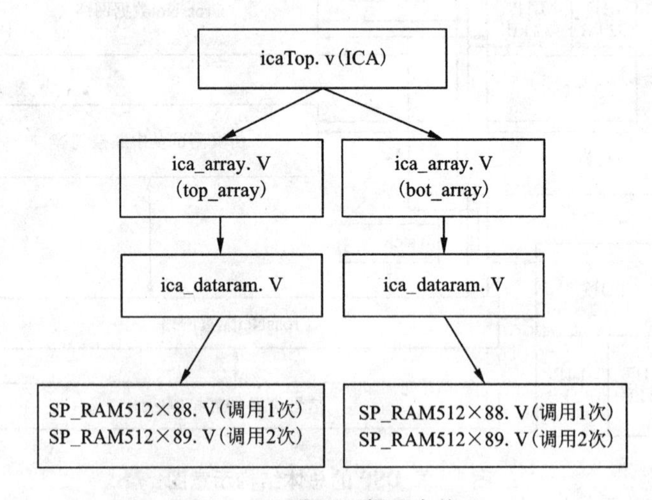

图 2 ICA 代码逻辑层次关系

这 266 位数据，共进入 6 个存储体。其中 SP_RAM512X88 和 SP_RAM512X89 为单端口 SRAM。其原有存储机制包含奇偶校验，ICA 通过数据交织的方式增强了对连续的一位错的检错能力。

3.2 DCA 本身的存储机制

X_DSP 的 CPU 通用处理器核 DCA Cache 行宽度为 256 bit，包含 32 个奇偶校验位、2 个 Tag 体校验位、4bit 的 U 位等，共计 305 位。图 3 所示为 DCA 代码逻辑层次关系。

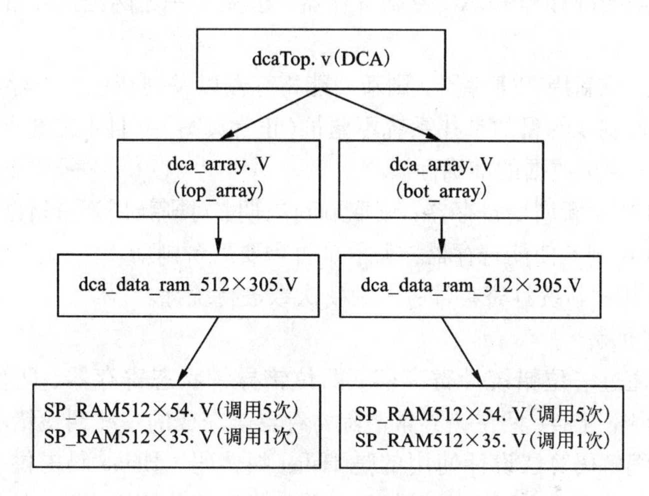

图 3　DCA 代码逻辑层次关系

305 位数据共进入 6 个存储体。其中 SP_RAM512X54 和 SP_RAM512X35 为单端口 SRAM，SP_RAM512X54 模块中每 9 位公用 1 个 mask 位，SP_RAM512X35 模块中高 9 位公用 1 个 mask 位，次高 9 位公用 1 个 mask 位，最低 17 位每位拥有一个 mask 位。其原有存储机制包含奇偶校验。

4　纠一检二加固设计

4.1　ICA 的纠一检二加固

256 bit 数据位设计通过 EDAC 编解码进行加固。其中 Tag 体校验位采用寄存器文件的方式处理。设计增加控制寄存器，添加错误注入使能和错误注入类型。

数据体采用 64 位通过 Hisao 码进行编解码生成 8 位校验位的方式实现纠一检二。融合数据交织技术，增强纠错能力。

4.2　DCA 的纠 1 检 2 加固

256 bit 数据位设计通过 EDAC 编解码进行加固。SP_RAM512X54 分成 6 个子存储体，每个存储体深度 512 宽度 13 位(8 位数据和 5 位校验位)。SP_RAM512X35 分成三个部分，为 2 个深度、512 宽度、13 位的存储器和一个 512 × 17 的寄存器文件。

数据体采用 8 位通过 Hisao 码进行编解码生成 5 位校验位的方式实现纠一捡二。并根据当前读出数据是否存在两位错，制造一个奇偶校验位。增加控制寄存器，添加错误注入使能和错误注入类型。

4.3 加固控制机制设计

对 DCA 和 ICA 设计了存储器的后台自动刷新机制，提供了 EDAC 统计寄存器、两位错报告控制机制、错误插入机制等。为 ICA 和 DCA 设置了不同的刷新周期、刷新使能寄存器、一位错统计寄存器和刷新统计等 EDAC 控制寄存器。公用了一套两位错异常寄存器。

4.3.1 刷新机制

刷新机制是通过刷新周期寄存器、刷新使能寄存器以及刷新统计寄存器等完成的一些刷新功能的设计。后台刷新的目的是在系统不繁忙(正常读写)并且不需要回写时，对存储体中数据进行后台刷新，确保数据的准确性。

(1)DRCR/PRCR 刷新周期寄存器：读取刷新周期、对刷新周期进行配置。

(2)DRER/PRER 刷新使能寄存器：表示是否需要后台刷新。

(3)DRPR/PRPR 刷新统计寄存器：对刷新次数进行统计。

4.3.2 纠检错机制

纠检错机制是通过一位错统计寄存器、两位错异常状态寄存器、两位错异常使能寄存器、两位错异常类型寄存器、两位错异常清除寄存器等完成的一些纠检错功能的设计。

纠检错设计中编解码算法设计使用的是 Hsiao 纠错码。Hsiao 码提供了构造单错误纠正双错误检测的纠一检二 SED－DED 校验矩阵，并且找到相关最优矩阵，该校验矩阵称为奇偶检验矩阵[8]。本设计 ICA 一次写入数据位宽为 64，编码生成 8 位校验位，校验矩阵位宽 72。DCA 一次写入数据位宽为 8，编码生成 5 位校验位，校验矩阵位宽 13。如图 4、图 5 所示分别为生成的 ICA 校验矩阵与 DCA 校验矩阵。

```
[[1 0 0 0 0 0 0 0 1 0 0 1 0 1 1 1 1 1 1 1 1 1 1 1 1 1 1 1 1 1 1 1 1 1 1 1 1
  0 0 0 0 0 0 0 0 0 0 0 0 0 0 0 0 0 0 0 0 0 0 0 0 0 0 0 0 0 0 0 0 0 0 0]
 [0 1 0 0 0 0 0 0 1 1 0 0 1 0 1 1 1 1 1 1 1 1 0 0 0 0 0 0 0 0 0 0 0 0 0 0 0
  1 1 1 1 1 1 1 1 1 1 1 1 1 1 1 0 0 0 0 0 0 0 0 0 0 0 0 0 0 0 0 0 0 0 0]
 [0 0 1 0 0 0 0 0 1 1 1 0 0 1 0 1 1 0 0 0 0 0 1 1 1 1 1 0 0 0 0 0 0 0 0 0 0
  1 1 1 1 1 0 0 0 0 0 0 0 0 0 0 1 1 1 1 1 1 1 1 1 1 0 0 0 0 0 0 0 0 0 0]
 [0 0 0 1 0 0 0 0 1 1 1 1 0 0 1 0 0 1 0 0 0 0 1 0 0 0 0 1 1 1 1 0 0 0 0 0 0
  1 0 0 0 0 1 1 1 1 0 0 0 0 0 0 1 1 1 1 0 0 0 0 0 0 1 1 1 1 1 1 0 0 0 0]
 [0 0 0 0 1 0 0 0 0 1 1 1 1 0 0 1 0 0 1 0 0 0 0 1 0 0 0 1 0 0 0 1 1 1 0 0 0
  0 1 0 0 0 1 0 0 0 1 1 1 0 0 0 1 0 0 0 1 1 1 0 0 0 1 1 1 0 0 0 1 1 1 0]
 [0 0 0 0 0 1 0 0 1 0 1 1 1 1 0 0 0 0 0 1 0 0 0 0 1 0 0 0 1 0 0 1 0 0 1 1 0
  0 0 1 0 0 0 1 0 0 1 0 0 1 1 0 0 1 0 0 1 0 0 1 1 0 1 0 0 1 1 0 1 1 0 1]
 [0 0 0 0 0 0 1 0 0 1 0 1 1 1 1 0 0 0 0 0 1 0 0 0 0 1 0 0 0 1 0 0 1 0 1 0 1
  0 0 0 1 0 0 0 1 0 0 1 0 1 0 1 0 0 1 0 0 1 0 1 0 1 0 1 0 1 0 1 1 0 1 1]
 [0 0 0 0 0 0 0 1 0 0 1 0 1 1 1 1 0 0 0 0 0 1 0 0 0 0 1 0 0 0 1 0 0 1 0 1 1
  0 0 0 0 1 0 0 0 1 0 0 1 0 1 1 0 0 0 1 0 0 1 0 1 1 0 0 1 0 1 1 0 1 1 1]]
```

图 4　ICA 校验矩阵

```
[[1 0 0 0 0 1 1 0 1 0 1 0 1]
 [0 1 0 0 0 1 0 1 1 1 0 1 0]
 [0 0 1 0 0 1 0 1 0 1 1 0 1]
 [0 0 0 1 0 0 1 1 1 0 1 1 0]
 [0 0 0 0 1 0 1 0 0 1 0 1 1]]
```

图 5　DCA 校验矩阵

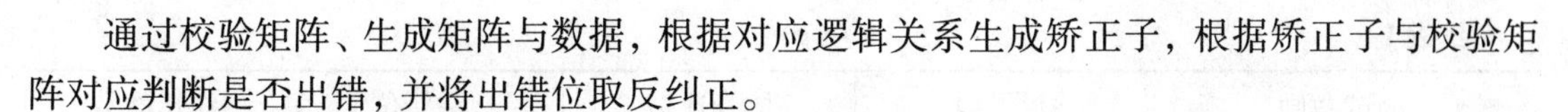

通过校验矩阵、生成矩阵与数据，根据对应逻辑关系生成矫正子，根据矫正子与校验矩阵对应判断是否出错，并将出错位取反纠正。

该纠检错整体设计实现了纠一检二。若读到一位错异常数据，将其纠正后读出正确数据，并将正确数据存入后台缓冲中，等待回写入 SRAM 中。若读到两位错异常数据，则使用该处理器核本身的奇偶校验报错机制，发出中断异常信号随流水线报出。

(1)DEPR/ PEPR 一位错统计寄存器：统计读到一位错的总数。

(2)ESR 两位错异常状态寄存器：表示是否产生两位错异常。

(3)EER 两位错异常使能寄存器：表示是否发送异常信号。

(4)ECR 两位错异常清除寄存器：表示是否将 ESR 清零。

(5)ETR 两位错异常类型寄存器：ESR 为 1 时，则表示 ICA 或 DCA 出现两位错。

4.3.3 后台缓冲与错误插入机制

设计后台缓冲 ICA back_buf 深度为 2，DCA back_buf 深度为 4，存储如下数据：

(1)正常读结果出现一位错，纠错后的数据和地址；

(2)初始化刷新读结果出现两位错，原始数据及地址。

back_buf 中的请求会在后台写入到 SRAM 中。

错误插入方式的设计为：先打开错误注入使能，再通过选用不同的错误掩码寄存器来选择注错位，具体实现方式为将该位数据取反。

(1)DEIR/PEIR 错误插入使能寄存器：表示是否插入错误。

(2)DEIMR/PEIMR0/1/2 错误插入掩码寄存器：表示对哪位数据注错。

5 验证与开销

5.1 验证与综合

本文采用 Cadence 公司的 NC－Verilog 对该设计进行验证，设计对开源的一部分测试激励进行了改造，并设计编写一部分程序，形成了验证集合。表 1 为在完成加固设计后的代码中，分别对一些 benchmark 的不同数据位注入错误，激励运行后的统计情况。

表 1　激励注入错后运行情况

测试激励	类型	刷新次数	注错位	纠错次数
c_example	DCA	2	DEIMR[0]	17417
	ICA	2	PEIMR0[0]	1867
is_larger	DCA	2	DEIMR[2]	17404
	ICA	2	PEIMR1[2]	1862
matrix_inverse	DCA	500	DEIMR[4]	3145727
	ICA	500	PEIMR2[4]	2050

续表1

测试激励	类型	刷新次数	注错位	纠错次数
mix_test	DCA	178	DEIMR[7]	512761
	ICA	178	PEIMR2[7]	2106
stringsearch_small	DCA	12	DEIMR[1]	94622
	ICA	12	PEIMR2[1]	1997
stringsearch_large	DCA	301	DEIMR[3]	39845887
	ICA	301	PEIMR1[3]	1993
dijkstra	DCA	15	DEIMR[1]	5309855
	ICA	15	PEIMR2[1]	2022
FFT(small)	DCA	8	DEIMR[3]	31912
	ICA	8	PEIMR0[3]	2177
FFT(middle)	DCA	863	DEIMR[3]	2097151
	ICA	863	PEIMR0[3]	2185
apdcmd	DCA	471	DEIMR[6]	1048575
	ICA	471	PEIMR2[6]	1935

所有激励运行结果均与未注入错误运行结果一致，并与在加固设计前的原始版本中的运行结果一致。

5.2 开销评估

分别对以下三种方案开销进行评估：

A. 原始方案代码；

B. 加固设计代码 + 使用非加固库；

C. 加固设计代码 + 使用加固库。

将三种情况分别综合比较，其中 B 综合结果与 A 综合结果比较，关键路径延时增加了 0.24 ns，面积增大了 3%（由 1565765 μm^2 增加到 1613958 μm^2）。C 综合结果与 A 综合结果比较，关键路径延时增加了 0.35 ns，面积增大了 60%（由 1565765 μm^2 增加到 2513428 μm^2）。

图 6 为面积评估结果的直方图比较，其中：

①表示 Combinational Area；

②表示 Noncombinational Area；

③表示 Macro/Black Box Area；

④表示 Cell Area。

分析综合结果可知，对原始存储方案体系结构级加固设计后，面积确有增加，但仅有 3%，其余很大部分增加的面积为使用加固单元库所致。因此对于本文的设计，面积开销并不高，关键路径增长大小也合理。

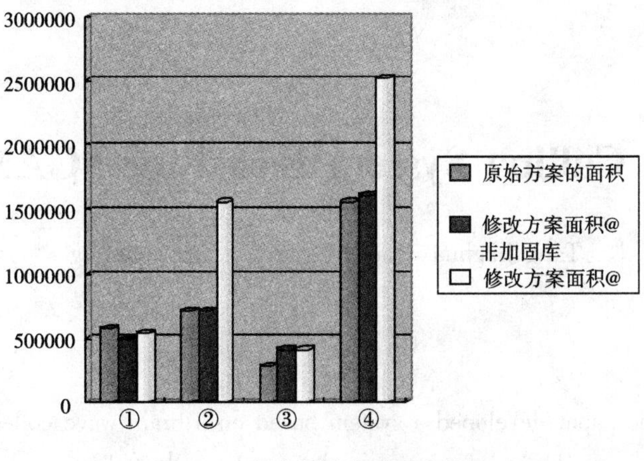

图6　三个阶段综合结果比较图

6　结束语

本文阐述了对X_DSP处理器的CPU通用处理器核的加固设计与验证，包括对其本身ICA及DCA存储机制的分析以及对ICA及DCA存储机制的纠一检二加固设计。具体包括对Hisao编解码纠检错机制、EDAC加固控制机制如刷新机制、后台缓冲机制、错误注入机制等的设计。并对加固设计进行验证与综合，对设计开销进行了评估。全文给出了明确的加固设计架构及完备的验证。

参考文献

[1] 胡婷婷.抗内部存储单元失效的32位微处理器的研究与实现[D].武汉：华中科技大学，2011.

[2] 杨旭，范煜川，范宝峡.龙芯X微处理器抗辐照加固设计[J].中国科学：信息科学，2015，45(4)：501-512.

[3] 吴杨乐.65 nm工艺下一种新型MBU加固SRAM的设计与实现[D].长沙：国防科技大学，2014.

[4] 刘瑞.宇航处理器cache系统的可靠性分析和加固研究[D].上海：上海交通大学，2011.

[5] Vilas S，Asadi G H，Mehdi B T. Reducing Data Cache Susceptibility to Soft Errors[J]. IEEE Transactions on dependable and Secure Computing. 2006，3(4)：353-364.

[6] 孙吉利，张平.基于FPGA的星载计算机自检EDAC电路设计[J].微计算机信息，2009(23)：131-133.

[7] 唐朔飞.计算机组成原理[M].北京：高等教育出版社，2008.

[8] 田欢.低冗余存储器相邻双错误纠正码设计[D].哈尔滨：哈尔滨工业大学，2011.

作者简介

马尤，研究方向：处理器加固设计与验证；通信地址：湖南省长沙市开福区德雅路109号国防科技大学；邮政编码：410073；联系电话：13519170864；E-mail：13519170864@163.com。

Intelligent Calling System Based on TGAM Module

Tang Jinghua　Shi Fengming　Yin Chunling

【Abstract】 The paper developed a system based on a brain wave collection module TGAm, Which is used to collect the brain information and send the collected information to arduino module through serial. Arduino module is to process and analyze the received data, then extract the useful information with high recognition level(such as triangle wave and beta wave) which will be used to control a smart phone with android operation system. The attention level of the user is calculated by the Arduino based on the recovered patterns. A command could be send to a smart phone through WIFI module if the attention level is over a predefined threshold. Consequently, a call could be made or a message could be sent out according to the received command by the smart phone. From obtained testing results it is concluded that the system is practical and reliable. As an integrated application of some current technology, the designed system can be a useful assistive equipment in the market.

【Keywords】 TGAM module; Brainwave; Calling Device; Application; Assistive Equipment

1 Introduction

Our brains produce waves continuously, which can be used for different applications. For example, the waves can be collected and used to control machines to play games or used to detect the status of the body to improve users performance[1, 2].

TGAM module, produced by Neuro Sky, is a representative product of brainwave collection module. TGAM module has a large portion in the brain-computer interface market[3-6]. TGAM module, with simple dry electrodes, can be used to collect the attention and meditation information from a brain. In addition , with an affordable price, TGAM module has been widely used in games and toys, and received more and more attention as a brainwave collection module in the brainwave field.

For a scenario where it is not convenient to make a call via dialing numbers by hands or by voice, it would be useful if the users' attention could be collected and used to make a call or send a message. In addition, it would be helpful for a disabled personnel; Moreover, an emergency call can save a person's life in some dangerous situations. In the paper, TGAM module is used to collect brainwave information to control a smart phone and make a call or send a message.

2 System Structure

The overall structure of the developed system is shown in Fig. 1. It can be seen that the system is composed of 5 parts which are the information gathering module, the data analyzing module, data processing module, WIFI module to communicate with smart phone and a smart phone. Fig. 2 is a picture showing the system electrical circuit connections.

As shown in Fig. 3, the ear electrodes and forehead electrode were used as Mind-Reader to collect brainwave data. The TGAM module and Arduino analyzed the data and created a command, based on the processing result of the information and predefined threshold. WIFI module is used to transmit the command to the smart phone and control the Smart phone to make a call or send a message.

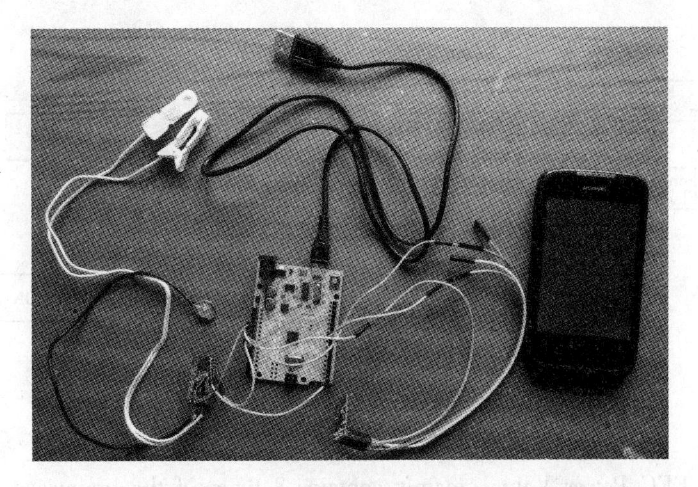

Fig. 1 Overall System Structure

3 Hardware Design

In this section, three hardware parts of the designed calling system will be presented. It is not necessary to specify the smart phone part for any programmable smart phone could be a candidate.

3.1 Data collection module

As seen from Fig. 1, the TGAM module has three dry electrodes to collect brainwave electrical signals, two for the ears and one for the forehead. A/D module is included in TGAM module and is to transfer analog signals to digital signals. Further, the digital signals will be sent out via UART.

The outputs of the module include:

- The RAW wave, means the output speed. The output of the module is 16 bit data, 512 times per second.

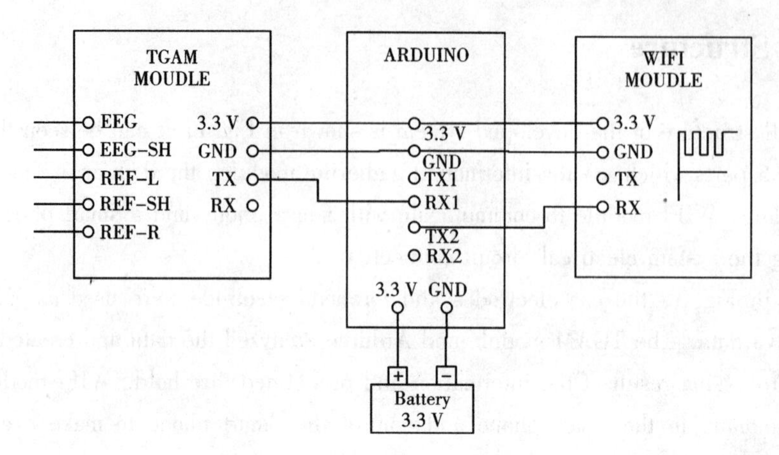

Fig. 2 Circuit Connection

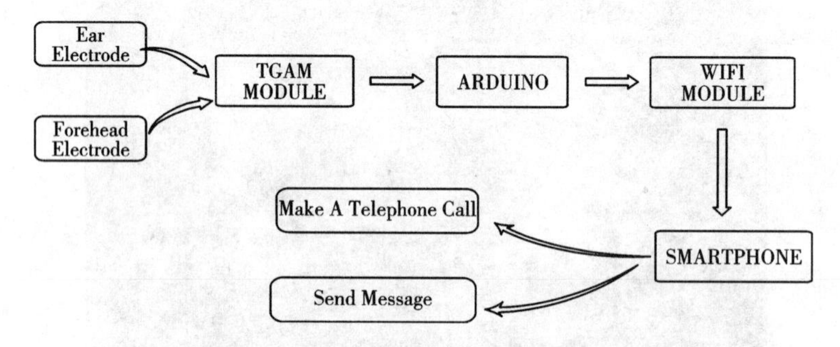

Fig. 3 strucutre of the Hardware

- The ASIC EEG Power Value, mainly contains 8 types of the brainwave frequency bands, such as The delta, the theta. These data requires carefully comparison to be used. The output frequency is once a time.
- The Sense^{TM}, whichis about the information of Attention and the Meditation. Generally speaking, these two characterizations can be picked up easily and are used in the paper to control a smart phone.
- SIGNAL quality, which is used mainly to measure the strength of various signals.

3.2 Brainwave process and analysis Module

The brainwave information is process and analyzed with arduino module. Arduino is widely used and an open source embedded module[7]. It is easy to use, compatible with C ++ program language, with various communication inferface, such as UART, I2C. The task of the paper is to process and analyze the collected attention and meditation data from TGAM module; hence the arduino module is enough and suitable.

3.3 WIFI module

The used WIFI module is ESP8266, which can be a total solution with guaranteed safety and used as a host or a slave.

ESP8266 can start directly fromexternal flash when it is used as a sole processor in the application. The internal cache is beneficial to improve the system performance and reduce the memory requirement.

In our design, ESP8266 transits produced command to smart phone. Then the smart phone will act such as making a call or sending out a message according to predefine protocol.

4 Software Design

4.1 Brainwave data collection

TGAM module includes a ARM Cortex - M3 microprocessor, which transfer the analog signals to digital signals after receiving the analog brainwave signals. The received information mainly includes Attention, Meditation, and other data, which are sent to arduino via UART in a data packet with fixed data protocol.

4.2 The recognition mechinisim

In our case, the attention and meditation values collected date from TGAM module wereanalyzed. Both data are normalized between 1 ~ 100 by TGAM module, where the larger the value is the deeper the level it is in. From lots of date analysis, it was found that the attention level was over 76 when the user was focusing while it was below 70 when the user in normal condition; In addition, the meditation level was below 45 when the user was keeping relaxed while the level was over 45 when the user was in normal condition.

Based on the above mentioned analysis of the data of the brainwave collected, the mechanism of making a call or sending a message was designed as shown in Fig. 4. The attention value was used to control a smart phone to make a call while the meditation value was used to send a message. The threshold to make a call was 76, which means a call would be made if the attention value was over 76; The threshold to send a message was set to 45, which means there would be a message sent out if the meditation value was below 45.

The android operation system of the smart phone will make a call or sent out a message according to the received command from arduino via wifi. Fig. 5 is a flowchart showing the software comprehensive description.

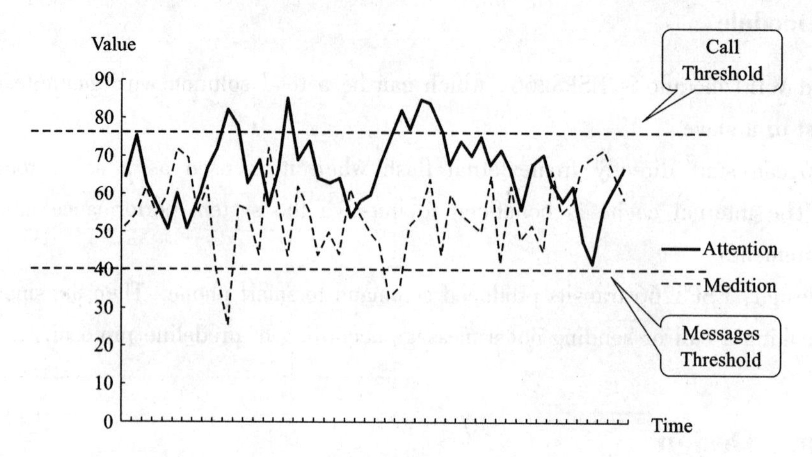

Fig. 4 Recognition mechinisim

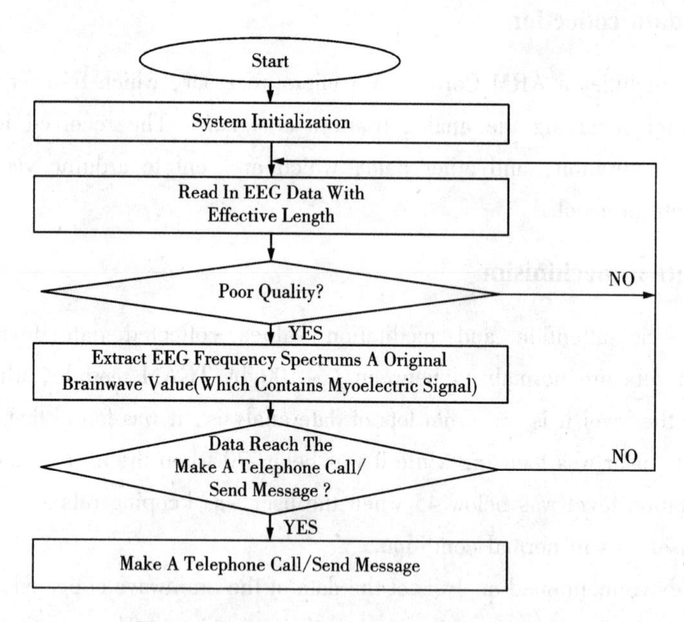

Fig. 5 Software flow chart of the system

5 System Test

The system test wasexecuted by one of the authors(Tang); and ten times were tried, among which five times were calling test and five times were test for sending a message. During test, the forehead electrode and two ear electrodes were put on forehead and the left and right ears respectively, as shown in Fig. 6.

The testing was executed in a quiet and non - interfering indoor environment and every test cost five minutes with the brain waves continuously measured. The testing results were listed in Fig. 7. The overall effectiveness of the design could be preliminarily verified based on the testing results above.

Fig. 6 Test enviroment

Number	Test	Result
1	Make a Telephone Call	✓
2	Make a Telephone Call	✗
3	Make a Telephone Call	✓
4	Make a Telephone Call	✓
5	Make a Telephone Call	✓
6	Send a Message	✓
7	Send a Message	✓
8	Send a Message	✗
9	Send a Message	✓
10	Send a Message	✓
Success rate		80%

Fig. 7 Testing result

6 Conclusion

The conclusions of the system come as follows:

- The system is designed based on TGAM module to collect the attention and meditation information from the brainwave.
- The system uses WIFI as a wireless communication way to control a smart phone remotely.
- The brain wave characteristic distinct from different persons; The recognition performance could be improved if the user is trained.

As seen from the test results, the developed system is useful, although the effectiveness requires improvements. In the further deeper research, it would be possible to design a more mature brainwave calling system, which would lead to a more convenient life.

References

[1] Yi Zheng, Junhui Gao. Alarm device for fatigue driving based on TGAM module[C]. 2014 Asia-Pacific Computer Science and Application Conference, December 2014: 27 - 28.

[2] Di Xiao, Wentao Zhang. Research on the electroencephalogram to control the volume based on TGAM Module Computer Knowledge and Technology 2015(3X): 249 - 251.

[3] Maple Devices[EB/OL], LeafLabs. https://www.leaflabs.com/maple, 2014.

[4] Mindset communication protocol[M]. NeuroSky, 2010.

[5] TGAM1 spec sheet[M], Neurosky, 2011.
[6] ThinkGear™ AM[EB/OL]. NeuroSky. 2014.
[7] Arduino[EB/OL], https://www.arduino.cc/, 2015.

作者简介

Tang Jinghua, Address: Army Special Operation Academy, Chongxin Road 33, Xiangshan District, 541000 Guilin City, Guangxi Province China; E-mail: waanande2008@163.com.

Shi Fengming, Address: Army Engineering University, Hepingxi Road 97, Xinhua District, 050000 Shijiazhuang City, Hebei Province China; E-mail: shi_fengming@163.com.

Yin Chunling, Address: Army Special Operation Academy, Chongxin Road 33, Xiangshan District, 541000 Guilin City, Guangxi Province China; E-mail: 137590008@qq.com.

基于双重孪生网络与相关滤波器的目标跟踪算法

周士杰　彭元喜　彭学锋

【摘要】 由于基于孪生网络和相关滤波器的方法CFnet在精度和效率方面有着竞争性的表现，所以其在视觉实时追踪中的任务中很流行。在此基础上，由于观察到在图像分类任务中学习到的语义特征和相似度匹配任务中学习到的外观特征可以形成互补，产生意想不到的结果，于是对原有的网络结构进行补充，加入了语义网络构成双重孪生网络，用于实时目标跟踪。整个网络由语义特征分支和外观特征分支构成，该网络的一个重要设计思想是分别训练两个分支以保持两种特征的异质性。同时，本文提出了语义分支的通道关注机制，通道的权重根据目标周围的通道激活进行计算。这样基于SiamFC结构的CFnet虽然因为引入了相关滤波器(CF)而不可避免地产生边界效应，但是经过采用双重网络设计和通道关注机制，CFnet的精度和跟踪性能得到了一定的补偿。在OTB－2013/2015基准测试中，该算法的表现要优于大部分其他实时目标跟踪算法。

【关键词】 孪生网络；相关滤波器；目标跟踪；语义特征；通道关注

1　引言

视觉目标跟踪一直是计算机视觉中最重要的和最具有挑战性的任务之一。它的基本过程可以简单描述为在一段视频流的第一帧用一个矩形边框选定一个未知目标，然后在视频流后续的各个帧中定位到该目标，并且用一个合适大小的矩形框将其标定出来。然而在实际的视觉目标跟踪任务如视频监控、目标跟随中，往往会遇到各种各样的挑战。其一，由于只在序列的初始帧给定了单一的边界框，当因目标本身移动、变形、光照、遮挡或者各种其他原因而出现外观时，很难区分出未知的目标和杂乱的背景。其二，在很多应用场景中，需要对视频流的每一帧进行实时处理，以期获得实时跟踪目标的效果，而如何设计一个能够同时兼顾到实时性和精确度的目标跟踪器是相当困难的，这就是本文所要研究的目标。

传统的目标跟踪算法大多从物体的外观出发，例如，TLD[1]、Struck[2]、KCF[3]这几类算法采用在线学习的机制，由于学习的特征足够简单，因此可以达到很好的实时性。然而也是因为学习的模型太过简单，跟踪器的精确度往往还有待提高。近年来，深度卷积神经网络(CNN)在视觉任务中展示出来的各种优势越来越明显，同时也大大推进了目标跟踪的最新技术。一些跟踪器[4]将深度特征融入到常规跟踪方法中，并从CNN特征的表现力中受益。其他一些方法[5]则直接利用CNN作为分类器，并且充分利用端到端的训练。这些方法大多采用在线学习的机制来提升跟踪性能，但是由于CNN特征的大量的参数以及深度神经网络的复杂性，执行在线训练将会耗费大量的时间用于计算。为了解决在线学习的问题，出现了两个基于 CNN 的实时跟踪器。来自 David Held 的 GOTURN[6] 将目标跟踪视为一个盒子回归问题，来自 Luca Bertinetto 的 SiamFC[7] 将其视为相似性学习问题，开创了目标跟踪的另一个方向，他利用深度卷积的特征，采用一个全卷积孪生网络结构对搜索区域和模板图像进行相似度匹配，实现目标的追踪。而 SiamFC 其中的一个缺陷就是它的网络参数是首先利用图相对离线训练好的，模型确定好之后再应用于在线跟踪，由于在线跟踪过程中没有模型更新，SiamFC 跟踪器往往偏向于类似的目标区域，泛化能力较差，一旦目标的外观发生改变，将导致跟踪失败。但是倘若去在线调整网络结构，一方面会遇到训练数据有限以及大量参数的问题，另一方面需要用到梯度下降算法去微调网络权重，从而导致速度下降，无法满足实时性要求。于是在 SiamFC 的基础上，原作者对其进行了改进，CFnet[8] 利用相关滤波器可以在线学习的特点，通过高效的解岭回归问题，实现了 CNN 与 CF 的结合，找到了端到端训练跟踪器的方法。这样原 SiamFC 的模板就可以得到在线更新，提高了定位精度，同时由于 CF 层的反向传播是在傅里叶域进行计算，它的速度更快，实时性能更好。但是由于引入了 CF，难免会存在边界效应。

本文旨在找到一种解决办法，来弥补由于 CFnet 算法因边界效应而容易被污染的问题。众所周知，在深度卷积网络训练的图像分类中，更深层的特征包含更强的对物体外观变化更加不变的语义特征，这些语义特征刚好构成了对相似性学习问题中训练出来的外观特征的理想补充受此启发，我们在 CFnet 的基础上设计了双重孪生网络，它是在原来的 CFnet 结构基础上加入了一个语义分支，每一个分支都是一个孪生网络，同时计算模板图像和搜索图像之间的相似度分数。为了保持两个分支的异质性，分别对其进行训练。同时对于提出的语义分支，采用通道关注机制，对不同的对象激活不同的特征通道组，对于追踪特定目标发挥更重要作用的通道，应赋予更高的权重。权重基于目标对象和周围环境的通道响应计算得到。该机制提高了跟踪器的判别能力。

2 相关工作

2.1 全卷积孪生网络跟踪器 SiamFC

SiamFC 目标跟踪算法可以看成是一个相似性学习问题，图中 z 表示模板图像，来自于第一帧的 groundtruth，x 代表的是后续待跟踪帧的搜索图像，ρ 表示学习率，φ 表示一种特征映射操作，将原始图像映射到特定的特征空间，也就是 CNN。它的主要任务就是学习一个相似度匹配函数 $F(z, x)$，通过这个函数去比较目标模板图像块和搜索图像的候选区域块，这样可以得到一个得分矩阵，然后取得分最高的位置为所跟踪目标的位置中心。这个方法的一个显著优点就是，不需要进行在线学习便可以实现实时跟踪。该跟踪器的结构如图 1 所示。下式为其响应公式：

$$F_{\rho}(x, z) = \varphi_{\rho}(x) \times \varphi_{\rho}(z) \tag{1}$$

深度卷积网络的相似性学习问题通常采用孪生网络解决。该孪生网络是全卷积网络结构，完全卷积网络的优点在于可以输入任意大小的结构，不用受限于要输入相同大小的图片尺寸，可以在跟踪的时候向网络提供全图作为输入去比较，这样可以保证目标不丢失。

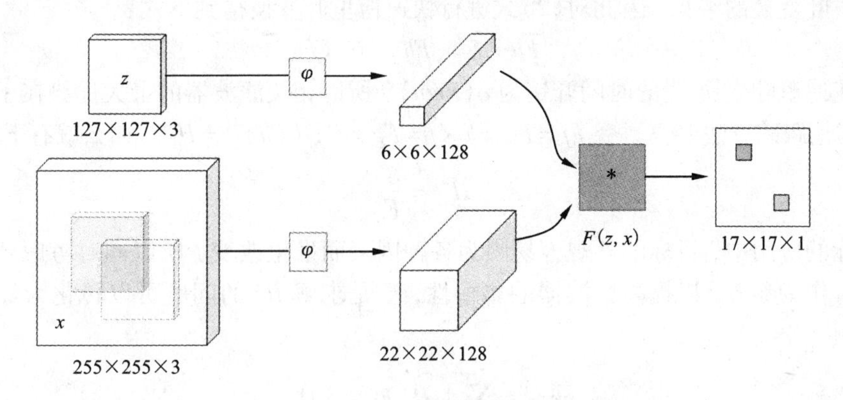

图1 SiamFC 网络结构图

2.2 基于相关滤波器改进的 CFnet

CFnet 是基于 SiamFC 结构的改进，主要是利用相关滤波器高效的在线学习特点，让 CF 成为 CNN 其中的一个层，与深度卷积神经网络深入集成，解决了端到端训练 CNN - CF 的问题。

2.2.1 相关滤波器 CF 与目标跟踪

将相关滤波器第一次应用到目标跟踪领域的开山鼻祖是 MOSSE[9] 算法，相关滤波器 Correlation Filter 源于信号处理领域，后来被应用于图像分类领域。所谓相关，就是衡量两个函数在某个时刻的相似度，如果两个函数在某个时刻的值越相似，那么它们的相关值越高。在目标跟踪的应用里，就是要设计一个滤波模板，使得它作用在跟踪目标上时，得到最大的响应位置，该位置即为所跟踪目标的中心位置，如图 2 所示。

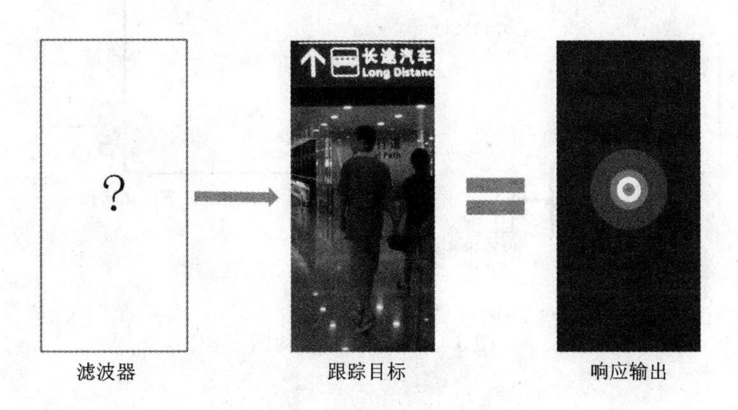

图2 滤波响应图

写成公式，如下所示：

$$g = h \times f \tag{2}$$

其中，g 表示任意的响应输出，h 表示滤波器，f 表示输入图像，在相关滤波器的跟踪算法中，目的就是根据设定的理想输出效果 g 求出相应的 h。由于函数互相关的傅里叶变换等于函数傅里叶变换的乘积，因此对(2)式进行快速傅里叶变换得到下式：

$$Fh \times f = (Fh)^* \odot Ff \tag{3}$$

而快速傅里叶变换[10]的时间开销为 $o(n\lg n)$，所以相关滤波器的最大优势在于其速度之快，远比其他跟踪算法要快。令 $Ff = F$，$Fh \times f = Fg = G$，$(Fh)^* = H^*$，那么就有下式：

$$H^* = \frac{G}{F} \tag{4}$$

在实际的应用中，目标的外观容易因为各种因素而发生改变，所以同时考虑到目标的 m 个图像样本作为参考，以提高滤波器的鲁棒性，于是求解 H^* 的问题可以转化为最小化损失函数的问题。

$$\min_{H^*} \sum_{i=1}^{m} | H^* F_i - G_i |^2 \tag{5}$$

求得的 H 也是不断在线更新的，当前的模板由上一个模板和当前帧求得的模板按照一定的经验常数加权求得，模板的更新方式如下式：

$$H_t = (1 - \eta) H_{t-1} + \eta H(t) \tag{6}$$

2.2.2　基于 CNN - CF 的目标跟踪器

CFnet 的系统框架如图 3 所示，在一个输入支路 z 上与相似性度量操作之间加入相关滤波器模块，它是在公式(1)的基础上加入两个参数 s，b 构成了更适合逻辑回归的响应公式。

$$F_{\rho, s, b}(x, z) = sw(\varphi_\rho(z)) \times \varphi_\rho(x) + b \tag{7}$$

w 就是 CF 模块，它是核相关滤波器 KCF 在傅里叶域变换得到的 w，这样 CFnet 在向前传播时就是加入了 CNN 特征的 CF 跟踪器，可以端到端训练，训练更适合 CF 跟踪的卷积特征。

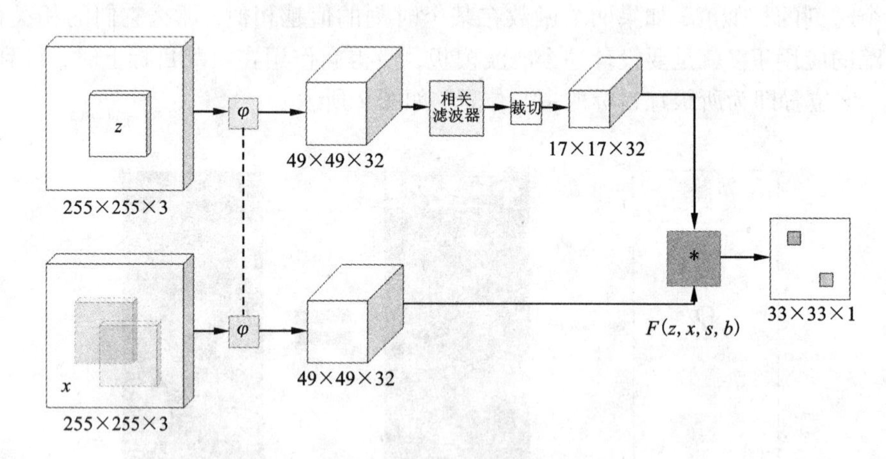

图 3　CFnet 网络结构图

总之，CFnet 的出发点是用相关滤波器构建 SiamFC 中的滤波器的模板，利用快速傅里叶变换，模板更新和检测都在频域得到高效解决，因此速度很快，目标模型在线更新，定位精度高，并利用裁切减轻了边界效应。但是相关滤波类方法对快速运动情况的跟踪效果并不好，边界效应仍然存在。这是因为在训练阶段，由于循环移位[11]产生的合成样本为了保证样本的真实性，必须加余弦窗，但是这样做的代价就是大量过滤掉分类器本来需要学习的背景信息，这样会降低分类器的判别力。在检测阶段，如果目标移动到了边界附近还没出边界，

加余弦窗后，部分目标像素被过滤，这就没法保证这里的响应是全局最大的，所以很可能失败，这就是边界效应。

2.3 自适应特征选择

不同的特征对不同的跟踪目标有不同的影响。在 SCT[12] 中，作者建立了一个关注网络，为被跟踪目标选择几个特征提取器中的最佳模块。近来，SENet[13] 展示了通道关注机制对图像识别任务的有效性。借鉴此思想，本文在新构建的双重孪生网络中基于通道激活执行通道关注，它可以看作是一种目标适应，可能会提高跟踪性能。

3 改进工作

由于在相似性学习问题中训练出来的外观特征和在图像分类问题中训练出来的语义特征可以相互补充，提高视觉目标跟踪的鲁棒性，因此本文提出了一种可用于实时对象跟踪的基于 CFnet 的双重全卷积孪生网络。

3.1 双重孪生网络结构

本文所提出的双重孪生网络结构如图 4 所示。网络的输入是由第一帧目标图像和需要跟踪的当前帧裁切而来的图像对。这里用 z，z^s，X 分别表示目标图像、带周围上下文信息的目标图像和搜索区域图像，其中 z^s 和 X 的大小一致，均为 $W_s \times H_s \times 3$，而目标图像的大小为 $W_t \times H_t \times 3$，并且满足 $W_t < W_s$、$H_t < H_s$，定位在 z^s 的中心。X 可被看做是在搜索图像中和 z 拥有同样大小维度的候选图像块的集合。

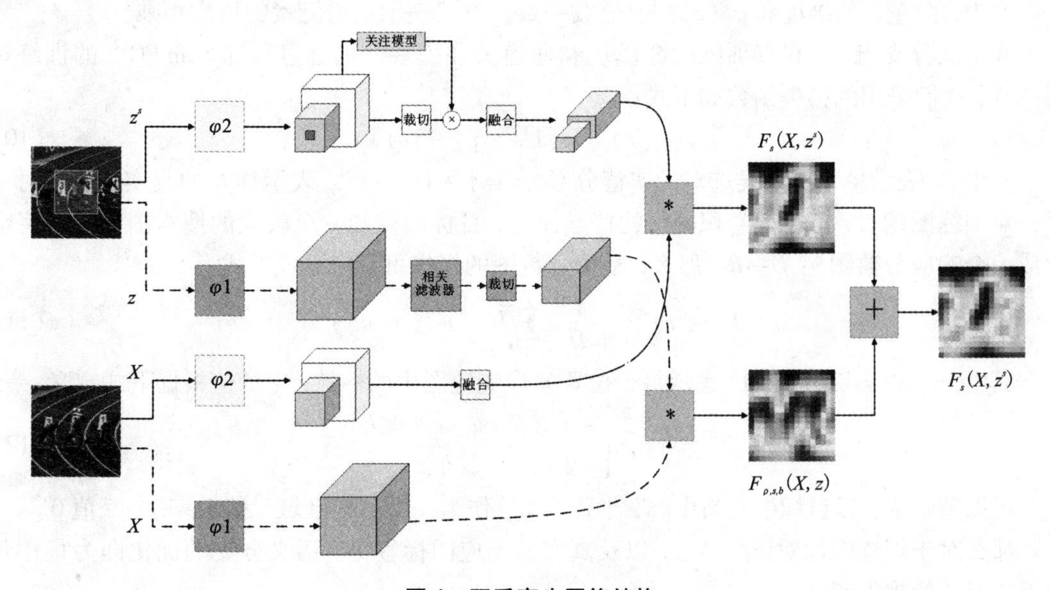

图 4 双重孪生网络结构

双重孪生网络由外观特征分支和语义分支组成。每个分支的响应图分数表示目标 z 和搜

索区域 X 中的候选图像块 x 之间的相似度。两个分支分开训练，具有异质性，在测试的时候，结合两个分支的表现结果，计算出最终的响应结果。

3.1.1　外观特征分支

该网络结构的外观特征分支来自 CFnet 网络结构，输入图像对为 (z, X)，特征的提取由卷积网络 φ_1 实现，响应图的计算可参考式(7)。

$$F_{\rho,s,b}(X, z) = sw(\varphi 1_\rho(z)) \times \varphi 1_\rho(X) + b \tag{8}$$

关于该分支的训练过程和测试过程可完全参照 CFnet[8]，具体不再作过多赘述。

3.1.2　语义特征分支

该网络结构的语义分支的输入图像对为 (z^s, X)，本文使用图像分类任务中的一个预训练好的深度卷积网络作为语义分支网络，在训练测试中调整网络的参数。本文让语义分支网络只输出 conv4 和 conv5 最后两层的特征，因为他们可以提供不同层次的抽象特征。

来自不同卷积层的特征有着不同的空间分辨率。为了让语义特征能够适用于相关操作，本文插入了一个融合模块，在特征提取之后，由一个 1×1 的卷积网络实现，融合分别是在同一层进行的。经过融合之后，搜索区域 X 的特征向量可以记作 $g(\varphi 2(X))$。

目标图像的处理过程与搜索区域的处理过程稍微有些差异。z^s 为输入图像对中的目标图像，在它的中心才是准确的目标图像 z，而 z^s 包含有目标图像的背景上下文信息。由于语义分支网络是全卷积的，可以很方便地用将 $\varphi 2(z)$ 从 $\varphi 2(z^s)$ 中剪切出来。通道关注模块根据 $\varphi 2(z^s)$ 输出通道的权重向量 ξ，通道关注机制的详细解释将会在下一节给出。在获取 ξ 后，将提取到的特征 $\varphi 2(z)$ 与其相乘，后面再由 1×1 的卷积网络对其进行融合。语义分支的响应图如下式：

$$F_s(X, z^s) = g(\varphi^2(X)) \times g(\xi \cdot \varphi^2(z)) \tag{9}$$

其中，向量 ξ 的维度和 $\varphi^2(z)$ 的通道数一致，“ · ”表示数组元素的依次相乘。

在语义分支当中，仅仅训练融合模块和通道关注模块。训练过程和 SiamFC[7] 的训练过程一样，我们采用的损失函数如下式：

$$l(y, v) = \lg(1 + \exp(-yv)) \tag{10}$$

其中，v 表示单个样本候选对的实值分数，$y \in \{+1, -1\}$，表示样本的真实标签，对于每一对训练图像对，由于全卷积网络的特点，一个目标图像和一个较大的搜索图像区域将会形成一个响应分数图 v: $D \to R$，那么，整个分数图的损失可以定义成下式：

$$L(y, v) = \frac{1}{|D|} \sum_{u \in D} l(y[u], v[u]) \tag{11}$$

其中，$y[u] \in \{-1, +1\}$ 表示每个位置 u 在响应图中的标签，它的值根据下式定义。

$$y[u] = \begin{cases} +1 & if\ k \| u - c \| \leq R \\ -1 & \text{其他} \end{cases} \tag{12}$$

可以理解为，以目标中心为中心，半径为 R，作为一个目标区域赋值 1，其余赋值 0。

那么对于训练图像对 (z_i^s, X_i)，以及真实的响应图标签 Y_i，语义分支的优化即为最小化如下式所示的损失函数。

$$\arg\min_{\theta_s} \frac{1}{N} \sum_{i=1}^{N} \{L(Y_i, F_s(z_i^s, X_i; \theta_s))\} \tag{13}$$

其中，θ_s 表示课训练得到的参数，N 表示总的训练样本的对数。

在测试的过程中，最终的响应图由两个分支的响应图按照一定的权重相加计算得到，如下式：

$$F(X, z^s) = \lambda F_{\rho, s, b}(X, z) + (1 - \lambda) F_s(X, z^s) \tag{14}$$

其中，λ 是一个用来平衡两个分支的经验值，与 SiamFC 和 CFnet 一样，$F(X, z^s)$可以反映出跟踪目标的中心。

3.2 语义分支中的关注机制

高层次的语义特征对物体的外观变化具有鲁棒性，这样跟踪器分辨能力将会下降，为了加强语义分支的分辨能力，本文设计了通道关注机制[14]。

直观一点说，不同的通道在追踪不同目标方面起着不同的作用。某些通道在跟踪某些目标时可能非常重要，但是在追踪其他目标时可能并不重要。倘若能够根据不同的目标去调整不同通道的重要性，就可以实现目标自适应的功能。在这种情况下，不仅目标很重要，目标周围的上下文也很重要。因此，输入的图像不仅仅是目标图像，而是在目标图像的基础上等比例向四周扩展，形成与搜索区域一样大小的 z^s。

关注模块由通道操作[14]实现。图 5 显示了第 i 个通道的关注机制过程。以 conv5 层的特征图为例，它的空间分辨率为 22×22，本文将其分成 3×3 的网格，中心的大小为 6×6 的格子，与跟踪目标相关。然后对这个 3×3 的网格用一个 Max pooling 进行下采样，接着用一个两层感知机产生该通道的系数，最后用一个带偏置的 Sigmoid 激活函数生成输出权重向量 ξ_i。要注意关注机制仅用于目标图像处理，因此该模块仅在跟踪序列的第一帧中处理一次，计算开销可忽略不计。

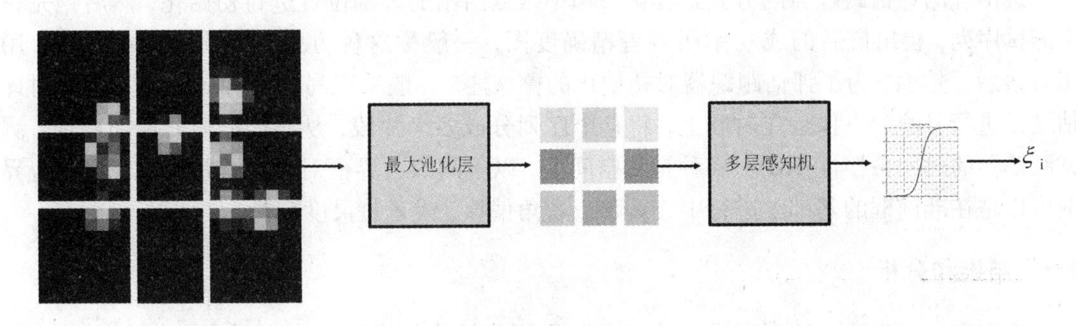

图 5 通道关注模块

4 实验

4.1 实现细节

(1)网络结构：双重孪生网络的外观特征分支和语义分支采用的核心 CNN 都是 AlexNet[15]。外观特征分支的网络结构与 CFnet 网络结构一样，由 AlexNet 去掉 padding 和全连接层 FC，加入 BN 层改为全卷积网络 FCN，控制 stride 为 4。语义分支的网络是一个在 ImageNet 数据集上预训练好的 AlexNet 网络。两个网络分支具有相同的维度。

在关注模块中，所有通道的合成特征被堆叠成一个9维的向量，接下来的多层感知机拥有一个由9个神经元组成的隐藏层，隐藏层的非线性函数采用的是ReLU，之后经过一个Sigmoid函数，并且加上一个0.5的偏置，以确保没有通道会被抑制为0。

(2)训练：本文训练使用的数据集为ILSVRC-2015，其中包含约4000个视频序列，这其中包含约1300000个图像帧和2000000个对目标进行标注的矩形框。每次训练随机选取一对图像，其中一个裁切出中心包含有标准的目标图像 z 的 z^s，另外一张图像裁切出中心为目标真实标记矩形框的 X 块，并且两个图像相差不过 T 帧。

(3)实验环境：实验的硬件配置为Intel Core i5-4590 CPU@3.30 GHz×4和GeForce GTX 950 GPU；软件配置：Ubuntu14，CUDA7.5，cuDNN v5.1，Matlab2015，MatConvNet-1.0-beta24。

4.2 数据集和评估指标

本文采用的评价标准为OTB2015[16]目标跟踪基准测试，采用的数据集为OTB100的100个序列，OTB基准测试的评价标准包括成功率和精确度，主要从这两个方面评估跟踪算法的鲁棒性。对于成功率，通常计算实际跟踪的边界框和手动给出的准确边界框之间的重叠率，给定一个阈值，当这个重叠率大于这个阈值，则当前帧是跟踪成功的，计算所有跟踪成功的帧的数目，它占总帧数的百分比就是最终的成功率。对于精确度，通常计算实际跟踪框中心和手动给出的准确边界框中心的欧式距离，欧氏距离的单位为像素点，给定一个阈值，计算求得的欧氏距离在给定的阈值距离之内的帧数，该帧数占总帧数的百分比，即为算法的精确度。

最传统的评估跟踪器的方式是在第一帧中根据给出的准确位置进行初始化，然后跑完整个测试序列，得出最后的成功率图或者精确度图，一般称这种方式为一次通过的评估，用OPE表示。然而，为了评估跟踪器对初始化的鲁棒性，一般采取另外两种初始化方式来对评估结果进行补充，一种是在时间上，将整个序列分成多个片段，从不同的帧开始初始化，测试跟踪器的时间鲁棒性TRE。一种是从空间上，以不同的边界框对其进行初始化，这些边界框可以是在准确框的基础上进行中心偏移或者角偏移，或者是尺度变换。

4.3 结果和分析

本文进行了实验来证明所设计的双重孪生网络结构的设计是合理的，本文采用OTB评价基准对实验结果进行分析。

4.3.1 语义分支和通道关注机制的改进效果

本文分别单独评估了仅具有语义分支的跟踪器、仅具有外观特征的原CFnet跟踪器以及同时拥有两个分支的跟踪器的跟踪表现。对于三者，均是从任意帧进行初始化，结果如表1所示。跟踪效果的提升是很明显的，前三者没有加入通道关注机制。最后第四行，加入了通道关注机制，本文对比了不同视频、通道关注机制在不同通道的权值差异，发现该机制能够对提高不同视频序列的跟踪效果发挥非常重要的作用。

表1　网络结构的 OTB 评价分析

外观特征	语义特征	关注机制	OTB－2015	
			成功率	精确度
√			0.583	0.688
	√		0.579	0.587
√	√		0.633	0.636
√	√	√	0.647	0.659

4.3.2　与其他实时跟踪器的比较

本文比较了基于双重孪生网络和相关滤波器的跟踪器与 OTB 评价基准上的其他实时跟踪算法。其中有实时跟踪算法 SiamFC、CFnet、SA－Siam、BACF、EAST、Staple、LCT，对它们进行一次通过的评估（OPE），其中精确度图和成功率图如图 6 所示。

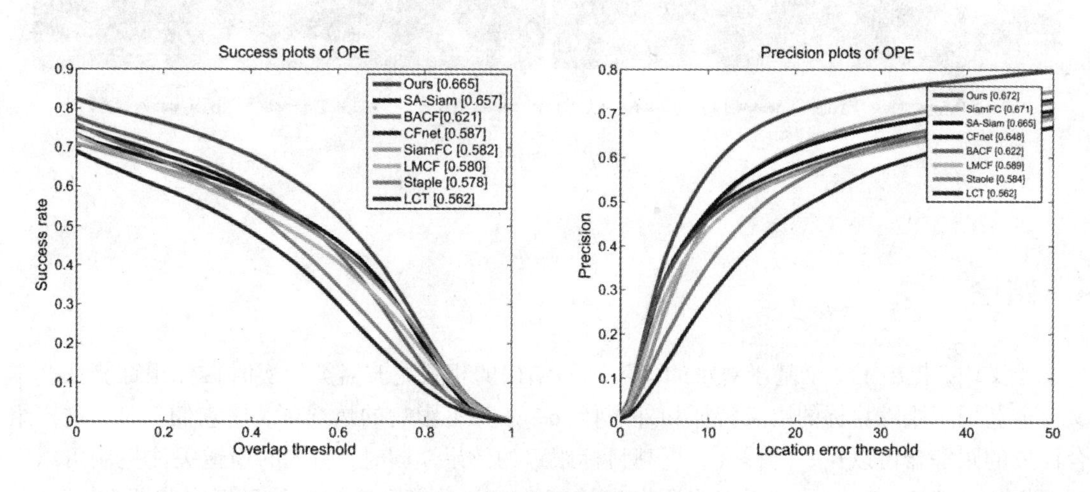

图 6　成功率图和精确度图

更多详细的结果如表 2 所示。注意跟踪速度与原文中的速度相比，可能有所差距，主要是受限于实验的硬件条件，仅用于参考和比较。

表 2　跟踪器对比结果

跟踪器	成功率	精确度	速度性能/fps
Ours	0.665	0.672	57
SiamFC	0.582	0.671	75
CFnet	0.587	0.648	86
SA－Siam	0.657	0.665	50
BACF	0.621	0.622	35
LMCF	0.580	0.589	74
Staple	0.578	0.584	80
LCT	0.562	0.562	27

为了更详细地分析跟踪性能，本文选取了 OTB100 上的具有挑战性的分别具有不同属性标记的视频序列，这些属性包括尺度变换、平面内旋转、超出视野、快速运动等。图 7 给出了定性结果，结果表明所提出的跟踪器能够在保证实时性的情况下，正确跟踪很多其他跟踪器跟踪效果不好或者失败的目标。这得益于外观特征分支和语义分支在跟踪过程中所提取的更多细节的互补，以及通道关注机制自适应发挥的鲁棒性。

图 7 跟踪效果

4 结论

本文中，提出了一个基于双重的孪生网络结构的相关滤波器类的实时目标跟踪算法。本文充分利用了跟踪目标的语义特征和外观特征，在互不影响的情况下，使它们互补，这样组合而成的跟踪器可以在一定程度上提高目标跟踪的效果。同时，引入的通道关注机制可以实现目标的自适应。实验的结果表明所提出的新的双重孪生网络结构的目标跟踪器在 OTB 基准测试中要优于大部分其他的实时跟踪器。在未来，我们将继续致力于研究各种深度特征的高效集成方法，以更好地适应目标跟踪任务。

参考文献

[1] Kalal Z, Mikolajczyk K, Matas J. Tracking-Learning-Detection[J]. IEEE Trans Pattern Anal Mach Intell, 2012, 34(7): 1409 - 1422.

[2] P H Torr, S Hare, A Saffari, Struck: Structured output tracking with kernels[C], 2011 IEEE International Conference on Computer Vision (ICCV 2011)(ICCV), Barcelona, 2011: 263 - 270.

[3] Henriques J F, Caseiro R, Martins P, et al. High-Speed Tracking with Kernelized Correlation Filters[J]. IEEE Transactions on Pattern Analysis and Machine Intelligence, 2015, 37(3): 583 - 596.

[4] C Ma, J Huang, X Yang, et al, Hierarchical Convolutional Features for Visual Tracking[C], 2015 IEEE International Conference on Computer Vision (ICCV), Santiago, Chile, 2015: 3074 - 3082.

[5] H Nam, M Baek, B Han, Modeling and Propagating CNNs in a Tree Structure for Visual Tracking[OL], ArXiv: 1608.07242, 2016.

[6] Held D. , Thrun S, Savarese S. Learning to Track at 100 FPS with Deep Regression Networks[J]. Computer Vision-ECCV 2016. Lecture Notes in Computer Science, Springer, Cham, 2016(9905): 749 - 765.

[7] L Bertinetto, J Valmadre, J F Henriques, et al. Torr, Fully-convolutional siamese networks for object tracking [J], Lect. Notes Comput. Sci. (including Subser. Lect. Notes Artif. Intell. Lect. Notes Bioinformatics), LNCS, 2016(99) 14: 850 - 865.

[8] J Valmadre, L Bertinetto, J Henriques, et al. Torr, End-to-end representation learning for Correlation Filter based tracking[C], Proc. - 30th IEEE Conf. Comput. Vis. Pattern Recognition, CVPR 2017, 2017: 5000 - 5008.

[9] D Bolme, J R Beveridge, et al. Visual object tracking using adaptive correlation filters[C], Proc. IEEE Comput. Soc. Conf. Comput. Vis. Pattern Recognit. , 2010: 2544 - 2550.

[10] G Bergland. A guided tour of the fast Fourier transform[J], Spectrum, IEEE, 1969(6): 41 - 52.

[11] J F Henriques, R Caseiro, P Martins, et al. "Exploiting the circulant structure of tracking-by-detection with kernels," Lect. Notes Comput. Sci. (including Subser. Lect. Notes Artif. Intell. Lect. Notes Bioinformatics), LNCS, 2012(7575): 702 - 715.

[12] J Hu, L Shen, G Sun. Squeeze-and-Excitation Networks[DB/OL], arXiv: 1709.01507, 2017.

[13] J Choi, H J Chang, J Jeong, et al. Visual Tracking Using Attention-Modulated Disintegration and Integration [C], 2016 IEEE Conf. Comput. Vis. Pattern Recognit. , 2016: 4321 - 4330.

[14] A He, C Luo, X Tian, et al. A Twofold Siamese Network for Real-Time Object Tracking[DB/OL], arXiv: 1802.08817, 2018.

[15] Alex Krizhevsky, Ilya Sutskever, Geoffrey E Hinton. ImageNet classification with deep convolutional neural networks[C]. Proceedings of the 25th International Conference on Neural Information Processing Systems - (NIPS'12), 2012: 1097 - 1105.

[16] Wu Y, Lim J, Yang M H. Object Tracking Benchmark[J]. IEEE Transactions on Pattern Analysis & Machine Intelligence, 2015, 37(9): 1834 - 1848.

作者简介

周士杰，研究方向：嵌入式系统与嵌入式应用；通信地址：湖南省长沙市国防科技大学研究生院；邮政编码：410073；联系电话：18574391928；E - mail：gfkdzsj@163. com。

彭元喜，研究方向：微处理器设计，片上网络(NoC)设计，MPSoC 体系结构；通信地址：湖南省长沙市国防科技大学计算机学院；邮政编码：410073；联系电话：13574180770；E - mail：pyx@nudt. edu。

彭学锋，研究方向：图像处理与精确制导；通信地址：湖南省长沙市湖南信息职业技术学院电子信息学院；邮政编码：410151；联系电话：13874993429；E - mail：pengxf@163. com。

Non-orthogonal Multiple Access Based Downlink Resource Scheduling for Space-based Internet of Things

Lijing Shan Baokang Zhao Wanrong Yu Chunqing Wu Xuefeng Zu

【Abstract】 The Internet of Things(IoT) technology enables objects to be remotely sensed or controlled across existing network infrastructures. Space-based Internet of Things (S – IoT) integrates satellite communication and IoT technology, which is a vital supplement in the field of large – scale, cross-regional and harsh environment applications. Compared to terrestrial IoT, S – IoT has higher requirements in terms of the number of access terminal, transmission rate, network delay, etc, which poses severe challenges in networks capacity and the efficiency of resource allocation. Comparing with conventional orthogonal multiple access technologies, the non-orthogonal multiple access technology (NOMA) can accommodate much more users via non – orthogonal resource allocation. In this paper, we focus on the downlink re-source scheduling problem which aims at making full use of the spectral resource advantages of NOMA. Considering the heterogeneous QoS(Quality of Service) requirements from the users, we propose an QoS supported user pairing (QoS-sup) algorithm to better adapt to the characteristics of S – IoT. First, we build a NOMA based S – IoT system model. Then, we propose a user – pairing and power allocation scheme QoS-sup. Finally, numerical analysis and performance evaluation results are given to show that the new scheme achieve better performance in terms of system capacity, outage probability and the support of QoS.

【Keywords】 Non-orthogonal Multiple Access(NOMA) technology; Space-based Internet of Things(S – IoT); User pairing; Power allocation.

1 Introduction

1.1 The Background of S – IoT

With the development of communication technologies, especially the Internet technology, Internet of Things(IoT) has been widely supported and applied in recent years[1]. IoT is also known as the sensor network technology. The basic meaning of the IoT is that all objects will be embedded to a relatively small induction chip. The intelligence of the chip provide a better connection of sensors or other nodes in our daily life. IoT facilitates interconnection between people and things,

things and things. The IoT technology spans a wide application areas. It can be applied in the fields of the city's public safety and industrial production. It also plays an important role in the quality monitoring of the environment, as well as in the fields of intelligent transportation and intelligent home.

However, in some wide-range, cross-region and harsh - environments, due to space, environment and other restrictions, it is very costly or difficult to build ground base stations for IoT applications. Therefore, the present architecture of IoT on ground cannot satisfy the demand for data exchanging. Space - based Internet of Things (S - IoT) [2] can be envisioned to be an important trend for IoT development. Typical application scenarios of S - IoT are forest birds monitoring, polar environments monitoring, and marine ships monitoring.

1.2 The Advantages of NOMA Technology

Motivations of NOMA. Massive connections of users and devices need to be supported in the S - IoT scenes. Enhanced technologies are urgently needed to meet the demands of low-latency services, low - cost devices and the support of heterogeneous QoS requirement.

As an impactful way for multiple access, non-orthogonal multiple access technology (NOMA) [3] has been proposed to satisfy special requirements of S - IoT environment in terms of high spectral efficiency and massive connectivity. By introducing controllable interference, NOMA enables multi-users to share the same orthogonal resource to increase the spectrum efficiency of orthogonal multiple access.

Benefits of NOMA. In the conventional orthogonal multiple access (OMA) schemes, different users are allocated to the same orthogonal resources in either the time, frequency, or code domain in order to avoid inter - user interference. Using superposition coding (SC) at the transmitter and successive interference cancellation (SIC) technique at the receivers, NOMA serves multiple users on the same time and frequency resource[4].

Considering that NOMA is an interference constrained model and the complexity of the receiver, existing studies generally pair two users to perform NOMA[5, 9]. Thus, in this paper, we also focus on this typical situation, where one near user, with better channel condition, and one far user, with poorer channel condition, are paired as a group for the implementation of NOMA.

For the transmitter: the near user UE_1 and the far user UE_2 share the same time and frequency resource and they are allocated with different power. The transmit signal[3] is given by

$$x(k) = \alpha_1 x_1 + \alpha_2 x_2 \tag{1}$$

where α_1 and α_2 are power-allocation coefficients of UE_1 and UE_2, denoting the fraction of power allocated to each user. According to the principle of NOMA, we have $\alpha_1 < \alpha_2$ and $\alpha_1 + \alpha_2 = 1$. The received signal of UE_i is

$$y_i = h_i x(k) + n_i \tag{2}$$

where h_i is the channel gain of UE_i and n_i is the additive white Gaussian noise (AWGN) of UE_i.

According to Shannon-Hartley theorem, the channel capacity is by

$$C = W\log_2(1 + SNR) \tag{3}$$

The equation (3) gives the maximum data rate in a certain channel with bandwidth W, and certain signal to noise ratio(SNR). We can note that the bandwidth has a higher impact on capacity than SNR.

Comparison between OMA and NOMA(Fig. 1).

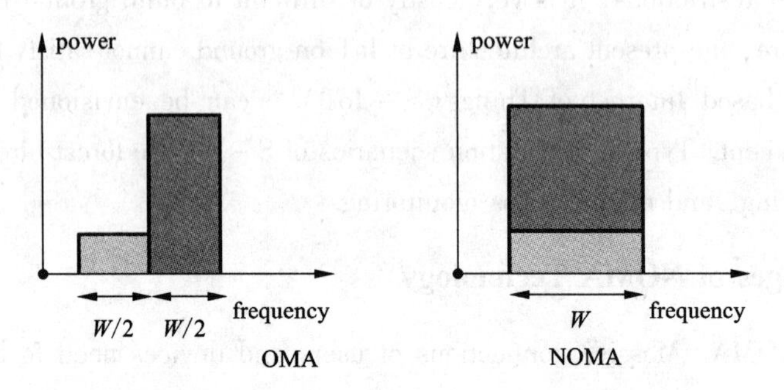

Fig. 1 Comparison between OMA and NOMA

As shown in Fig. 1, for OMA each user takes half the bandwidth, but no interference. While NOMA uses power difference to distinguish users, so that it broad each user's bandwidth to twice as much. The capacity comparison between OMA and NOMA can be calculated as follows:

$$C_{\mathrm{OMA}} = \frac{W}{2}\log_2\left(1 + \frac{P_{\mathrm{near}}}{\mathrm{noise}}\right) + \frac{W}{2}\log_2\left(1 + \frac{P_{\mathrm{far}}}{\mathrm{noise}}\right) \tag{4}$$

$$C_{\mathrm{NOMA}} = W\log_2\left(1 + \frac{P_{\mathrm{near}}}{\mathrm{noise}}\right) + W\log_2\left(1 + \frac{P_{\mathrm{far}}}{P_{\mathrm{near}} + \mathrm{noise}}\right) \tag{5}$$

$$P_{\mathrm{near}} + P_{\mathrm{far}} = P_{\mathrm{total}} \tag{6}$$

The Fig. 2 shows that the trade - off rate of NOMA is better than that of OMA, which means NOMA can be an effective resort to seek to in order to improve the spectrum efficiency and make ways to meet more users' transmission requirements in S - IoT system.

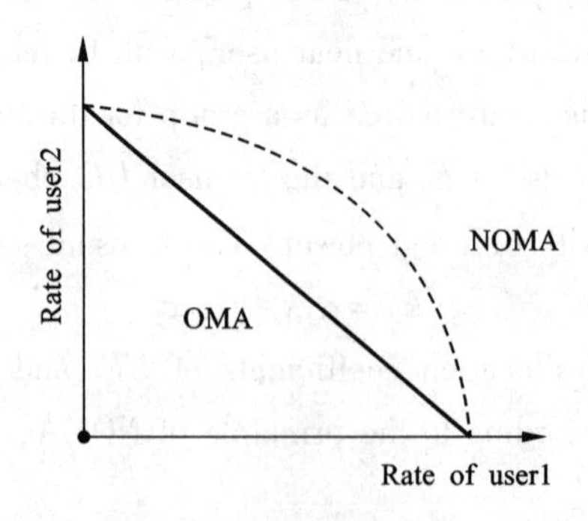

Fig. 2 The trade-off between near-user and far-user in NOMA [6]

The rest of the paper is organized as follows. Firstly, the system model is introduced in Section

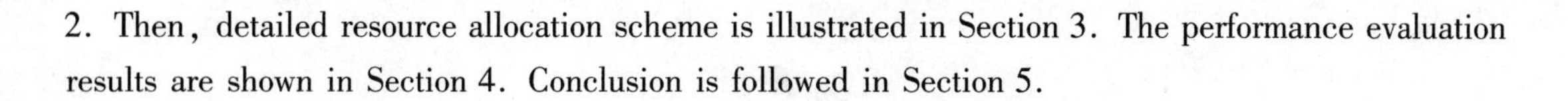

2. Then, detailed resource allocation scheme is illustrated in Section 3. The performance evaluation results are shown in Section 4. Conclusion is followed in Section 5.

2 System Model

2.1 Basic Model

As illustrated in Fig. 3, we consider a downlink scenario of the S - IoT, in which 4S single antenna S - IoT users under the coverage area of a satellite without frequency reuse. In order not to lose generality, we assume that the users' channel gains satisfy: $|h_1|^2 \geqslant |h_2|^2 \geqslant \cdots \geqslant |h_{4S}|^2$.

S - IoT usually has two typical types of users: the first type is the IoT sensor, which has a very low data rate requirement; the second type is the users who need to download multimedia resource such as photos and videos, which expects relatively high data rate. In order to better adapt to this scene, we introduce the concept of Quality of service (QoS)[7], which is the description or measurement of the ability to provide different priority to different applications, users, or data flows, or to guarantee a certain level of performance to a data flow. For example, a required bit rate, delay, delay variation, packet loss or bit error rates may be guaranteed.

In accordance with the rate of QoS requirements, two groups are divided into $h_{(1,i)}$ and $h_{(2,i)}$ [$i \in (1, 2, \cdots, 2M)$, $j \in (1, 2, \cdots 2N)$]. Within each group, users are ordered by the channel gain ($|h_{(1,1)}|^2 \geqslant |h_{(1,2)}|^2 \geqslant \cdots \geqslant |h_{(1,2M)}|^2$, $|h_{(2,1)}|^2 \geqslant |h_{(2,2)}|^2 \geqslant \cdots \geqslant |h_{(2,2N)}|^2$).

In the network model, S - IoT user UE_i is denoted as $(h_{(i,j)}, v_{(i,j)})$, $(i = 1, 2; j = 1, 2 \cdots)$ where $h_{(i,j)}$ is the i_{th} group j_{th} user's channel gain from the satellite to UE_i and v_i is the expected data rate of UE_i. Based on this character of S - IoT, the resource allocation scheme proposed in this paper mainly focuses on satisfying different users' QoS requirement and the second optimization objective is to improve the overall system capacity.

2.2 PowerAllocation and Data Rate

According to the principle of NOMA, the instantaneous rates of user m and user $n (1 \geqslant h_m \geqslant h_n \geqslant h_{4S})$ are expressed as follows[4]

$$R_m = \log_2\left(1 + \frac{\alpha_m P_0 |h_m|^2}{N_{0,m}}\right) \tag{7}$$

$$R_n = \log_2\left(1 + \frac{\alpha_n P_0 |h_n|^2}{\alpha_m P_0 |h_n|^2 + N_{0,n}}\right) \tag{8}$$

where P_0 means total power for this pair, $N_{0,i}$ denotes the noise in the channel from the satellite to $user_i$, α_m and α_n represents the power allocation factor of user m and n, respectively. And $\alpha_m > \alpha_n$, $\alpha_m + \alpha_n = 1$. According to equations (7) and (8), the sum downlink rate of NOMA system is expressed as follows

$$R_{sum} = \log_2\left(1 + \frac{\alpha_m P_0 |h_m|^2}{N_{0,m}}\right) + \log_2\left(\frac{1 + \frac{\alpha_n}{N_{0,n}}}{\alpha_m + \frac{N_{0,n}}{P_0 |h_n|^2}}\right) \tag{9}$$

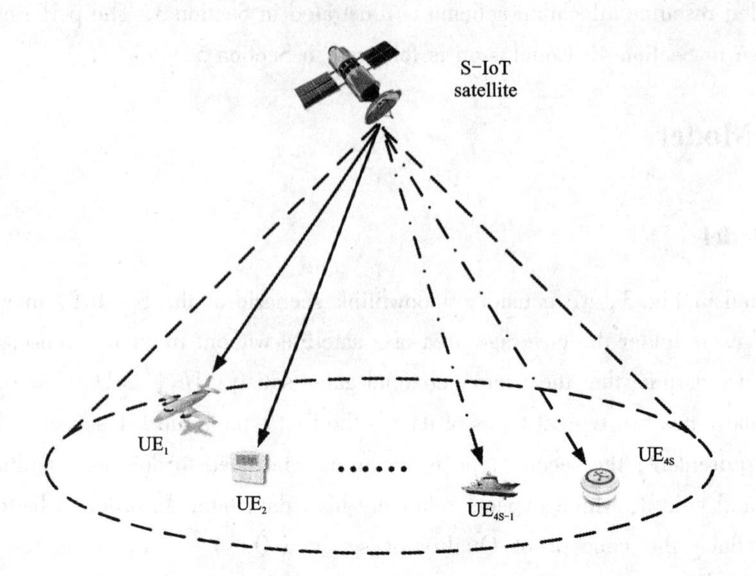

Fig. 3 The system model of the NOMA based S - IoT

R_{sum} has a monotonous increase in α_m. From equations (7) and (8), we can see that, R_m increases monotonously with respect to α_m, while R_n increases monotonously with respect to α_n. Therefore, allocating more power to user with better channel condition will increase the system capacity. What's more, paring two users with large difference of data rate requirement into a group can optimize the system performance to a greater extent.

3 Resource Allocation

3.1 User Pairing Scheme

Reference[8] examines the impact of user pairing on the performance of NOMA systems. Given the fixed power allocation scheme, the larger the channel gains the difference between the paired users' channel is compared with the OMA system, the overall throughput can be gained in the NOMA system.

In the realistic scenes, users in the S - IoT are plentiful and highly dynamic. Therefore, we adopt greedy algorithm which has low computational complexity as the user pairing algorithm. Also, greedy algorithm can make the best use of local optimization to improve system performance, which is consistent with the high requirements of system dynamics. Along with the analysis in Section 2, we can achieve the strategy of user matching in greedy algorithm.

Firstly, as stated above, we divide all S - IoT users into two groups by the expected data rate. Then, we start from finding the optimal pairing of $h_{(1,1)}$. From the analysis above, we can find the user in the second groups having the largest channel difference with $h_{(1,1)}$ as the best pair for $h_{(1,1)}$. Thirdly, we match the rest of group 1 in order according to the largest channel difference criteria. If

a group of users are all matched before another group, the other group's users would be matched within the group with remaining users.

Algorithm 1 User pairing algorithm

1: Divide the 4S users into 2 groups based on the expected v_i;
2: Respectively rank the users in each group by $h_{i,j}$;
3: $UE_1 = (h_{(1,1)}, v_{(1,1)}), \cdots(h_{(1,2M)}, v_{(1,2M)})$; $UE_2 = (h_{(2,1)}, v_{(2,1)}), \cdots(h_{(2,N)}, v_{(2,2N)})$;
4: group = zeros (4, 2S);
5: case1 ($M \geqslant N$):
6: for $i = 1:2N$ do
7: Calculate: a1 = abs ($h_{(1,i)} - h_{(2,1)}$);
8: a2 = abs ($h_{(1,i)} - h_{(2,2N)}$);
9: if $a1 > a2$
10: group(:, i) = [$h_{(1,i)}$; $h_{(2,1)}$];
11: $h_{(2,1)}$ = None;
12: else
13: group(:, i) = [$h_{(1,i)}$; $h_{(2,\text{end})}$];
14: $h_{(2,\text{end})}$ = None;
15: end
16: end
17: end for
18: for $i = N+1$: 2S do
19: group(:, i) = [$h_{(1,1)}$; $h_{(1:,\text{end})}$];
20: $h_{(1,1)}$ = None;
21: $h_{(1,\text{end})}$ = None;
22: end for
23: case2 (M < N): the same with the previous case.

3.2 Power Allocation Scheme

According to the analysis in the Section 2.2, we can get the relationship between power allocation coefficients and the user's data rate. To meet the high system dynamic chanllenge in the S-IoT application scenario, we propose a semi-fixed power allocation scheme which jointly considers the system dynamic and the support of heterogeneous QoS.

In order to implement NOMA scheme correctly, the power allocated to the user with poorer channel condition should be larger. While, as stated before in the Section 2.2, if we want to maximize the overall capacity of the two users, the near user that with better channel conditions should be allocated with more power. Although we can achieve higher system capacity with allocating more power to near users, it ignores users' QoS requirement. Therefore, we get the power allocation scheme shown in Algorithm 2.

Algorithm2 Power allocation scheme

1: Assume α_m and α_n are the power allocation coefficients of $UE_m(h_m, v_m)$ and $UE_n(h_n, v_n)(h_m > h_n)$;
2: if $v_m > v_n$
3: $\alpha_m = 0.4$ and $\alpha_n = 0.6$;
4: else
5: if $v_n / v_m \geqslant 5$
6: $\alpha_m = 0.1$ and $\alpha_n = 0.9$;
7: else
8: $\alpha_m = 0.1 + 0.06 * (v_n / v_m)$ and $\alpha_n = 1 - \alpha_m$;
9: end
10: end

4 Performance Evaluation

4.1 Simulation Configurations

The parameters of the satellite are defined based on the Iridium satellite system[10-12]. The power of each satellite is about 1200 W. Iridium uses frequencies in the L – band of 1616 to 1626.5 MHz for the user's uplink and downlink with the satellites, and the bandwidth of the system is 10.5 MHz. FDMA scheme divides the available bandwidth into 240 channels of 41.67 kHz for a total of 10 MHz and leaves 500 kHz of bandwidth for guard bands of Doppler frequency shifts. We apply our QoS-sup(QoS supported user pairing) scheme on the basis of the original Iridium satellite system. Therefore, we can have 240 pairs of NOMA users in one time slot and every pair of NOMA users share the bandwidth of 41.67 kHz.

Iridium satellites are in low earth orbit at a height of approximately 780 km and inclination of 86.4. We can get the distance between users and satellite $D(780, 2254.63)$ km.

We adopt the propagation model given by[13], which gives the propagation equation considering the path loss equations, different elevation angles, different probabilities and frequencies.

4.2 Simulation Results

In this section, numerical results are provided to evaluate the performance of the proposed resource allocation scheme. As stated before, the main goal of our system is to satisfy the expected data rate of typical S – IoT users and to take advantage of NOMA technology to improve the system capacity overall. As the power allocation scheme is only the supporting part of user pairing algorithm in our resource allocation scheme and the mathematical analysis are given above, we will not set up experimental groups concerning power allocation. The user pairing scheme used for comparison in the simulation are as follow:

(1) QoS-sup: user pairing algorithm proposed in this paper;

(2) MCDP(Maximize-channel-difference pairing): reference[9] shows that for the fixed power

allocation scheme, the total throughput of the NOMA system is increasing with the channel gain difference of the paired users' channel. Therefore, we use this user pairing algorithm as the reference scheme to evaluate the sacrificed system capacity of our algorithm.

(3) FDMA: As the existing orthogonal multiple access used on the satellite, it is necessary to examine the system capacity difference between the two systems.

The system capacity of low - data - rate users. In order to examine the two types of users' system capacity, we respectively test the low-data-rate users and high - data-rate users' capacity, which stand for the user with low and high data rate requirement, respectively.

Fig. 4 shows the low-data-rate users' system capacity of three schemes. We observe that the difference among the three schemes is not very obvious. When SNR is low, our QoS-sup scheme is slightly lower than the other two systems. However, the performance of the QoS - sup scheme increases rapidly with SNR. When the SNR is more than 20 dB, the two NOMA schemes have better system capacity than the FDMA scheme.

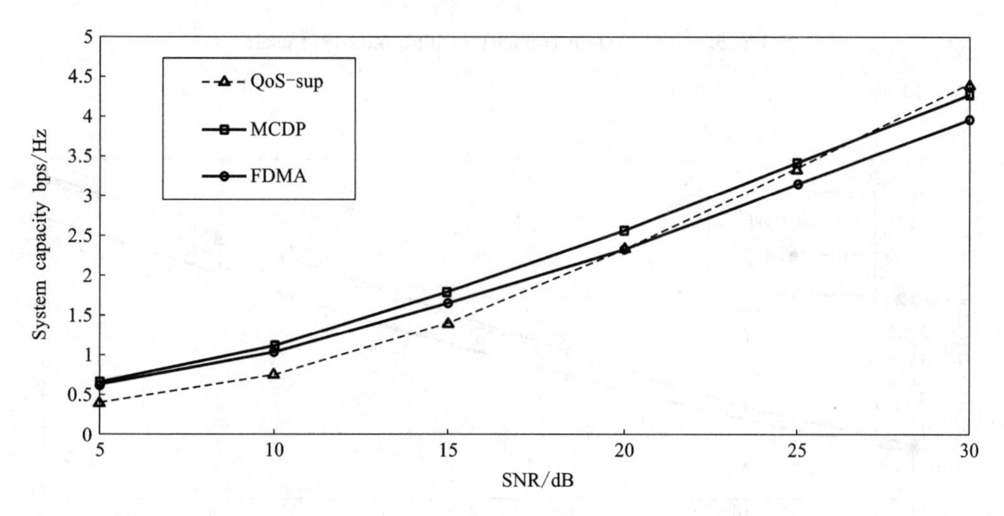

Fig. 4 The system capacity of low-data-rate users

The system capacity of high-data-rate users. In Fig. 5, we investigate the variation of the high-data-rate users' system capacity with different SNR in three cases.

In general, the two NOMA schemes have better system capacity. On the contrary with the previous case, our QoS - sup scheme achieves the highest system capacity on most SNR cases. Only after the SNR is over 25 dB, the system capacity of the MCDP begins to exceed our scheme's.

System capacity overall. As illustrated in Fig. 6, the two NOMA schemes have almost the same system capacity of all SNR range, which means our QoS - sup scheme has an extremely small system capacity loss. As we can see from the Fig. 6, the NOMA scheme has an obvious increase in system capacity than the traditional FDMA scheme especially when SNR is high.

Outage probability. As the distinguishing feature of this paper, it is critical to evaluate the ability of the algorithm to meet the demand of different type users' data rate requirements. We

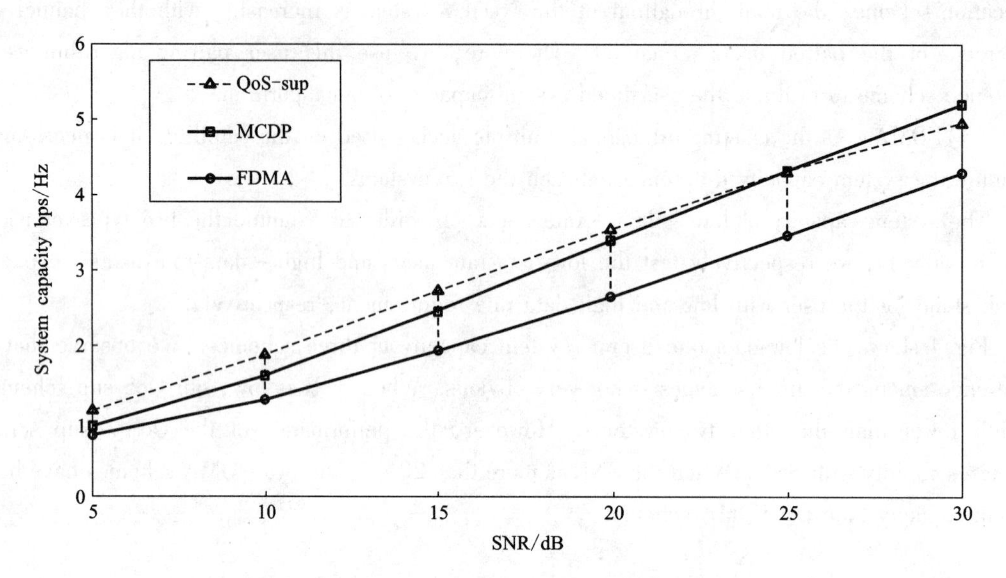

Fig. 5. The system capacity of high-data-rate users

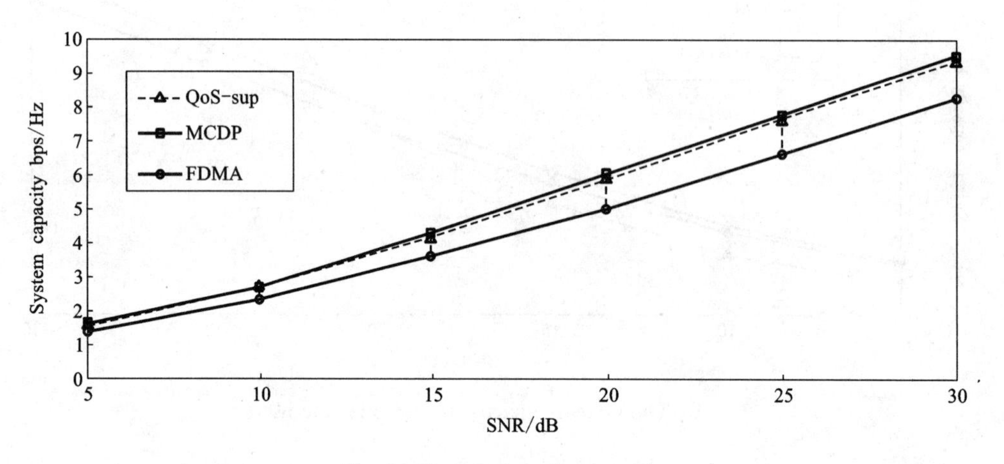

Fig. 6 System capacity overall

introduce the concept of outage probability[14] to measure it. Outage probability of a communication channel is the probability that a given expected data rate is not supported because of the channel capacity. As the three system can all perfected satisfy the need for low-data-rate users, we only give the results that with the increasing of the expected velocity of high - data-rate users, the outage probability of three different schemes.

In Fig. 7, the FDMA scheme has better performance when the expected velocity of high-data-rate users is low, while the MCDP scheme has better performance when the expected data rate is high. However, the outage probability of our scheme is always the best. This indicates that our scheme for S - IoT system can better accommodate with different users' QoS requirements.

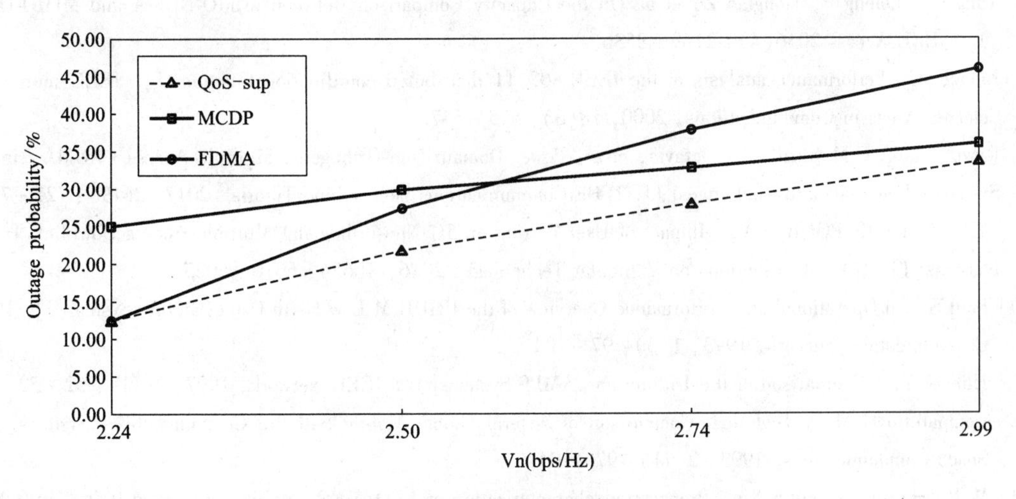

Fig. 7 Outage probability

5 Conclusion

In this paper, a general downlink model of NOMA based S - IoT is proposed, in which a satellite is used as the replacement of the base stations in the ground IoT system. This system has a great significance for the realization of IoT in the large-scale, cross-regional and harsh environment. The S - IoT users are divided into two groups by the expected data rate. Then the users are paired by the largest channel gain difference with greedy algorithm. Thirdly, the power allocation coefficients are calculated by the ratio of the expected data rate. Finally, the numerical results show that the system greatly promotes the spectrum efficiency of the satellite and can accommodate to the QoS traits of S - IoT. Moreover, the algorithm has low complexity and good dynamic adaptability. The proposed QoS-sup scheme shows a nice tradeoff between system performance and the QoS requirements of S - IoT users.

References

[1] Ding Z, Dai L, Poor H V. MIMO-NOMA design for small packet transmission in the Internet of Things[J]. IEEE Access, 2017, 4: 1393 - 1405.

[2] Mengdi Z, Hongxing L, Yi L, et al., Non-orthogonal Multi-carrier Technology for Space-based Internet of Things Applications[J]. Radio Engineering, 2018, 3(48): 183 - 187.

[3] Saito Y, Kishiyama Y, Benjebbour A, et al. Non-orthogonal multiple access (NOMA) for cellular future radio access[J]. IEEE Transactions on Vehicular Technology, 2013: 1 - 5.

[4] Linglong D, Bichai W, Yifei Y., et al, Non-Orthogonal Multiple Access for 5G: Solutions, Challenges, Opportunities, and Future Research Trends[J]. IEEE Communications Magazine, 2015(9): 74 - 81.

[5] Xiangming Z, Chunxiao J, Linling K, et al. Non-orthogonal Multiple Access Based Integrated Terrestrial-Satellite Networks[J]. IEEE Journal on Selected Areas in Communications, 2017, 10(35): 2181 - 2195.

[6] Yang L, Gaofeng P, Hongtao Z, et al. On the Capacity Comparison Between MIMO-NOMA and MIMO-OMA [J], IEEE Access 2016(4): 2169 -3536.

[7] Bianchi G. Performance analysis of the IEEE 802.11 distributed coordination function[J]. IEEE Journal on Selected Areas in Communications, 2000, 18(3): 535 -547.

[8] Riazul Islam, S M Nurilla, A Octavia, et al: Power-Domain Non-Orthogonal Multiple Access (NOMA) in 5G Systems: Potentials and Challenges[J]. IEEE Communications Surveys and Tutorials 2017, 2(19): 721 -742.

[9] DING Z, Fan P. POOR H V.: Impact of User Pairing on 5G Non-orthogonal Multiple Access Downlink Transmissions[J]. IEEE Transactions on Vehicular Technology, 2016, 8(65): 6010 -6023.

[10] Pratt S. An Operational and Performance Overview of the IRIDIUM Low Earth Orbit Satellite System[J]. IEEE Communications Surveys, 1993, 1(3): 97 -104.

[11] Hubbel Y. A Comparison of the Iridium and AMPS Systems[J]. IEEE Network, 1997, 2(11): 52 -59.

[12] Comparetto G M. A Technical Comparison of Several Global Mobile Satellite Communications Systems[J]. Space Communications, 1993, 2(11): 97 -104.

[13] W P Osborne, Yongjun Xie. Propagation characterization of LEO/MEO satellite systems at 900 -2100 MHz [C], 1999 IEEE Emerging Technologies Symposium. Wireless Communications and Systems, Richardson, TX, USA, 1999: 211 -218.

[14] Zheng Y, Zhiguo D, Pingzhi F, et al, Outage Performance of Cognitive Relay Networks With Wireless Information and Power Transfer[J]. IEEE Vehicular Technology Society, 2016, 5(65): 3828 -3833.

作者简介

单丽静，研究方向：卫星网络；通信地址：湖南省长沙市开福区国防科技大学；邮政编码：410073；联系电话：18652270263；E-mail：diyushoumenren@126.com。

赵宝康，研究方向：卫星网络；通信地址：湖南省长沙市开福区国防科技大学；邮政编码：410073；联系电话：0731-84575816；E-mail：bkzhao@nudt.edu.cn。

虞万荣，研究方向：卫星网络；通信地址：湖南省长沙市开福区国防科技大学；邮政编码：410073；联系电话：0731-84575816；E-mail：wlyu@nudt.edu.cn。

吴纯青，研究方向：卫星网络；通信地址：湖南省长沙市开福区国防科技大学；邮政编码：410073；联系电话：0731-84575816；E-mail：wuchunqingg@nudt.edu.cn。

祖学锋，研究方向：网络与通信管理；通信地址：内蒙古包头市中国人民解放军31401部队；邮政编码：014000；联系电话：13064004111；E-mail：523428358@qq.com。

I/O 加速技术研究

张琦滨　韩文燕

【摘要】 传统的I/O访问流程是一种面向高延时低带宽I/O设备和总线的解决方案，随着I/O技术的发展，I/O速度呈现差异化发展的趋势，高速I/O的带宽已经超过访存通路。因此，传统I/O流程的性能瓶颈已经从I/O开销转向系统开销，数据传输的中间过程成为制约高速I/O性能发挥的关键。本文分析了传统I/O流程的工作原理，剖析中间过程的系统开销，总结了I/O加速的三种软件方法，并提出了I/O加速的硬件辅助技术和架构。

【关键词】 I/O加速；零拷贝；硬件辅助加速

1 引言

传统的计算机结构采用计算单元和存储单元分离设计的思想，使得数据传输能力和计算能力一样重要，都可能成为影响计算机整体性能的瓶颈。如图1所示，很长一段时间，处理器的提升基本遵循摩尔定律，而存储器和I/O的发展相对较慢，逐渐在计算和存储之间形成了"存储墙"和"I/O墙"。为了缓解计算和存储之间的性能差异，形成了寄存器、Cache、主存和辅存四个存储层次。其中，片上高速缓存Cache的引入是为了弥补CPU执行速度与访存速度的鸿沟，弱化"存储墙"带来的性能损失。而I/O与访存之间的鸿沟则是通过在主存中开辟I/O缓冲区的方法来弥补，以降低"I/O墙"对性能的影响。

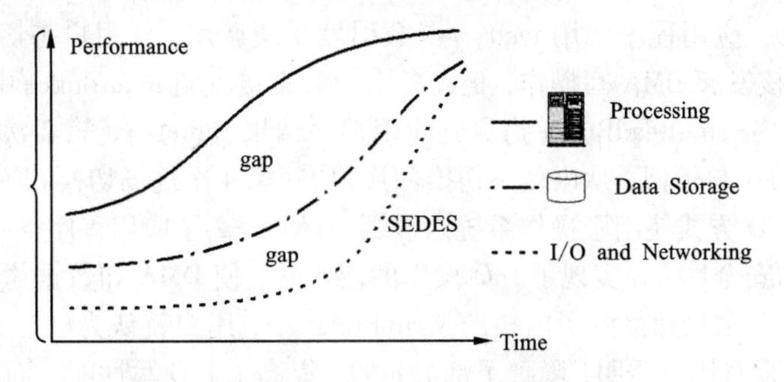

图1　处理器、存储和I/O的发展趋势

但I/O缓冲区技术的引入势必会增加数据的移动，使得传统的I/O流程变得复杂，一定程度上也引入了新的开销。本文将解析现代操作系统标准I/O流程的存储层次和开销，总结I/O加速的软硬件方法。

2 标准缓存 I/O 方式

现代操作系统为了实现计算机资源的高效和安全管理，一般把存储空间分为用户空间和内核空间，用户态下只能访问用户空间，核心态下可以访问用户空间和核心空间。传统方式下，I/O 资源是由操作系统和设备驱动进行统一管理和访问的，而操作系统和驱动为了提高 I/O 性能，会在核心空间中开辟 I/O 缓冲区来缓和不同存储层次之间的速度差异，因此 I/O 操作时的数据都会被内核或驱动缓存，这种 I/O 被称作缓存 I/O。如图 2 所示，标准缓存 I/O 的一次数据交换过程涉及四次现场切换和四次数据拷贝。

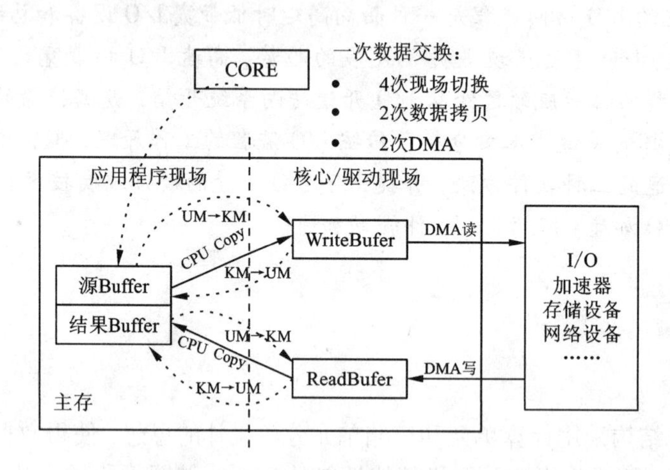

图 2 标准缓存 I/O 的数据传输过程

(1)数据发送。应用程序调用 write( )函数引发系统调用，从用户态切换到内核态(第 1 次现场切换)，并将应用程序源 Buffer 中的数据拷贝到内核 WriteBuffer 中(第 1 次数据拷贝)。

(2)内核启动 DMA 读操作，把 WriteBuffer 中的数据发送给设备(第 1 次 DMA)，完成数据传输后 write( )函数返回，从内核态切换回用户态(第 2 次现场切换)，完成数据发送。

(3)数据接收。应用程序调用 read( )函数引发系统调用，从用户态切换到内核态(第 3 次现场切换)，内核发起 DMA 写操作，把设备中的数据接收到 ReadBuffer 中(第 2 次 DMA)。

(4)将数据从内核的 ReadBuffer 拷贝到应用程序结果 Buffer 中(第 2 次数据拷贝)，完成数据拷贝后 read( )函数返回，从内核态切换回用户态(第 4 次现场切换)，完成数据接收。

标准的缓存 I/O 方式使用了操作系统内核缓冲区，分离了应用程序空间和实际的物理设备，保证了空间的安全性，并实现了 I/O 操作的流水化，使 DMA 和数据拷贝可以并行处理。对 I/O 写来说，一旦数据拷贝到了内核的 WriteBuffer 中，用户就认为已经完成写操作，真正的 DMA 读传输过程对用户透明，隐藏了部分延时，提高了 I/O 写性能。而且多个连续的 I/O 写可以在内核 WriteBuffer 中合并成一次 DMA 操作，减少了真正的 I/O 次数。对于 I/O 读来说，内核 ReadBuffer 作为 I/O 数据副本，提升了数据的可重用性，减少了 I/O 次数。

但是，标准缓存 I/O 的架构是面向低速 I/O 而开发的，目的是为了隐藏慢速 I/O 设备的开销，是用处理器和主存性能换取 I/O 性能的做法。首先，近年来 I/O 设备的速度和总线的带宽均得到了较大的改善，取得了长足进步。随着 10 G/100 G 网络、SSD/NVME、加速计算等技术的出现，存储、网络等 I/O 设备的速度已经大幅提升，逐渐缩小了与主存、处理器的差距。其次，得益于高速串行总线的发展，I/O 总线的速度从 PCIE1.0 的 2.5 Gbps 提升到 PCIE4.0 的 16 Gbps，带宽也提高到 32 GB/s（单向 16X），超过 DDR4 64bit@2600 的 20 GB/s。某些专用的 SEDES 的速率甚至已经达到 28～56 Gbps，其带宽远远超过了主存带宽。因此用计算和主存的性能换取 I/O 性能的做法已经逐渐暴露出不足，标准缓存 I/O 流程中的多次数据拷贝和多次现场切换占据了整个 I/O 操作的大部分时间，成为了新的性能瓶颈。

如图 3 所示，一次标准缓存 I/O 的数据准备时间（现场切换引起的保留恢复、数据拷贝以及查询/中断处理）约为 13 μs，占据了整个数据交换的大部分时间。因此，针对高速 I/O 设备的应用，如何避免用户与内核之间的现场切换和数据拷贝，是提高 I/O 性能的关键。

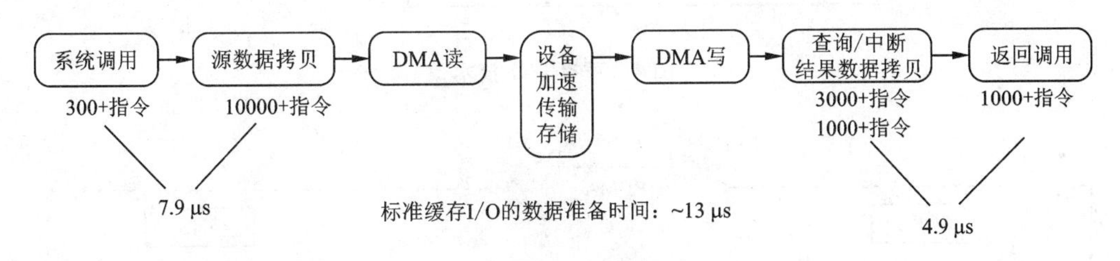

图 3　标准缓存 I/O 的性能开销

本文下面将介绍几种 I/O 加速技术，其本质都是围绕如何减少中间环节，把数据直接送到消费者手中，其中包含软件方法和硬件辅助技术。

3　I/O 加速的软件方法

随着 I/O 接口性能的提升，传统标准缓存 I/O 方式带来的数据多次拷贝开销占的比重越来越大，因此，做到零拷贝是软件提升高速 I/O 整体性能的关键。零拷贝是一种避免数据从主存的用户区拷贝到内核区的技术，以节省时间、空间以及用户态和核心态之间上下文切换的开销。针对不同的应用，实现零拷贝的方式也不一样，主要有以下三种技术：直接 I/O 技术、存储映射技术及 I/O 打包技术。

3.1　直接 I/O 技术

直接 I/O 技术的本质是在 I/O 设备和应用程序内存缓冲之间直接建立 DMA 通路，以旁路内核缓冲区，从而避免了二次内存拷贝。该技术适合独立的 I/O 读写操作场景，如处理器间的消息、处理器与外部加速器之间的数据交换等。

如图 4 所示，直接 I/O 技术需要中间件支持 I/O 控制器的管理和虚实地址代换，将 I/O 资源直接呈现给应用程序，在应用程序的虚地址空间和外部 I/O 的物理地址空间之间建立起桥梁。因此，直接 I/O 技术虽然避免了内存重复拷贝，但仍然需要多次模式切换。

直接 I/O 技术是实现 RDMA 的基础，如图 5 所示，如果外部设备是一块支持 RDMA 的网卡，具备虚地址的本地和远程 DMA 引擎，在直接 I/O 技术的基础上可以实现两个远程应用程序空间的数据交换。

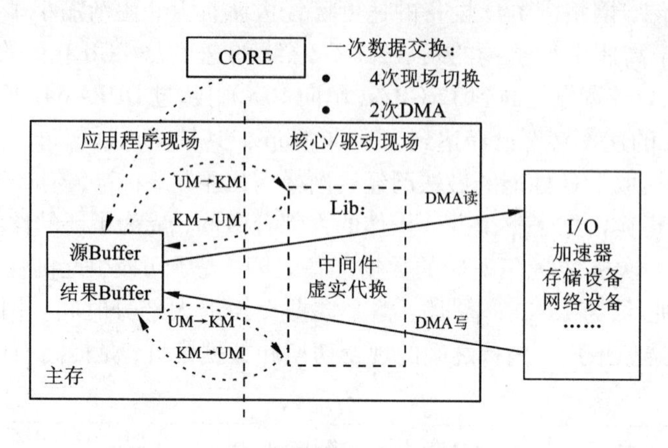

图4　直接I/O技术

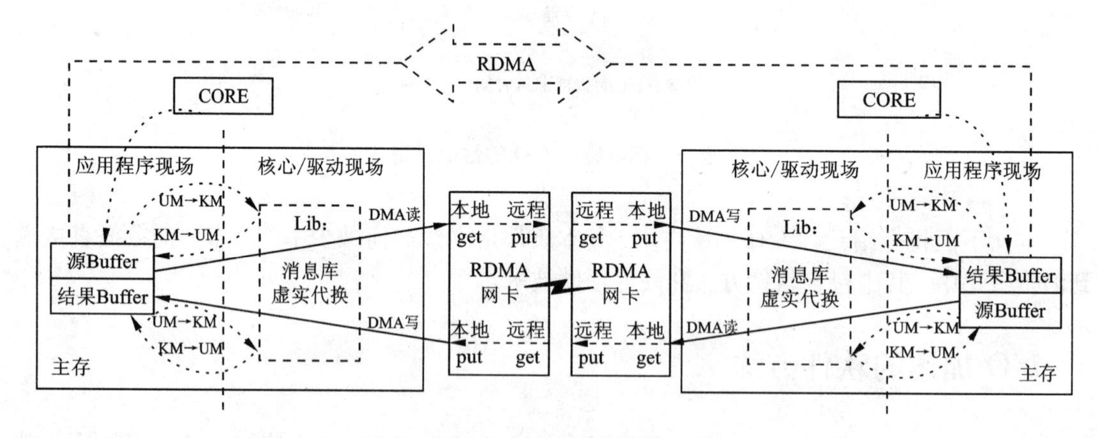

图5　RDMA工作原理

由于直接I/O技术取消了一个缓存层次，应用程序的每次I/O调用都需要承担启动DMA的开销，且每次读写都对应一次真正的I/O操作，无法享受核心缓存带来的I/O读数据重用和I/O写合并等优惠。因此，应根据I/O的特点和应用需求，选择使用直接I/O和缓冲I/O。

3.2　存储共享映射技术

存储共享映射技术(MMAP)是一种直接I/O和缓存I/O之间的折中方案。其核心思想是保留核心空间的I/O缓冲，采用主存空间共享映射的方式避免数据拷贝。如图6所示，可根据应用程序的特点，选择只优化读或只优化写，可以在应用程序缓冲和内核缓存之间做共享映射，也可以在多个应用程序的缓冲之间做共享映射，或者在核心缓存之间做映射，通过存储共享映射技术避免缓冲开销和内存拷贝。

图6(a)采用存储共享映射技术只优化了I/O写操作，比传统的I/O缓冲方式减少了1次数据拷贝，而图6(b)则用同时优化了I/O写和I/O读，减少了二次数据拷贝。但由于是在两种不同性质的空间中进行映射，仍然避免不了现场切换，而且可能会引入空间管理的安全隐患。在实际应用中，还可以在内核的读写缓冲区之间的建立共享映射，或者在应用程序缓冲

区之间建立共享映射，以减少内存拷贝和现场切换的目的，同时避免不同属性空间映射带来的安全隐患。

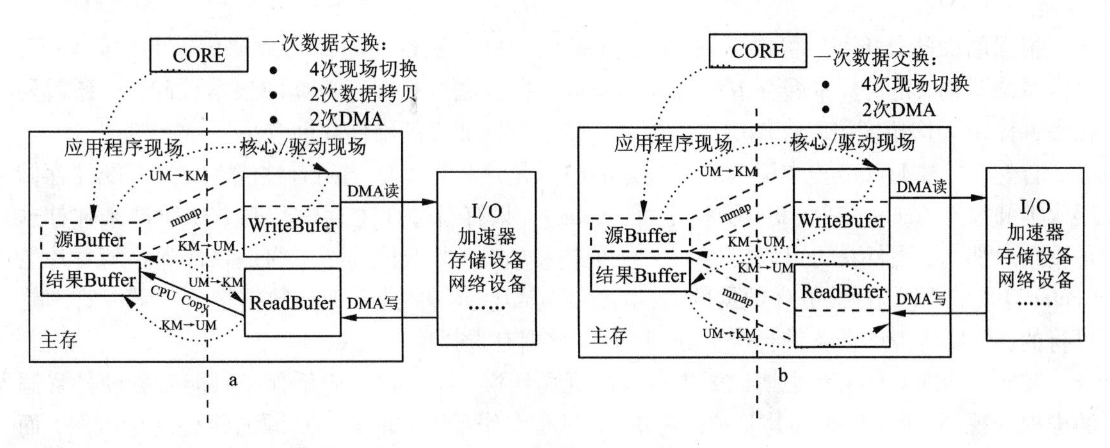

图 6　存储映射技术

3.3　I/O 打包技术

I/O 打包技术针对的是 I/O 读写原子性较强的应用，即 I/O 读和 I/O 写成对出现，且读出的数据不需要应用程序修改，比如文件发送操作。这种 I/O 数据对应用程序透明，数据可以直接从内核的 ReadBuffer 旁路给 WriteBuffer。

如图 7 所示，应用程序通过调用 sendfile( ) 或 splice( ) 进入内核模式，内核启动 DMA 写传输将 I/O 设备中的数据装入 ReadBuffer，并根据打包函数传入的描述符进行内存拷贝[图 7(a)]或存储共享映射[图 7(b)]，之后启动 DMA 读传输将数据发送给外部 I/O 设备，最后返回到用户模式。I/O 打包的传输方式不仅减少了内存拷贝，同时还减少了现场切换的次数。

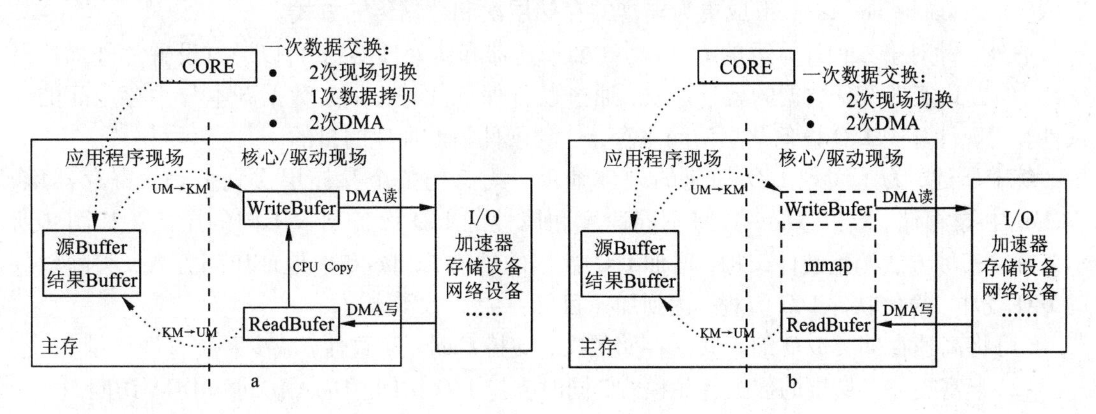

图 7　I/O 打包技术

4 I/O 加速的硬件辅助

根据前面的分析我们可以看到，I/O 加速的软件方法本质是简化数据传输的中间环节，降低系统开销，是对标准缓存 I/O 流程的修订。要彻底解决缓存 I/O 的根本性问题，还需要在硬件体系架构角度研究存储层次的瓶颈，提出 I/O 加速的硬件辅助方法。

首先，标准 I/O 流程中引入 I/O 缓冲的原因是计算和 I/O 之间有性能差异，而硬件存储层次上并没有 Cache 支持(I/O 数据不可 Cache)，只有通过在主存中开辟 I/O 缓冲来弥补这种差距。那么，硬件是否可以支持 I/O 数据进入 Cache 并维护其副本的一致性呢？随着片上 Cache 容量的不断增大，I/O 数据的时间/空间局部性越来越好，I/O 数据进入 Cache 管理是可行的，但要将 I/O 设备进行分类处理，I/O 数据有选择地进入 Cache。

其次，标准 I/O 流程之所以要进行多次现场切换，原因在于应用程序只能看见硬件资源的虚地址视图(出于安全和易管理的考虑)，只有操作系统才能看到资源的物理地址视图，而真正执行 I/O 操作的硬件控制器使用的是物理地址，因此应用程序需要使用 I/O 资源时必须从用户态切换到核心态，通过操作系统和驱动代理访问。所以，只要保证 I/O 操作的硬件控制器和应用程序看到统一的主存视角，就能跨过操作系统，实现应用程序空间与 I/O 空间的数据交换，以及被 I/O 隔离的应用程序空间之间的数据交换(如 RDMA)。因此，只要在 I/O 控制器中实现虚实地址的 I/O 访问和地址代换机制，即可统一 I/O 硬件控制和用户之间的地址视角，实现 I/O 加速的硬件辅助。

因此，可以将 I/O 设备分成两种，第一种是数据的提供者，类似主存；第二种是数据的使用者，类似核心。对于满足第一种属性的 I/O 设备，访问延时较短、带宽较大的设备(如 PCIE - SSD、Flash 等)，可以按主存的方式进行管理，核心可以直接以共享的方式访问而不是通过 I/O 或 DMA 的方式。对于访问延时较大、带宽较小的设备(如磁盘、网络等)，则仍然保留 I/O 和 DMA 的访问方式，并增加将设备数据直接送入 Cache 行的数据传输方式——DCA(direct cache access)，形成更为丰富的存储层次和数据传输方式。

另外，针对第二种计算类的 I/O 设备(如加速器和协处理器)，可以通过设置片外加速器 Cache 的方式实现 I/O 数据的就近存放，通过硬件保证片外 Cache 数据副本与主存之间的一致性，实现计算类 I/O 设备共享访问主存，达到硬件辅助加速的目的。

综上所述，为了实现 I/O 加速的硬件辅助，我们把整个存储层次划分为：寄存器堆、Cache、共享存储、支撑存储，并将不同速度和属性的 I/O 设备划入不同的层次。如图 8 所示，通过三种方法调整硬件架构，增加 I/O 数据的硬件 Cache 和虚地址访问方式，去除软件的 I/O 缓冲，简化软件 I/O 流程，达到加速目标：

(1)将高速存储类 I/O 纳入共享存储层次，支持 Cache 一致性，减少系统管理开销。

(2)丰富支撑存储层的数据传输模式，同时支持 I/O 访问、DMA 访问和 DCA 访问。

(3)在加速和协处理等计算类的 I/O 中增加 Cache，拉近计算与数据的距离。

其中，将高速存储类 I/O 纳入共享存储层次，实现硬件 Cache 一致性，需要处理器在指令架构或者微结构中实现高速存储类 I/O 访问的 Cache 一致性协议。另外，要实现数据支撑层的 DMA 和 DCA 的可 Cache 访问，除了在设备控制器内实现 DMA 和 DCA 访问引擎外，还需要在处理中实现 DMA 和 DCA 访问的 Cache 一致性协议，并在控制器端实现虚实代换机

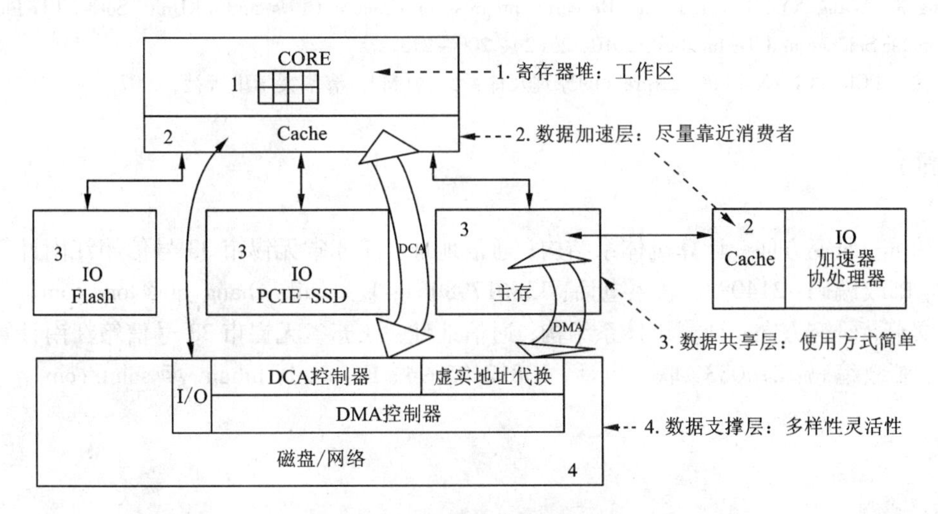

图 8 I/O 与存储层次架构

制，保证引擎和用户操作数据的视角一致，提高数据交换效率。而加速类的 I/O 设备需要实现片外 Cache，将片外 Cache 的一致性协议纳入处理器的全片一致性协议范畴，使得加速类 I/O 设备和处理器核心对数据共享层具有相同的访问方式。

本文上述讨论的方法，只是解决计算和存储分离矛盾的其中一个技术方向：数据如何快速、有效地靠近计算。另外还有一个技术方向是计算向数据融合，计算的概念包括计算能力和事务处理能力。计算融合到 I/O，在 I/O 控制器中实现对等传输(peer to peer)引擎，实现复杂协议处理引擎等智能 I/O 技术，从而实现 I/O 加速的硬件辅助，由于文章篇幅原因，此技术路线不做讨论。

5 结束语

由于 I/O 设备种类繁多，特点各异，针对 I/O 设备的硬件加速方式也存在差异。但总的原则是让数据和计算离得更近，实现的手段无非是两种：将数据以最快的方式搬到计算单元中去，或者将计算能力下放到数据中去。随着 I/O 技术的发展，计算和存储的矛盾会发生变化，性能瓶颈也在动态变化，我们要时刻关注这些变化，深刻剖析问题根源，及时调整策略和架构，在动态调整中实现计算机整体性能的最大化。

参考文献

[1] http://www.ibm.com/developerworks/cn/linux/l - cn - zerocopy1/.

[2] Hennessy J L, Patterson D A. Computer architecture (2nd ed.): a quantitative approach[M], San Francisco: Morgan Kaufmann Publishers Inc. 1996.

[3] PCI-SIG PCI-Express Base Specification Version1.0 [EB/OL]. http://hanel.csie.ncku.edu.tw/admin/file/course_slides/PCI-Express.pdf 2002.

[4] 李业民. 计算机组成与系统结构[M]. 北京：清华大学出版社，2000.

[5] Cheng X, Wang XY, Lu JL et al. Research progress of Unicore CPUs and PKUnity SoCs[J]. Journal of Computer Science and Technology, 2010, 25(2): 200 - 213.
[6] 马鸣锦. PCI、PCI - X 和 PCI Express 的原理及体系结构[M]. 清华大学出版社, 2007.

作者简介

张琦滨，研究方向：计算机体系结构；通信地址：江苏省无锡市 33 号信箱江南计算技术研究所；邮政编码：214083；联系电话：13861798064；E - mail：zhang_qb@ tom. com。

韩文燕，研究方向：计算机体系结构；通信地址：江苏省无锡市 33 号信箱江南计算技术研究所；邮政编码：214083，联系电话：13812195094；E - mail：luhanwy@ sohu. com。